乡村学系列教材与导读丛书

畜禽养殖技术

史怀平　胡建宏　主编

西北农林科技大学出版社
·杨凌·

图书在版编目(CIP)数据

畜禽养殖技术 / 史怀平，胡建宏主编. — 杨凌：
西北农林科技大学出版社，2023.9
ISBN 978-7-5683-1298-1

Ⅰ. ①畜… Ⅱ. ①史… ②胡… Ⅲ. ①畜禽 - 饲养管
理 - 教材 Ⅳ. ①S815

中国国家版本馆 CIP 数据核字(2023)第 171200 号

畜禽养殖技术

史怀平 胡建宏 主编

出版发行 西北农林科技大学出版社
地　　址 陕西杨凌杨武路 3 号　　**邮　　编**:712100
电　　话 总编室:029 - 87093105　　发行部:029 - 87093302
电子邮箱 press0809@163.com
印　　刷 西安日报社印务中心
版　　次 2023 年 9 月第 1 版
印　　次 2023 年 9 月第 1 次印刷
开　　本 787mm × 1092mm　1/16
印　　张 21.25
字　　数 514 千字

ISBN 978-7-5683-1298-1

定价:56.00 元

“乡村学系列教材与导读丛书”

编委会

《畜禽养殖技术》
编写人员名单

主　　编：史怀平　胡建宏

副 主 编：李　聪　张建勤　陈　志　刘永峰

参编人员（按姓名汉语拼音排序）：

蔡　瑞　西北农林科技大学
陈　志　扬州大学
冯　嘉　西北农林科技大学
高　磊　西北农林科技大学
韩书庆　中国农业科学院农业信息研究所
胡建宏　西北农林科技大学
李　聪　西北农林科技大学
刘红云　浙江大学
刘　柳　陕西师范大学
刘永峰　陕西师范大学
闵育娜　西北农林科技大学
沈一星　沈阳农业大学
史怀平　西北农林科技大学
王洪宝　西北农林科技大学
魏筱诗　浙江大学
许会芬　河南农业大学
杨　欣　西北农林科技大学
杨雨鑫　西北农林科技大学
赵光辉　西北农林科技大学
张恩平　西北农林科技大学
张建勤　西北农林科技大学

总　序

民族要复兴，乡村必振兴。乡村是我国食物生产的重要保障基地，是几千年来中华民族从事农业生产、居家生活和文化传承的重要载体，是人类生产系统、生态系统和文化系统交汇的地理单元。党的十九大报告提出了乡村振兴的伟大战略，擘画了乡村振兴的战略目标，提出乡村振兴的二十字总要求，从产业振兴、人才振兴、生态振兴、文化振兴和组织振兴五个维度提出实现乡村振兴战略的路径；2022 年党的二十大报告提出了全面推进乡村振兴战略的重要指示，乡村振兴成为我国建设农业强国的重要战略举措。如何高质量、科学推动乡村全面振兴，夯实粮食安全基础，建设美丽宜居乡村和实现共同富裕，是全党和全国人民面临的共同使命。

乡村是一个复杂的自然、社会和经济系统，长期以来，国内外关于乡村的研究分散在不同的学科之中，如与乡村生产相关的主要是作物学、畜牧学、农业经济学等学科，与乡村住宅相关的主要是城乡规划、风景园林规划等学科，与乡村社会相关的研究主要是乡村社会学等。乡村作为一个集农业生产、农民生活、文化传承为一体的综合地理空间，纵观国内外，并没有将乡村作为一个系统的研究对象，也没有专门将乡村作为一个独立的学科进行系统建设，而是分散在不同的学科领域。如何解决好我国乡村日益增长的美好生活需要和不平衡不充分的发展之间的矛盾？解决乡村发展过程中的产业发展、村庄规划、生态保护、文化传承、社区治理问题，需要集合规划学、作物学、畜牧学、社会学、农林经济管理、农业资源与环境等学科的理论与方法，构建新的知识体系、研究方向和研究方法，这需要在理论上突破、在实践上引领。

农林高校具有人才优势、学科优势和地缘优势，长期扎根"三农"一线，是服务乡村振兴战略的排头兵、先遣队。西北农林科技大学长期以来扎根乡村办大学，是我国布局在干旱半干旱地区的唯一一所农林类综合性大学，践行服务"三农"的重要使命。乡村振兴战略实施以来，学校把助力乡村振兴标杆建设作为学校服务国家战略、践行使命担当的重要战略任务。为此，开展了西北乡村大调查，撰写了调查报告。在此基础上，结合乡村振兴战略的需求和自身学科优势，充分借助世界学科交叉融合的发展趋势，汇聚农、林、水、工、信息和经管的学科优势，结合服务国家乡村振兴战略的使命担当和助力学校乡村振兴标杆建立的目标，提出在交叉学科门类下设立"乡村学"，从学科角度探索系统解决乡村振兴中的复杂问题。2021 年乡村学顺利通过教育部备案，成为第一个以乡村为研究对象的学科。

教材是承载学科知识体系的载体，乡村学创立之后，2022 年学校适时成立了乡村振兴学院，学院组织专人开展了乡村学科学知识体系、研究方向、人才培养体系和模式的系统研究，把教材作为乡村学学科建设和人才培养的重中之重。乡村振兴战略研究院执行院长杨改河教授根据乡村学学科的知识体系、科研方向和乡村振兴各类人才培养知识结构的需求，策划以通识概论类、专业技术类两大类型为主的系列教材和导读丛书，其中通识概论类涵盖了以《乡村学概论》《中国乡村变迁》《乡村文化概论》《乡村治理概论》《乡村生态环境概论》《乡村产业概论》《乡村基础设施概论》《乡村公共服务设施概论》《数字乡村概论》《农业农村现代化概论》等十部教材；《乡村规划学》《乡村环境景观规划设计》《乡村建筑》《乡村绿化》《实用作物生产技术》《畜禽养殖技术》《蔬菜生产实用技术》《干杂果经济林栽培》《乡村干部领导力》《中国乡村治理体系的方针与策略》《农业发展与农业文明》《乡村集体经济建设路径与案例》《乡村财务管理与会计》等二十门专业技术类教材。学院成立了以吴普特校长、杨改河教授为主任的教材编写委员会，制订了教材出版计划，聘任行业专家为教材主编，有组织地开展了教材的编写工作，成熟一本出版一本。

“尺寸课本，国之大者”。西北农林科技大学编写的乡村学系列教材和导读丛书，从教材编写体系、教材内容和目标来看，充分贯彻了党和国家的意志，适应了国家乡村振兴战略的需求，服务于立德树人的教育根本，是学校党委学习和领会习近平总书记给涉农高校书记校长专家回信精神的具体体现，是主动服务国家战略、践行国家使命的重大举措，为高校服务国家乡村振兴战略树立了样板、探索了路径。

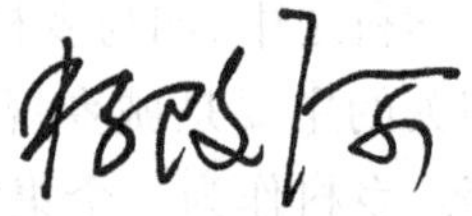

2023 年 7 月

前言

我国是畜禽养殖大国，不仅畜禽数量多，而且畜禽产品种类丰富，畜牧业在农业中占有举足轻重的地位。由于幅员辽阔，自然环境差异大，我国畜禽资源极其丰富，饲养模式也各具特色。随着畜牧业现代化步伐的加快，畜牧产业转型升级加剧，传统的畜禽养殖模式逐渐被科学化、标准化、现代化的畜禽养殖模式所代替，并且融入了更多先进与科学合理的养殖理念，助推畜牧产业高质量发展。在我国脱贫攻坚政策的引领下，乡村产业经济迅速发展，不但实现了乡村脱贫，而且向着美丽乡村建设目标进发。在此背景下，西北农林科技大学高瞻远瞩，成立了乡村振兴学院，以科学的视角来研究与发展乡村，形成乡村振兴的科学理论体系，特邀史怀平教授联络、组织行业专家编写本书，以供学员培训学习。

本书稿组织编写中，首先建立了书稿编写委员会，确定了主编以及编写人员。所有人员来自6个院校与1个科研院所，分别是西北农林科技大学、浙江大学、陕西师范大学、扬州大学、沈阳农业大学、河南农业大学、中国农业科学院农业信息研究所，负责书稿章节撰写工作，分别是史怀平（第一章），沈一星（第二章），杨欣（第三章），陈志、许会芬（第四章），韩书庆（第五章），高磊、蔡瑞（第六章），胡建宏、王洪宝（第七章肉牛部分）、刘红云、魏筱诗（第七章奶牛部分），张恩平（第八章肉羊部分）、李聪（第八章奶羊部分）、杨雨鑫（第八章绒毛羊部分），闵育娜、冯嘉（第九章），张建勤（第十章），赵光辉（第十一章），刘永峰、刘柳（第十二章）。

本书编写过程中，主编与编写人员充分讨论，确定写作提纲。编写人员根据写作提纲撰写初稿，完成后交给审稿人员第一次审定，之后将初稿返回给编写人员再次认真修改。编写人员修改初稿后交给审稿人员审核，然后交给主编。主编收到书稿后进行修改，与审稿人员和编写人员多次交流，修改后的稿件再次返给编写人员审核修订。最后，编写人员将修改稿提交给审稿人员与主编审核，主编定稿后交给出版社审核。出版社对书稿加工处理，与主编及作者对接修正存在的问题，经过“三审三校”后形成了最终书稿。

本书是一部全面讲述畜禽养殖理论与技术的专业工具书，涉猎内容广阔而丰富，其知识内容体系特点主要体现在以下四方面：第一，凸显新颖性，引用最新的文献或研究成果，跟随时代发展的步伐，展现前沿新知识与新技术；第二，讲究科学性，提及的知识与技术真实客观，编排逻辑清晰，浅显易懂；第三，注重全面性，从畜禽养殖的基础理论，到不同畜禽的饲养管理以及畜产品质量安全保障，提供了一个系统而全面的陈述；第四，突出实用性，介绍的理论知识和生产技术可直接指导实际生产工作，操作性强，并能广泛推广应用。

虽然本书作者力求做到每一个知识点的陈述正确无误，但是限于学术水平与实际生产的复杂性，书中难免有不足之处，诚希广大读者和有关专家不吝指正，提出宝贵的意见和建议。同时，再次对本书提供帮助的各位专家人士表示感谢。

编者

2023 年 6 月

目　录

第一章 绪 论

第一节 畜牧业发展概况

畜牧业是利用已经被人类驯化的动物或者野生动物，通过人工饲养、繁殖，使其将牧草和饲料等植物能转变为动物能，以获取肉、蛋、奶、毛等畜产品的产业。畜牧业经营种类多、范围广，是农业农村经济的重要组成部分，其发展水平是衡量一个国家或地区农业发达程度的重要指标。目前，畜牧业已经成为我国实施乡村振兴战略的重要抓手、发展农村经济的支柱产业和农牧民增收的有效途径。因此，积极发展畜牧业，有利于更好地开发和利用各种生物资源，调整农业产业结构，协调畜牧业与生态环境和谐发展，改善消费者的膳食结构，从而不断提高人们的生活水平。

一、畜牧业发展现状

近年来，畜牧业生产方式发生重大转变，规模化、产业化、标准化和区域化步伐加快，畜产品结构及产能随宏观经济环境变化逐步调整。目前，我国畜牧业中禽肉、牛羊肉产量持续增加，肉类、禽蛋产量保持世界第一，奶产量居世界前列。

自改革开放以来，我国畜牧业为农业和国民经济发展做出了重要贡献。2020 年畜牧生产肉类产量 7 748 万吨，禽蛋产量 3 468 万吨，奶类产量 3 530 万吨，产值达到 4 万亿元，畜牧业产值占农业总产值 1/3，农业经济结构大大优化；2020 年我国肉蛋奶人均占有量分别达到 54.9 kg、24.6 kg 和 24.4 kg，我国居民的膳食结构和营养水平显著改善；畜禽产品消费水平日益提高，高需求促进畜牧产业高质量快速发展，我国肉蛋奶消费水平达到 1 943.2 亿元，占农产品综合市场成交额的 14.6%。

二、畜牧业发展趋势

随着“肉蛋奶”类食物占据人类食谱的比例逐渐增高，人们对畜牧业发展越来越重视。发展畜牧业可为人类提供高品质食物，对满足人们的营养需求、提高农民收入和促进农村经济发展具有重要作用。畜牧业将成为推动农业和农村经济发展的主力，成为农业产业中发展最快、最具竞争力的行业。

（一）畜牧业高质量发展要求

“十四五”时期是我国全面推进乡村振兴、加快农业农村现代化建设的关键时期，也是畜牧业转型升级、提质增效和提升竞争力的重要时期。《“十四五”全国畜牧兽医行业发展规划》对畜牧业发展提出四项基本原则。首先是坚持创新驱动原则，依靠科技创新和技术进步，突破发展瓶颈，不断提高畜禽良种化、养殖机械化水平和资源利用效率，加快畜牧业发展方式转变，推进全行业全要素现代化；其次是坚持市场主导原则，充分发挥市场在资源配置中的决定性作用，更好发挥政府政策引导和市场调控等作用，消除限制畜牧业发展的不合理壁垒，增强畜牧业发展活力，保障畜产品有效供给；第三是坚持防疫优先原则，将动物疫病防控作为防范畜牧业风险的第一道防线，加强动物防疫体系能力建设，落实生产经营主体责任，形成防控合力，保障生产安全。坚持人病兽防、关口前移，从源头前端阻断人兽共患病传播路径，保障公共卫生安全；第四是坚持绿色引领原则，遵循绿色发展理念，促进资源环境承载能力、畜产品供给保障能力和养殖废弃物资源化利用能力相匹配，完善种养结合循环链，协同推进畜禽养殖和环境保护，促进畜牧业可持续发展。

用现代化科学技术和现代化工业武装畜牧业，用现代经济科学管理畜牧业生产，大力提高劳动生产效率、畜产品的产出率和商品率，实现畜牧业现代化建设。

（二）畜牧业发展重点与方向

世界各国的自然条件和经济状况不同，实现畜牧业现代化的道路和方法各不相同。美国、加拿大等国家饲草充足，主要依靠本国的饲料和饲草发展畜牧业；日本等国家原料相对短缺，主要依靠进口饲料发展畜牧业；澳大利亚、新西兰等国家依靠本国丰富的天然草原发展畜牧业。

中国拥有草地资源 3.17 亿公顷，有利于各种牲畜的放牧利用，在农区每年可提供大量农副产品和饲草饲料资源，达 7 000 多亿千克。我国畜牧业是在一家一户分散养殖的基础上逐步发展壮大起来的，当前畜牧业已经从传统的家庭副业发展成为农业农村经济的重要支柱产业之一，成为现代农业建设的排头兵，在满足肉蛋奶消费、促进农民增收、维护生态安全等方面发挥着不可替代的重要作用。

目前，我国经济处在新的调整和转型期，加快转变生产方式将成为未来畜牧业发展的主旋律。在此大背景下，我国畜牧业正在现代化建设的道路上走出一条中国特色之路，其主要特征是总量平衡、结构优化、效益稳定、质量安全、资源节约和生态友好。我国《“十四五”全国畜牧兽医行业发展规划》明确了每个产业的发展指标和产业布局，强调了九大重点任务：提升畜禽养殖集约化水平、加强动物疫病防控、保障养殖投入品供应高效安全、加快畜禽种业自主创新、提升畜产品加工行业整体水平、构建现代畜产品市场流通体系、推进畜禽养殖废弃物资源化利用、增强兽医体系服务能力、提高行业信息化管理水平。

未来我国畜牧业发展可概括为五大方向：在消费结构变迁的引导下，动物性食物的消费量将不断提高；规模化养殖是畜牧业发展的必然，也是畜牧业现代化的主要标志；随着人们对畜产品质量安全的重视，“有机畜牧业”及其产品将成为世界农业发展的重要组成部分，是未来我国畜牧业的发展趋势；畜牧业产供销一体化有利于解决农户小规模生产与大市场的矛盾，有利于提高畜牧业的比较效益和农民收入，是我国实现畜牧现代化的必由之路；发展低碳畜牧业将成为我国低碳经济的一个重要方向。

第二节 畜禽养殖现状与存在问题

随着我国社会经济的快速发展和人们生活水平的不断提高，畜牧业已经成为与人们生活息息相关、生产形式相对独立的产业，但在快速发展的同时，也面临新的机遇和挑战。

一、畜禽养殖现状

（一）畜禽品种种类

我国畜禽遗传资源丰富，特别是地方品种的优异种质资源是几千年来自然生态环境选择和劳动人民长期选育的结果，许多地方畜禽品种具有适应性强、耐粗饲、繁殖率高和产品优质等特点。2020 年 5 月 29 日，农业农村部公布了《国家畜禽遗传资源目录》，首次明确家畜家禽种类范围，包括地方品种、培育品种及配套系、引入品种及配套系共 33 种。其中传统畜禽 17 种，分别为猪、普通牛、瘤牛、水牛、牦牛、大额牛、绵羊、山羊、马、驴、骆驼、兔、鸡、鸭、鹅、鸽、鹌鹑，包括地方品种、培育品种、引入品种及配套系；特种畜禽 16 种，分别为梅花鹿、马鹿、驯鹿、羊驼、火鸡、珍珠鸡、雉鸡、鹧鸪、番鸭、绿头鸭、鸵鸟、鸸鹋、水貂、银狐、北极狐、貉。

根据《中国科学数据》中的《中国主要畜禽种质资源数据集》2013—2017 年结果，牛有 122 个品种，其中肉牛有西门塔尔牛、利木赞牛、夏洛莱牛等；奶牛有荷斯坦牛、娟珊牛、更赛牛等，另外还有水牛和牦牛等。羊有 145 个品种，其中肉羊有波尔山羊、杜泊羊、小尾寒羊等；奶山羊有萨能奶山羊、崂山奶山羊、关中奶山羊等；绒山羊有陕北白绒山羊、辽宁绒山羊、内蒙古绒山羊和河西绒山羊等。猪有 162 个品种，著名猪种有杜洛克、成华猪、大白猪等。鸡有 116 个品种，我国著名鸡种有盐津乌骨鸡、岑溪古典鸡、皖南三黄鸡等。水禽有 67 个品种，其中鸭有 36 个品种，分为肉用型、蛋用型和兼用型 3 种，肉用型有北京鸭、樱桃谷鸭、狄高鸭等；蛋用型有绍兴鸭、金定鸭、攸县麻鸭等；兼用型有高邮鸭、建昌鸭、巢湖鸭等。鹅有 31 个品种，著名品种有狮头鹅、皖西白鹅、莱茵鹅等。

（二）畜禽生产水平

自改革开放以来，我国畜牧业生产的整体水平逐年提升，已由过去传统粗放型的农村副业发展成为农村经济的支柱产业。我国肉类人均占有量已超过世界平均水平，禽蛋人均占有量已超过发达国家水平。家畜存、出栏量快速增长，畜产品结构日益完善，畜产品人均占有量的增加对改善人民膳食结构和营养状况起到了极其重要的作用。目前主要畜禽产品为肉（猪肉、牛肉、羊肉、禽肉、兔肉等）、蛋（鸡蛋、鸭蛋、鹅蛋、鹌鹑蛋等）、奶（牛奶、羊奶、马奶等）以及其他副产品（动物内脏）。

根据中国统计年鉴数据统计，我国2018—2021年牛、羊、禽肉产量稳步增长，禽蛋产量有所增加，牛奶产量较快增长，主要畜禽产品产量见表1－1。我国2018—2021年主要畜禽存栏量见表1－2，牛和绵羊存栏量稳步增长；受疫情影响，山羊和猪存栏量呈波动性变化，家禽存栏量较为稳定。

表1－1　2018—2021年全国肉、蛋、奶产量

单位：万吨

年 份	猪 肉	牛 肉	羊 肉	禽 肉	禽 蛋	牛 奶
2021年	5 296	698	514	2 380	3 409	3 683
2020年	4 113	672	492	2 361	3 468	3 440
2019年	4 255	667	488	2 239	3 309	3 201
2018年	5 404	644	475	1 994	3 128	3 075

表1－2　2018—2021年全国主要畜禽存栏量

年 份	牛/万头	山羊/万只	绵羊/万只	猪/万头	家禽/亿只
2021年	9 817	31 969（山绵羊）		44 922	67.9
2020年	9 562	13 345	17 310	40 650	67.8
2019年	9 138	13 723	16 349	31 041	65.2
2018年	8 915	13 575	16 139	42 817	60.4

二、畜禽产业存在问题与建议

当今世界经济发达国家均十分重视畜牧业生产，畜牧业产值在农业总产值中所占比例大于种植业，且不断提高。我国畜牧业发展历史悠久，但依然与发达国家存在一定差距，尤其是畜禽产品质量，需要做好品种培育与种质提升、饲养管理和产业链构建等。

（一）品种培育与种质提升

畜禽的优良种质是我国畜牧业发展中的薄弱环节。虽然我国畜禽资源丰富多样，但适应生产条件与市场需求、具有高生产性能的畜禽品种不多。因此，需要运用现代育种技术，培育专门化畜禽品种/品系，尽可能提升品种竞争力和生产力，充分发挥畜禽品种的杂交优势，改良原有品种，实现畜牧业由量变到质变的发展。面向畜禽种业的国家重大战略，强化自主创新，建立国家畜禽创新综合试验基地。聚焦猪、牛、羊、鸡、鸭等畜禽业竞争力提升，有序推进畜禽种业科研设施和基地建设，为畜禽种业跨越式发展提供强有力的支撑。通过新品种培育、杂交改良、选种选配、科学饲养和优化产业链构建等，提高畜禽的生产性能和产品品质，满足人们对优质畜禽产品的需求。

目前依托国家家养动物种质资源库，开展畜禽种质资源（精液、胚胎、体细胞等）超低温冷冻保存、体外繁殖更新和复原、大规模表型和基因型鉴定和种质评价、互联网种质资源信息管理与共享等工作。在此基础上挖掘一批具有重大育种价值的功能基因，构建高效分

子育种技术体系。我国在猪、奶牛、肉牛、山羊、肉鸡、肉鸭、藏马等主要畜禽基因组解析、功能基因克隆验证以及育种关键技术研发等方面取得了重要进展，为畜禽遗传改良与育种提供理论基础与技术支撑。

“优质畜牧、种业先行”，做好品种培育与种质提升，保护利用好畜禽遗传资源，对畜牧业发展具有重要意义。

（二）饲养管理及其关键技术

我国畜禽产业的问题主要体现在对畜禽饲养管理和关键技术的集成应用程度不够，整体规划意识相对薄弱等。在当前科技不断发展过程中，畜禽产业现代化的观念和装备应用起到非常重要的作用，不同部门、企业应采用相应的措施来更好地促进畜禽产业现代化发展。

从饲养管理方面来看，畜禽养殖规范化不够，规模化养殖程度不高，标准化程度较低，养殖模式落后，导致质量差异明显，同时整个行业的专业人才处于严重匮乏的状态；动物疫病防控能力不足，一些地区的动物疫病防控能力尚未达标，动物卫生监督检查站数量过少，投入力度较低，且没有标准化的动物防疫屏障体系和严格的重大动物疫病防控监督流程；养殖场环境存在污染现象，环境污染问题是现阶段畜禽养殖存在的主要问题之一，严重制约畜禽产业的持续健康发展。

从畜牧技术发展现状来看，当前我国畜禽产业现代化发展水平不高，主要体现在智能化、生态现代化及生物技术三个方面。制约畜禽产业智能化发展的主要原因有：现阶段我国畜禽产业智能化建设不足、畜禽产业信息市场主体发育不佳、畜禽产业智能化从业人员不稳定等。影响畜禽产业生态化发展的主要因素有粪污资源化利用落后、疫病防控机制不健全、兽药和饲料等投入品使用不规范。制约生物技术在畜禽产业中应用的因素有：生物育种原始创新不足、知识产权保护机制不完善、新基因的挖掘不够和新技术的开发滞后等。因此，我国必须加大畜禽养殖实用技术的研发力度，使科研工作更好地服务于实际生产工作，借助科技力量推动畜禽产业高质量发展。

（三）产业链构建与延伸

畜牧生产作为一种社会经济活动，在不损害自然生态的条件下，最大限度地开发与利用资源。畜禽产业链条长，畜产品从生产到上市涉及种养加销等多个环节，还有饲料、兽药等投入品的使用。当前我国的畜禽产品品种多、品质不一、产量小、价格低。畜禽产业化经营发展不平衡，畜产品加工业发展滞后，龙头企业带动力不强，围绕畜产品开展精深加工、延长产业链、增强竞争力的企业少，尤其缺乏跨越国际贸易和技术壁垒的实力；企业和农户利益联结机制不健全，现有的行业、专业协会等农村合作经济组织结构松散，覆盖面窄，功能不强，作用有限。因此，畜产品企业应积极建设现代化畜禽产业，在前伸后延、流通加工、社会化服务等方面综合发力，强化企业在科技创新与推广应用中的主体作用，运用牧场托管、“公司＋农户”“公司＋合作社”等形式，推进畜禽产业科技成果转化，解决好社会化服务问题。

第三节　畜禽产业社会组织与模式

在畜禽产业发展过程中,我国因不同自然生态环境和社会人文环境差异,各地区形成了鲜明的区域特色。为提高各地区畜禽产业生产水平,需要构建高效标准化的畜禽养殖技术体系与养殖模式,加快推进畜牧业发展。

一、畜禽产业社会组织

(一)产业技术体系和协(学)会组织

随着我国畜禽养殖规模不断扩大,畜禽养殖技术体系与模式在新时期得到了较快发展。我国已经建设有针对畜禽产业的畜牧业技术体系和协(学)会组织,承担从产地到餐桌、从生产到消费、从研发到市场等各个环节环环相扣并有效衔接的重要任务。

1. 产业技术体系

目前我国针对生猪、奶牛、肉牛、肉羊、绒毛用羊、肉鸡、蛋鸡、水禽、兔、蜂、牧草等,均有对应的现代农业产业技术体系。产业技术体系的功能主要包括研究(产业化基础研究、应用基础研究、应用研究和产品研究)、转化、培训和推广。产业技术体系队伍主要由农业科研和教学单位、综合性的研究院所和高校的涉农研究人员组成。现代农业产业技术体系由产业技术研发中心和综合试验站二个层级构成。每一个农产品设置一个国家产业技术研发中心,研发中心由若干功能研究室组成,主要包括遗传育种与繁殖研究室、营养与饲料高效利用研究室、疾病控制研究室、环境控制研究室、畜产品加工研究室。

2. 协(学)会组织

随着国家科研投入的加大,科研人员不断增加,社会各界人士参与其中,各行各业的学会和协会相继建立。学会和协会都是现代社会社团组织中的核心构成部分,是以共同目的为纽带结成的全国性、非营利性的行业联合组织。学会侧重于行业科技发展和学术交流,其根本任务是科学研究与学术交流。协会侧重于经济发展和市场规范,其根本任务是发布行业相关信息、企业运行情况,市场调研与价格协调。目前,我国已经建立了中国畜牧兽医学会、中国畜牧业协会、中国兽医协会,并且各省也建立了省级协(学)会组织,在畜禽产业中发挥了积极作用。

(二)社会链接度

农业产业发展至今,无论从产业环节内部还是产业环节之间,从组织程度而言大多仍处于分散、分割状态。而加强畜禽产业社会组织化建设,有利于提高社会服务化水平。

1. 社会组织关系

为提升整个畜禽产业链的组织化程度,我国需要建立“官方机构—半官方机构—企业主导的行业协会——线互助组织”之类的社会组织体系,尤其是要加强承上启下的半官方机构建设，明确界定各类社会组织的社会职责、利益分配制度、联动机制、问责制度等，真正做到信息上下畅通、产业链联动互动，促进产业发展。

2. 养殖技术体系构建

养殖技术体系包括“良种繁育体系、生物安全体系、畜禽无害化处理体系”等三大方面。

(1)良种繁育体系　畜禽种业是国家战略性和基础性的核心产业，是畜禽产业生产的基础。经过多年发展，我国畜禽育种取得了显著成效，畜禽良种繁育体系逐步完善，为畜禽产业持续健康发展作出了积极贡献。

在育种机制上，正逐步从科研单位主导的科研育种向企业主导的商业化育种转变，初步建立起以企业为主体、市场为导向、产学研相结合的商业化育种体系。在育种路径上，正逐步从引进品种“仅扩繁、不选育”向引进品种“本土化”、注重系统选育转变，针对引进品种的基础性育种工作开始启动。在科技支撑上，正逐步从常规育种向常规育种和分子育种并重转变，基因组选择技术已经在奶牛和生猪育种中应用并推广。在未来畜禽产业发展中，依然需要不断加强良种繁育体系建设，积极推广先进养殖技术和高产稳产畜禽品种，实现养殖技术、养殖模式的快速转变，加快畜禽产业的现代化发展进程。

(2)生物安全体系　随着畜禽养殖的快速发展，畜禽疾病呈现出多样性，新病不断出现，老病频发，尤其是病毒毒株不断变异，给疫病防控增加了难度。因此，养殖场都加大了疾病防控力度，并且把生物安全体系建设作为疾病防控的主要措施。生物安全体系建设是一个庞大的工程，涉及畜禽养殖的各个方面，比如场址的选择，日常消杀的范围、频次，消毒用品的选择，水质与饲料的管控，免疫程序的制定等。每个层面都要注重细节、执行到位，只有做好每一个点，连点成线，汇线成面，生物安全体系才能有效构筑，养殖场才能够健康稳定地发展。

(3)畜禽无害化处理体系　病死畜禽和病害畜禽产品无害化处理工作不仅是阻断重大动物疫病传播流行的有效手段，而且是维护畜禽产品质量安全和生态环境安全的重要举措。我国一些地方已经出现过因对病死畜禽处理不当而造成人感染动物疫病的情况。因此，在畜禽养殖过程中必须高度重视，积极建立病死畜禽无害化处理体系，主要从加强病死畜禽无害化处理中心的建设、强化重点环节，落实各方责任、落实病死畜禽无害化处理财政补助机制、加强病死畜禽无害化处理中心的监管等方面贯彻落实，从而促进畜禽养殖健康可持续发展。

二、畜禽产业模式

(一)畜禽养殖模式

畜禽生产因不同的自然生态环境和社会环境，在世界各地形成了区域特色。我国地域广阔，自然资源、生产条件、传统习惯等差异较大，形成了规模化、养殖小区、家庭农场、散养户四种不同的养殖模式。

近年来，规模化畜禽养殖发展迅速，这是人们生活水平提升之后追求高质量畜产品以及不断提高养殖效益和提高抵御风险能力的必然需求。与传统养殖模式相比，规模化养殖能够节约大量的人力资源，通过统一管理、降低生产成本等，提升畜禽产业的经济效益。标准化养殖小区作为创新型模式，有效弥补家庭养殖及随意圈养模式的缺点，推动畜禽产业走向标准化。家庭农场模式有利于解决农村剩余劳动力就业问题，缓解农村留守儿童、妇女与外出务工人员的矛盾，同时带动了当地畜禽产业发展，促进农民增收。畜禽散养户模式为养殖户提供自用放心的畜禽产品，为自留地的蔬菜果树提供农家肥，同时少量养殖户将自养畜禽及产品出售市场以增加收入。

不同养殖模式各有利弊，养殖者在选择养殖模式的同时，更要科学地选择相应的饲养管理方式。

（二）畜禽产业发展模式

农业生产实践证明，畜禽产业发展模式在畜牧生产活动中发挥了积极推动作用，以科学技术为支撑的畜沼果蔬模式、种养加销模式、智慧畜牧业模式等有效提高了生产资料的利用效率，节约生产成本，提升畜产品品质与竞争力，解决农业生产与生态环境保护之间的矛盾，同时兼顾了经济效益和生态效益。

畜沼果蔬模式的核心是建立以沼气为纽带的循环系统，将养殖过程产生的粪便进行处理，制作成有机肥料再利用到种植环节，减少废弃物产生的同时保证了农产品的绿色有机，促进了农业增产增效。该模式的实质是“养殖＋沼气＋种植”模式，具体有“猪＋沼＋菜”“猪＋沼＋茶”等。畜沼果蔬发展模式为打造绿色、高效、循环的现代农业，实现绿色崛起提供了全新的领域、广阔的平台和良好的载体。

种养加销一体化是以产品为纽带，以市场为导向，采用产业化组织形式，通过将生产主体、加工主体、销售主体紧密联结，达到种植、养殖、农产品加工、农产品销售有机结合的一体化经营。目前，虽然我国种养加销一体化模式发展迅速，但不成熟，存在区域差异性和各参与主体联结不紧密等问题，需要不断完善，保证种养加销一体化模式的良好运行。

智慧畜牧业是将物联网、云计算、大数据及人工智能等新一代信息技术，应用于畜禽养殖、动物防疫、畜产品安全监测、病死动物无害化处理等重要环节，实现智能感知、智能分析、智能决策、智能预警，精细化高效管理畜牧业生产活动。

总之，在实际生产中，必须维护高效、安全的产业模式，保证和实现畜禽产业高质量发展的目标。

第二章　畜禽品种与繁育

畜禽品种作为畜禽种质资源的主要体现形式，其遗传基础、种质创新和遗传改良对畜牧业生产效率的提升起主导作用。通过对现有畜禽种质资源持续进行遗传改良，并人为调控畜禽繁殖过程，不仅能够为畜牧业生产提供优良种畜禽，而且可有效提高畜牧业生产效益。因此，挖掘并保护畜禽品种资源、探索畜禽主要经济性状的遗传规律、研究畜禽选育原理与方法、揭示畜禽生殖生理现象及规律、应用并发展畜禽繁殖技术，是畜禽繁育工作的主要内容。

第一节　畜禽品种资源

一、品种的概念与分类

（一）品种的概念

目前所有家养畜禽均是人类将野生动物逐渐驯养、驯化并长期饲养而形成。据统计，人类已经驯化或驯养的动物有40多个物种。在此过程中，由于生态环境条件与人类社会经济条件的差异，以及多种因素导致的地理隔离，使得在一定时间分布于不同地区的同一种畜禽小群体在经过自群繁育后，逐渐出现体型外貌特征、适应性、生产性能等方面的差异，同时本地区小群体内个体之间的相似性越来越高。

1. 品种（breed）

品种指在一个种群内部具有一定经济价值，血统来源一致，主要遗传性状基本相似并一致，能够适应一定的自然环境和饲养管理条件，产品的产量和品质符合人类要求，达到一定数量，且经过国家相关部门认定的畜禽类群。品种是发展畜牧业的基本生产资料，也是后续对畜禽性状改良、培育新品种等的基础。

一个家畜品种无论是经过长期自然选择演化而来，或是在有目的的人工选择过程中培育而成，通常具有以下6个特征，即来源相同，性状及适应性相似，遗传性稳定，生产性能一致，充足的数量，被国家、地方政府或品种协会认可。

2. 品系（strain，line）

根据现代育种观点，广义上的品系是指在一个品种内部，一群具有突出优点、并能够将这些突出优点相对稳定遗传下去的亲缘畜群。品系是品种下的一种结构形式，也是家畜育种工作中的基本种群单位，在加速现有育成品种改良、促进新品种育成以及充分利用杂种优势等多项育种工作中发挥重要作用。品系大体分为地方品系、单系、近交系、群系和专门化品系等5大类。

（二）品种的分类

基于不同目的，可对数量庞大的畜禽品种进行多种多样的分类，用于后续研究与生产管理。如《国家畜禽遗传资源品种名录（2021年版）》中将畜禽品种分为传统畜禽与特种畜禽；用动物分类学的方法，可将畜禽分为哺乳纲、鸟纲，以及偶蹄目、奇蹄目、鸡形目、雁形目等；根据食性分为草食动物、肉食动物、杂食动物等。而在家畜育种领域，人们主要按照畜禽的改良程度、体型外貌特征、生产用途等3个方面进行分类。

1. 按照改良程度分类

按照畜禽品种的改良程度，分为地方品种和培育品种。

（1）地方品种　也称原始品种。一般为比较古老的品种，在经过历史的驯养驯化至今，一直处于放牧或家养状态下生活，基本没有经过严格系统的人工选择，通常能够适应当地特定自然环境，抗病力相对较强。地方品种多以原产地或自身特点来命名，例如民猪、鲁西牛、哈萨克羊、中卫山羊、阿巴嘎黑马、阳原驴、阿拉善双峰驼、九嶷山兔、仙居鸡、恩施麻鸭、豁眼鹅等。有一些地方品种在近现代被系统选育培育形成，生产性能逐渐提高，也称之为地方良种，如金华猪、秦川牛、辽宁绒山羊、北京鸭等。

（2）培育品种　以明确的育种目标为导向，在遗传育种理论和技术的指导下，经过系统的人工选择而育成的畜禽品种。培育品种集中了特定经济性状的优良基因，性状表现明显高于原始品种，产品相对专门化，经济价值高于原始品种；对饲养管理条件要求比原始品种高，通常适应性与抗病力低于原始品种。如北京黑猪、中国荷斯坦牛、延黄牛、新疆细毛羊、关中奶山羊、三河马、川白獭兔、京海黄鸡、扬州鹅等。

2. 按照体型外貌特征分类

按照畜禽品种的体型外貌特征，主要是根据体型大小、毛色或羽色、角的有无、尾部大小、蛋壳颜色等进行分类。

按体型大小，可将畜禽分为大型、中型和小型三种，如香猪、五指山猪属于小型猪品种；德国花巨兔是家兔中的大型品种。

毛色是各种畜禽非常重要的品种特征，表现最为直观。如猪有黑、白、花斑、红等毛色，如山西省的马身猪为黑毛猪，浦东白猪全身被毛呈白色，兰溪花猪全身被毛以黑白花为主，红毛猪的典型代表是原产于美国的杜洛克猪；马的毛色可分为骝毛、栗毛、黑毛、青毛、鼠灰、沙毛等13种，如阿巴嘎黑马浑身被毛乌黑，而蒙古马的毛色则较为复杂，青毛、骝毛、黑毛较多；鸡有红羽、白羽、芦花羽等颜色，如汶上芦花鸡浑身羽毛呈黑白相间、宽窄一致的斑纹状，即芦花羽。

按角的有无，牛、绵羊和山羊可分为有角品种和无角品种。如我国近年培育并于2019年通过国家畜禽遗传资源委员会审定的阿什旦牦牛是无角牦牛品种；无角陶赛特羊是无角绵羊品种；承德无角山羊是无角山羊品种。

按尾部的大小，绵羊有小尾品种如小尾寒羊、大尾品种如大尾寒羊、脂尾品种如乌珠穆沁羊。

按照蛋壳的颜色，鸡主要分为褐壳蛋鸡和白壳蛋鸡，如我国的仙居鸡是褐壳蛋鸡品种，原产于意大利的来航鸡是白壳蛋鸡品种。此外，存在特殊颜色蛋壳的蛋鸡品种，如我国的长顺绿壳蛋鸡。

3. 按生产用途分类

现代畜禽的培育品种大多是定向培育而成，按照生产用途一般分为专用品种和兼用品种。专用品种即某畜禽品种只有一个主要用途；兼用品种是指某畜禽品种同时具有两个或两个以上主要用途。

例如，猪根据其胴体瘦肉率分为脂肪型、瘦肉型、腌肉型等，民猪是著名的脂肪型地方猪种，杜洛克是我国引进的优良瘦肉型猪种，金华猪是我国著名的、适于腌制优质火腿的猪种资源；牛分为乳用、肉用、乳肉兼用、肉乳兼用等，如中国荷斯坦牛为我国培育的乳用品种，安格斯牛是澳大利亚肉牛业中最受欢迎的品种之一，西门塔尔牛是原产于瑞士的乳肉兼用型品种；绵羊分为肉用、毛用、裘皮用、羔皮用以及各种兼用品种等，如内蒙古自治区的乌珠穆沁羊是著名的肉用绵羊品种，新疆细毛羊是我国培育的毛肉兼用型品种，太行裘皮羊是裘皮及肉用兼用型绵羊品种；山羊分为肉用、乳用、毛用、绒用、绒肉兼用和其他各种兼用品种等，如波尔山羊是原产于南非的著名肉用山羊品种，萨能奶山羊是乳用山羊，内蒙古绒山羊是我国著名的绒肉兼用型地方品种；家禽有蛋用、肉用、药用、观赏用以及其他各种兼用品种，如仙居鸡是我国著名的蛋鸡地方品种，浦东鸡是肉蛋兼用型品种，丝羽乌骨鸡具有一定的药用价值，鲁西斗鸡属于玩赏型地方品种。

二、我国畜禽品种资源

我国幅员辽阔，自然生态条件复杂多样，历史上形成了丰富的家畜品种资源，成为全球家畜遗传资源宝库中的重要组成部分。2020 年 5 月，我国首次颁发《国家畜禽遗传资源品种目录》，并于 2021 年 1 月进行完善与初步修订后公布《国家畜禽遗传资源品种名录(2021 年版)》，共收录畜禽地方品种、培育品种、引入品种及配套系 948 个。

(一)猪

我国拥有丰富的地方猪遗传资源，具有繁殖力高、抗逆性强、肉质好、性情温驯、能够大量利用青粗饲料等特点，但其生长缓慢，屠宰率低，背膘较厚，胴体瘦肉少而肥肉多。《国家畜禽遗传资源品种名录(2021 年版)》共收录 130 个猪品种及配套系，包括 83 个地方品种，如八眉猪、金华猪、荣昌猪等；25 个培育品种，如上海白猪、北京黑猪、苏太猪等；14 个培育配套系，如光明猪配套系、华农温氏 1 号猪配套系、天府肉猪配套系等；6 个引入品种，即大白猪、长白猪、杜洛克猪等；2 个引入配套系，斯格猪、皮埃西猪。

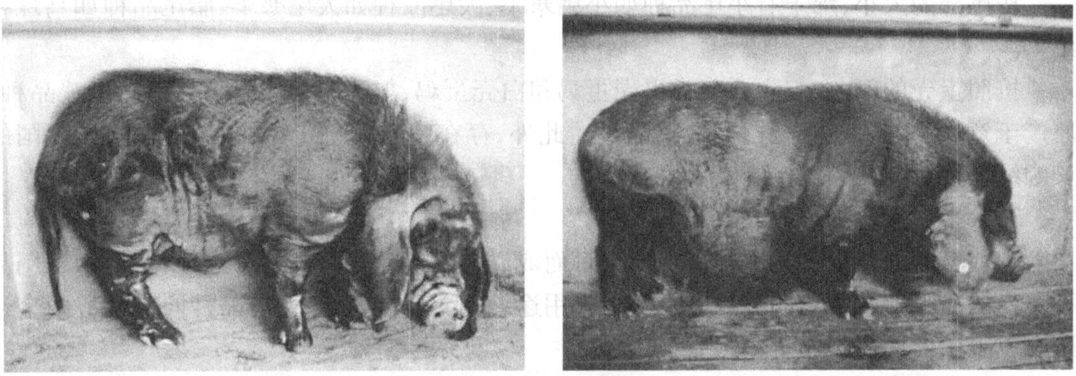

图 2-1　八眉猪(地方品种,左侧为公猪,右侧为母猪)

(引用自《中国畜禽遗传资源志 猪志》)

(二)牛

牛分为普通牛、瘤牛、水牛、牦牛、大额牛 5 个种类。在农业机械化普及之前,我国黄牛主要作为役用,而现代主要为肉用和乳用。《国家畜禽遗传资源品种名录(2021 年版)》共收录 55 个普通牛地方品种,如秦川牛、鲁西牛、延边牛等;10 个培育品种,如中国荷斯坦牛、三河牛、辽育白牛、华西牛等;15 个引入品种,包括西门塔尔牛、夏洛来牛、皮埃蒙特牛等。1 个引入的瘤牛品种——婆罗门牛。水牛共收录 27 个地方品种,如海子水牛、东流水牛、信阳水牛等;3 个引入品种,摩拉水牛、尼里 - 拉菲水牛和地中海水牛。牦牛共收录天祝白牦牛、九龙牦牛、甘南牦牛等 18 个地方品种;大通牦牛和阿什旦牦牛 2 个培育品种。大额牛中收录了 1 个地方品种——独龙牛。

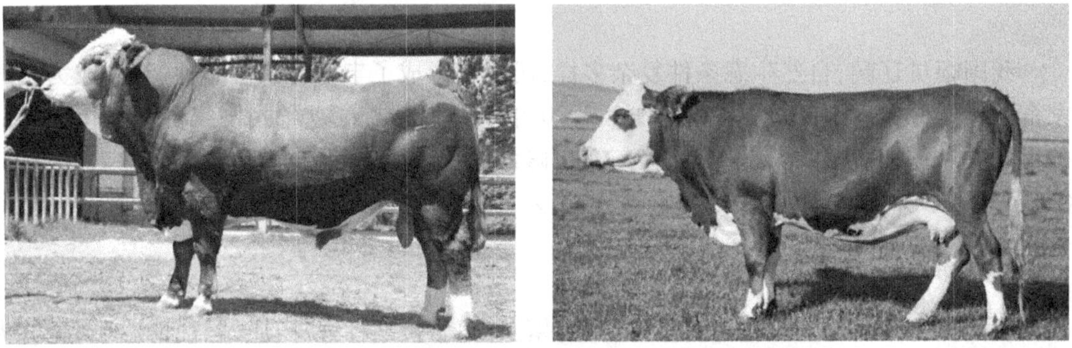

图 2-2　华西牛(培育品种,左侧为公牛,右侧为母牛)

(图片来源:中国农业科学院北京畜牧兽医研究所)

(三)羊

羊包括绵羊和山羊两个物种,是人类最早驯养驯化的家畜之一。我国绵羊品种资源极为丰富,广泛分布于从高海拔的青藏高原到地势较低的东部地区。《国家畜禽遗传资源品种名录(2021 年版)》共收录 44 个绵羊地方品种,如蒙古羊、欧拉羊、哈萨克羊等;32 个培育品种,如新疆细毛羊、东北细毛羊、敖汉细毛羊等;13 个引入品种,如夏洛来羊、考力代羊、澳洲美利奴羊等。

图 2-3　欧拉羊(地方品种,左侧为公羊,右侧为母羊)

(引用自《中国畜禽遗传资源(2011—2020年)》)

我国山羊分布遍及全国,共收录 60 个山羊地方品种,如西藏山羊、新疆山羊、内蒙古绒山羊等;12 个培育品种,如关中奶山羊、崂山奶山羊、南江黄羊等;6 个引入品种,如萨能奶山羊、安哥拉山羊、波尔山羊等。

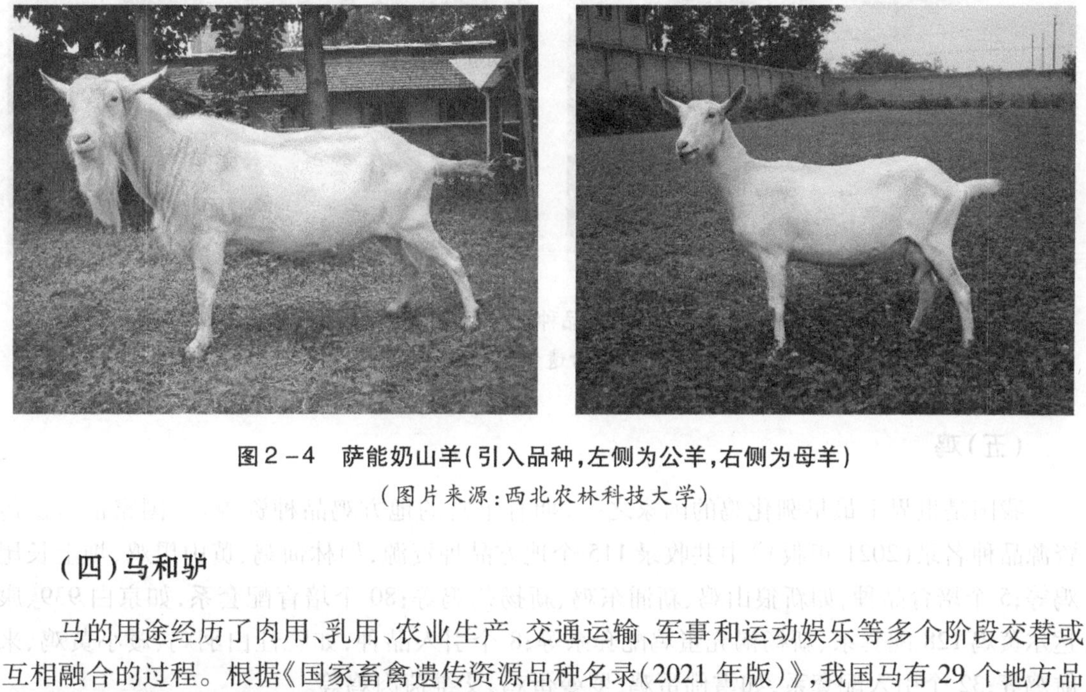

图 2-4　萨能奶山羊(引入品种,左侧为公羊,右侧为母羊)

(图片来源:西北农林科技大学)

(四)马和驴

马的用途经历了肉用、乳用、农业生产、交通运输、军事和运动娱乐等多个阶段交替或互相融合的过程。根据《国家畜禽遗传资源品种名录(2021 年版)》,我国马有 29 个地方品种,如阿巴嘎黑马、鄂伦春马、蒙古马等;13 个培育品种,如三河马、金州马、铁岭挽马等;16 个引入品种,如纯血马、阿哈-捷金马、顿河马等。

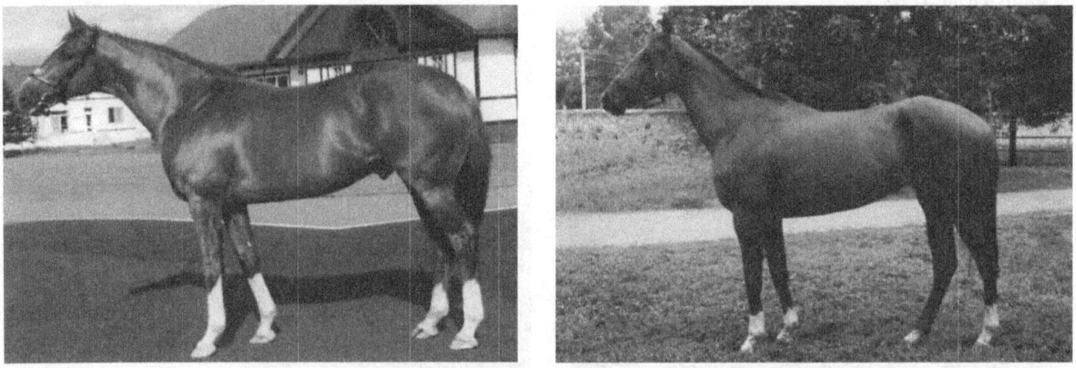

图2-5　纯血马(引入品种,左侧为公马,右侧为母马)
(引用自《中国畜禽遗传资源志 马驴驼志》)

驴同属马属,曾经多为役用,现在多为肉用和药用。《国家畜禽遗传资源品种名录(2021年版)》共收录24个地方品种,如关中驴、太行驴、阳原驴、广灵驴等。

图2-6　关中驴(地方品种,左侧为公驴,右侧为母驴)
(引用自《中国畜禽遗传资源志 马驴驼志》)

(五)鸡

我国是世界上最早驯化鸡的国家之一,拥有丰富的地方鸡品种资源。《国家畜禽遗传资源品种名录(2021年版)》中共收录115个地方品种资源,如林甸鸡、黄山黑鸡、坝上长尾鸡等;5个培育品种,如新狼山鸡、新浦东鸡、新扬州鸡等;80个培育配套系,如京白939、康达尔黄鸡128配套系、新杨褐壳蛋鸡配套系等;8个引入品种,如隐性白羽鸡、矮小黄鸡、来航鸡等;32个引入配套系,如雪佛蛋鸡、罗曼蛋鸡、艾维茵肉鸡等。

(六)鸭和鹅

我国水禽品种资源丰富,其中23个被列入国家级重点保护品种名录。《国家畜禽遗传资源品种名录(2021年版)》共收录37个鸭地方品种,如北京鸭、高邮鸭、莆田黑鸭等;10个培育配套系,如三水白鸭配套系、仙湖肉鸭配套系、南口1号北京鸭配套系等;1个引入品种,如咔叽·康贝尔鸭;7个引入配套系,如奥白星鸭、狄高鸭、枫叶鸭等。

图2-7　我国部分地方品种鸡

（引用自《中国畜禽遗传资源志 家禽志》）

图2-8　我国部分地方品种鸭

（引用自《中国畜禽遗传资源志 家禽志》）

在《国家畜禽遗传资源品种名录(2021年版)》中收录了30个鹅地方品种资源,如太湖鹅、狮头鹅、四川白鹅等;1个培育品种——扬州鹅;2个培育配套系,天府肉鹅和江南白鹅配套系;6个引入配套系,如莱茵鹅、朗德鹅、罗曼鹅等。

图2-9　我国部分地方品种鹅

(引用自《中国畜禽遗传资源志 家禽志》)

三、国外畜禽品种资源

与我国畜禽品种资源类似,国外畜禽品种资源也十分丰富。一些畜牧业发达的欧美国家曾从我国引进一些繁殖性能表现优异的地方品种与当地品种进行杂交,经过多年改良与选育,逐渐培育出许多生产性能表现优异、符合市场需求的畜禽品种。当然很多国外优秀品种也被引进到我国,用以改良我国地方畜禽的生产性能,对我国畜禽品种培育产生了深远影响。

国外主要的猪品种,例如原产地为丹麦的长白猪、英国的大白猪和巴克夏猪、美国的杜洛克猪和汉普夏猪以及比利时的皮特兰猪,这些引进品种对我国现代生猪产业的发展产生了重大影响。在世界生猪生产中,50%以上利用了长白猪、大白猪和杜洛克猪三个品种杂交的"杜长大"三元杂交组合。

国外主要乳用牛品种,以原产于荷兰和德国的荷斯坦牛以及原产于英国的娟珊牛最为著名。原产于法国的利木赞牛和夏洛来牛、英国的安格斯牛、美国的肉牛王和日本的和牛是国外肉用牛品种的代表。原产于瑞士的西门塔尔牛是乳肉兼用牛的代表品种。这些品种被引进到我国用以改良我国地方牛的生产性能,对我国乳用牛、肉用牛和兼用牛的品种改良产生了重要作用。

国外著名的绵羊品种有西班牙的美利奴羊、澳大利亚的澳洲美利奴羊、英国的萨福克羊、南非的杜泊羊、法国的夏洛来羊等。著名的山羊品种有土耳其的安哥拉山羊、瑞士的萨能奶山羊、南非的波尔山羊等。

国外著名的家禽品种包括美国的白洛克鸡和洛岛红鸡、意大利的来航鸡、英国的咔叽·康贝尔鸭等。

四、畜禽遗传资源多样性与保护

（一）畜禽遗传多样性

自人类开始驯养野生动物以来，目前已有40多种哺乳动物和禽类被驯化，成为人类畜牧业生产的主体。畜禽遗传多样性（domestic diversity）是生物多样性中一个重要而又独特的组成部分，虽然在物种多样性中占比很小，但在遗传多样性中却至关重要。畜禽遗传多样性是人类生活重要的生产资料，与人类社会关系非常密切。家畜遗传多样性的丢失对人类利益的损害甚至比野生物种多样性的丢失更大，因而对畜禽遗传资源进行保护是关系到养殖业可持续发展的关键。

（二）畜禽遗传资源保护的意义与方法

1. 畜禽遗传资源保护的意义

（1）畜禽遗传资源是保障国家重要畜禽产品供给的战略性资源　当今世界90%的畜牧生产来源于14个畜禽物种的6 000多个品种，为人类提供大约30%的食物营养需要，可以说畜禽遗传资源是满足人类食物与健康的直接来源，是人类社会赖以生存和发展的重要生物资源。我国畜禽、水产品产量长期居世界首位，主要得益于品种的持续更新换代，而创新性品种成功培育与推广，无不来源于优异遗传资源的挖掘利用。

（2）畜禽遗传资源是畜牧业可持续发展的基础　人们对畜产品的需求方向不断变化，尤其是对肉品质的要求已经越来越高。由于遗传变异是畜禽改良的原始素材，其保护工作为适应未来新的经济需求提供了各种选择。许多国家都有一些具有某种适应特性和功能特性的畜禽变异品种，虽然在目前情况下并未得到重视，但为了适应未来经济的发展应予以保存。

（3）畜禽遗传资源是畜牧科技创新的巨大宝藏　畜禽遗传多样性是动物遗传育种的基础，可以利用群体间以及个体间的遗传变异来研究动物的发育和生理机制，深入了解动物迁徙、进化、驯化、品种形成过程，以及其他一些生物学基础问题，因而遗传多样性保存对科学研究极其重要。几千年来，由自然选择和人工选择积累了大量的遗传变异，如果这些遗传变异丧失了，对科学研究将是巨大损失。

（4）畜禽遗传资源是维持生物物种多样性的重要保障　畜禽、野生动物和植物遗传资源都是生物物种多样性的重要组成部分，其中畜禽遗传资源多样性对保障农业生态系统的稳定性和良性化十分重要。现存的一些对极端气候具有很好耐受性的畜禽品种，是未来培育优质、高产、低耗、适应恶劣生态环境条件等新品种和新品系的原始材料。

(5)畜禽遗传资源是文化和历史方面的重要载体 几千年来,畜禽一直与人类密切相关,是人类的文化特征之一,畜禽遗传资源的保存为一个国家的文化历史遗产提供了活的见证。中华民族发现、驯化、培育了大量畜禽种质资源,在传承中华农耕文明、推动人类社会发展过程中发挥了不可替代的作用。对于一些濒危畜禽遗传资源,要高度重视保存工作。例如贾湖遗址出土了迄今为止我国最早的家猪骨骼,这不但说明新石器时代的人类已经开始驯养驯化家畜,同时也表明贾湖遗址是东亚地区家猪起源的一个中心。

2. 畜禽遗传资源保护的方法

在畜禽遗传资源保种过程中,目前设立保种群仍然是最主要的保护形式。为了在整体上保持一个品种的遗传结构稳定,一般采取划定保种区、建立保种群、各家系等量留种、制定合理的交配制度、适当延长世代间隔、规范饲养管理、尽量避免人工选择等措施。

随着近年生物技术手段的不断发展,一些现代生物技术被应用到畜禽遗传多样性的保种中。例如将畜禽的血液、组织样品或DNA片段信息等冷冻保存起来,可以最大数量且低成本地长期保存畜禽遗传信息,但这种方法恢复完全的生命群体的可能性较小。利用冷冻保存技术将精液、卵母细胞、体细胞、胚胎干细胞等保存下来,也可以有效保存畜禽遗传资源。

第二节 畜禽主要经济性状及其遗传规律

通常将畜禽在其生长发育过程中表现出大量的特征和特性称为性状(trait, character),其中有些性状体现了畜禽品种的标志性特性,更多的是表现出畜禽对人类所利用的生产性能。了解畜禽性状的遗传特性及其规律,是育种工作中选择优秀个体、进行群体遗传改良、培育新品种(系)的基础与必要前提。

根据畜禽性状表现方式和人们考察、度量的手段,一般将畜禽性状分为质量性状和数量性状两大类。质量性状常用语言来描述,例如毛色、有角无角、鸡冠形状、血型等,其遗传方式符合孟德尔遗传定律,由单个基因座位或少数几个基因座位调控,受到环境影响较小。数量性状用度量的方式考察,如体重、产奶量、产蛋量等,个体间差异用数量来区别,变异呈连续性,其遗传方式不符合孟德尔遗传定律,而是由不同染色体、不同基因座位上的多个微效基因调控,并且性状表现比较容易受到环境因素影响。与动物生产性能密切相关的性状大多都是数量性状,因而也将畜禽的数量性状称为经济性状(economic trait)。

在家畜众多性状中,阈性状(threshold trait)和主效基因性状(major gene trait)是两种特殊的性状,在动物生产中同样具有一定的生物学意义和经济价值。阈性状的遗传基础与数量性状相同,受微效多基因调控,并且性状的表达受环境因素影响,但表型却是非连续性变异,例如与畜禽健康相关的性状通常表现为发病和健康两个状态。主效基因性状的遗传基础同属数量性状,但调控该性状的微效多基因中存在一个或少数几个表型效应很大的主效基因,性状表型遗传规律符合孟德尔遗传定律,这种性状最早发现在比利时蓝牛双肌臀性状和澳洲美利奴羊多胎性状中。

一、肉用性状

绝大部分畜禽都具有肉用价值，肉用性状是畜禽最重要的经济性状之一。

猪的肉用性状可分为生长育肥性状（如初生重、日增重、饲料转化率等）、胴体组成性状（如瘦肉率、眼肌面积、背膘厚等）和肉品质性状（如胴体综合评定等级、pH 等理化指标、肌内脂肪沉积等）三类，其中生长育肥性状的遗传力多属于中等遗传力，胴体组成性状的遗传力大部分属于高遗传力，而肉品质性状的遗传力属于中等偏低遗传力。

肉牛和绵羊的肉用性状主要包括生长能力（如体重、体高、体斜长等）、育肥性能（如育肥期日增重、饲料转化率、屠宰率等）、胴体组成（如净肉率、眼肌面积、脂肪厚度等）、肉质性状（如胴体综合评定等级、pH 等理化指标、大理石花纹等）。大部分生产性能性状都属于中等偏高遗传力，说明肉牛和肉用绵羊的遗传改良措施相对容易获得成效。

肉鸡的重要经济性状分为生长与育肥性状（如日增重、饲料转化率、体型等）、胴体性状（如胴体重、胸肌重、腹脂重等）、肉质性状（如胴体综合评定等级、pH 等理化指标等）。

表 2-1　畜禽的肉用经济性状遗传力估计值均值

（John W. Massey and Dale M. Vogt，1993；张沅，2018）

物种	性状	遗传力	物种	性状	遗传力
猪	日增重	0.30	肉鸡	日增重	0.39
	饲料转化率	0.35		饲料转化率	0.41
	屠宰率	0.30		胸宽	0.28
	瘦肉率	0.60		龙骨长	0.39
	眼肌面积	0.50		胴体重	0.24
	胴体长	0.57		屠宰率	0.41
	肌肉 pH	0.16		腹脂重	0.51
	系水力	0.15			
	肉色	0.28	绵羊	日增重	0.23
				胴体长	0.36
肉牛	肥育终体重	0.45		净肉重	0.39
	饲料转化率	0.45		骨重	0.30
	背膘厚	0.44		眼肌面积	0.53
	屠宰率	0.39		背膘厚	0.23
	胴体综合评定等级	0.50		胴体鉴定等级	0.12
	眼肌面积	0.70			

二、乳用性状

常见乳用家畜有奶牛、奶山羊等，主要包括泌乳量和乳成分两部分性状。

奶牛泌乳性状中，中国荷斯坦牛前三胎次总遗传力最高的性状是产奶量，总遗传力最低的是乳脂量(表2－2)。产奶量与乳脂量、乳蛋白量呈正相关；产奶量与乳脂率、乳蛋白率呈负相关；乳脂率与乳蛋白率在第一胎和前三胎次间均呈较高的正相关。

表2－2　江苏地区中国荷斯坦牛产奶性状不同胎次的遗传力

(卢徐斌，2022)

胎次	产奶量	乳脂率	乳脂量	乳蛋白率	乳蛋白量
1	0.379(0.016)	0.293(0.034)	0.273(0.035)	0.389(0.027)	0.313(0.035)
2	0.241(0.027)	0.221(0.056)	0.133(0.048)	0.273(0.030)	0.208(0.055)
3	0.228(0.028)	0.216(0.071)	0.153(0.071)	0.214(0.051)	0.150(0.052)
1～3	0.342(0.035)	0.290(0.046)	0.271(0.023)	0.324(0.052)	0.284(0.090)

注：括号内为标准误。

奶山羊的乳用性状中，西农萨能奶山羊的第一胎母羊最高日产奶量、90 d产奶量和300 d产奶量的遗传力分别为0.14、0.24和0.37。三个性状间存在很高的正相关，最高日产奶量与90 d产奶量间的遗传相关系数高达0.93，90 d产奶量和300 d产奶量的遗传相关系数为0.80。

三、产蛋性状

产蛋量是家禽最重要的生产和繁殖性能指标。产蛋量的遗传力估计值较小，在0.14～0.24之间，比较容易受到环境因素的影响。将整个产蛋期从前往后可划分为多个阶段，大多数阶段产蛋量之间的遗传相关性很高。如40周龄产蛋数与72周龄产蛋数间的遗传相关系数达0.7左右，因而为了缩短世代间隔，在蛋鸡育种中常用40周龄产蛋数作为个体产蛋性能指标进行选种。

蛋重决定了产蛋总重的大小，同时与种蛋合格率、孵化率、产蛋数等相关。蛋重的遗传力估计值较高，一般约为0.5。但是，动态考察蛋重变化过程的遗传规律发现，鸡群刚开产时蛋重的遗传力相对较低，约为0.3；当鸡群在30周龄左右达到产蛋高峰期时，蛋重的遗传力估计值最高，约为0.6；以后各个阶段蛋重的遗传力有逐渐下降的趋势，在接近产蛋末期(65～72周龄)时蛋重的遗传力估计值降到0.2～0.3。母禽在其36周龄时的蛋重与其全期平均蛋重最为接近，因而在蛋鸡改良育种中一般采用36周龄蛋重进行选择。蛋重与其他重要性状之间的相关程度较高，蛋重与产蛋量的遗传相关达－0.4以上，所以要在同一群体中同时选择提高蛋重和产蛋量非常困难，必须采取合理的育种方案来保持这两个遗传对抗性状之间的平衡。

蛋壳强度的遗传力一般在0.3～0.4之间，蛋壳厚度的遗传力约为0.3，蛋壳厚度与强度呈正相关(相关系数0.73)。因此,在蛋鸡选育计划中,只要给予足够的选择,就可以提高蛋壳强度。

四、皮毛用性状

皮毛用家畜主要有绵羊、绒山羊、兔等。

绵羊的皮毛用性状主要有污毛重、净毛重、纤维直径、羔皮等级等。污毛重遗传力和净毛重遗传力属于中等偏高遗传力性状,其遗传力分别约为0.38和0.40;纤维直径属于低遗传力性状,遗传力约为0.15;湖羊的羔皮等级属于高遗传力性状,遗传力约为0.42。

绒山羊的皮毛用性状主要有产绒量、绒长、纤维细度等。绒长属于高遗传力性状,遗传力为0.56左右;产绒量属于中等偏低遗传力性状,遗传力为0.22左右;绒山羊的纤维细度同毛用绵羊的遗传规律一致,属于低遗传力性状,遗传力为0.14左右。

兔的皮毛用性状主要有产毛量、毛长、纤维直径等。如沂蒙长毛兔产毛性状在不同剪毛次数的遗传力大多属于中等遗传力性状,个别为高等遗传力性状,细毛纤维直径在后两次剪毛的遗传力分别为0.41和0.49,属于高等遗传力。粗毛纤维直径、细毛纤维直径、细毛长度、产毛量、剪毛后体重之间,两两性状间均呈正遗传相关。

五、繁殖性状

畜禽的繁殖性状对畜牧生产而言是非常重要的性状,但大多数繁殖性状都属于低遗传力性状,遗传力大部分在0.10~0.15之间,非常容易受到环境影响。

对于不同物种和品种而言,由于用途不同,在育种过程中关注的繁殖性状不尽相同。评价奶牛繁殖性状的指标主要有第一情期受胎率、胎间距等;肉牛繁殖性状主要包括母牛的产犊率、难产率、犊牛成活率等;猪的繁殖性状主要有窝产仔数、窝断奶活仔猪数等;绵羊除常规繁殖性状外,产羔率是关系到生产效益的重要经济性状;蛋鸡的繁殖性状主要有受精率、孵化率等。

第三节　畜禽选育原理与方法

人们对家畜进行育种的目的是“选出优良种畜,使其生产更好后代”。育种的首要任务是选种,而选种的关键是准确。

一、选种

选种即对畜禽个体进行选择。一个好的选种方法,要考虑并兼顾准确、简便、成本低、效率高等特点,便于在生产实践中推广应用。

(一)选种原理

选种就是一种选择。自然界中的选择分为自然选择(nature selection)和人工选择(artificial selection)两种,其中生物进化主要依赖自然选择作用于可遗传的变异,而畜禽育种则是由人工选择作用于可遗传的变异。自然选择作为物种起源过程中起主要导向作用的选择方式,掌控群体内变异发展的方向,并为了动物体本身的利益而形成了适应性性状。

人工选择则是为了使畜禽更好地为人类提供各种各样的畜产品,按照人为制定的需求目标对畜禽特定群体进行选择,仅让表型、生产性能表现优异的个体参加繁殖,使畜禽个体参与繁殖的机会不均等,对后代贡献不一致。根据遗传学理论——基因控制性状表现,选择可以定向地改变群体基因频率,进而增高有利于生产性能提高的基因频率,降低不利于生产性能提高的基因频率,从而打破了群体基因频率的平衡状态。

(二)选种方法

对畜禽进行选择的方法有很多,在实际选种过程中可以使用任意一种,也可以同时使用多种,但原则是保证选种的准确性高。选种方法通常有体型外貌选择、表型值选择、育种值选择等。

1. 根据体型外貌选择

对畜禽体型外貌进行详细观察并选择,是人类最早开始使用的畜禽选育选种方法。我国古代伯乐的《相马经》与宁戚的《相牛经》就是这种方法的典型代表。在缺乏经典遗传学知识的背景下,养殖者发现个体表现与其家系有关,因而根据畜禽的体型外貌进行选择是现代畜禽育种学的雏形。乃至现今,通过对畜禽的体型外貌进行初步选择仍是育种工作的第一步。

例如肉用牛和乳用牛的理想体型特征差异明显。肉用牛的理想体型呈“长方砖型”,从侧面、前方、后方和上方观察,体侧外貌均呈明显的矩形或圆筒状;肉用牛的外貌特征可总结为“五宽五厚”,即“额宽、颈宽、胸宽、背宽、尻宽、颊厚、垂厚、肩厚、肋厚、臀厚”。而乳用牛全身清秀、棱角突出、体大而不肥、胸深长、肋间宽、背腰宽平、腹围大、尻部较长且方宽、腰角显露,后躯较前躯发达,中躯较长,体型一般呈三角形;乳房发育较好,乳房基部充分前伸后延。

畜禽的外部形态在某种程度上可以反映出其健康状况和生产性能,并且畜禽的某些特定外貌特征是其品种的独特标志。因此,在了解不同品种、性别、用途的畜禽所应具有的正常体型外貌特征外,也应关注其身体缺陷,而体型外貌缺陷是健康状况不佳、生产性能低下的表现之一。对于预备留作种用的家畜,更应仔细检查其是否具有遗传方面的体型外貌缺陷,如侏儒症、隐睾等。

2. 根据生产性能测定成绩进行表型值选择

在实际畜禽生产与选种选育过程中,对畜禽直接表现出来的生产性能数据进行测定、分析与比较,基于此筛选表型值更符合育种目标的个体留作种用。表型值可以来源于个体本身的生产性能测定值,也可以来源于父母、祖先、同胞、半同胞、后裔等亲属,基于此进一步分为个体选择、系谱选择、后裔选择等。

在现代畜禽育种工作时，要准确测定并记录畜禽的生产性能，进行判断并选择。生产性能测定前，首先要确定所需测定的性状，然后选择合适的测定方法，保证测定过程简便、测定成本低、结果准确。根据生产性能测定结果对畜禽进行选择时，有些性状需要向上选择，即数值越大代表成绩越佳，例如产仔数、日增重、产奶量、产蛋数等；一些性状需要向下选择，即数值越小代表成绩越佳，例如一些地方猪的背膘厚、蛋鸡的开产日龄等。

(1)肉用性状　肉用性状主要包括生长育肥、胴体组成、肉品质等方面的性状。

①平均日增重：猪的平均日增重计算公式如下。

$$\text{平均日增重(ADG)} = \frac{\text{结束测定时的体重} - \text{开始测定时的体重}}{\text{测定天数}}$$

②活体背膘厚：测定猪达到目标体重时的活体背膘厚，检测部位是猪身体左侧第 10 ~ 11 肋间距背中线 5 cm 处。常用 B 型超声波测膘仪检测。

③胴体重：反映肉用畜禽生产水平的指标，一般指畜禽屠宰后，去掉头、蹄、毛(或皮)、内脏后的躯体和四肢的带骨肉重量。不同畜禽其胴体重所包括的部分有所不同，如猪是指去掉头、蹄、尾、毛和内脏，牛羊是指去掉头、蹄、皮毛和内脏，家禽是指去掉爪、毛和内脏。胴体重与畜禽品种类型、育肥期长短、育肥程度和饲料配合是否合理等有关。

④肌内脂肪含量：指肌肉纤维之间脂肪的含量，是影响肉用畜禽风味口感的主要因素。一般有两种检测方法。第一种是屠宰后在胴体倒数 3 ~ 4 肋间取眼肌横切面并置于 4℃ 环境下存放 2 h 后肉眼观察肌肉脂肪的分布情况；第二种是在相同部位取 300 ~ 500 g 肉样，在实验室利用索氏提取法提取样品中的脂肪，进而计算肉样中脂肪所占比例。

⑤家禽体重：指不同周龄家禽的体重，尤其对肉用家禽来说是非常重要的经济指标。

(2)奶用性状　奶用性状主要包括奶牛、奶山羊、骆驼等家畜产奶性能和挤奶能力等方面的性状。

①产奶量：可分为年产奶量、泌乳期产奶量，奶牛还有 305 d 产奶量等，其中年产奶量是指乳用家畜一个自然年度的总产奶量；而泌乳期产奶量是指乳用家畜从产仔到干乳期间的总产奶量；奶牛 305 d 产奶量是指奶牛产犊当天到第 305 个泌乳日的累计产奶量。

②乳脂率与乳脂量：乳脂率是指乳中所含脂肪的百分率；乳脂量指乳中所含脂肪的重量。

③乳蛋白率与乳蛋白量：乳蛋白率指乳中所含蛋白的百分率；乳蛋白量指乳中所含蛋白的重量。

④排乳速度：一般用平均每分钟泌乳量来表示。

(3)蛋用性状　家禽在产蛋性能方面的一些重要经济性状。

①产蛋量：产蛋量是衡量家禽，尤其是蛋用家禽最重要的生产性能和繁殖性能指标，可用不同的数量指标来表示，如产蛋数、产蛋总重和产蛋率等。产蛋数分为个体产蛋数和群体产蛋数两种，个体产蛋数指每只家禽在一个产蛋周期或规定时间内的总产蛋个数，在家禽育种中对产蛋数的选择具有重要的意义；群体产蛋数是在扩繁场生产中一般用群体内每只家禽的平均产蛋数代表群体产蛋数，可用饲养日产蛋数和入舍鸡产蛋数来表示。

②蛋重：即单个蛋的重量，一般应取新鲜蛋(24 h 之内)称重。蛋重决定了产蛋总重的

大小,同时与种蛋的合格率、孵化率、产蛋数等有关。通常母禽刚开产时蛋重较小,随着日龄增加,蛋重迅速增加,经过大约 60 d 的近似直线增长过程后,蛋重增长率逐渐降低,增量逐渐减少,在母禽约 300 d 后蛋重的增长率趋于平缓,并逐渐接近蛋重的极限。在育种实践中一般只测定某一特定月龄的蛋重,以期通过选择这一时间点的蛋重来间接对其他各个产蛋期的蛋重进行选择,达到提高总蛋重的目的。

(4)皮毛用性状　皮毛用性状主要包括皮毛类畜禽的皮用性状、毛用性状和绒用性状等。

①毛长:打开毛用家畜的皮肤毛丛,保持毛丛自然状态,量取从毛根部到毛梢部的长度。

②细度:主要有两种表示方式。第一种是用品质支数(1 kg 毛或绒纤维纺成 1 000 m 长的毛纱或绒纱的段数)来表示,具体方法为在测定部位拨开毛丛,取 10 ~ 20 根毛或绒纤维,与细度标样进行对照,判断其支数;第二种用毛或绒的纤维直径来表示,单位为微米(μm),可使用专门的仪器设备检测。

③剪毛量:即剪一次家畜被毛所得的重量。

④净毛率:指剪下来的被毛在经过洗毛等方式后去除里面的油汗、尘土、粪渣、草料碎屑等杂质,所得净毛的重量(净毛重)与剪毛量(污毛重)的比值。

(5)繁殖性状　所有家养畜禽的繁殖性能都会直接影响生产者的经济效益,因而在畜禽育种中占有非常重要的地位。一般情况下繁殖性状均为低遗传力性状,常规育种方法在繁殖性状选育上所能获得的遗传进展十分缓慢。但在畜禽实际选种过程中,要重视对繁殖性状的选择,防止由于与其他生产性能的遗传拮抗而导致繁殖性能退化现象的发生。下面以猪为例,列举常用测量的繁殖性状。

①初产日龄:指母猪头胎产仔时的日龄。

②窝间距:指母猪两次产仔的间隔天数。

③窝产仔数:包括总产仔数(不包括木乃伊)和活仔数(产后 24 h 内存活的仔猪数)。

④断奶窝重:指断奶时一窝仔猪的总重量,是衡量母猪哺乳能力的主要指标。现代养猪场中仔猪通常为 21 d 断奶,即早期断奶。

3. 根据育种值选择

(1)育种值概述　畜禽大部分重要经济性状是数量性状,其表型值(P)受到遗传(G)和环境(E)的共同影响。即:

$$P = G + E \tag{2-1}$$

遗传效应直接由基因调控,因为基因会对性状产生不同的作用,可将遗传效应进一步剖分为基因的加性效应(A)、显性效应(D)和上位效应(I)。即:

$$P = A + D + I + E \tag{2-2}$$

在三种效应中,只有加性效应可以稳定遗传给后代并在育种过程中被固定下来,而显性效应和上位效应由于基因的分离和重组不能稳定遗传给后代且在育种过程中不能被固定。因此,将基因加性效应造成的部分,即基因的加性效应值称为育种值(A),将显性效应和上位效应称为非加性效应。

畜禽的性状表现包括一部分不能遗传的环境效应,以及不能稳定遗传的非加性效应,因而直接选择的准确性较差。一般利用遗传力、重复力和遗传相关等遗传参数，将前期测定出来的性状表型值转化为育种值，再根据育种值的高低对畜禽进行选择。但育种值不能直接被度量，需由表型值和育种参数来间接估计。育种值可以从个体本身资料或亲属资料进行估计。

（2）估计育种值原理　被选留作为种用的个体数量占被测定个体数量的比值称为留种率（fraction selected），用 P 表示；被选择个体的性状表型值平均数用 $\overline{P}_s$ 表示；在依据个体本身性能进行选择时，被选留个体均数与群体均数之差称为选择差（selection differential），用 ΔP 表示。即：

$$\Delta P = \overline{P}_s - \overline{P} \tag{2-3}$$

通过人工选择，畜禽在一定时间内使得性状向育种目标方向改进的程度称为选择反应（selection response）。当子代与亲代之间不存在系统环境差异，或者通过统计学方法将系统环境效应校正剔除时，子代和亲代的均值之差就是选择反应，用 ΔG 表示。选择反应代表被选留种畜所具有的遗传优势。

通过数学方程回归原理，利用表型值估计育种值（estimated breeding value，EBV）的回归方程为：

$$y = b_{yx}(x - \overline{x}) + \overline{y} \tag{2-4}$$

其中 x 是自变量，y 是因变量，b_{yx} 是 y 对 x 的回归系数。

当利用单一表型信息进行计算估计育种值（I）时，以表型值（P）为自变量，估计育种值（I）为因变量，则：

$$I = b(P - \overline{P}) \tag{2-5}$$

按照育种值估计原理，假设个体间不存在系统环境误差，当使用个体本身一次性能测定记录作为估计育种值（I）的唯一信息来源时，则该个体的估计育种值等于其本身性能记录与群体均数之差的一个加权值，这个加权值是该性状的遗传力 h^2。

$$I = h^2(P_i - \overline{P}) \tag{2-6}$$

此时被选留种畜的平均育种值就是其遗传优势 ΔG。

$$\Delta G = h^2(\overline{P}_s - \overline{P}) = h^2\Delta P \tag{2-7}$$

由此公式可知，如果仅根据个体本身的生产性能记录进行选择，则预期可获得的选择反应等于性状遗传力与选择差之积。以标准化为单位的选择差即为标准化的选择差，数量遗传学家将标准化的选择差定义为选择强度（i），即：

$$i = \frac{\Delta P}{\sigma P} \tag{2-8}$$

因此，公式 2－8 又可以表示为：

$$\Delta G = \sigma_A \cdot i \cdot r_{AI} \tag{2-9}$$

根据公式 2－9，选择反应的大小与可以利用的遗传变异、选择强度、育种值估计的准确性三个因素成正相关关系。

估计育种值（I）与真实育种值（A）之间的相关系数，即育种值估计的准确性（r_{AI}）的计算公式为：

$$r_{AI} = \sqrt{b \times r_A} \tag{2-10}$$

其中 r_A 为提供信息 P 的个体与被估计个体之间的亲缘相关系数。

根据方程式，计算估计育种值的关键因素是回归系数 b 的计算，在不同资料的情况下为不同加权值的遗传力，计算 b 的一般公式为：

$$b = \frac{nrh^2}{1 + (n - 1)t} \tag{2-11}$$

$$t = rh^2 \tag{2-12}$$

其中，n 为记录的次数，h^2 是遗传力，t 是组内相关系数（需注意分子与分母中 r 的区别，其中分子中的 r 是提供信息个体与被估计个体间的亲缘相关系数，分母中的 r 为组内亲属间的亲缘相关系数）。

选种一般所依据的记录资料有个体本身记录、亲代记录、同胞记录和后裔记录。育种值可以根据任何一种资料进行估计，也可以根据多种资料做出综合评定。

（3）选择方法　根据估计育种值理论，选择种用畜禽时需着力考虑如何在选择强度、世代间隔等育种措施保持相对稳定时提高选择的准确性。无论是对畜禽的单性状还是多性状进行选择，各种方法的宗旨都是尽可能充分利用现有全部亲属关系的生产性能记录或信息，科学准确地选择种畜禽。

对单性状进行选择，有个体选择、家系选择、家系内选择和合并选择四种方法。个体选择只根据个体本身性状的表型值进行选择，其准确性大小直接取决于性状的遗传力大小；家系选择以整个家系为一个选择单位，只根据家系均值大小决定个体的去留，其选择准确性主要取决于家系的数量、个体间表型相关和性状的遗传力；家系内选择是在稳定的群体结构下，不考虑家系均值的大小，只根据个体表型值与家系均值的偏差来选择，其准确性取决于性状遗传力和个体的表型相关，而与家系含量无关；合并选择则是考虑到前三种方法的优缺点，采取同时使用家系均数和家系内偏差两种信息来源的策略，选择准确性高于其他选择方法，可以获得较好的遗传进展。

在实际育种工作中，更多是多个性状同时进行选择。在制定育种方案时，应以获得最大育种效益为目标，实施多性状育种。多性状选择的方法有三种，即顺序选择法、独立淘汰法和指数选择法。顺序选择法和独立淘汰法因为缺点比较显著，现在较少使用，而更多使用的是指数选择法。指数选择法是指准备进行选择的各个性状，根据其遗传基础和经济重要性，分别给予适当的加权系数，然后综合到一个指数中。指数选择法可针对各种情况进行畜禽的育种值估计，且为育种值提供一个最佳线性预测值，但必须满足三个条件：①用于计算指数的所有观测值不存在系统环境效应，或者使用前剔除了系统环境效应；②候选个体间不存在固定遗传差异；③利用后裔信息估计育种值时，群体中的公母畜是随机交配的。但是，实际育种工作中很难满足这三个条件。为此，美国学者 Henderson 提出最佳线性无偏预测（best liner unbiased prediction，BLUP）的方法，对在不满足上述三种情况时的畜禽个体育种值进行估计时，同样可以得到较高的估计育种值。

4. 分子育种

随着分子生物技术的不断发展，畜禽育种也逐步进入到分子育种时代。例如标记辅助选择（marker assisted selection，MAS）、基因组选择（genomic selection，GS）、基因编辑（gene editing）、转基因（transgenic）等分子层面的技术手段，正在被人们深入研究并逐步应用于畜禽育种领域。我国动物遗传育种领域著名学者吴常信先生曾在1997年公开表示:分子水平上的动物育种将改变目前群体水平上从表型值推断基因型值的选种过程,而发展成为先用分子生物技术测定个体的基因型和基因型值,再估计个体将来的表型和表型值。

(1)分子遗传标记 分子遗传标记是指畜禽在基因组DNA序列中的遗传多样性。在对同一物种任意两个个体的基因组序列进行分析时,大部分序列一致,但个别地方会出现差异。常见的分子标记有单核苷酸多态性、可变数目串联重复、拷贝数变异、插入或缺失等。

分子遗传标记的出现使人们可以从DNA水平上对影响数量性状的基因组区域进行检测,并将其称为数量性状基因座(quantitative trait locus, QTL),该区域大到可以是一个DNA片段,小到可以是一个碱基对。数量性状的表型是许许多多QTL与环境共同作用的结果,由于各个QTL的效应不同,对效应较大的QTL可以利用遗传标记借助统计学方法进行定位,进而分析QTL的效应,研究其在畜禽重要经济性状形成中的作用机理,并在此基础上利用这些QTL或者与之紧密连锁的标记,通过结合表型和系谱信息进行育种值估计,从而提高育种值估计的准确性,即标记辅助选择(marker assisted selection, MAS)。

随着大量的覆盖全基因组的单核苷酸多态性(SNP)标记被发现,研究者提出了利用全基因组关联分析(genome - wide association study, GWAS)的新方法对QTL进行检测。GWAS是应用人类、动物、植物基因组中数以万计的SNP为标记进行关联分析,以期发现由多基因决定性状的一种策略。GWAS不需假设与性状有关的候选基因,而是直接通过SNP进行关联分析。一般进行GWAS分析有3个关键要素,首先要有对大量SNP标记的高通量判型技术,其次要有设计合理且规模足够大的研究群体,三是要有高效统计分析方法。虽然GWAS是一个强大的QTL检测工具,但也具有一定局限性,例如GWAS几乎无法在QTL多态性很低的情况进行分析,同一性状不同群体的GWAS分析结果常常不一致,并且GWAS分析结果可能会出现假阳性或者假阴性等情况。

由于对QTL了解有限,在进行个体遗传评定时仍然依赖表型信息。Meuwissen等(2001)提出,当基因组中的标记密度足够大时,可以期望对于任何一个QTL都至少与一个标记处于很强的连锁不平衡状态,或者标记本身就是QTL。因此,将所有标记的估计效应累加得到的值就可以作为所有QTL的累加效应的估计值,也就是育种值的估计值,称之为基因组估计育种值(genomic estimated breeding value, GEBV),基于GEBV进行的选择称为基因组选择(genomic selection, GS)。随着多种畜禽基因组测序的完成和QTL有关大量SNPs的发现,以及SNP芯片等高通量SNP检测技术的完善,使基因组选择的应用成为可能。利用基因组选择可以实现完全基于基因组标记而不再依赖表型信息,具有提高选择准确性、实现早期选择、提高选择强度、降低育种成本等优势。基因组选择的过程通常分为两步,首先要建立一个参考群体,对每个个体所有要进行选择的性状做详细、准确的表型记录,同时对其进行高通量基因组标记分型,利用数理统计模型估计出各个标记的效应;然后对需要选择的候选群体中的每个个体也做标记分型,再根据第一步得到的标记效应值累加得出每个个体的GEBV,依据该结果进行选种。目前,针对各个主要家养畜禽(猪、牛、绵羊、山羊、鸡等)都有SNP芯片,有的畜禽还有多个版本的SNP芯片,为GS应用到实际畜禽育种中提供了非常大的便利。

(2)基因编辑技术　基因编辑(gene editing)和基因组编辑(genome editing)是在基因组层面上对特定目标基因进行修饰的一种基因工程技术。基因编辑大体分为两种,一种是基于胚胎干细胞同源重组的基因打靶技术,另一种是基于核酸内切酶的基因编辑技术。在人类基因治疗中的成功应用已经有报道,但是对于畜禽育种中由多基因决定的复杂性状和数量性状的应用尚处于研究阶段,没有广泛应用到畜禽育种中。

(3)转基因技术　转基因动物是指将体外重组 DNA 导入到胚胎细胞中,发育成动物个体,并以可遗传的方式载有被转移的基因。由于转基因动物具有新的生物学功能,始终是人们最为关注的生物技术。转基因动物的利用需要特定的条件,根据遗传学原理,可用于育种的畜禽动物至少应该是 F_3代检测后的转基因畜禽。转基因动物可能带有一定的负面效应,其中最主要的危险是来自于外源基因整合、运用载体 DNA 和转基因表达所带来的副作用。因此,目前转基因技术尚不能规模化应用在畜禽育种工作中。

二、选配

(一)选配的意义

研究人员在畜禽育种过程中发现,并不是所有的优秀种公母畜禽就一定可以产生优良的后代,即后代的表现型不仅取决于双亲的遗传素质,并且双亲间的交配组合是否合适同样起到至关重要的作用。因此,需要对畜禽之间的交配对象进行有意识、有目的、有计划的人工干预,按照既定的育种目标,决定优良种用公母畜禽的交配组合,获得遗传素质更为优秀的后代,即为选配(mating plan)。

(二)选配方法

按照畜禽选配对象的不同,分为个体选配和种群选配两种。在针对畜禽个体进行选配时,主要考虑选配个体间的关系,即同质还是异质,近交还是远交。据此,可将个体选配分为品质选配和亲缘选配。

1.品质选配

品质选配是根据个体间的品质情况进行选配,品质相同或相似的个体进行选配称为同质选配(assortative mating),品质不同或者不相似的个体进行选配称为异质选配(negative assortative mating)。

(1)同质选配　同质选配是选择表型相同或相似,或者遗传同质的优良公母畜禽进行交配,通常只能针对一个或者少数几个性状进行。在畜禽选配中,同质选配可以起到改变群体基因型频率、促进有利优良性状稳定遗传、建立特色品系、不改变数量性状育种值等作用。

同质选配主要应用于将畜禽群体中出现理想类型纯合固定下来,或者选配目标是使群体分化成为各具特点且纯合一致的亚群等情况。

(2)异质选配　异质选配是选择表型或者遗传不相同或不相似的公母畜禽进行交配。

通常实施异质选配的情况有两种：①选择各具不同优良性状的公母畜禽进行交配，获得兼备双亲优点的后代，即"优+优"模式；②选用在同一个性状上优劣程度不同的公母畜禽交配，以优良性状个体纠正与配个体不良性状，即"优改劣"模式。

如果希望采用以优改劣、综合双亲的优良特性以提高后代的适应性和生产性能、丰富后代的遗传基础并为创造新的遗传类型奠定基础时，则要采用异质选配的方法。

2. 亲缘选配

亲缘选配就是依据交配双方的亲缘关系远近进行选配。在畜牧学中将与配双方到共同祖先的距离在6代以内的个体间交配称为近交(inbreeding)，6代以外的个体间交配称为远交(outbreeding)。

近交可以用来固定畜禽的优良性状，揭露有害基因进而淘汰有害性状，保持个体优良血统，提高畜禽同质性。但是如果过度近交，很有可能发生近交衰退的现象。因此，在使用亲缘选配时，要对近交个体进行严格淘汰，加强饲养管理，及时进行血缘更新，并灵活运用远交。

三、繁育体系

(一)纯种繁育体系

纯种繁育，即在同一品种或独立类群内进行定向的选种、选配和培育。通常认为，只要是适合当地自然条件、人类经济条件并满足需要的优良畜禽品种或类群，都应该进行纯种繁育，以保存、巩固并进一步提高其固有的优良品质，改善个别轻微缺陷。用来杂交改良地方品种的外来引入品种，也应进行纯种繁育，不断提供杂交改良的原始材料。

纯种繁育体系有两种方法，分别是闭锁群继代选育和开放核心群选育。闭锁群继代选育即由畜禽的基础群组成零世代，其后代中经过选择留作种用的畜禽组建为1世代，再从1世代的后代中进行选择并将留作种用的畜禽组建为2世代，以后每代依此类推进行选择，这期间不从群体外引进其他种畜禽。开放核心群选育是畜禽的核心群自群繁育，或者引用育种目标一致的高产外来品种的种公畜禽与核心群母畜禽进行交配，所产后代公畜禽只能进入扩繁群或商品群，所产大部分后代母畜禽进入扩繁群，而表现优秀的后代母畜禽可以进入核心群；扩繁群自群繁育，所产后代公畜禽全部进入商品群，所产大部分母畜禽进入商品群，而表现优秀的后代则可进入扩繁群。

(二)杂交繁育体系

新品种(品系)培育以及配套系杂交是畜禽育种中重要的工作内容。以前人们利用选择育种的方式培育畜禽育成新品种(品系)，其原理是基于畜禽的群体内在很多性状上表现出丰富的变异，人为地对其进行选择和繁殖，从而培育出新品种或新品系。但是选择育种的过程非常缓慢，即便使用现代遗传育种技术，在效率上也很难满足人类需求，因而杂交繁育体系是培育畜禽新品种与新品系以及配套系杂交的主要手段。

杂交繁育体系有两部分主要内容，一是育成新品种(品系)，二是进行配套系杂交。

1. 育成新品种(系)

通过杂交的方式来育成新品种(系)，一般包括杂交和横交固定两个阶段。

(1)杂交阶段　育成杂交有多种分类方法。首先可以根据繁育所用的品种数量，分为简单育成杂交和复杂育成杂交，其中简单育成杂交是只用两个品种杂交培育新品种；复杂育成杂交是用三个或三个以上品种杂交培育新品种。其次按照育种目标，可分为改变畜禽主要生产方向的育成杂交、提高生产性能的育成杂交和提高适应性及抗病力的育成杂交。第三种是根据育种工作的起点，可分为在已有杂种群基础上的育成杂交和全程按计划实施的育成杂交。第四种是根据参加杂交品种的育种贡献，可分为导入杂交(introductive crossing)和级进杂交(grading crossing)。导入杂交也称为引入杂交，即外来品种的种畜禽与本地品种仅杂交一次，随后用本地品种对杂交后代作多次回交，当满足育种目标时横交固定。级进杂交又称为改良杂交，即选择一个性能优良、育成程度高的品种持续地对被改良品种进行多世代的杂交，直至被改良品种得到根本改造，成为具有优良生产性能的专用品种。

(2)横交固定阶段　在获得一定数量并基本达到育种目标的杂交后代个体时，杂交阶段即可基本结束。此时在杂交后代群体中选留种公畜禽，进行自群繁育。通过杂交后代个体间的横交，使新基因型、新品种(系)特征和特性、优良性状固定下来，并可以稳定遗传给后代。此时的横交固定属于杂交群体内的纯种繁育。

2. 配套系杂交

配套系杂交繁育体系是利用杂交后所产生的杂种优势(heterosis)，配套系杂交繁育体系已广泛应用在国内外商品猪和商品鸡等畜禽养殖中。

配套系的基础是专门化品系(specialized line)，即在某一杂交组合中，专门作为父本或专门作为母本使用的品系。配套系是指在专门化品系培育的基础上，通过杂交组合筛选出具有最佳效果的专门化品系配套杂交模式。一般由3个或3个以上专门化品系组成。一般配套系的培育效率更高、杂交效果更好，可以更好地适应市场需求的变化，并且都具有自己的商业品牌，例如我国引进英国的皮埃西猪、美国的海兰蛋鸡等。

通常认为配套系杂交有四个步骤：专门化品系的培育、配合力测定与杂交组合筛选、杂交配套、根据投入生产后的信息反馈对配套系进行维持或更新。

第四节　畜禽生殖生理与繁殖技术

生殖生理与繁殖技术是畜禽繁殖学的两个主要内容，其中研究畜禽生殖生理的主要目的是揭示其在生殖过程中发生的各种生理现象并探究其机理。在充分了解掌握畜禽生殖生理的基础上发展起来的繁殖技术，是畜禽育种工作的有力手段。采用高效繁殖技术可以在优良种畜禽的扩繁工作中取得更为理想的效果，缩短世代间隔，加速育种进程。

一、畜禽生殖生理

（一）雄性动物生殖生理

雄性动物生殖机能发育主要经历胎儿、幼年、初情期和性成熟等阶段。雄性动物的性行为是雄性动物生殖机能发育到一定阶段相伴出现的特殊行为序列，是雄性动物完成交配过程的保证。

1. 雄性动物生殖器官

雄性家畜生殖器官包括四部分：性腺，即睾丸；输精管道，包括附睾、输精管和尿生殖道；副性腺，包括精囊腺、前列腺和尿道球腺；外生殖器，即阴茎。

雄性家禽的生殖器官由睾丸、附睾、输精管和交媾器（鸭、鹅称为阴茎）构成。

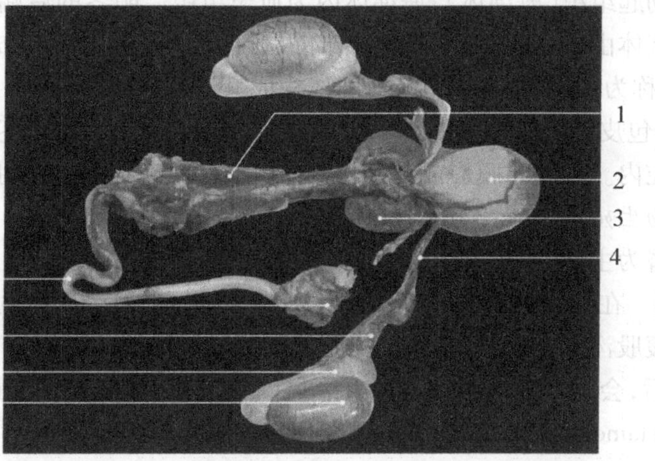

1. 尿道球腺 2. 膀胱 3. 精囊腺 4. 输精管 5. 睾丸 6. 附睾 7. 精索 8. 包皮憩室/盲囊 9. 乙状弯曲。

图2－10　公猪生殖系统（新鲜标本）

（引用自陈耀星，2013）

（1）睾丸和阴囊　雄性家畜的睾丸（testis）均成对存在，呈长卵圆形，分别位于阴囊（scrotum）的两个腔内，其主要作用是产生精子、分泌雄激素以及产生睾丸液等。阴囊是包裹睾丸、附睾以及部分输精管的袋状皮肤组织。正常情况下阴囊使睾丸保持低于体温的温度，对于维持睾丸的生精机能非常重要。

雄性家禽的双侧睾丸位于腹腔背部，贴近肾脏前端，由精细管、精管网和输出管组成，输出管集合为输精管。家禽睾丸有一个附睾和一条通向交配器官的输精管（精子的重要贮藏场所），每个输精管末端形成一个小乳头作为一种插入器官，位于泄殖腔腹中线。鸭和鹅的阴茎较为发达，阴茎表面有一个螺旋状的排精沟，当阴茎勃起时排精沟边缘闭合而成管状，精液由此管射出。

（2）附睾　附睾的功能主要是吸收附睾液和老化精子、分泌精子生存所必需的营养物质以供精子代谢需要、作为精子最后成熟的场所和储存库、推动精子进入输精管。附睾附着于睾丸，由头、体、尾三部分组成，头部和尾部较大，体部较细。附睾管极度弯曲，牛、羊的长度为35～50 m；马的长度约为80 m；猪的长度约为60 m，最长达150 m。

(3)输精管　输精管的主要功能有运送精子、分解与吸收死亡与老化精子等作用。输精管是附睾管在附睾尾端的延续。输精管与血管、淋巴管、神经、睾内提肌等包裹在睾丸系膜内而组成精索(seminiferous cord)。

(4)副性腺　副性腺的功能主要是冲洗尿生殖道避免精子遭受尿液危害，稀释精液，为精子提供营养物质，活化精子，辅助其他部位将精液运送到体外，缓冲不良环境对精子的危害，形成阴道栓防止精液倒流等。

(5)尿生殖道　公畜的尿生殖道(canalis urogenitalis)是尿液和精液共同的排出管道，分为骨盆部和阴茎部两个部分。公畜射精时，从输精管壶腹部聚集来的精子在尿生殖道骨盆部与副性腺的分泌物相混合。

(6)阴茎　阴茎(penis)是公畜的交配器官，主要由勃起组织和尿生殖道阴茎部组成。阴茎的主体是勃起组织(海绵体)，海绵体内为血窦组织。阴茎的后端称为阴茎根，前端称为阴茎头。阴茎体由背侧的两个阴茎海绵体及腹侧的尿道海绵体构成。阴茎头为阴茎前端的膨大部，也称为龟头，主要由龟头海绵体构成。

(7)包皮　包皮(praeputium)是由游离皮肤凹陷发育形成的阴茎套。在不勃起时，阴茎头位于包皮腔内。包皮黏膜形成许多褶皱，并含有许多弯曲的管状腺，分泌油脂性物质。

2. 雄性动物生殖机能的发育和性行为

在此以家畜为主，陈述雄性动物生殖机能的发育与性行为的表现。

(1)胎儿期　在胎儿期，雄性动物的睾丸位于腹腔内，大多在出生前或出生后不久，睾丸由腹腔通过腹股沟管进入位于腹壁的阴囊内，此过程称为睾丸下降(descent of testicle)。某些个体出生后，会出现一侧或双侧睾丸未能降入阴囊，仍然滞留在腹腔或腹股沟内的现象，称为隐睾(retained testicle)，其中单侧滞留称为单隐睾，双侧均滞留称为双隐睾。单侧隐睾的家畜虽有一侧睾丸可具备正常的生精功能，但精子产量以及精液中精子密度会明显降低；而双隐睾家畜则完全没有生殖能力。因此，对于公畜应尽早进行睾丸检查，一旦确诊为隐睾立即淘汰，不留作种用。

(2)幼年到初情期前　从性腺分化到初情期，雄性家畜睾丸的基本结构和间质组织没有明显变化，直到初情期发动阶段，精原细胞的分化和第一个精子发生序列细胞组合的出现，才使睾丸进入快速生长阶段。当精子发生的能力达到一定水平后，睾丸的生长速度又开始趋于平缓。

(3)初情期　雄性家畜的初情期是公畜初次释放有受精能力的精子，并表现出完整性行为序列的年龄。初情期是促性腺激素的活性不断加强、性腺诱发产生类固醇激素和精子的能力逐渐调整一致的结果，标志着公畜开始具有生殖能力，但此时繁殖力很低，仍需持续一段时间才能达到正常的生殖水平。

(4)性成熟　性成熟(sexual maturity)是继初情期后青年公畜身体和生殖器官进一步发育，具备正常生育能力的生理状态。性成熟是家畜生殖成熟的标志，但此时对于大多数家畜来说，其身体发育尚未成熟，仍需再经过一段时间才能达到体成熟。通常公畜的性成熟要晚于母畜。

(5)雄性家畜的性行为　性行为是指初情期后,公母畜接触中,在激素作用下通过神经刺激所表现出来的特殊行为。公畜与母畜都会表现出各自的性行为。

公畜在交配或采精过程中表现出完整的性行为,按表现顺序包括求偶、勃起、爬跨、交配、射精和射精结束等步骤。公畜顺利完成交配或采精的必要条件是这些性行为的表现顺序不会前后颠倒、省略或超越。

许多哺乳动物均表现出性成熟早于体成熟的现象,性成熟只能表明其生殖机能达到了正常水平,但并非正式进入到配种年龄。因此,在生产实践中,尤其对于种畜场而言,考虑到雄性家畜自身发育和提高繁殖效率的要求,需依据公畜自身发育状况和使用目的确定公畜的适宜配种年龄,不宜过早使用。

3. 精子发生与精子形态

雄性家畜自初情期开始,直至其生殖机能衰退的整个生殖年龄周期中,睾丸的精细管上皮一直在进行生精细胞的分裂和演变,使精子不断产生和释放,而生精细胞在不断进行补充和更新。

(1)精子的发生　胚胎性别分化后,雄性家畜在胎儿期性原细胞分化为精原细胞。接近初情期时,精原细胞开始增殖分化,进入精子发生过程。精子发生(spermatogenesis)即精原细胞分裂至形成精子的全过程,包括生精细胞分裂增殖、演变和向管腔释放等过程。

牛、绵羊、马的精子发生过程基本一致,通常分为四个阶段。猪和其他动物可能存在一些差别。第一阶段为精原细胞的分裂和初级精母细胞的形成;第二阶段是初级精母细胞的第一次减数分裂和次级精母细胞的形成;第三阶段为次级精母细胞的第二次减数分裂和精子细胞的生成;第四阶段是精子细胞的变形和精子形成。

由A型精原细胞分裂开始,直至精子细胞变成精子,这一过程所需时间称为精子发生周期(spermatogenesis cycle)。不同家畜的精子发生周期存在一定差异,猪为44 ~45 d,牛为60 d左右,绵羊为49 ~50 d,山羊为60 d左右,马为50 d左右。在睾丸内形成的精子在附睾内成熟的最短时间为10 ~ 15 d。因此,在生产实践中,改善公畜生精机能和精液品质的措施,一般在2个月以后才能在精液中得到反映。同样,当公畜的精液品质突然发生某些变化,也需追溯到两个月前的某些影响因素。

(2)精子在附睾内的转运、成熟和储存　睾丸产生的精子通过附睾转运到输精管,在转运过程中经历成熟,获得与卵子受精的潜能。

精子的成熟涉及某些形态和机能的变化,包括体积略微缩小,原生质滴后移和脱落;获得受精能力;代谢方式由糖酵解获能转变为依赖分解来自睾丸液和附睾液中的乳酸获能;膜的通透性发生改变等。

附睾中的精子主要储存在附睾尾中,占总量的70%,但附睾内储存精子的存活时间是有限的,储存过久的精子有些会变性分解,最终被吸收,而有些则经尿液排出。因此,长时间不采精或者不配种的公畜,其精液中退化、变性的精子含量明显增加。

(3)血 - 睾屏障　为了发育中的生精细胞免受血液化学变化的影响,血液和淋巴液不能直接进入精细管,因而需要靠精细管外周的肌细胞和足细胞间的特殊连接来完成,这种结构称为血液 - 睾丸屏障(blood - testis barrier),简称血 - 睾屏障。

(4)精子的形态与结构　雄性家畜射出体外的精子,其形态结构可分为头、颈和尾三个部分，表面有质膜覆盖，是携带公畜的遗传物质、具有活动能力的雄配子。家畜精子的正面图形似蝌蚪，侧面似刮勺，头和尾的质量大致相等，长度为 50 ~ 70 μm。

家畜精子头部为扁卵圆形，家禽精子头部呈长圆锥形。精子头部主要由细胞核构成，含有遗传物质 DNA。在核的前部，质膜下为帽状双层结构的顶体(acrosome)。顶体内含多种与受精有关的酶，是一个不稳定结构，如果发生畸形、缺损或脱落均会导致精子受精能力降低或完全缺失。

精子颈部位于头的基部，是精子最脆弱的部分，特别是精子在成熟、体外处理和保存过程中，某些不利因素非常容易造成头尾脱离，从而形成无尾精子。

精子的尾部是其最长的部分，也是精子的运动器官。根据其结构不同分为中段、主段和末端。精子向前运动主要靠尾部的鞭索状摆动完成。

4. 精子的代谢和运动

(1) 精子的代谢　精子在维持生存的过程中，要利用周围的代谢基质及自身物质进行复杂的分解代谢，主要有糖酵解和有氧氧化(呼吸)两种形式。

(2) 精子的运动　运动能力是活精子的重要特征之一，但活精子未必都具有运动能力，例如冷冻保存的精子通常不具备运动能力。

精子的运动形式主要有三种，第一种是直线前进，即精子运动的大方向是直线，但是局部或者某一点的方向不一定是直线；第二种是转圈运动，即精子的运动轨迹为自某一点出发向左或向右的圆圈；第三种是原地摆动，即精子在原地稍作摆动，不发生位移。只有直线前进运动才是精子的正常运动形式。

5. 外界环境因素对精子的影响

外界环境因素会对精子的生存时间、运动、代谢和受精能力产生影响，例如温度过高时精子在经历一个极短促的热僵直现象后迅速死亡；处于高渗或低渗稀释液中的精子会出现脱水或过度膨胀导致死亡；过酸或过碱的环境会造成精子因为酸、碱中毒而死亡；阳光直射、剧烈震荡等不利于精子的存活，甚至造成精子死亡等。

6. 精子凝集

在对精液进行处理的过程中会发生精子凝集现象，这种凝集会严重影响精子运动、代谢和受精能力。凝集现象的产生原因主要有物理、化学和免疫等方面。

(二) 雌性动物生殖生理

雌性哺乳动物生殖机能的发育过程是从发生到衰老的过程，主要经历初情期、性成熟、体成熟以及繁殖能力停止四个阶段。不同阶段的确切年龄与畜种、品种、饲养管理水平、环境水平等因素有关，同一品种不同个体会因生长发育和健康状况的不同而有所差异。

1. 雌性动物生殖器官

雌性家畜的生殖器官包括三个部分：性腺，即卵巢；生殖道包括输卵管、子宫、阴道；外生殖器，包括尿生殖前庭、阴唇、阴蒂。性腺与生殖道也称为内生殖器官。

雌性家禽的生殖器官由卵巢和输卵管组成。右侧卵巢和输卵管在其孵化中期以后逐渐退化，仅左侧发育完善，具有生殖功能。

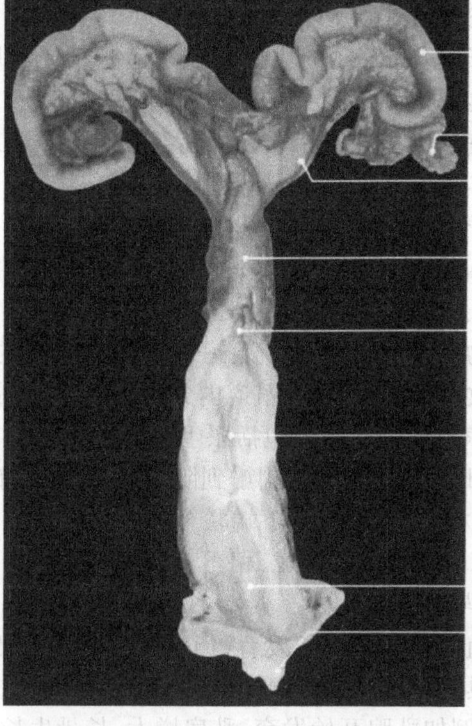

1. 子宫角 2. 卵巢 3. 子宫阔韧带 4. 子宫体 5. 子宫颈 6. 阴道 7. 尿生殖前庭 8. 阴蒂。

图 2－11　母猪生殖系统(新鲜标本)

(引用自陈耀星,2013)

(1)卵巢　卵巢(overy)的主要功能是卵泡发育和排卵、分泌雌激素和孕酮。

牛的卵巢为扁椭圆形;马属动物在初情期后,卵巢形状有点像蚕豆,在游离缘有个凹陷称为排卵窝,是马属动物特有;初生仔猪卵巢类似肾脏,接近初情期时形似桑葚,初情期开始后形似一串葡萄(图 2－11)。成年但尚未孕育后代的母畜,其卵巢在没有较大卵泡和黄体时,形态、体积和位置变化较小。随着成年后分娩次数的增多,母畜卵巢的形态、体积和位置会发生较大变化。例如牛羊的卵巢一般位于子宫角尖端外侧。初产及经产胎次少的母牛,其卵巢均在耻骨前缘之后;经产多次的母牛子宫因胎次增多而逐渐垂入腹腔,卵巢也随之前移至耻骨前缘下方。

家禽卵巢不但是卵子形成的器官,并且会积累卵黄营养物质,供给胚胎体外发育时的营养需要,因而家禽卵细胞要比家畜卵细胞大得多。

(2)输卵管　输卵管(oviduct)是卵子进入子宫的必经通道,主要有接纳并运送卵子、作为精子获能和卵子受精及卵裂的场所、分泌各种氨基酸和葡萄糖等物质作为精子和卵子及早期胚胎的营养液等功能。

母畜输卵管被输卵管系膜所包裹,形状弯曲,包括壶腹部、峡部、漏斗部和宫管连接部。壶腹部是精卵受精的部位,漏斗部主要接纳卵巢排出的成熟卵子。

雌性家禽的输卵管分为 5 个部位,即漏斗部、膨大部、峡部、子宫部和阴道部,是形成蛋的器官。阴道部开口于泄殖腔;漏斗部主要承接从成熟卵泡中释放出来的卵黄,也是精卵结合的受精部位；膨大部是蛋白形成的地方；峡部是蛋壳膜形成的地方；子宫部是蛋壳形成及色素沉积的部位；一枚完整的禽蛋从阴道部排出体外。

(3)子宫　雌性家畜子宫(uterus)的主要功能是运送精子和胎儿娩出，是精子获能和胎儿发育的场所，影响卵巢机能，是精子的选择性储存库等。

子宫解剖结构分为子宫角、子宫体和子宫颈三部分。按照形态又分为两种类型：第一种是对分子宫，例如牛和羊的子宫，子宫角基部之间有一纵隔，将两个子宫角分开；第二种是双角子宫，如马和猪的子宫，子宫角基部之间没有纵隔或纵隔不明显。

(4)阴道　阴道(vagina)在雌性家畜生殖过程中具有多种功能。首先既是交配器官，也是阴道射精型动物的精子储存库，精子在此处短暂集聚和保存，并不断向子宫输送精子；其次，阴道的生化和微生物环境可以保护生殖道不遭受微生物的侵害；最后，阴道通过收缩、扩张、复原、分泌和吸收等功能，排出生殖道内分泌物，同时也是分娩时的产道。

(5)外生殖器　雌性家畜的外生殖器包括尿生殖前庭、阴唇和阴蒂。

尿生殖前庭(urogenital vestibule)为从阴瓣到阴门裂的部分，前高后低，稍微倾斜；阴唇(labium vulva)分左右两片构成阴门，其上下端联合形成阴门的上下角，两阴唇间的开口为阴门裂；阴蒂(clitoris)由两个勃起组织构成，相当于公畜的阴茎。

2. 雌性动物的性发育与性成熟

雌性动物出生后，生殖器官虽然生长发育，但没有明显的性活动表现。当雌性动物生长发育到一定阶段时，卵巢开始活动，在雌激素作用下表现出明显的第二性征，此时是雌性动物性发育的主要标志。例如乳腺开始发育，乳房增大；长骨生长逐渐减慢，皮下脂肪沉积速度加快，出现雌性体型。雌性动物性活动的主要特征是具有周期性。

(1)初情期　雌性动物初次发情和排卵的时期，也是母畜繁殖能力开始的时期。初情期到来的早晚，与畜禽的品种、环境、饲养管理水平、畜禽的寿命长短、繁殖力等因素有关。通常寿命长的畜禽的初情期往往较晚，寿命短的畜禽的初情期较早；初情期早的畜禽的繁殖力往往较高(如猪、兔)，反之初情期晚的畜禽的繁殖力较低(如牛、骆驼)。

(2)性成熟期　雌性动物的性成熟是指母畜初情期以后的一段时间，生殖器官已经发育成熟，具备正常繁殖能力。但此时尚未达到体成熟阶段，不宜配种，以免影响母畜的正常生长发育。

(3)适配年龄　雌性动物的适配年龄，即雌性动物初次配种的适宜年龄。适配年龄应根据雌性动物具体的生长发育以及使用目的等多种情况而定，一般在性成熟期以后，母畜初配时的体重应高于成年群体体重平均值的70%。在生产实际中，种畜的初配时间应适当推迟，商品畜可适当提前。

(4)体成熟　雌性动物在适配年龄可以配种受胎，但躯体各个组织尚未完全发育成熟，仍需经过一段时间才能达到成年体重。雌性动物从出生后达到成年体重的年龄，称为体成熟(body maturity)。

(5)繁殖能力停止期　雌性动物的繁殖能力有一定年限，繁殖能力消失的时期称为繁殖能力停止期。雌性动物繁殖年龄长短受到品种、饲养管理、环境水平、个体健康状况等多种因素影响。在雌性畜禽丧失繁殖能力时，应及时予以淘汰。

3. 卵子发生与卵泡发育

(1)卵子发生　雌性哺乳动物的卵子发生(oogenesis)过程包括卵原细胞增殖、卵母细胞的生长和卵母细胞成熟三个阶段。

在胚胎期性别分化后，雌性哺乳动物胎儿的原始生殖细胞（primordial germ cell）分化为卵原细胞（oogenium）。卵原细胞经过最后一次有丝分裂发育为初级卵母细胞（primary oocyte），并进入成熟分裂前期，而后便被一层扁平的卵泡细胞包围形成原始卵泡。新的卵母细胞不断生长又不断退化，到动物出生后或出生不久，卵母细胞数量很快减少。

初级卵母细胞经过两次成熟分裂后，卵母细胞成熟。卵泡中的一个初级卵母细胞在排卵前后不久进行第一次成熟分裂，此次成熟分裂末期纺锤体旋转，有一半染色质和少量细胞质排出，称为第一极体，而其余含有大部分细胞质的卵母细胞称为次级卵母细胞（secondary oocyte），此时次级卵母细胞所含染色质仅为初级卵母细胞的一半，变成单倍体；第二次成熟分裂时，次级卵母细胞再次分裂成卵细胞（单倍体）和第二极体（单倍体），持续时间非常短，并终止于第二次成熟分裂中期，在受精过程中受到精子的刺激而最终完成成熟过程。大多数雌性家畜在排卵时卵子尚未完全成熟，卵泡破裂排出的是次级卵母细胞和第一极体；在排卵后次级卵母细胞开始进行第二次成熟分裂，直到精子入卵才被激活，产生并释放第二极体，完成第二次成熟分裂。

大多数雌性哺乳动物的卵子直径为 70～140 μm。正常卵子的形态是圆形，其他如椭圆形或扁形、有大型极体或无极体、卵胞质中有大空泡、特大或特小、异常卵裂等，都属于畸形卵子。

正常雌性哺乳动物的卵子由放射冠（corona radiata）、透明带（zona pellucida）、卵质膜（vitelline membrane）和卵胞质（vitellus）等部分组成。放射冠的作用是在卵子发生过程中起到营养供给和保护作用，有助于卵子在输卵管伞中运行，并在受精过程中对精子起到一定的引导和定位作用。透明带的作用是保护卵子，以及在受精过程中发生透明带反应以阻止过多精子入卵，同时还具有无机盐离子交换和代谢的作用。卵质膜在受精过程中封闭，从而保护卵子，阻止多精受精，使卵子有选择性地吸收无机盐离子和代谢物质。卵胞质的主要作用是在卵子成熟、受精和早期胚胎发育期间提供营养物质。

（2）卵泡发育　卵泡（follicle）位于卵巢皮质部。雌性哺乳动物在出生前，卵巢上就已经具备了大量的原始卵泡。初情期前，卵泡虽然可以发育但不能成熟排卵，发育到一定阶段会闭锁退化。初情期后，在生殖激素的调节作用下，原始卵泡逐步发育，从而成熟排卵。卵泡发育（follicular development）是指卵泡由原始卵泡（primordial follicle）发育成为初级卵泡（primary follicle）、次级卵泡（secondary follicle）、三级卵泡（third follicle）和成熟卵泡（mature follicle）的生理过程。

在每个发情周期，卵巢上发育卵泡的数量有很多，但单胎动物一般只有其中一个卵泡发育成熟，这个卵泡相对于其他卵泡具有发育上的优势，通常称之为优势卵泡（dominant follicle），其他卵泡则称为劣质卵泡或从属卵泡（subordinate follicle）。

（3）排卵　雌性哺乳动物的成熟卵泡破裂就会排卵，不同家畜的排卵数差异很大，牛、马、驴大部分情况下一次只排 1 个卵子，猪则一次排 10～25 个卵子。不同家畜的排卵类型大致分为自发性排卵和诱发性排卵两种。自发性排卵（spontaneous）是卵泡成熟后便自行排卵并自动生成黄体。自发性排卵又分为两种情况，一种是猪、牛、马、羊等家畜，在发情周期中具有功能性黄体并且可以维持一定时期；第二种是除非交配，否则形成的黄体不具备功能性。诱发性排卵(induced ovulation)是通过交配或子宫颈受到刺激才能排卵的现象,如兔、骆驼等。诱发性排卵型的动物,在发情季节卵泡会有规律的成熟和退化,因此交配、输精或者注射促黄体素(luteinizing hormone,LH)等方法都可以引起成熟卵泡排卵。

(4)黄体形成与退化　雌性哺乳动物排卵后,由于卵泡液被排空而导致卵泡腔内产生了负压,从而使部分血管发生破裂,血液聚集在卵泡腔内形成凝块,破裂口为红色火山口形,此时称之为红体(corpus hemorrhagicum)。接下来颗粒层细胞逐渐增生变大,长满整个卵泡腔,并突出于卵巢表面,由于吸取类脂而使颗粒细胞呈黄色,此时称之为黄体(corpus luteum)。

雌性家畜一般在发情周期的第7天(按21 d为一个周期,发情日为第0天),黄体内的血管生长及黄体细胞分化完成,第8~9 d体积达到最大。如果母畜没有配种或者配种后没有受孕,黄体细胞则会逐渐退化,此时的黄体称为周期性黄体或假黄体;如果母畜配种妊娠,那么黄体则会一直维持到母畜临近分娩前,此时的黄体称为妊娠黄体或真黄体。在整个妊娠期中,黄体会持续分泌孕酮来维持妊娠,到妊娠即将结束时才退化。在黄体退化时,颗粒层细胞退化非常快,随血管退化,黄体体积逐渐变小,颗粒层黄体细胞逐渐被成纤维细胞取代,最后整个黄体被结缔组织替代,形成一个瘢痂,称为白体(corpus fibrosum)。大多数白体与功性能黄体共存,通常到母畜第三个发情周期时白体以瘢痕存在。

4. 发情与发情周期

雌性动物生长到一定年龄时,由于卵巢上的卵泡发育所引起、受下丘脑-垂体-卵巢轴所调控的一种生殖生理现象称为发情(estrus)。母畜在第一次发情后,如果没有配种或配种后没能受孕妊娠,则会每间隔一定时间便开始下一次发情,如此周而复始,直至性机能停止活动的年龄为止,这种周期性的活动称为发情周期(estrus cycle)。家畜个体的发情周期主要受到自身神经内分泌控制,但也会受到外界环境条件的影响。

发情持续期也称为发情期,是母畜发情特征表现最为明显的时期,这时母畜的外生殖器充血肿胀,子宫角和子宫体充血,肌层收缩加强,腺体分泌增多,卵泡发育成熟,雌激素分泌达到高峰。此后1 d左右,垂体分泌的促黄体素达到排卵前高峰,随即发生排卵。常见畜禽的发情周期与发情持续期见表2-3所示。

表2-3　各种动物的发情周期和发情持续期

(朱士恩,2015)

动物种类	发情周期/d	发情持续期/h	动物种类	发情周期/d	发情持续期
猪	21(18~23)	48~72(15~96)	绵羊	16~17(14~19)	29~36(24~48) h
黄牛	21(18~24)	18~19(13~27)	山羊	20(18~22)	48(30~60) h
奶牛	21(18~24)	18~19(13~27)	马	21(18~25)	5~7(2~9) d
水牛	21(16~25)	25~60	驴	18~28	2~7 d
牦牛	6~25	48以上	家兔	8~15	诱发排卵

不同家畜的发情周期各有不同,基本上分为季节性发情和非季节性发情两种。季节性发情的动物只有在发情季节时发情排卵,而在非发情季节时卵巢处于静止状态,此时称为乏情期。例如马、驴、山羊等家畜属于季节性发情。非季节性发情的动物则常年发情,没有

发情的季节之分,例如猪、牛等。家畜的发情季节是长期自然选择的结果,但并不是固定不变的,随着驯化程度的加深以及饲养管理条件的改善,控制家畜光照、使用外源激素等措施可以使家畜的发情周期发生一定程度的改变,甚至变成无季节性。

5. 产后发情与乏情

(1)产后发情　产后发情(estrus after partruition)指母畜分娩后出现的第一次发情。不同母畜产后发情出现的时间不尽相同,与饲养管理、季节、哺乳时间的长短以及身体健康情况有着密切关系。母猪大多在分娩后 3~6 d 内出现发情,但不排卵,一般在仔猪断乳后一周内出现一次正常的发情。母牛一般在产犊后 40~60 d 发情。发情季节不明显的母羊大多在产羔后 2~3 个月发情,不哺乳的母羊在产羔后 20 d 左右发情。

(2)乏情　乏情(anestrus)是指达到初情期的雌性动物不出现发情的现象,主要表现为卵巢无周期性活动,处于相对静止状态。引起乏情的因素有很多,如季节性、生理性和病理性等。

6. 禽蛋的形成机理

禽蛋形成过程中,包括蛋黄、蛋白、蛋壳膜以及蛋壳 4 个形成阶段。

(1)蛋黄的形成　卵黄自形成开始,一直到从卵巢排出需要 10 d 左右的时间。其生长速度非常快,排卵前 6 d 左右直径从 6 mm 增长至 35 mm。通常母鸡的卵巢上有 5~6 个较大、发育成熟的黄色卵泡以及许多颜色发白、未发育成熟的小卵泡。母禽临近性成熟时,卵巢活动比较剧烈,卵细胞由于营养物质的积累,形成大小不同卵泡,形似一串葡萄。每个卵泡含有一个卵子或生殖细胞,最初生殖细胞在中央,随着卵黄的不断累积,生殖细胞逐渐转移到卵黄表面,恰好在卵黄膜的下面。未受精的蛋,生殖细胞在蛋形成的过程中通常不再进行分裂。蛋黄表面有一个白点,称为胚珠。而受精后的蛋,生殖细胞在输卵管中经过分裂,形成中央透明、周围较暗的盘状形原肠胚,称为胚盘。

(2)蛋白的形成　雌性家禽输卵管最长的部位是膨大部,分泌清蛋白(或称蛋白),包裹卵黄。在蛋形成过程中,由于卵黄扭转以及水的介入,使蛋白分为系带生成层、内稀蛋白、浓蛋白、外稀蛋白 4 层。系带生成层连接着卵黄。浓蛋白和外稀蛋白占比较大,占总蛋白的 3/4。

(3)蛋壳膜的形成　蛋壳膜在输卵管峡部由许多纤维交错形成,水分和空气可以渗入壳膜。壳膜分为内壳膜和外壳膜两层。刚开始形成时壳膜十分松散,在子宫处随着水和盐的渗入而成形。外壳膜比内壳膜厚 3 倍左右,两层壳膜通常紧密地黏合在一起,只是在蛋壳钝端,禽蛋刚被产出时由于冷却收缩使内外壳膜分离形成气室。禽蛋刚被产出时气室比较小,随着时间变长气室逐渐变大,因而气室可以作为衡量禽蛋新鲜程度的指标。

(4)蛋壳的形成　禽蛋形成过程中在子宫的停留时间最长,导致更多的水和矿物质穿过蛋壳膜进入蛋白,使鸡蛋膨胀并形成蛋白的第四层,也是蛋壳形成和色素沉积的部位。蛋壳主要成分是碳酸钙,分为内外两层,内层为较薄的乳头状突起,外层为较厚的海绵状结构,其间有大量气孔与内外相通。蛋壳外覆有一层胶护膜,可以封堵住刚产下的禽蛋的气孔,防止水分丢失和细菌侵入。随着保存时间的延长或者孵化,表层胶护膜逐渐脱落,空气可以进入蛋内,水汽和孵化时胚胎呼吸所产生的二氧化碳会排出蛋外。

二、繁殖技术

(一)发情鉴定

在家畜繁殖过程中,对母畜发情情况进行鉴定是最基本技术环节之一。通过发情鉴定可以判断母畜发情阶段和程度,便于适时配种或输精,提高受胎率和繁殖效率。发情鉴定有多种方法,主要是根据家畜发情时的外部行为表现和内部生理变化(如卵巢、生殖道等)进行综合判断。

1. 外部观察法

外部观察法是各种家畜发情鉴定常用的基本方法,主要根据家畜的外部表现和精神状态进行综合分析来判断。例如是否表现出兴奋不安,食欲减退,外阴部肿胀、湿润,有黏液分泌并排出,以及黏液的多少、颜色和黏稠度,排尿是否频繁,爬跨或被爬跨程度等。

2. 试情法

根据母畜在性欲上对公畜的反应情况来判断其发情的程度。优点是简便、容易掌握、适用于各种家畜。提供试情的公畜应体质健壮,性欲旺盛,无恶癖。对常年发情的家畜,试情要定期进行,便于掌握母畜的性欲变化情况。为防止误配,将公畜输精管结扎或做阴茎倒转术,公羊也可以戴布兜。

3. 阴道检查法

阴道检查法通常适用于大型家畜,如牛、马、驴等。通过使用开张器将母畜的阴道扩开,检查其阴道黏膜的颜色、润滑度、子宫颈肿胀度及开口大小、黏液量的多少、颜色、黏稠度等,判断母畜发情的程度。

4. 直肠检查法

直肠检查法是牛、马等大家畜发情鉴定常用且有效的方法。检查人员将手伸进母畜直肠内,隔着直肠壁触摸卵巢上的卵泡发育程度,确定配种时期。优点是对卵泡的发育程度判断比较准确,可根据卵泡发育情况确定适宜的配种时间,同时还可进行妊娠诊断,避免给孕后发情母畜再次配种而引起流产。缺点是对操作者的熟练程度要求严格,操作者应具有丰富的经验和娴熟的操作能力,才能保证发情鉴定的准确性。

5. 超声波法

将配有一定功率的超声波仪探头通过阴道壁接触卵巢上的黄体或卵泡,在显示屏上显示出黄体或卵泡的结构图像。根据卵泡直径大小确定发情阶段。同样原理用腹腔内窥镜,在显示屏上直接观察到卵泡和黄体发育程度。以上仪器鉴定方法准确、可靠,但操作复杂、成本高。

6. 电阻值测定法

应用电阻表测定母畜阴道黏液的电阻值,当电阻值降至最低时,输精最适宜。此法常用于伴侣动物或经济动物的发情鉴定,但准确率偏低。

7. 发情鉴定器测定法

发情鉴定器测定法主要用于牛,有时也用于羊。有颌下钢球发情标志器和卡马氏发情爬跨测定器两种。

8. 激素测定法

雌性畜禽发情时孕酮水平降低，雌激素水平升高。应用酶联免疫或放射免疫检测技术测定血液、奶样或者尿中雌激素或孕酮水平，进行发情鉴定。

（二）精液保存

精液保存（semen preservation）是畜禽养殖过程中的一项重要工作。精液保存的主要目的是延长精子的存活时间及维持受精能力，便于长途运输，扩大精液的使用范围，增加受配母畜头数，提高种公畜的配种效果。使优秀种公畜的使用不受时间与地区的限制从而获得大量后代，迅速扩大其优良遗传特性和高产基因在群体中的影响，还可用于畜禽遗传品种资源的保护。精液的保存方法分为液态保存和冷冻保存两种。

1. 精液的液态保存

精液的液态保存是指精液稀释后，保存温度在0℃以上，以液态形式做短期保存。液态保存又分为常温保存和低温保存两种类型。

（1）常温保存　精液常温保存即将稀释的精液分装后密封，用纱布或毛巾包好，置于15～25℃环境下避光存放。用此方法保存不需要特殊设备，简单易行，便于普及和推广，适用于各种家畜精液的短期保存，特别适用于猪的全份精液保存。

常温保存的原理是精子在弱酸性环境中活动受到抑制，能量消耗降低，pH一旦恢复到中性，精子即可复苏。因此，在精液稀释液中加入弱酸性物质，调整精子的酸性环境，从而抑制精子的活动，达到保存精子的目的。

（2）低温保存　精液低温保存是将稀释好的精液，采用平均每30 min降低5℃的速度逐渐降温到0～5℃保存。低温保存的畜禽精液，输精前要进行升温处理，一般将存放精液的试管或小瓶直接投入30℃水中。通常液态精液储存时间可长达7 d。

低温保存的原理是当温度缓慢降至0～5℃时，精子呈现休眠状态，精子代谢机能和活动力减弱，因而利用低温来抑制精子活动，降低代谢和运动的能量消耗。当温度回升后，精子又逐渐恢复正常的代谢机能而不丧失受精能力。为避免精子发生冷休克，在稀释液中需添加一定浓度的卵黄、奶类等，并采取缓慢降温的方法。

2. 精液的冷冻保存

精液的冷冻保存是指将采集到的新鲜精液，经过特殊处理后，利用液氮（－196℃）作为冷源，以冻结的形式保存于超低温环境下，进行长期保存。精液冷冻保存是比较理想的保存方法，对现代畜牧业发展具有十分重要的意义，可以充分提高优良种公畜的利用率，保证大量母畜的配种需要；加快畜群品种改良步伐，推进育种工作进程；便于开展国内外种质交流；使发情母畜配种不受时间与地域限制；推动繁殖新技术在生产上的应用；建立动物精液基因库。

（三）人工授精

人工授精（artificial insemination，AI）是利用人工手段采集雄性动物的精液并进行初步处理后，再将精液输入到雌性畜禽生殖道的特定部位，以代替畜禽自然交配而繁殖后代的一种技术。这种方法有效改变了畜禽的配种过程，能够提高优良种公畜禽的配种效率和种用价值；充分利用优秀种公畜禽的遗传资源，加快遗传进程及品种改良速度，促进育种工作进程；减少种公畜禽的饲养数，降低生产费用，提高经济效益；使公畜禽与母畜禽在不直接接触下完成配种，防止各种接触性疾病的传播；克服了公畜禽与母畜禽因体格相差过大而造成的不易交配，或生殖道因某些异常不易受胎的困难，并能及时发现不孕症等生殖器官疾病，有利于提高母畜禽的受胎（精）率；配种不受地域限制，并可开展国际交流和贸易，代替种公畜禽的引进。

（四）妊娠诊断

妊娠诊断对于家畜饲养繁殖具有重要意义，简便有效的早期妊娠诊断是减少母畜空怀、加强妊娠管理和提高母畜繁殖力的重要措施；可以尽早确定母畜妊娠状态，利于生产管理；便于对母畜与配种公畜的生殖机能做出具体分析，有利于提高整体配种水平。

通常家畜的妊娠诊断主要检查四方面：①胎儿、胎膜和胎水；②与妊娠相关的母体生理变化，如腹部轮廓、子宫动脉、发情表现、阴道上皮的组织、子宫颈黏液形态和外激素诱导的生理反应等；③检查与妊娠有关的激素变化（如家畜尿液中雌激素含量等）以及妊娠特异性物质（如 hCG、eCG、干扰素 tau、早孕因子等）。

（五）分娩与助产

1. 分娩

分娩是母畜借子宫和腹肌收缩将胎儿及胎膜（胎衣）排出体外的过程，分娩分为开口期、胎儿排出期和胎衣排出期三个阶段。

开口期是从子宫开始阵缩起到子宫颈口完全开张、并与阴道界限消失为止。初产母畜表现不安、起卧频繁、食欲减退、徘徊运动、尾根翘起、常作排尿姿势、呼吸脉搏加快等；经产者表现不明显。

胎儿排出期是从子宫颈口完全开张到胎儿娩出为止，此阶段的主要临床表现为母畜高度不安，时起时卧，回顾腹部，呼吸和脉搏加快，最后侧卧，四肢伸直，强烈努责。猪胎儿排出期的持续时间与胎儿数目及娩出间隔有关，一般第一个胎儿排出较慢，从母猪停止起卧到排出第一个胎儿在 10 ~ 60 min；后续的间隔时间，我国猪品种在 2 ~ 3 min，引进猪品种在 11 ~ 17 min。

胎衣排出期是从胎儿娩出后到胎衣完全排出为止。胎儿娩出后，母畜稍加安静，几分钟后子宫恢复阵缩，但收缩频率和强度都比较弱，有时伴有轻微的努责，直至将胎衣排出。因不同动物的胎盘组织结构存在差异，所以胎衣排出时间也不相同。

2. 助产

（1）产前准备工作　根据配种记录和产前预兆，一般在预产期前 1 ~ 2 周将母畜转入产房。产房预先消毒并准备必需的药品和用具。对临产母畜做好外阴部消毒，缠尾，换上清洁柔软的垫草。技术人员需 24 h 监控母畜变化。助产时注意自身消毒和防御，防止人身伤害和人兽共患病的感染。

（2）正常分娩的助产　原则上正常分娩的母畜无须助产。助产人员的主要职责是监视母畜的分娩过程,发现问题给母畜必要的辅助和对仔畜进行及时护理。

(3)难产的救助原则和预防 当遇到有母畜难产时,立即请兽医助产,并遵守一定的助产原则。助产时,除注意挽救母畜和胎儿外,尽量保护母畜繁殖力,防止产道的机械损伤和感染。

难产极易引起仔畜死亡,并严重危害母畜生命和以后的繁殖能力。由于青年母畜机体没有完全发育成熟,分娩时常因骨盆狭窄导致难产。因此,预防难产十分重要。避免母畜过早配种;妊娠母畜要适当运动,以利于胎儿在子宫内的胎位调整,从而减少难产和胎衣不下;临产前及时对孕畜检查并及时矫正胎位。注意妊娠期的饲养管理,防止母畜过肥、胎儿过大。

(六)同期发情

同期发情(estrus synchronization),即采用外源生殖激素等方法使一群母畜在同一时期内发情并排卵的技术。同期发情在畜牧生产中便于组织生产和管理,提高畜群的发情率和繁殖率。其基本原理是通过调节发情周期,控制群体母畜的发情排卵在同一时期发生,一般采用延长或缩短黄体期的方法,即通过孕激素抑制群体卵泡的发育和排卵从而导致人为黄体期,或采用前列腺素类激素迅速消除黄体从而实现人为缩短黄体期,使新的卵泡快速发育,两者均可达到同期发情的目的。

(七)胚胎移植

胚胎移植(embryo transfer,ET)又称为受精卵移植,将体内、体外生产的哺乳动物早期胚胎移植到同种、生理状态相同的雌性动物生殖道内,使之继续发育成正常个体的生物技术。其中,提供胚胎的雌性动物称为供体(donor),接受胚胎并代之完成妊娠、分娩及哺乳仔畜的动物称为受体(recipient)。经胚胎移植产出的后代,其遗传物质来自亲代双方,而胚胎发育所需要的营养物质则来自受体。

胚胎移植技术是20世纪畜牧业生产中继人工授精之后又一次重大的生物技术革命。可以充分发挥优良母畜的繁殖潜力,提高繁殖与生产效率;加速品种改良、扩大良种家畜,加速育种进程;简化良种引进方法、降低种质资源保存的成本,利于家畜养殖过程中的防疫。胚胎移植技术也是其他胚胎生物工程技术的基础,在动物繁殖育种中发挥着越来越重要的作用。在实际生产中,家畜的超数排卵和胚胎移植通常同时应用,合称为超数排卵与胚胎移植(multiple ovulation and embryo transfer,MOET)技术,简称MOET技术。

目前,牛和羊的胚胎冷冻保存和移植技术已基本成熟,进入产业化应用阶段。利用胚胎冷冻保存可建立家畜和濒危动物基因库。胚胎移植技术的研究和应用对于胚胎组织学、发育生物学、遗传育种学和胚胎生物技术的基础理论研究具有重要价值,为未来组织和器官的冷冻保存提供充分的理论依据。但是,胚胎移植技术整体依然存在超数排卵效果不稳定、胚胎回收率低、供体再利用、配套技术、技术人员缺乏与推广体系不健全等问题。

(八)性别控制

性别控制(sex control)技术是通过对畜禽的正常生殖过程进行人为干预,使成年雌性畜禽产出人们期望性别的后代的一种生物技术。性别控制技术在畜牧生产中意义重大。首先,通过控制出生后代的性别,可充分发挥受性别限制的生产性状(如泌乳、产蛋等)和受性别影响的生产性状(如生长速度、肉质等)的最大经济效益。其次,控制出生后代的性别可增加选种强度,加快育种进程。同时,通过控制性别可以克服牛的异性孪生不育现象,排除伴性有害基因的危害。目前,哺乳动物实现性别控制的途径主要有精子分离法、胚胎性别鉴定法以及控制受精环境等。

第三章　畜禽营养与饲料

畜禽营养与饲料事关畜禽养殖的核心技术和重要组成，对解决动物生产的资源、环境、安全和高效问题至关重要，是推动畜牧生产不断发展的重要理论指南和技术基础。动物营养学是研究营养物质的摄入与动物的生命活动和生产之间关系的科学，为动物生产和饲料资源的合理利用提供理论根据和实践指南，不仅能够维持动物生产的高效运行，而且有助于揭示动物生命活动的本质、动物与人及环境的互作关系。饲料工业是以动物营养为基础，以养殖业为服务对象从事商品饲料生产的工业行业。随着动物营养与饲料学及相关学科的发展和养殖业的进步，饲料工业已形成了包括饲料原料工业、饲料添加剂工业、饲料机械工业和饲料加工工业在内完整的工业体系。

第一节　畜禽营养原理

营养是畜禽消化吸收饲料并利用饲料中的有效成分来维持生命活动、修补体组织、生长和生产的全过程。饲料中能够被动物用以维持生命或生产产品的一切化学物质称为营养物质或营养素、养分。养分可以是简单的化学元素，如钙、磷、钾、钠、氯、镁、硫、铁、铜、锰、锌、硒、碘等，也可以是复杂的化合物，如蛋白质、脂肪、碳水化合物、维生素等。畜禽营养是指畜禽摄取、消化、吸收、利用、代谢和排泄饲料中营养物质的全过程，是一系列化学、物理及生理变化过程的总称，是动物一切生命活动（生存、生长、繁殖、产奶、产蛋、免疫等）的基础。

一、营养物质分类

动物为了生存、生长和繁衍后代，必须从外界摄取食物，动物的食物称为饲料（feed）。营养物质在动物体内具有重要的生物学功能。动物需要的营养物质主要有六类，包括水、碳水化合物、蛋白质、脂类、矿物元素和维生素。

（一）概略养分

根据国际上通常采用1864年德国Henneberg提出的常规饲料分析方案，即概略养分分析方案（feed proximate analysis），将饲料中的营养物质主要分为水分、粗灰分（ash）、粗蛋白（crude protein，CP）、粗脂肪（即乙醚浸出物，ether extract，EE）、粗纤维（crude fiber，CF）和无氮浸出物(nitrogen－free extract,NFE)六大类(图3－1),这些营养物质具有构成体组织、提高能量、调节机体代谢和形成畜产品的功能。

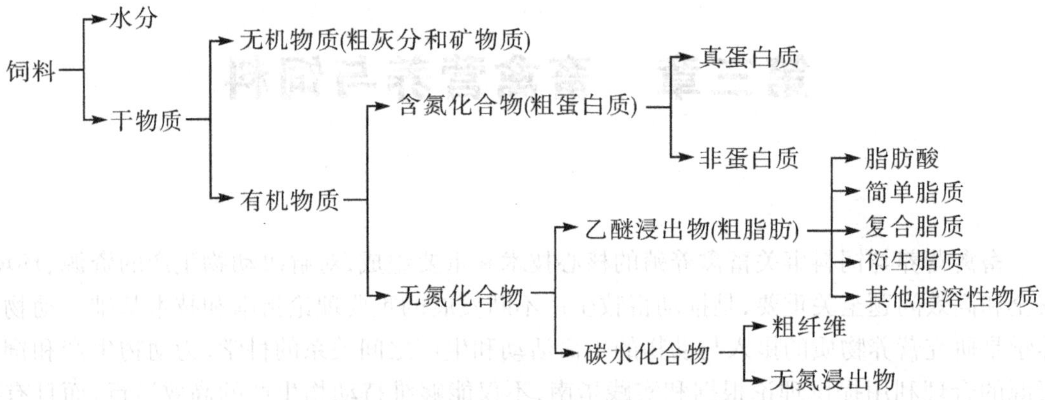

图3－1　概略养分与饲料组成之间的关系

1. 水分(water)

所有饲料均含有水分,且含量差异很大,最高达95%以上,最低在5%以下。饲料中的水分常以两种状态存在:一种是存在于细胞间、与细胞结合不紧密、容易挥发的水,称为游离水或自由水;另一种是与细胞内胶体物质紧密结合在一起、形成胶体水膜、难以挥发的水,称结合水或束缚水,两种水分之和称为总水分。在测定饲料水分含量时,将饲料中的总水分分成初水和吸附水。

(1)初水(primary moisture)　即自由水、游离水或原始水分。指新鲜饲料在60～70℃烘箱中烘一定时间,再在室温下冷却并达到恒重时,所失水分即为初水。各种新鲜的青绿多汁饲料,含有较多的初水。

初水含量 =(鲜饲料重－风干饲料重)/鲜饲料重 × 100%

(2)吸附水(absorption water)　即结合水或束缚水。风干饲料在100～105℃烘箱中进行烘干,再在干燥器中冷却并达到恒重时,所失水分即为吸附水。

吸附水含量 =(风干饲料重－烘干后饲料重)/风干饲料重 × 100%

饲料中除去所有水分后的剩余部分称为干物质(dry matter,DM)。干物质是比较各种饲料所含养分多少的基础。其分析方法及成分见表3－1。

2. 粗灰分(ash)

粗灰分是饲料样品在550～600℃高温炉中,有机物质全部燃烧氧化后剩余的残渣,主要为矿物质氧化物或盐类等无机物质,有时还含有少量泥沙,故称粗灰分。

粗灰分含量 = 灰分重/饲料样品重 × 100%

3. 粗蛋白(crude protein,CP)

粗蛋白是饲料样品中所有含氮化合物的总和,包括真蛋白质和非蛋白质等含氮化合物(non－protein nitrogen,NPN)两部分。NPN包括游离氨基酸、硝酸盐、胺等。其分析方法和具体成分见表3－1。

概略养分分析测定粗蛋白时采用凯氏定氮法,测出样品中的含氮量后再乘以6.25即为粗蛋白含量。6.25为蛋白质的换算系数,表示饲料样品中粗蛋白的平均含氮量为

16%（100÷16 = 6.25）。计算公式如下：

粗蛋白质含量 = （饲料样品含氮量×6.25）/饲料样品重×100%

表3-1　饲料概略养分分析方法及成分

名称	方法	主要组成成分
干物质	105℃烘干至恒重	除水分和挥发性物质以外的物质
粗灰分	550～600℃灰化至恒重	矿物质
粗蛋白质	凯氏定氮法	蛋白质、氨基酸、有机胺、含氮的糖苷、磷脂、G族维生素、硝酸盐
粗脂肪	乙醚或石油醚浸提	脂肪、蜡质、有机酸、色素、甾体、脂溶性维生素
粗纤维	弱酸、弱碱30 min过滤残渣	纤维素、半纤维素、木质素
无氮浸出物	100% -（水分+粗灰分+粗蛋白+粗脂肪+粗纤维）含量%	淀粉、糖、低聚糖、半纤维素、果胶、木质素、有机酸、树脂、单宁、色素、水溶性维生素

4. 粗脂肪（ether extract，EE）

粗脂肪是饲料样品中脂溶性物质的总称。概略养分分析时，常采用乙醚来浸提样品中的脂溶性物质，故又称为乙醚浸出物。粗脂肪中除真脂肪外，还含有其他溶于乙醚的有机物质，如叶绿素、胡萝卜素、有机酸、树脂、脂溶性维生素等物质（表3-1）。

粗脂肪含量 = 乙醚浸出物重/饲料样品重×100%

5. 粗纤维（crude fiber，CF）

粗纤维是植物细胞壁的主要组成成分，包括纤维素、半纤维素、木质素及角质等成分。纤维素分子是由β-D-葡萄糖分子以β-1,4糖苷键连接而成的同质多糖；半纤维素是葡萄糖、果糖、木糖、甘露糖和阿拉伯糖等聚合而成的异质多糖；木质素是一种苯丙基衍生物的聚合物，是动物利用各种养分的主要限制因子。

常规饲料分析方法测定的粗纤维，是将饲料样品经1.25%稀酸、1.25%稀碱各煮沸30 min后，剩余的不溶解碳水化合物。在分析过程中，有部分半纤维素、纤维素和木质素溶解于酸、碱中，而被纳入无氮浸出物，使得粗纤维测定值偏低，同时又增加无氮浸出物的计算误差。为了改进粗纤维分析方案，Van Soest（1976）提出了用中性洗涤纤维（neutral detergent fiber，NDF）、酸性洗涤纤维（acid detergent fiber，ADF）、酸性洗涤木质素（acid detergent lignin，ADL）作为评定饲草中纤维类物质的指标，应用此法会得到饲料粗纤维中的半纤维素、纤维素和木质素含量，能更好地评定饲料粗纤维的营养价值（图3-2）。

6. 无氮浸出物（nitrogen free extract，NFE）

无氮浸出物主要由易被动物利用的淀粉、菊糖、双糖、单糖等可溶性碳水化合物组成。概略养分分析不能直接分析饲料中的无氮浸出物，而是通过计算求得：

无氮浸出物含量 = 100% -（水分含量+灰分含量+粗蛋白含量+粗脂肪含量+粗纤维含量）%

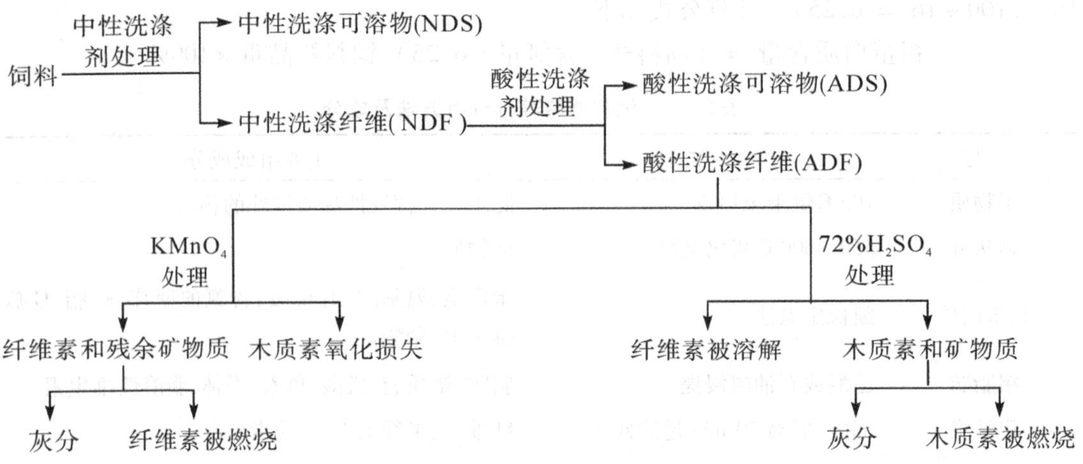

图3-2　Van Soest 粗纤维分析方案

(二)纯养分

概略养分分析不能全面评定饲料的营养价值,如脂溶性维生素被包含在粗脂肪中;水溶性维生素中,含氮的维生素被包含在粗蛋白中,不含氮的维生素则被包含在无氮浸出物中。随着动物营养科学的发展和饲料养分分析方法的不断改进,如氨基酸自动分析仪、原子吸收光谱仪、气相色谱分析仪、近红外光谱分析仪等仪器的出现,促使动物营养研究更加深入细致,饲料营养价值评定也更加精确可靠。图3-3列出了饲料或食品干物质中含有的各种化学成分。

二、畜禽的营养过程

不同动物的消化道结构不同,消化吸收的方式也不同,且不同动物或同种动物对不同饲料的消化利用程度也存在一定差异。动物采食饲料后,经过消化将饲料中大分子不可吸收物质转化为小分子可吸收物质,并经过消化道上皮吸收进入血液或淋巴液,经门静脉输送到全身进行代谢和利用,而代谢废物以及未被消化吸收的外源物质经呼吸及粪尿排出体外。

(一)采食

采食是动物摄入营养物质的途径,是动物最基本的生命活动。饲料中含有的营养物质只有经采食后才能被充分消化、吸收和利用。采食是动物营养过程的起始,是一种复杂的活动,包括食物的寻觅、感官鉴定、辨别、摄食和咀嚼等过程。采食特性因畜禽种类不同而异。饲料气味、色泽、理化性质,以及动物胃肠道功能、体内营养状况和养殖环境等均影响采食,譬如家禽的口腔味蕾细胞较少,饲料风味对采食量的影响较小,但饲料粒度和硬度对采食量的影响较大。饲料养分缺乏或浓度过高、饲料氨基酸不平衡(尤其对非反刍动物)均会降低采食量。各种摄食相关信息均汇集于中枢神经系统,进而影响食欲。饲料发霉变质影响适口性,显著降低猪和牛羊的采食量。针对动物的采食特性,通过选择饲料原料和饲料添加剂、调控营养浓度、优化饲料加工工艺、控制养殖环境等措施实现采食量的有效控制,与营养需要精准满足有机统一。

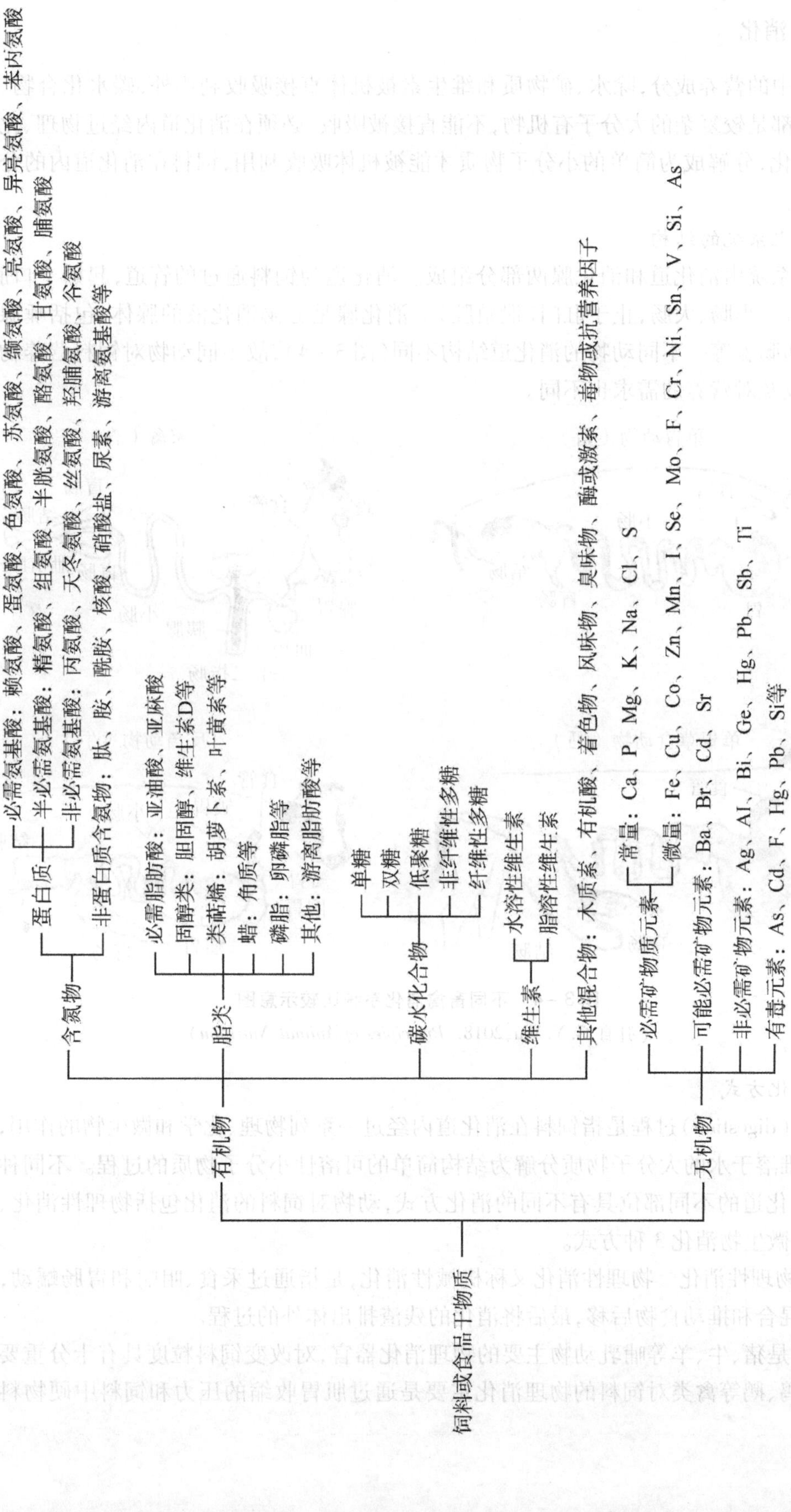

图3-3　常用饲料(或食品)干物质中的化学成分(引自Pond等，1995)

（二）消化

饲料中的营养成分，除水、矿物质和维生素被机体直接吸收利用外，碳水化合物、蛋白质和脂肪都是较复杂的大分子有机物，不能直接被吸收，必须在消化道内经过物理、化学和微生物消化，分解成为简单的小分子物质才能被机体吸收利用，饲料在消化道内的分解过程叫消化。

1. 消化系统的结构

消化系统由消化道和消化腺两部分组成。消化道为饲料通过的管道，起始于口腔，经咽、食管、胃、小肠、大肠，止于肛门（泄殖腔）。消化腺是分泌消化液的腺体，包括唾腺、肝、胰、胃腺和肠腺等。不同动物的消化道结构不同（图3－4），故不同动物对饲料营养物质的消化、吸收及对营养的需求也不同。

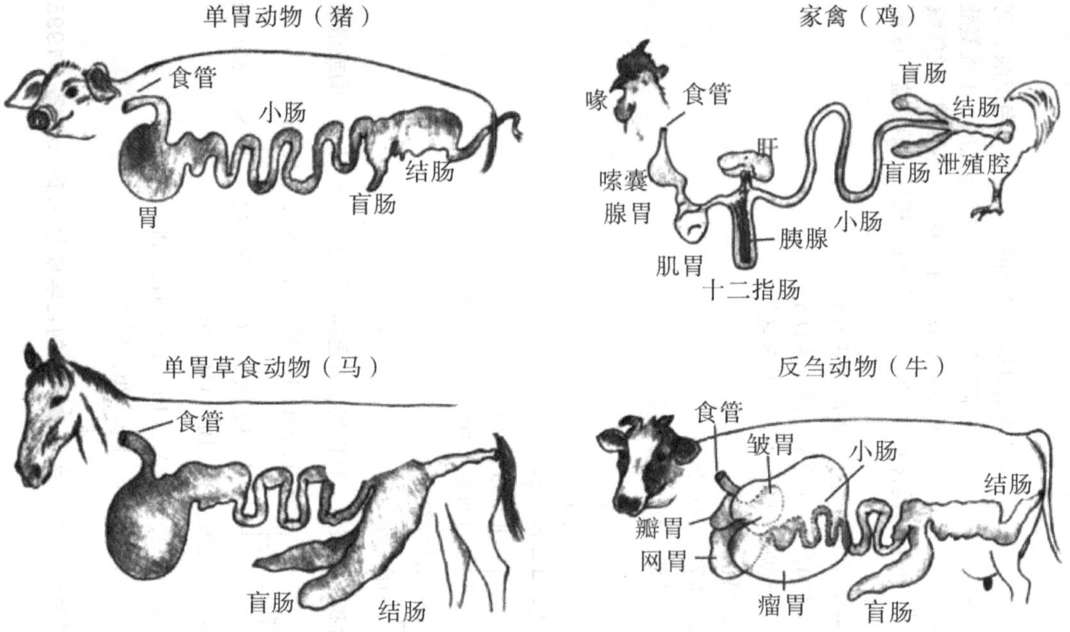

图3－4 不同畜禽消化系统比较示意图

（引自 G. Y. Wu，2018. *Principles of Animal Nutrition*）

2. 消化方式

消化（digestion）过程是指饲料在消化道内经过一系列物理、化学和微生物的作用，把结构复杂、难溶于水的大分子物质分解为结构简单的可溶性小分子物质的过程。不同种类的动物及消化道的不同部位具有不同的消化方式，动物对饲料的消化包括物理性消化、化学性消化和微生物消化3种方式。

（1）物理性消化　物理性消化又称机械性消化，是指通过采食、咀嚼和胃肠蠕动，将食物磨碎、混合和推动食物后移，最后将消化的残渣排出体外的过程。

口腔是猪、牛、羊等哺乳动物主要的物理消化器官，对改变饲料粒度具有十分重要的作用。鸡、鸭、鹅等禽类对饲料的物理消化主要是通过肌胃收缩的压力和饲料中硬物料的研磨,达到改变饲料粒度的目的,这是在禽类的配合饲料中适量添加硬质沙石的依据。

(2)化学性消化 动物对饲料的化学性消化,主要是通过消化道分泌的各种消化酶或饲料中含有的消化酶对饲料进行分解的过程。酶的消化是高等动物主要的消化特征。反刍与非反刍动物都存在酶的消化,但非反刍动物酶的消化具有特别重要的作用。

表3-2 消化道的主要酶类

来源	酶	前体物	激活物	底物	终产物
唾液	唾液淀粉酶			淀粉	糊精、麦芽糖
胃液	胃蛋白酶	胃蛋白酶原	盐酸	蛋白质	肽
胃液	凝乳酶	凝乳酶原	盐酸、活化钙	乳中酪蛋白	凝结乳
胰液	胰蛋白酶	胰蛋白酶原	肠激酶	蛋白质	肽
胰液	糜蛋白酶	糜蛋白酶原	胰蛋白酶	蛋白质	肽
胰液	羧肽酶	羧肽酶原	胰蛋白酶	肽	氨基酸、小肽
胰液	氨基肽酶	氨基肽酶原		肽	氨基酸
胰液	胰麦芽糖酶			肽	氨基酸
胰液	胰脂酶			脂肪	甘油、脂肪酸
胰液	胰麦芽糖酶			麦芽糖	葡萄糖
胰液	蔗糖酶			蔗糖	葡萄糖、果糖
胰液	胰淀粉酶			淀粉	糊精、麦芽糖
胰液	胰核酸酶			核酸	核苷酸
肠液	氨基肽酶			肽	氨基酸
肠液	双肽酶			肽	氨基酸
肠液	麦芽糖酶			麦芽糖	葡萄糖
肠液	乳糖酶			乳糖	葡萄糖
肠液	蔗糖酶			蔗糖	葡萄糖、果糖
肠液	核酸酶			核酸	核苷酸
肠液	核苷酸酶			核酸	核苷、磷酸

不同种动物同一部位消化酶分泌的特点不同(表3-2)。如动物口腔分泌物中通常含有黏液,用来润湿食物,便于吞咽;人的唾液中含淀粉酶较多,猪和家禽唾液中含有少量淀粉酶,牛、羊、马唾液中不含淀粉酶或含量极少,但存在其他酶类,如麦芽糖酶、过氧化物酶、酯酶等;反刍动物唾液中含有碳酸氢钠和磷酸盐,对维持瘤胃适宜酸度具有较强的缓冲作用。

(3)微生物消化 消化道微生物在动物消化过程中发挥积极作用,对反刍动物和草食单胃动物的消化十分重要,是这些动物能够大量利用粗饲料的根本原因。反刍动物的微生物消化场所主要是瘤胃,其次是盲肠和大肠。草食单胃动物的微生物消化主要在盲肠和大肠。

①瘤胃内环境。反刍动物的瘤胃可看作是一个厌氧性微生物接种和繁殖的活体发酵

罐，具有如下特点：

食物和水分相对稳定：瘤胃内容物含干物质10%～15%，含水分85%～90%。虽然经常有食糜流入和排出，但食物和水分相对稳定，能够保证微生物繁殖需要的各种营养物质。

瘤胃pH：瘤胃内pH变动范围是5.0～7.5，呈中性而略偏酸，适合微生物的繁殖。

渗透压：一般情况下瘤胃内渗透压比较稳定，约接近血浆水平。

瘤胃温度：由于瘤胃发酵产生热量，瘤胃内温度通常超过体温1～2℃。

②瘤胃内消化。瘤胃内环境适合厌氧微生物的繁殖。瘤胃微生物种类繁多，主要分为两大类群，一类是原生动物，如纤毛虫和鞭毛虫，另一类是细菌。通常，瘤胃内容物每毫升含原虫10^6个，含细菌10^{10}个。如一头体重300 kg的肉牛，瘤胃内容物约40 L，其中约含有4×10^{10}个原虫和4×10^{14}个细菌。因此，微生物在瘤胃内充分繁殖时，微生物原浆约占瘤胃液的10%。按鲜重计算，绝对量达到3～7 kg。另外，瘤胃微生物除原虫和细菌外，也有酵母类的微生物和细菌体等。

瘤胃微生物能够分泌α－淀粉酶、蔗糖酶、呋喃果聚糖酶、蛋白酶、胱氨酸酶、半纤维素酶和纤维素酶等，可将饲料中糖类和蛋白质分解成挥发性脂肪酸、NH_3等物质，同时微生物发酵也产生CH_4、CO_2、H_2、O_2、N_2等气体，通过嗳气排出体外。绵羊由瘤胃转入真胃的蛋白质约有82%属于菌体蛋白质，可见饲料蛋白质在瘤胃中大部分已转化成菌体蛋白质。

瘤胃微生物不仅与宿主存在共生关系，而且微生物之间也存在相互制约、相互共生关系。纤毛虫能够吞食和消化细菌，除了菌体提供营养来源外，还可利用菌体酶类来消化营养物质。当瘤胃纤毛虫完全消失时，细菌数量大量增加，维持瘤胃内一定的消化水平。

微生物消化的最大特点是将大量不能直接被宿主利用的物质转化成为高质量的营养素。在微生物消化过程中，有一定量能够被宿主直接利用的营养物质而首先被微生物利用。营养物质二次利用明显降低了利用效率，特别是能量的利用效率。

（三）吸收

饲料中营养物质经过动物消化道的物理、化学、微生物的消化后，经消化道上皮细胞进入血液或淋巴液的过程称为吸收（absorption）。吸收后的营养物质被运送到机体各部位，供机体利用。在动物营养学中，把消化吸收了的营养物质视为可消化营养物质。

口腔和食道均不吸收营养物质。非反刍动物的胃中吸收少量葡萄糖、小肽和水。反刍动物的瘤胃中吸收氨和挥发性脂肪酸，其余3个胃主要吸收水和无机盐。动物营养物质的主要吸收场所在小肠。

营养物质在胃肠道的吸收是一个复杂的过程，高等动物对营养物质的吸收机制大致分为被动扩散（passive diffusion）和主动吸收（active absorption）两大类。在特殊的生理阶段中，有些动物还保留着胞饮吸收的特性。

1. 被动扩散

被动扩散是指靠物理学作用（滤过、扩散和渗透等）而使营养物质进入血液的过程，这种吸收机制主要包括简单扩散和易化扩散（需要载体）两种形式，不需要消耗机体能量。一些小分子物质，例如简单多肽、各种离子电解质和水等通过此方式被机体吸收。

2. 主动吸收

主动转运是一种需要消耗能量、逆电化学梯度进行物质转运的形式。动物机体内绝大部分营养物质的吸收是靠主动转运完成。主动转运需要细胞膜上载体（膜蛋白）的协助。营养物质转运时，首先在细胞与载体结合成复合物，转入上皮细胞后，迅速与载体分离并释放入细胞中，载体又转回细胞膜的外表面，这样往返循环以实现对各种营养物质的主动吸收。载体具有特异性，细胞膜上同时存在多种不同的载体系统，每一系统只运载某种特定的营养物质，如葡萄糖、氨基酸、转运载体等。

3. 胞饮吸收

胞饮吸收是吸收细胞以吞噬的方式将一些大分子物质吸收的过程。大分子物质与细胞膜上的特殊蛋白质（受体）结合，随后结合部位向细胞内凹陷形成小泡，小泡与细胞膜脱离进入细胞内部。以这种方式吸收的物质，可以是分子形式，也可以是团块或聚集物形式。初生哺乳动物对初乳中免疫球蛋白的吸收是胞饮吸收，对获取抗体具有十分重要的意义。

（四）代谢

经门静脉或淋巴吸收的多数小分子物质，经历必要的代谢过程被动物体利用，执行其营养生理功能。代谢是生物体内发生的用于维持生命活动和进行生产的一系列有序化学反应的总称。复杂的代谢过程使生物体能够正常生长繁殖、保持结构完整性以及对外界环境作出反应。被吸收的部分氨基酸经历转氨反应用于体蛋白合成、组织更新和畜禽产品合成，葡萄糖经历糖酵解和三羧酸循环为动物体供能。水溶性维生素和微量元素多以辅酶或辅基形式参与三大营养物质的营养代谢过程。通过探索动物体营养物质代谢通路的分子信号，以及认知生理、病理条件下机体代谢适应内外环境的机制，推动实现营养过程的精确调控，优化动物组织器官功能，改善机体的生长、发育和健康。

1. 蛋白质和氨基酸代谢

经肠道吸收的氨基酸在体内用于蛋白质的合成，包括体蛋白和产品蛋白，亦可分解供能或转化为其他物质。在氨基酸的代谢中主要有转氨基、脱氨基及脱羧基反应。参与转氨基反应的酶主要有谷氨酸转氨酶、a－酮戊二酸转氨酶、谷氨酸丙酮酸转氨酶（GDT）和谷氨酸草酰乙酸转氨酶（GOT），参与脱氨基反应的主要是L－谷氨酸脱氢酶。氨基酸脱羧酶有多种，且大多数氨基酸脱羧酶的辅酶是磷酸吡哆醛。通过上述代谢反应，氨基酸转变成酮酸、氨、胺化物和非必需氨基酸。酮酸用于合成葡萄糖和脂肪，也可进入三羧酸循环氧化供能；氨在肝脏中形成尿素或尿酸；胺则用于核蛋白体、激素及辅酶的合成。

2. 碳水化合物代谢

非反刍动物体内碳水化合物的代谢主要包括单糖的互变、葡萄糖的分解代谢和合成代谢。葡萄糖分解代谢主要包括无氧酵解、有氧氧化和磷酸戊糖循环三条途径，葡萄糖参与的合成代谢主要从糖原合成、乳糖合成以及合成体脂肪展开。

反刍动物不能利用葡萄糖合成长链脂肪酸，其体内葡萄糖代谢与非反刍动物类同。从碳水化合物消化吸收过程可知，反刍动物与非反刍动物不同，不能大量从消化道吸收葡萄糖，但葡萄糖对反刍动物仍然具有非常重要的生理作用，是肌糖原、肝糖原合成的前体，充当神经组织（特别是大脑）和红细胞的主要能源，通过磷酸戊糖途径生成重要的核苷酸类辅酶（NADPH），促进长链脂肪酸的合成等。

单胃动物碳水化合物消化产物以葡萄糖为主，而反刍动物则以挥发性脂肪酸为主。挥发性脂肪酸由瘤胃吸收入血转运至各组织器官,反刍动物组织中有许多促进挥发性脂肪酸利用的酶系。挥发性脂肪酸可氧化供能,反刍动物由挥发性脂肪酸提供的能量占吸收的营养物质总能的2/3。奶牛组织中50%的乙酸、67%的丁酸和25%的丙酸都经氧化提供能量。乙酸用于体脂肪和乳脂肪的合成,丁酸用于脂肪的合成。丙酸用于葡萄糖和乳糖的合成。丙酸和丁酸在肝脏中代谢,60%的乙酸在外周组织(肌肉和脂肪组织)代谢,只有20%在肝脏代谢,少量被乳腺吸收后用于合成乳脂。

3.脂类代谢

饲料脂类物质在体内代谢极为复杂,受遗传、动物种类和营养的影响,在饲料中脂类和能量供给充足情况下,体内脂肪组织和肌肉组织都以甘油三酯的合成代谢为主,饥饿条件下则以氧化分解代谢为主。

(1)脂肪的合成代谢　脂肪合成时,猪和反刍动物主要在脂肪组织中进行,人主要在肝中进行,禽完全在肝中进行,过量则沉积于肝中,产生脂肪肝症。鼠、兔等的肝脏和脂肪组织中都可进行较为活跃的脂肪合成。脂肪细胞中脂肪代谢主要是为了储存过多的能量和通过脂肪代谢循环向血浆提供游离脂肪酸。

非反刍动物和反刍动物均利用经消化道吸收的脂肪酸作为合成脂肪的原料。对于非反刍动物来说,合成脂肪的另一重要底物是葡萄糖,通过进入糖酵解循环转化为丙酮酸。在食物充足时,大量的草酰乙酸和丙酮酸被转化为用于脂肪合成而非供能的乙酰 CoA。因此,乙酰 CoA 与草酰乙酸缩合成柠檬酸进入细胞质,草酰乙酸被脱去,剩下用于脂肪合成的乙酰 CoA。草酰乙酸转化为苹果酸,再转化为丙酮酸,返回三羧酸循环。反刍动物不能将葡萄糖转化为脂肪的原因是体内缺乏两个关键酶—ATP 柠檬酸裂解酶(将柠檬酸裂解为草酰乙酸和乙酰 CoA)和 NADP－柠檬酸脱氢酶(将苹果酸转化为丙酮酸),但幼龄反刍动物具有转变葡萄糖为脂肪酸的能力。

来自饲料的不饱和脂肪酸在猪、禽体内不经氢化可直接沉积在体脂肪中。当饲喂不饱和脂肪酸含量高的饲料时,猪体内的不饱和脂肪酸显著升高,导致猪的体脂变软,容易酸败,肉品质下降,不适宜做腌肉和火腿。为尽量避免这种影响,在猪的肥育后期可饲喂麦类、薯类等含淀粉多的饲料。马、兔消化道后段具有与瘤胃相似的细菌,虽同样可将来自饲料的不饱和脂肪酸大量氢化为饱和脂肪酸,但由于饲料脂肪在进入消化道后段之前大部分在小肠已经被消化吸收,因而马、兔体脂肪的饱和程度仍然受饲料脂肪较大的影响。而反刍动物采食的不饱和脂肪酸在瘤胃内大量氢化形成饱和脂肪酸,下移到小肠经消化吸收以饱和脂肪酸的形态沉积为体脂。另外,瘤胃微生物合成的高级脂肪酸多属于饱和性质。因此,无论反刍动物采食的饲料脂肪饱和程度高低,其体脂肪依然可保持硬度大、熔点高、饱和脂肪酸含量多的特点。

(2)脂肪的分解代谢　当动物能量摄取不足时,将动员存储于脂肪组织细胞中的甘油三酯。甘油三酯在脂肪酶、甘油二酯脂肪酶和单脂酰甘油单酯脂肪酶的作用下水解为游离脂肪酸(free fatty acid,FFA)和甘油,从脂肪组织扩散进入血液。由于脂肪细胞缺乏甘油激酶,无法利用脂解产生的甘油。甘油通过血液运至肝脏后被磷酸化和氧化生成磷酸二羟丙酮,再经异构化生成3－磷酸甘油醛,然后经酵解途径转化为丙酮酸继续氧化,或经糖异生途径生成葡萄糖。脂肪组织释放的 FFA 与血清蛋白形成复合物,并被运至其他组织中。

一般情况下，FFA 被肌肉组织和肝脏摄取和代谢。有些 FFA 被肝脏完全氧化，有些 FFA 被转化成酮体，酮体在肝外组织代谢并供能。肝脏可将 FFA 转化为甘油三酯，然后以脂蛋白形式又被运回血浆中；在其他组织中利用这些脂蛋白运送的脂类供能，FFA 又以甘油三酯形式在脂肪组织中沉积起来。

肌肉细胞含有的脂肪是体内重要的脂肪代谢库，其代谢方式主要是氧化供能。脂肪分解代谢耗氧量占到细胞内营养素氧化代谢总耗氧量的 60%。肌肉组织中沉积的脂肪直接通过局部循环进入肌肉细胞进行氧化代谢，使脂肪表现出高的能量利用效率。饲粮和内源代谢供给的脂肪酸，肌细胞都能氧化利用。长链脂肪酸只在葡萄糖供能不足情况下发挥供能作用，进入肾脏的脂肪酸也主要用于氧化供能，心肌氧化 β－羟基丁酸供能比氧化脂肪酸供能更有效。

（五）营养物质的利用

营养物质的利用是指营养物质经历复杂代谢转化，满足动物体生命活动及生产的过程。机体对营养物质的利用即是营养物质实现其营养功能的生理过程。饲料蛋白质经采食、消化、吸收和代谢，用于畜禽机体更新、产品形成以及合成体内功能物质，并在特殊情况下转化为碳水化合物和脂肪后作为能源物质。饲料碳水化合物经采食、消化、吸收和代谢，作为机体的能量来源，为动物产品合成提供重要原料和还原力（NADPH 为生物合成的加氢反应等提供还原氢），并为合成非必需氨基酸提供碳骨架。饲料脂肪经动物采食、消化、吸收和代谢，成为机体的储能和供能物质，提供的必需脂肪酸是构成生物膜的关键成分，部分脂质是激素的前体物。在生产实践中，通过优化饲料原料、平衡饲料营养水平和选择适宜功能性饲料添加剂等措施，提高饲料转化率。

（六）排泄

动物体营养代谢过程中产生的各类不为机体利用或有害的物质，被输送至体外的过程称为排泄。广义的排泄包括排泄与排遗，排泄是动物体在新陈代谢过程中，将不能再利用的尿素、尿酸、二氧化碳、氨等，过剩的水和无机盐类以及各种异物（药物）等排出体外的过程，如排尿等。排遗是食物经口进入消化道消化吸收后，动物体将不能消化或已消化而未吸收的剩余废物排出体外的过程，如排粪等。

第二节　饲料分类与营养特性

一般来说，凡是作为饲料的物质均能作为配合饲料的原料。饲料种类繁多，养分组成和营养价值各异。为了解各种饲料的特点，便于合理利用，对饲料进行分类很有必要。对饲料分类即是给每种饲料确定一个标准名称，使该名称能够反映该饲料的特性和营养价值。属于同一标准名称的饲料，其特性、成分与营养价值基本相似。

一、饲料分类

饲料分类的原则是简便、实用、科学，常常将饲料根据来源、形态、营养特性等进行分类。根据来源分为植物性、动物性、矿物性和人工合成或提纯的产品；根据形态分为固体、液体、胶体、粉状、颗粒状及块状等类型；根据营养特性分为粗饲料、青绿饲料、青贮饲料、能量饲料、蛋白质饲料、矿物质饲料、维生素饲料、饲料添加剂等。

目前世界各国饲料分类方法尚未完全统一。美国学者 Harris 的饲料分类原则和编码体系，已为多数学者认同，并逐步发展成为当今饲料分类编码体系的基本模式，被称为国际饲料分类法。但多数国家仍采用国际饲料分类与本国生产实际相结合的饲料分类方法。20 世纪 80 年代，在张子仪院士主持下，依据国际饲料分类原则并结合我国传统分类体系，提出了我国的饲料分类法和编码系统。

（一）国际饲料分类法

Harris 根据饲料的营养特性将饲料分为粗饲料、青绿饲料、青贮饲料、能量饲料、蛋白质饲料、矿物质饲料、维生素饲料、饲料添加剂等八大类，并对每类饲料冠以 6 位数的国际饲料编码（international feeds number，IFN），首位数代表饲料归属的类别，后 5 位数则按饲料的重要属性给定编码。编码分 3 节，表示为 Δ－ΔΔ－ΔΔΔ。

国际饲料分类法（表 3－3）的特点：一是主要以饲料营养价值来分类，符合人们的习惯，同时又有量的规定，如对粗纤维、粗蛋白质含量的规定，更能反映各类饲料的营养特性及在畜禽饲粮中的地位；二是规定了每个饲料均需描述来源、种及变种、饲用部分、调制处理方法、成熟阶段、刈割或切碎、等级与质量保证、分类 8 个商品特点，更好地反映影响饲料营养价值的因素；三是每种饲料有一个标准编号，每一类饲料供 99 999 种饲料编号用，八大类供 799 992 饲料编号，便于计算机管理和配方设计。

表 3－3　国际饲料分类原则

饲料类别	饲料编码	水分（自然含水%）	粗纤维（干物质%）	粗蛋白质（干物质%）
粗饲料	1－00－000	<45	≥18	—
青绿饲料	2－00－000	≥45	—	—
青贮饲料	3－00－000	≥45	—	—
能量饲料	4－00－000	<45	<18	<20
蛋白质饲料	5－00－000	<45	<18	≥20
矿物质饲料	6－00－000	—	—	—
维生素饲料	7－00－000	—	—	—
饲料添加剂	8－00－000	—	—	—

注：引自韩友文主编（1999）《饲料与饲料学》。

（二）中国饲料分类法

20 世纪 80 年代初，张子仪院士等建立了我国饲料数据库管理系统及饲料分类方法。1987 年由原农业部正式批准筹建中国饲料数据库，有关饲料各种成分分析和营养价值资料等经过整理、核对和筛选后输入数据库中，可到国家饲料数据中心查阅。

我国的饲料分类法和编码系统（表 3－4）为：首先在国际饲料分类法基础上将饲料分成八大类，然后结合中国传统饲料分类习惯划分为 17 亚类，两者组合，迄今可能出现的类别有 37 类，对每类饲料冠以相应的中国饲料编码（Chinese feeds number，CFN），共 7 位数，首位为 IFN 八大类分类编号，第 2、3 位为 CFN17 亚类编号，第 4～7 位为具体饲料顺序号。编码分 3 节，表示为“Δ－ΔΔ－ΔΔΔΔ”。中国饲料分类的种类多，具体包括青绿饲料、树叶类、青贮饲料、块根块茎瓜果类、干草类、农副产品类、谷实类、糠麸类、豆类等。

表 3－4　中国现行饲料分类依据原则

饲料类别	饲料编码（1,2,3 位编码）	水分（自然含水%）	粗纤维（干物质%）	粗蛋白质（干物质%）
一、青绿饲料	2－01－0000	>45	—	—
二、树叶				
鲜树叶	2－02－0000	>45	—	—
风干树叶	1－02－0000	—	≥18	—
三、青贮饲料				
常规青贮饲料	3－03－0000	65～75	—	—
半干青贮饲料	3－03－0000	45～55	—	—
谷实青贮料	4－03－0000	28～35	<18	<20
四、块根、块茎、瓜果				
含天然水分	2－04－0000	≥45	—	—
脱水	4－04－0000	—	<18	<20
五、干草				
第一类干草	1－05－0000	<15	≥18	—
第二类干草	4－05－0000	<15	<18	<20
第三类干草	5－05－0000	<15	<18	≥20
六、农副产品				
第一类农副产品	1－06－0000	—	≥18	—
第二类农副产品	4－06－0000	—	<18	<20
第三类农副产品	5－06－0000	—	<18	≥20
七、谷实	4－07－0000	—	<18	<20

续表

饲料类别	饲料编码（1,2,3 位编码）	水分（自然含水%）	粗纤维（干物质%）	粗蛋白质（干物质%）
八、糠麸				
第一类糠麸	4－08－0000	—	<18	<20
第二类糠麸	1－08－0000	—	≥18	—
九、豆类				
第一类豆类	5－09－0000	—	<18	≥20
第二类豆类	4－09－0000	—	<18	<20
十、饼粕				
第一类饼粕	5－10－0000	—	<18	≥20
第二类饼粕	1－10－0000	—	≥18	≥20
第三类饼粕	4－08－0000	—	<18	<20
十一、糟渣				
第一类糟渣	1－11－0000	—	≥18	—
第二类糟渣	4－11－0000	—	<18	<20
第三类糟渣	5－11－0000	—	<18	≥20
十二、草籽、树实				
第一类草籽、树实	1－12－0000	—	≥18	—
第二类草籽、树实	4－12－0000	—	<18	<20
第三类草籽、树实	5－12－0000	—	<18	≥20
十三、动物性饲料				
第一类动物性饲料	5－13－0000	—	—	≥20
第二类动物性饲料	4－13－0000	—	—	<20
第三类动物性饲料	6－13－0000	—	—	<20
十四、矿物质饲料	6－14－0000	—	—	—
十五、维生素饲料	7－15－0000	—	—	—
十六、饲料添加剂	8－16－0000	—	—	—
十七、油脂类饲料及其他	4－17－0000	—	—	—

注：引自吴晋强主编（1999）《动物营养学》。

二、饲料原料营养特性

（一）粗饲料

粗饲料（forage roughage）是指干物质中粗纤维含量≥18%，并以风干物形式饲喂的饲料。粗饲料的营养价值通常较其他类别的饲料低，消化能含量一般不超过10.5 MJ/kg，有机物质消化率通常在65%以下，主要的化学成分是木质化和非木质化的纤维素、半纤维素。粗饲料是草食动物的基础饲料之一，通常在草食动物饲粮中占有较大的比重。粗饲料来源广、资源丰富，营养价值因来源和种类的不同差异较大，是一类有待开发和科学合理利用的重要饲料资源，主要包括栽培牧草干草、野杂干草和农作物秸秆。此外，秕壳、荚壳、藤蔓和一些非常规饲料资源如树叶类、竹笋壳、糟渣等，也属于粗饲料。其 IFN 形式为 1－00－000。

粗饲料是草食动物日粮的重要组分。虽然在能量方面秸秆干物质含有的总能值几乎与禾本科籽实干物质中的相等，但其营养价值较低，特别是秸秆饲料，可以通过适当的加工调制来提高这类饲料的总营养价值，因而粗饲料调制对于草食动物具有重大意义。现行有效的粗饲料处理方法包括物理处理、化学处理和生物处理三种。随着饲料工业的迅猛发展，各种粗饲料成型加工技术也在不断发展和完善，并在草食动物饲养中获得良好的效果，其中物理处理法包括切短和粉碎、浸泡、蒸煮和膨化、射线照射；化学处理法包括碱化处理、氨化处理、氨－碱复合处理、酸处理、碱－酸处理等；生物处理法的实质是利用微生物对粗饲料进行处理，使其软化，体积变小、适口性改善、消化率提高。

（二）青绿饲料

青绿饲料（pasture range plants and forage fed fresh）是供给畜禽饲用的幼嫩青绿的植株茎秆或叶片等，自然状态下水分含量大于 60%，种类繁多、分布广，因富含叶绿素而得名。青绿饲料主要包括天然牧草、栽培牧草、青饲作物、叶菜类、树叶及水生饲料等。目前，世界各地都非常重视发展青绿饲料。在美国，由青绿饲料提供的能量约占全部饲料的80%。青绿饲料含水量高、蛋白质含量较高，粗纤维含量较低、钙磷比例适宜、维生素含量丰富，因而品质较优。由于分布广、数量大、成本低，营养丰富，适口性好、消化率高，所以青绿饲料成为畜禽重要的饲料来源。其 IFN 形式为 2－00－000。

青草在草食家畜饲料中的使用极为普遍。就其营养价值而言，它是一种营养相对均衡的饲料。青绿饲料的使用效果已经得到充分证明：若畜牧场的青绿饲料种类多，使用时间长，则家畜疾病少且繁殖力高（如产后发情早、排卵多、受胎率或孵化率较高等）、生长迅速、家畜产品品质得到改善、生产成本低。我国广大牧区的放牧家畜，在青草丰盛的季节普遍增膘，而枯草季节普遍掉膘。另外，许多优良家畜品种的育成均与当地青绿饲料的使用密切相关，如关中驴、秦川牛与陕西关中地区长久以来有种植和使用苜蓿的习惯有关。新疆羊、伊犁马也与当地丰富的青绿饲料资源有关。相反，青绿饲料不能满足需要的地方，畜牧业发展速度相对缓慢，品种改良效果也不显著。

单胃动物对青绿饲料的利用有限，主要是由于青绿饲料中含有较多的粗纤维，影响养分的消化和利用。青绿饲料营养价值比较完善，畜禽非常喜食，但利用上有季节性。因此，设法延长青饲期是畜牧工作者的重要任务。

（三）青贮饲料

利用新鲜的植物性饲料进行厌氧发酵，使乳酸菌大量繁殖产生乳酸，抑制其他腐败菌的生长，从而使青绿饲料中的养分得以保存下来，以这种方式获得的饲料称为青贮饲料

(silage)。由于制成后的青贮饲料具有特殊酸香气味、适口性好、营养丰富,基本上保持了青绿饲料原有的营养特点,故有“草罐头”之称。

青贮饲料已在世界各国畜牧生产中普遍推广应用,是饲喂草食家畜重要的青绿多汁饲料。目前,青贮调制技术同以往相比有较大改进,在青贮方法上推广采用低水分青贮、添加添加剂、糖蜜、谷物等特种青贮法,提高青贮效果,改进了青贮饲料的品质。目前青贮容器已经向大型密闭式的青贮塔发展,青贮塔用防腐防锈钢板制成,装料与取料已实行机械化。青贮原料由农作物秸秆发展到专门建立饲料地种植青贮原料,特别是种植青贮玉米,使青贮饲料的数量和质量有较大提高。生产实践证明,饲料青贮是调剂青绿饲料欠丰、以旺养淡、以余补缺、合理利用青绿饲料的一项有效方法。青贮饲料 IFN 形式为 3 - 00 - 000。

根据青贮原理,在青贮过程中需尽一切办法为乳酸菌的生长繁殖创造条件,有利于快速繁殖,以便很快产生足够数量的乳酸。有利于乳酸菌生长繁殖的条件主要有厌氧环境、原料中足够的糖分和适宜的含水量,缺一不可。

1. 厌氧环境

乳酸菌的生长繁殖需要在厌氧环境中进行,所以在青贮过程中一定要及早创造厌氧环境。在整个操作过程中主要采取以下措施。

(1)切碎　青贮原料切碎后便于压实,汁液渗出润湿秸秆的表面,加速乳酸菌的发酵,有利于家畜采食、提高消化率。未枯萎的青贮原料的切短长度是 1 ~ 3 cm,枯萎原料为 0.6 ~ 1.5 cm。一个适宜的折中方案是大于 2.5 cm 长度的草段占 20% ~ 25%。

(2)快装与压实　青贮原料随压碎、随装贮。在调制青贮料过程中,必须抓紧时间,集中人力、机具,缩短原料在空气中暴露的时间,装填时间越短越好。如果原料在窖外放置过久,除受植物细胞呼吸作用的影响损失营养物质外,还会由于呼吸作用而使温度上升,引起杂菌繁殖,致使青贮料发热霉烂、品质下降。另外,装填过程中要层层压实,尤其注意四周边缘和窖角务必压实,长形窖在拖拉机漏压和压不到的地方,一定要用脚踩实。压实的作用是排出空气,为厌氧乳酸菌发酵创造条件。紧实与否是青贮成败的关键,青贮原料装填越紧实,空气排出越彻底,青贮的质量就越好。

(3)密封　青贮原料装填完毕后,立即严密封埋。一般将原料装至高出窖面 30 cm 左右,再用塑料薄膜盖严后,用土覆盖(厚 30 ~ 50 cm),或压以重物,如轮胎、石板等,使其不透气、不漏水。窖顶呈馒头形或屋脊形,利于排水。青贮窖贮好封严后,在四周约 1 m 处挖排水沟,防止雨水浸入。如发现窖顶有裂缝及时覆土压实。随时注意检查,最好在青贮窖、青贮壕或青贮堆周围设置一围栏,防止人畜践踏、踩坏覆盖物。

2. 原料中含有足够糖分

糖是乳酸菌形成乳酸的原料,只有足够数量的糖才能使乳酸菌形成足够数量的乳酸。若原料中可溶性糖分含量少,即使其他条件都具备,也不能制作出优质青贮料。

实际含糖量 > 最低需要含糖量——正青贮糖差,实际含糖量 < 最低需要含糖量——负青贮糖差。凡是青贮原料为正青贮糖差,正数愈大则愈易青贮;凡是青贮原料为负青贮糖差,负数愈大则愈不易青贮。

3. 原料中水分含量适宜

青贮原料中含有适宜水分是保证乳酸菌正常活动的重要条件。水分含量过高或过低,均会影响青贮发酵过程和青贮饲料的品质。如水分过低，青贮时难以踩紧压实，从而就会留有较多空气，造成好气性菌大量繁殖，致使饲料发霉腐败。

（四）能量饲料

能量饲料（energy feed）是指绝干物质中粗纤维含量低于18%，粗蛋白质低于20%的饲料，包括谷实类、糠麸类、草籽树实类，淀粉质的块根、块茎、瓜果类等。能量饲料一般每千克绝干物质中含消化能10 MJ以上，每千克消化能含量高于12.55 MJ者属于高能量饲料。豆类、油料作物籽实及其加工副产品也具有能量饲料的特性，但蛋白质含量高，故属于蛋白质饲料。饲料工业中常用的能量饲料为谷实类和糠麸类。此外，油脂、糖蜜类也属于能量饲料，其中油脂是含能量最高的饲料原料。能量饲料IFN形式为4－00－000。

谷实类饲料基本上属于禾本科植物成熟的种子，其最大的营养特点是淀粉含量高、粗纤维含量低，故有效能值高，是动物尤其是单胃动物所需能量的主要来源。谷实类饲料在全价配合饲料和精料补充料中所占的配比最高，高达75%以上。谷实类饲料的营养特性是无氮浸出物含量高，粗纤维含量低，蛋白质含量低且品质差，必需氨基酸尤其是限制性氨基酸含量不足，矿物质含量低且比例不平衡，维生素组成不平衡。

糠麸类饲料是谷实类的加工副产品，主要由籽实的种皮、制粉层和胚三部分组成。优点为：①蛋白质含量15%左右，比谷实类饲料（平均蛋白质含量10%）高约5%；②维生素B族含量丰富，尤其是硫胺素、烟酸、胆碱和吡哆醇含量较高，维生素E含量也较丰富；③物理结构疏松，含有适量的粗纤维和硫酸盐类，有轻泻作用，是马属动物的常用饲料；④可作为载体、稀释剂和吸附剂；⑤可作为发酵饲料的原料。缺点包括：①有效能值低，代谢能水平为谷实类饲料的一半；②钙含量低；③总磷含量较高，多以植酸磷形式存在，猪和家禽的吸收利用较差；④有吸水性，容易发霉、变质，尤其是米糠，含脂肪多，更易酸败。

根茎瓜类饲料最大的特点是水分含量高，达到75%～90%，干物质含量少，因而每单位重量的鲜饲料中含有的营养成分较低。以干物质为基础，根茎瓜类饲料无氮浸出物含量60%～88%，其中主要是淀粉；粗纤维含量为3%～10%，粗蛋白质为5%～10%；矿物质含量较低，为0.8%～1.8%。根茎瓜类饲料缺乏B族维生素，除胡萝卜、黄南瓜和红心甘薯含有较丰富的胡萝卜素外，其他块根块茎类都缺乏胡萝卜素。然而，根茎瓜类饲料的适口性和消化性均较好，有效能值高，每千克干物质含消化能（猪）12.55～14.46 MJ，代谢能（鸡）12.13～12.55 MJ，产奶净能（奶牛）8.37～9.62 MJ，与谷实类的能值相当。

油脂是油和脂的总称，是用动物、植物或其他有机物质为原料经压榨、浸提等工艺得到的物质。一般把在室温下呈液态的脂肪叫作油，呈固态的叫作脂。油脂中的主要成分是甘油三酯，物理性质取决于脂肪酸组成。油脂类饲料最显著的特点是能量浓度高，属高能量饲料，是配制高能量饲料不可缺少的原料。

（五）蛋白质饲料

蛋白质饲料（protein feed）是指干物质中粗纤维含量低于18%，同时粗蛋白质含量≥20%的饲料，包括植物性、动物性蛋白质饲料、非蛋白氮类饲料和单细胞蛋白质饲料。其特点是粗纤维含量低，可消化养分含量高，是配合饲料的重要组成原料。蛋白饲料IFN形式为5－00－000。

1. 植物性蛋白质饲料

植物性蛋白质饲料主要包括豆类籽实、饼粕类饲料及其他一些粮食加工副产品。

（1）蛋白质含量高且品质较好　植物性蛋白质饲料的粗蛋白含量一般在20%～50%，不同种类间差异较大。其蛋白质主要由球蛋白和清蛋白组成，必需氨基酸含量和平衡性显著优于谷蛋白和醇溶蛋白。因此，蛋白质品质高于谷类蛋白，蛋白质利用率是谷类的1～3倍。蛋白质是此类饲料中最有饲用价值的部分，但由于该类蛋白质的存在形式不利于酶的作用，且含有蛋白酶抑制剂，因而植物性蛋白质饲料中的蛋白质消化率并不高，一般在80%左右。适当的加工调制可以提高蛋白质消化利用率。

（2）粗脂肪含量变化大　油料籽实脂肪含量在15%～30%，非油料籽实类只有1%左右。饼粕类脂肪含量因加工工艺不同差异较大，高的达10%，低的仅1%左右。因此，该类饲料的能量水平不同。

（3）粗纤维含量不高　粗纤维含量与谷类籽实近似，饼粕类略高些，故能值与中等能量饲料相似。

（4）矿物质含量与谷类近似　钙少磷多，主要是植酸磷。

（5）维生素含量与谷类相似　B族维生素较丰富，而维生素A、维生素D较缺乏。

（6）含有抗营养因子　大多数含有多种抗营养因子。

2. 动物性蛋白质饲料

动物性蛋白质饲料是水产、畜禽加工、乳品业和缫丝等工业的加工副产品，包括鱼粉、肉粉、肉骨粉、血粉、羽毛粉、蚕蛹粕（粉）等。该类饲料的特点是蛋白质含量高，氨基酸组成较好，适合与植物性蛋白质饲料搭配；钙磷含量高，比例适宜，且磷都是有效磷；不含粗纤维，碳水化合物含量低，可利用能量较高；富含多种微量元素和维生素，尤其是维生素B_2、维生素B_{12}等含量较高。

（六）矿物质饲料

矿物质饲料（mineral supplement）是指用以补充动物所需矿物元素的可饲天然矿产及化工合成的无机盐类。动物需要的矿物元素包括常量矿物元素和微量矿物元素两大类。一般饲料工业中提到的矿物质饲料主要指补充常量矿物元素的饲料原料，而补充微量矿物元素的饲料原料一般列为饲料添加剂中的营养性添加剂。其IFN形式为6－00－000。

必需矿物元素是指体内存在的且在动物生理过程和体内代谢中必不可少的一些矿物元素。按动物体内含量不同分为常量矿物元素和微量矿物元素两大类。常量矿物元素一般指在动物体内含量高于0.01%的元素，包括钙、磷、钠、钾、氯、镁、硫7种。微量矿物元素一般指在动物体内含量低于0.01%的元素，包括铁、锌、铜、锰、碘、硒、钴、钼、氟、铬、硼、硅等15种。

矿物元素在动物机体生命活动中的作用：①为体组织、器官的构成成分；②体内主要的调节物质，参与维持体内内环境的恒定；③作为体内多种酶系统的构成成分或激活剂，参与物质代谢；④参与形成某些维生素或激素，发挥特定生物学功能。

动物缺乏必需矿物元素可产生一些典型的缺乏症。如佝偻病是幼龄动物钙、磷缺乏表现出的一种典型营养缺乏症;骨软化症是成年动物钙、磷缺乏表现出的一种典型营养缺乏症。动物缺铁的典型症状是贫血;皮肤不完全角质化症是很多种动物缺锌的典型表现。禽类缺锰产生滑腱症(或叫骨短粗症);鸡缺硒主要表现为渗出性素质和胰腺纤维变性,猪缺硒产生肝坏死、桑葚心症状,牛、羊缺硒出现白肌病;动物缺碘导致甲状腺肿大。

由于植物体的钙磷含量低于动物体,且植物体的磷多以植酸磷形式存在。因此,动物必须通过矿物质饲料补充钙磷,满足动物的钙磷需要。生产中单纯补钙的矿物质饲料种类不多,而单纯补磷的矿物质饲料有限,多数是能够同时提供钙磷的矿物饲料,在常规日粮中钙磷均需补充,且钙补充量大于磷。钙补充料的钙源来自石灰石粉、贝壳粉、蛋壳粉和硫酸钙;磷补充料主要来自磷酸二氢钠、磷酸氢二钠、磷酸一铵和磷酸;钙磷补充料主要来源包括骨粉、磷酸氢钙、磷酸一钙、磷酸三钙、脱氟磷酸盐等。

(七)维生素饲料

维生素饲料(vitamin supplement)是指由工业合成或提纯的单一或复合维生素制品,包括脂溶性维生素饲料和水溶性维生素饲料两类。其 IFN 形式为 7－00－000。

1. 脂溶性维生素饲料

脂溶性维生素饲料主要包括维生素 A、D、E、K 等制品。商品维生素 A 制品主要是合成产品,即包括维生素 A 酯酸酯和维生素 A 棕榈酸酯,前者为黄色结晶粉末,后者为黄色油状或结晶状。性质不稳定,需加入适量抗氧化剂和稳定剂,并以明胶、淀粉等为辅料制成微粒,且需避光、密封保存。在储存过程中其生物学活性会有损失,在预混料中月效价损失为 2%~5%,而在全价料中损失为 5%~8%。

商品维生素 D 制品是以维生素 D_3 油为原料,配以适量抗氧化剂和稳定剂,并以明胶和淀粉等为辅料,经喷雾法制成的微粒,外观为黄色微粒。其稳定性与维生素 A 制品相似,也应避光、密封保存,但其抗氧化力较强,且在稀释剂中储存较为稳定;在预混料中储存时,其效价损失也较大,每月损失达 4%~8%。

商品维生素 E 制品多为 DL－a－生育酚醋酸酯,为微绿黄色或黄色的黏稠液体,一般经过包被处理而制成微型胶囊,减缓氧化损失。维生素 E 极易氧化,并易水解变质,故未经包被处理者活性损失很快;但经包被处理后,其活性在预混料中可储存 3~4 个月,全价料中储存 6 个月。

2. 水溶性维生素饲料

水溶性维生素饲料主要包括维生素 B 族的 B_1、B_2、B_6、B_{12}、泛酸、尼克酸、生物素、胆碱、叶酸及维生素 C 等制品,这些维生素制品的外观一般为白色、黄色或淡黄色结晶性粉末(胆碱除外),当以单体形式存在时,一般情况下性质都比较稳定(维生素 C 除外)。但是,当以复合形式存在或与微量矿物元素混合存在时,性质不稳定,很容易遭受破坏。

(八)饲料添加剂

饲料添加剂(feed additive)是配合饲料的重要组成成分,是为了某些特殊需要向各种配合饲料中人工另行加入的具有各种不同生物活性的微量特殊物质的总称。其作用是充当饲料中的营养物质、促进营养物质的消化吸收、调节机体代谢、增进动物健康,从而改善营养物质的利用效率、提高动物生产水平、改进动物产品品质等。饲料添加剂种类很多,分为营养性饲料添加剂和一般饲料添加剂。营养性饲料添加剂是用于补充饲料营养成分的少量或者微量物质,包括饲料级氨基酸、维生素、矿物质微量元素、酶制剂、非蛋白氮等。一般饲料添加剂是为保证或者改善饲料品质、提高饲料利用率而掺入饲料中的少量或者微量物质。

第三节 饲料加工技术

现代饲料加工的目的是通过工业化方法对多种原料进行处理,改善饲料适口性和消化率,去除部分抗营养因子,为畜禽提供营养均衡的饲料。饲料工业的快速发展对饲料加工技术、加工工艺和设备提出了更高要求,针对日趋多样化的市场需求,采取更加科学合理的生产工艺,有效提高饲料产品品质。现代饲料加工方法主要包括粗饲料加工技术、配合饲料生产技术以及生物发酵饲料加工技术。

一、粗饲料加工技术

粗饲料是反刍动物不可缺少的饲料,主要包括秸秆、稻壳、干草等,适口性差、可消化性低,总营养价值不高。为了获得较好的饲喂效果,生产实践中需要对其进行适当的加工调制和处理。粗饲料的加工处理方法包括物理处理、化学处理和微生物处理。

(一)物理处理

最基本和最常见的方法是对粗饲料进行打捆。将粗饲料打捆后可减少资源的浪费,并且对不同种类及不同部位的粗饲料进行初步分类,能减少反刍动物的挑食,易于管理人员的操作和饲喂,相比于堆散在田间的松散干草或者其他不密实的粗饲料具有很大的优势。

1. 切短和粉碎

切短和粉碎是目前企业和工厂处理粗饲料最常用简便而又最重要的方法之一。例如常见的玉米秸秆和粗老干草等粗饲料,其长度和宽度普遍达到 2.0 ~2.5 m 长和 3 ~5 cm 宽,若直接投喂到饲槽中,适口性比较差,且减少反刍动物的采食量。相比于未切短粉碎的粗饲料,将秸秆和干草切短至反刍动物适合的 3 ~4 cm,可以降低粗饲料整体的硬度并且有助于反刍动物咀嚼,大大提高了适口性、采食量和利用率。切短或粉碎极大降低了粗饲料因其粗纤维含量高导致的高硬度特性,但要增加额外的成本。

饲料加工企业常见的切短粉碎机械有铡草机、粉碎机和切碎机等。铡草机由电机作为配套动力,将动力传递给主轴,主轴另一端的齿轮通过齿轮箱、万向节等将经过调速的动力传递给压草辊,当待加工的粗饲料进入上下压草辊之间时,被压辊夹持并以一定的速度送入铡切机构,经高速旋转的刀具切碎后经出草口抛出机外。

粉碎机的工作原理是通过机械撞击、研磨或剪切等方式将物料颗粒变小的过程。粉碎后的饲料提高了消化率,增强饲养效果;粉碎后的粗饲料易与其他原料混合均匀,提高饲料质量和改善感官性状。目前常见的粉碎机是锤片式粉碎机，其基本结构包括进料导向装置、基座、转子、筛片、排料装置和减震器等。当物料从导向机构进入粉碎室后，受到高速旋转的出片装机而破碎，以较高的速度装机齿板，从筛片孔漏出，粉碎的细度不应太细，便于反刍，粉碎机筛底孔径以8～10 mm为宜。使用粉碎机也有一定缺点，例如在工作中会产生大量的粉末，导致原料的浪费。目前随着机械科技的进步，具有切短粉碎功能的一体机械也被广泛使用，大大提高了粗饲料的利用效率。

2. 蒸煮和膨化

蒸煮是利用高温和水来软化粗饲料，提高适口性。在蒸煮时加入1%的盐与秸秆充分搅拌后，用塑料薄膜覆盖，放置12～24 h，使其自然软化，提高适口性和采食量，在我国东北地区广泛利用，效果良好。

膨化是利用高达150℃的温度和高压水蒸气处理突然降压以破坏纤维结构的方法，对秸秆与硬度高的木材都有效果，其原理是膨化使得木质素低分子化、分解结构性碳水化合物，从而增加可溶性成分。经过高温、高压膨化后能够杀死多种细菌，预防动物的消化道疾病，并减少粗饲料中的抗营养因子。膨化物料的基本流程包括在调质器内添加物料、喷入饱和水蒸气、根据物料调整温度等参数。在使用过程中加入少量油脂，减少机械磨损。膨化技术大幅度改进饲料的利用价值，但该项技术需要专门的设备，且能源消耗较大，成本较高，通常只在大型饲料企业推广应用。膨化后的粗饲料可进一步制粒，增加粗饲料的密度和胃肠道的流通速率，优质粒料可代替犊牛或羔羊的谷物饲粮。

（二）化学处理

1. 碱化处理

碱溶液中的OH^-使纤维素与木质素之间的维系结构破裂，并引起膨胀，利于反刍动物瘤胃微生物与纤维素接触，从而使消化液和细菌酶类发挥作用，实现纤维素部分水解。秸秆碱化的基本原理是通过碱化将不易溶解的木质素改变为易于溶解的特性，使细胞壁间的镶嵌物质与细胞壁松散，容易被纤维素酶和各种消化液穿透，提高有机物的消化率。

2. 石灰处理

石灰处理是通过生石灰溶于水中形成的氢氧化钙来处理饲料，氢氧化钙是弱碱性物质，能够达到碱化饲料的目的，但要达到和氢氧化钠一样的处理效果，需要更长的时间。制备石灰溶液要求用含氧化钙不少于90%的生石灰，每吨秸秆需30 kg生石灰，将生石灰放入2～2.5 m^3清水中熟化，充分搅拌后使其自然澄清，并添加10～15 kg食盐，用澄清液浸泡切碎的秸秆，经24 h浸泡后，把秸秆捞出，放在倾斜的木板上，使多余的水分沥出，再经过24～36 h即为处理完毕。石灰处理不仅价格低廉，而且处理秸秆后在自然晾晒过程中氢氧化钙与空气中的二氧化碳生成碳酸钙，使秸秆的碱性大大降低，同时起到补充家畜钙元素含量的效果。

3. 氨化处理

氨化处理最早可追溯到20世纪60年代，最初大多是利用非蛋白氮，后来发现秸秆氨化可提高秸秆的消化率、营养价值和改善适口性，主要是通过碱化、氨化、中和等三种作用方式综合交互的结果。碱化的作用就是通过氢氧根离子使得木质素和纤维素之间的酯键断裂，破坏其结构，利于消化液和细菌酶类的接触。氨化的作用是氨与植物中的有机物结合之后生成了铵盐。铵盐是一种非蛋白氮化合物，作为反刍动物重要的氮元素营养源，瘤胃中铵盐又在瘤胃脲酶的作用下分解成氨，被利用合成氨基酸，进一步变成菌体蛋白。氨溶于水，其作为一种弱碱物质，能中和粗饲料中的有机酸，使瘤胃内环境 pH 保持稳定。

在理论上，液氮、尿素、氨水和碳铵等物质都可通过一定的技术手段处理作为反刍动物的氮源。把干草秸秆粗饲料分成垛，根据其高度和宽度插入注氨钢管，再往垛上喷洒一些水，然后覆盖塑料薄膜，并和铺底的塑料膜对齐折压，顶端用重物压住，用网格罩紧。另外，氨化炉方法处理的优点是快速、效果好，且不受天气影响；缺点是需要专门的设备，且费用高、耗电量大。氨化后的粗饲料最好与其他饲料掺和在一起饲喂，防止氨中毒。

4. 酸处理

酸化处理的原理和碱化处理一样，都是破坏粗饲料的纤维结构，如破坏纤维素、半纤维素和木质素之间形成的氢键、酯键和醚键。常用的酸类有硫酸、盐酸、磷酸和甲酸等。酸化处理后，可提高粗饲料的利用效率，但由于成本高和环境污染等问题，目前这种方法应用较少。

（三）微生物处理

微生物处理是通过微生物对粗饲料进行发酵处理，使粗饲料软化、体积变小，增加适口性，提高消化率。常见的微生物处理方法有青贮、酶解和发酵等。目前最普遍的微生物处理方法是将粗饲料进行青贮，将原料切碎后放入青贮容器，利用空气中和植物上的乳酸菌进行天然发酵，产生乳酸，容器内的酸度逐渐降低，直到 pH 4.2 左右时，抑制其他腐败菌的生长，延长保存时间。乳酸菌发酵需要一定含量的可溶性糖分（占饲料干物质的 8%～10%）、适量的水分和密闭的发酵空间。在适宜的发酵条件下得到的饲料气味酸香，柔软多汁，营养价值高。

酶解技术也是重要的手段之一，通常利用纤维素酶、β－葡聚糖酶、木聚糖酶及果胶酶等，这些酶分别分解纤维素、半纤维素和果胶等不易消化的物质，可提高饲料的消化率。在生产实践中，用木质素酶制剂处理枯黄玉米秸秆，木质素的降解率为 44.28%，采食量可提高 15%，并且改善了粗饲料的适口性，提高了饲喂价值。

二、配合饲料加工技术

配合饲料是根据饲养动物的饲养标准及饲料原料的营养特点，结合实际生产状况，按照科学配比生产出来的、由多种饲料原料组成的混合均匀物。配合饲料加工过程包括原料接收、清理、粉碎、配料、混合、制粒、成品称量、打包等主要工序，以及通风除尘、油脂添加等辅助工序。

（一）粉状饲料加工工艺

1. 原料接收

原料接收是饲料厂生产的第一道工序，必须满足饲料厂的生产需求。原料品种繁多，数量差异大,包装形式各异,因而需要采用适用、先进的工艺和设备,便于及时接收原料。

接收原料时,按原料采购标准及预定的供货渠道认真核对进厂原料。查验包装,核实原料名称、品牌、含量、包装方式、包装完好程度、标签、生产日期、保质期、包装数量、饲料原料的实际重量;观察饲料原料的颜色、有无霉变和杂质、粒度、流散性、均匀一致性、口味、气味、手感(质地、温度)等,与典型的、正在使用的同类产品相比较,初步确认原料质量。采集具有代表性的样本,根据原料的基本属性及某种特殊要求确定检测项目,对于新的、陌生的饲料原料(包括饲料添加剂在内),必须进行必要的安全评价,并检测能够反映其属性的营养成分或其他主要成分。必要时进行动物饲养试验(了解其在配合饲料中的适宜用量、适口性、加工性、贮存性),甚至进行其他生物试验(对动物健康状况、生产性能的影响,以及动物对其消化性、利用性等)。

接收原料常用的称量设备有地中衡和台秤。称重汽车或畜力车载重量的设备通常是地中衡,一般安装在地下的基坑里,与地面保持平行,两端带有坡度,车辆驶过时测量出重量;对于包装原料进厂的称重,选择台秤比较合适,包括杠杆秤和电子秤两种。下料坑又称卸料坑、地坑,原料经下料坑进入原料接收或加工流程中。下料坑的形式和大小,满足顺利投料的要求,且设置良好的通风除尘系统。下料坑的上部尺寸与同时投料的人员数量相关,下部最小倾角不小于60°。

谷物饲料中常夹杂一些沙土、皮屑、秸秆等杂质,对饲料成品的质量影响大,需要对饲料原料进行清理,保证加工设备的安全生产,减少设备损耗以及改善加工时的环境卫生。饲料加工厂常用清理筛筛除泥沙、秸秆等杂质,在筛选以及其他加工过程中常辅以吸风除尘,改善车间的环境卫生。目前使用的筛选设备主要有网带式初清筛、圆筒清理筛和圆锥清理筛。网带式初清筛使不同规格的原料在网带上运输时各自通过不同的孔径而筛选出来;圆筒清理筛的工作原理是原料在筛筒内快速通过筛孔达到区分;圆锥清理筛采用类似的工作原理,但噪声较大。

在原料收获、贮运和加工过程中,易混入铁钉、螺丝、垫圈、铁块等磁性杂质,这类杂质如不清除,不仅加速机械设备的磨损,而且经常损坏设备,因此必须清除原料及其加工过程中混入的磁性杂质。目前饲料厂常用永磁磁选设备,根据其结构不同,分为简易磁选器、永磁筒和永磁滚筒磁选机。磁选设备的主要工作组件是磁体(磁铁)。

2. 饲料粉碎

粉碎是一种将固体物料体积变小的操作。粉碎机是用于减小物料尺寸的设备。粉碎直接影响饲料质量、产量和成本。粉碎后饲料原料的粒度变小,可以满足动物消化对饲料粒度的要求,改善和提高后续工序的加工质量和效率。粉碎是配合饲料加工的重要工序之一。粉碎质量控制和粉碎工艺工序合理选择和安排将会直接影响到配合饲料产品和后续工序的质量。按照饲料原料粉碎次数分为一次粉碎工艺和二次粉碎工艺。

一次粉碎工艺就是用粉碎机将粒料一次性粉碎成粉料,其主要缺点是成品粒度均一性差,生产效率低,能耗较高。二次粉碎工艺是指对物料进行第一次粉碎后,对不符合要求的大颗粒再次进行粉碎,符合要求的粉碎颗粒直接进入混合机进行均匀混合。根据后续粉碎的流程不同大致分为3种类型,依次是循环二次粉碎工艺、阶段二次粉碎工艺和组合二次粉碎工艺。

循环二次粉碎工艺是指在一台粉碎机工作过程中,将大颗粒物料筛选出来后并送回原粉碎机再次粉碎的工艺。该工艺适合原料粉碎粒度小的流程,大大提高了饲料粒度的均一性。阶段二次粉碎工艺是指采用两台锤片式粉碎机作业,物料经过第一台粉碎机粉碎后,其中大颗粒再次进入第二台粉碎机进行粉碎,此方法对物料的适应性高,不受饲料粒度性质的限制。组合二次粉碎工艺是将锤片式粉碎机和辊式粉碎机组合起来,物料经过两种粉碎机的联合作用,保证了物料粒度的均一性,具有能耗低、粉碎速度快、互相弥补机械上的缺点等特点。

3. 饲料计量

配料是根据饲料配方要求,采用特定的配料装置,将各种不同的饲料原料进行准确称量的过程。配料秤是配料装置的核心设备。为了保证配方的科学性,必须精准添加,饲料厂常用高精度电子秤。配料工段的给料设备通常采用螺旋给料器和电磁振动给料器。

4. 饲料混合

在饲料包装成袋之前,必须把各种原料进行充分、均匀地混合。所谓混合就是将配合后的各种物料在外力作用下相互掺和,使各种物料均匀地分布,尤其是用量很少的微量元素、药剂和矿物质等,这样才能保证颗粒饲料的营养全面。混合最重要的要求是均匀性。按照不同的工艺来分,其操作分为分批混合工艺和连续混合工艺。

分批混合工艺是将各种混合组分根据配方的比例配合在一起,并将其送入周期性工作的“批量混合机”分批地进行混合。分批混合工艺的每个周期包括配料(称重)、混合机装载、混合、混合机卸载及空转时间。混合周期与配料周期相适应,获得相同的生产节拍。混合方式改换配方比较方便,混合质量一般较好,易于控制,每批之间的相互混杂较少,是目前普遍应用的一种混合工艺。但是,混合工艺的称量给料设备启闭操作比较频繁,一般大多采用自动程序控制。

连续混合工艺是将各种饲料组分同时分别地连续计量,并按比例配合成一股含有各种组分的料流,当这股料流进入连续混合机后,连续混合而成一股均匀的料流。优点是连续进行,前后工段容易衔接,操作简单;缺点是在换配方时,流量的调节比较繁琐,且在连续输送和连续混合设备中的物料残留较多,导致两批饲料之间的互混问题比较严重。

5. 饲料产品包装

饲料包装保证饲料的品质和安全,使用方便,同时能够突出饲料产品的外表、标志和品牌,提高饲料产品的商品价值。一般生产粉状饲料的饲料厂,都采用自动包装提高生产率,降低成本,工艺流程是料仓接料、自动定量称量、人工包装、气动夹袋、放料、入口缝口、割线、输送。

在包装过程中,饲料产品呈流水线加工,包装秤包含供料器、喂料斗及喂料门、杠杆系统、称量斗、装袋器、电控计数器等。饲料经皮带输送,通过喂料门迅速落入称料斗,由杠杆系统和称量斗精准把控饲料重量,经过精准称量的物料落入套在筒口的袋内并由夹袋机封口。

(二)颗粒饲料加工工艺

颗粒饲料加工指通过机械作用把单一的粉状原料或配合好的粉状饲料、干草粉、干草段、农作物秸秆、皮壳等经压实并挤出制成颗粒状、块状、饼状或片状等颗粒饲料。在饲料加工过程中,压力、热处理等综合作用使得饲料中的有效成分释放出来,减少了抗营养因子,消灭了有害微生物,有利于畜禽的消化吸收,保障了动物机体的健康,有效提高了畜禽的采食量,并且从每一粒以至于每袋上都保证了饲料的营养全面平衡,大大提高了饲料报酬。另外,利于饲料的包装、运输和贮藏,且成品料不产生粉尘,减少了饲料资源的浪费和环境污染。

颗粒饲料生产工艺由预处理、制粒及后处理3部分组成。粉料由喂料器控制喂入量,进入调制器进行蒸汽调制,然后进入制粒室制粒,再经冷却器冷却。如不需要破碎,则直接进入分级筛,分级后合格的成品进行液体喷涂、打包,而粉料部分则回到制粒机再进行制粒。如需要破碎,则经颗粒破碎机破碎后,再进行分级,分级后合格的成品和粉料处理方法与上述相同。

(三)饲料加工工艺的基本类型

饲料加工工艺的基本类型包括先粉碎后配料工艺和先配料后粉碎工艺。在此基础上,可演变多种组合,如先粉碎、后配料、再微粉碎、再配料的组合类型等。

先粉碎后配料工艺就是粉碎工序位于配料工序之前,各种粒度较大的物料经粉碎后暂贮于配料仓,然后再配料、混合的一种工艺类型。该工艺的优点是利于发挥粉碎机的最大工作效率,因其粉碎品种单一,方便在设定同一参数上,机器工作稳定;每台粉碎机都是独立粉碎原料,器械之间不互相影响,在其他机械维修、保养时依旧保持不停产;产品质量容易控制,根据配方调整原料的粉碎粒度,控制产品的感官性状,提高成品饲料的质量;相比于先配料后粉碎的工艺,其总装机容量小,能耗低,节约成本。缺点是工艺流程复杂繁琐,需要投资很多器械,增加了配料管理仓的工作量;由于粉料容易在配料仓中结拱,导致排料不畅等问题。

先配料后粉碎工艺是指各种物料先按配方的比例配料,然后一同进行粉碎、混合的一种工艺类型。优点是对原料品种变化适应性强,更换配方方便;不需要大量的配料仓,可节省建厂投资。缺点是耗能高;若粉碎机发生故障,则整个生产必须停止;被粉碎原料特性不稳定,造成电机负荷不稳定,对原料清理设备要求高,对输送、计量都会带来不便。

三、生物发酵饲料加工技术

2018年1月1日,生物饲料开发国家工程研究中心起草发布的团体标准T/CSWSL001—2018《生物饲料产品分类》将生物饲料定义为:使用农业农村部颁发的饲料原料目录和饲料添加剂品种目录等国家相关法规允许使用的饲料原料和添加剂,通过发酵工程、酶工程、蛋白质工程和基因工程等生物工程技术开发的饲料产品总称,包括发酵饲料、酶解饲料、菌酶协同发酵饲料和生物饲料添加剂等,目前生物发酵饲料有4个主类、10个亚类、17个次亚类、50个小类和112个产品类别。

我国饲料原料种类繁多,物理、化学性质差异大,且不同的菌种有各自独特的生理特性,因而在发酵原料的选择上空间很大,应根据不同的目的挑选不同的组合来进行生产。

目前常见的发酵菌种有乳酸菌、酵母菌、枯草芽孢杆菌、黑曲霉菌和地衣芽孢杆菌等，但在选择菌种上一般是达到改变原料的理化性质，提高消化率，延长原料的保存时间和去除抗营养因子和毒物，获得微生物的中间代谢产物，如高质量的菌体蛋白和特殊的营养素等。目前酶解饲料广泛应用于畜禽养殖中，大量运用的酶有纤维素酶、木质素酶、植酸酶、果胶酶等，在饲料中添加酶能够改善饲料品质，提高畜禽对饲料养分的消化率，促进生长，提高经济效益。菌酶协同发酵饲料是利用菌和酶混合发酵饲料，其效果优于菌和酶单独作用的效果，在发酵过程中使大分子物质降解更加彻底，发酵效率更高。利用菌酶协同发酵，既缩短发酵时间，又利用芽孢杆菌或乳酸菌抑制其他杂菌的影响。

第四节　饲料质量检验与控制

饲料质量包括感官指标、营养指标、卫生指标和加工质量指标等维度。配合饲料加工品质保证技术与饲料原料品质、配方设计、生产过程品质控制以及原料和产品储存控制等有关。

一、饲料的质量检测

饲料作为动物的食粮，其安全性不仅影响动物健康和生产性能，而且通过畜产品也会影响到人类健康以及食物链上其他动物的安全，必须在工业生产中高度重视。产品检验是保证饲料质量的重要环节和手段。

（一）饲料质量评定指标

饲料质量主要通过以下 4 个方面的质量指标来反映。

1. 感官指标

感官指标是对饲料原料或饲料产品的色泽、气味、外观等指标做出的规定。

2. 营养指标

营养指标是对饲料原料或饲料产品的营养成分含量或营养价值做出的规定。

3. 卫生指标

卫生指标是指为保证动物健康和动物产品对人和环境的安全，对饲料中有毒有害物质及病原微生物等做出的规定。

4. 加工质量指标

加工质量指标是对饲料原料或饲料产品加工过程中发生的物理和化学变化做出的规定，包括容重、粉碎粒度、粉化率、硬度、含水量、混合均匀度、淀粉糊化率等。

（二）检验方法

1. 感官检验

感官指标是利用人的视觉、嗅觉和触觉，通过饲料原料、饲料或饲料添加剂的外观（颜色、气味、形状)来进行初步判断,观察是否有霉变,是否有虫子、硬块、异物等;通过舌舔和牙咬来检查饲料的味道、硬度、口感、异味等;通过嗅觉来鉴别饲料是否有其本身独特的味道,是否有腐臭、氨臭和焦臭等异味;通过手捻、捏来鉴别饲料粒度大小是否均匀、水分含量、黏稠程度等。

2. 化学分析

化学分析法是利用待测组分、化合物或元素的化学性质进行分析测定的方法,或理解为分析过程伴随化学反应的分析测定方法。化学分析法在饲料分析检测中最常用,分为定性分析法和定量分析法两种。

定性分析的目的是鉴定饲料、饲料原料或添加剂的元素、离子化合物的组成、结构或真伪。常见的试验有点滴鉴别试验,如用稀盐酸鉴别碳酸钙;硝酸银鉴别氯化物、磷酸盐、硫酸盐和骨质;稀硫酸鉴别钙盐、土霉素、金霉素、核黄素、植物甾醇;二苯胺鉴别硝酸盐、间苯三酚鉴别木质素等,据此检出饲料中是否混有锯末、花生皮粉末、稻壳粉末等;淀粉与碘-碘化钾溶液反应,呈深蓝色,据此鉴别样品中是否含有淀粉;碳酸盐(碳酸钙粉、贝壳、蟹壳)中加入稀盐酸,产生二氧化碳。随着我国关于饲料卫生安全标准、一系列相关法律法规的出台以及科研、生产的发展,对于定性分析提出了越来越高的要求,如世界范围内对违禁药物的质谱定性离子计分原则的提出、砷的形态学(如有机砷,无机砷如三价砷、五价砷)鉴别、不同价态铬(三价铬、六价铬)的鉴别、金属螯合物或络合物的鉴别以及一些化合物的异构体(如位置异构体、对映异构体、顺反异构体)鉴别等。

定量分析是对饲料中待定成分的含量进行准确测定。根据含量的多少分为常量(含量>1%)、微量(含量0.01%~1%)、超微量(痕量,含量<0.01%)分析。根据分析方法或手段不同,定量分析又分为一般化学分析和仪器分析。前者如常规的重量分析、容量(滴定)分析,后者如电化学分析、光谱分析、色谱分析、质谱(MS)或核磁共振(NMR)分析等。色谱分析又分为气相色谱(GC)、液相色谱(LC)、薄层色谱(TLC)、电泳和毛细管电泳等,液相色谱还分为正相、反相、离子交换色谱、离子色谱、亲水作用色谱(HILIC)、排阻色谱(包括凝胶过滤色谱和凝胶渗透色谱)和亲和色谱等。实际应用中,常根据需要将不同的方法密切结合起来,如容量分析中通常滴定终点用指示剂目测判断,有时用电位计或pH计来判断;液相色谱分析中物质分离后,常用荧光、电化学或MS等做检测;微量有毒有害物质检测分析常需要用到色谱-质谱联用技术。

二、饲料的质量控制

(一)配方设计的质量控制

配方设计是根据产品的性能要求和工艺条件,通过试验、优化、鉴定,合理地选用原材料,确定各种原材料的用量配比关系。随着常规原料的短缺,非常规原料应用进一步增加,对饲料配方设计要求进一步提高。为了使饲料配方在饲料生产中真正发挥作用,设计配方时必须遵循准确性、实用性、经济性和灵活性四大原则。

1. 准确性原则

饲料配方应能准确满足动物实际的营养需要。动物的种属、品种、经济用途、不同生产阶段的差异,其营养需要量均有较大区别,不同来源、不同季节、不同品种及不同批次的原料所含营养成分也有区别。如果一个配方不能正确反映动物的营养需求,不但会造成饲料原料的浪费,而且可能引起动物营养失衡。因此,在设计配方时,尽可能准确反映动物营养需求是饲料配方工作的目标。

2. 实用性原则

饲料配方必须具有可操作性。一个好的饲料配方应该在饲料生产过程中易于实现。首先考虑获取原料是否方便。饲料配方使用的原料应在本地可稳定供应、价格相对便宜、质量可靠。其次,考虑原料的特性。粉尘太多或含水分过高的原料会给加工造成麻烦。此外,还要考虑饲料加工要求。如果是颗粒料,可考虑使用一些油脂或麸皮,使之容易成形。

3. 经济性原则

饲料成本约占畜牧业总成本的70%,在设计配方时必须追求经济效益。选择适宜配合饲料的原料,是获得单位畜产品最低饲料成本的关键。选择当地易获得的优质原料,减少运输成本,禾本科籽实与饼类饲料搭配,饼类饲料与动物性蛋白饲料搭配时均能收到较好的效果。另外,不能只追求饲料成本和价格,还要衡量投入和产出。如果饲料成本增加带来更多的养殖效益,那么这个饲料配方就是科学合理的。

4. 灵活性原则

市场上可供选择的饲料原料很多,价格变动快,动物营养需求也在不断变化之中。因此,饲料配方不能一成不变,必须根据实际情况及时进行调整,达到高品质低成本的目的。

(二)饲料原料的质量控制

饲料原料的质量保证是饲料厂生产的第一道重要工序,随着饲料工业的快速发展及原料价格的频繁波动,控制饲料原料质量就显得尤为重要。饲料原料的接收控制是饲料进入企业的第一步,原料验收人员必须根据饲料厂所需的各种饲料原料的品质规格、质量标准来把关。标准中列出所有原料规定的物理性状(外观、颜色、粒度、口味、手感、气味、重量、异物、霉变等)、化学性质(水分、粗蛋白、粗脂肪、粗纤维、粗灰分、毒素等)、包装密封程度等,根据标准严格进行原料检查,保证原料质量。

通过样品采集来检查原料是实验室分析的第一步,也是最关键的一步。采样要具有代表性,错误的采样方法直接影响后续的检测。针对大批量的原料:①取样量至少为1.5~2.5 kg;②采用几何法采样,全部随机地从原料运输车的几个中心部位采集;③为了降低数据的变异程度,最好重复测定样品。袋装原料的采样:①用取样器取样,每次取样0.5 kg;②每批原料如果在10袋以内,从每袋原料中取样。如果超过10袋,则随机从其中取10袋进行取样;③至少检测来自3袋原料的样品计算平均值。针对液体状饲料则用液体取样器从容器的核心部位采样。

对原料初步检测是以五官来观察原料的色形纯正程度、均匀度、味道、气味、触感。①颜色:具有该原料典型、明显而一致的颜色,过亮的颜色可能是添加其他防腐剂等,过暗的品质得不到保证,不能让霉点、结块、腐烂的原料混入其中。②气味:通过各种原料特殊的气味来判断质量优劣,谷物类原料气味清香,饼粕类原料有一定的油脂香味,鱼粉有一定鱼肉的腥味,劣质的鱼粉有刺鼻的腥味,氧化变质的米糠表现出酸败味。③味道:通过牙齿挤压粒状原料来初步判断其含水量,有震牙感觉和清脆的声音,则表示水分较低,反之则代表其水分较高。

原料的初步质量检测后进行实验室的常规成分检测,主要针对饲料原料的水分、粗蛋白、粗脂肪、粗纤维、粗灰分等指标检测。饲料原料成分分析后,做好原料储藏。

(三)生产过程中的质量控制

所有工段启动的基本原则是"先后再前",待设备运转稳定后方可进料;停止的基本原则是"先前再后",待设备内残存物料排出机外方可停止设备。若在工作过程中发生故障,应及时停止上料,并停机检查,解除故障。当所有的工段过程和作业完成后,及时清扫现场的残留物料,整理各种器具,确保作业现场的清洁卫生。

1. 原料存储与清理

饲料企业会储存大量的饲料来保证其库存,但原料储存时如果受到不良环境的影响,会出现微生物污染,导致饲料品质下降,严重影响饲料的后续加工和产品的销售,因此要时刻做好库房的防潮防霉工作,且注意通风。定期进行饲料品质的检验,发现有质量问题的饲料及时处理,不留安全隐患,而且饲料不宜长时间保存,最好在一定时间内销售或处理。

饲料原料在投入时进行筛选,通常经过磁选、过筛分级等流程,磁选的作用主要是清除饲料中的金属杂质,提高品质,避免金属杂质在后续工序中对机械造成损坏,提高机器的寿命,磁选装置定期进行维护,保证其磁选的功能。通过初选筛或振动筛进一步除去饲料中的非金属杂质,筛定期清理,防止堵料状况出现,影响筛的过筛能力。

2. 粉碎工段

后续饲料进入粉碎工艺,粉碎机的工作效率直接影响粉碎的饲料质量,所以定期对粉碎机进行检查,查看锤片是否有破损,以及筛网是否有漏洞、漏缝等;观察粉碎机碎料的能力和排出物料的颗粒是否达标,出现物料过大或过小时对机器进行排查,及时修理;运输过程中检查运输设备是否有漏料或散落现象,同时检查设备是否正常运行。

3. 配料工段

称量配料过程是保证配方科学地应用到生产中的重要一步,要准确称量。对于小型饲料厂,需要人工称量配料并混入搅拌机,杜绝人为误差,保证称量器具上的物料全部混入,且数值准确。针对不同的饲料原料,需要有一定的先后顺序。对于大型饲料厂,称量配料一般都自动进行,称量系统由计算机控制,但此过程中也要减少人为造成和机器运行中不可控的误差,这种方式相比人工配料具有更高的精度,特别是在添加微量成分时,手工配料容易造成混料时污染。

4. 混合工段

配料原料只有在搅拌机中均匀混合,饲料中的营养成分才能均匀分布,其中原料的添加顺序有要求,加入量大的原料,再加入微量成分,如添加剂、氨基酸、药物等,然后液体原料再用喷雾的方法喷入。搅拌机搅拌的时间以原料搅拌均匀为标准,搅拌时间短,饲料混合不均匀;搅拌时间过长,浪费时间和能源。生产实践中,一般卧式搅拌机搅拌时间为 3 ~ 7 min,立式搅拌机为 8 ~ 15 min,但具体时间要根据生产工序来进一步决定。搅拌机的正常运行是保障饲料混合均匀的基础,定期检查机器螺旋和桨叶是否有磨损,清理搅拌机机轴和桨叶上的绳头等杂物,检查液体原料是否顺利加入罐内。

5. 制粒工段

在制粒工段,制粒机内部环模和压辊的磨损状况会影响到其正常工作,定期检查冷却器内是否有积物,还需要检查辊筒是否有磨损,分级筛是否有破洞、堵塞和黏结现象,以及切刀磨损程度等,这些都是影响机器生产能力和饲料颗粒质量的因素。

总之,饲料在生产过程中尽可能保证原料质量和设备的运转状况,只有一切正常运行才能保证最终饲料产品的品质。

(四)储存运输的质量控制

由于饲料原料价格波动和企业需要一定的成品饲料库存来保证销量,大型饲料企业通常储存大量原料和成品饲料。在储存过程中,可能会出现原料质量变差的问题,由于不同的原料具有不同的理化性质,对环境温度、通风等要求的标准不同;根据成本和销量,不同的原料或饲料的库存数量都会有不同,其在仓库所需的占地面积也要调整,以此应对低成本饲料入库或成品制成却无法存放的突发情况;饲料原料、成品种类众多,做好分类有序入库,也是体现一个饲料企业管理是否合理的指标。

饲料厂接收到原料后,在加工之前会入库保存一段时间,需要采取有效的贮藏技术避免饲料变质、产品损失和生物污染,保证原料的质量。谷物占购买原料的很大比例,因此保持和维护各种类型谷物原料在储藏期间的品质和数量,饲料厂管理人员必须全面考虑长期储存期间可能出现的各种问题,并根据目前所有的设施条件、管理技术,及时做出处理损害饲料原料品质的问题。谷物在储藏过程中其含水量、储藏温度、所含异物杂质、微生物等首先要检查,分类并及时处理。油料饼粕类饲料通常是片状、粉状、团块状的混合体,大小很不整齐、孔隙度较小,含油量高,在堆垛存放时注意自热甚至自燃,加强管理。液体原料通常储存在钢制、混凝土或木质贮藏罐内,设置通风口,防止雨水粉尘进入原料中,在不同的季节时包裹隔热材料或埋入地下。

饲料成品仓不漏雨、不潮湿、门窗齐全、防晒、防热、防太阳辐射、通风良好、干净卫生;通常成品仓高度4 m以上,最好为6.5 ~ 8 m;库温不超过30℃;禁止有毒物品、化肥、农药以及腐蚀性、潮湿的物品放入仓中,定期对饲料成品仓库进行检查清理,发现变质的成品饲料及时处理掉,防止影响其他饲料,每件成品料存放时间不要超过三个月。

第四章　养殖环境管理与废弃物处理

养殖环境是影响畜禽健康和生产力的重要因素之一。现代规模化、集约化养殖中畜禽场小气候环境的调控可为畜禽提供适宜的生产环境，这不仅关系到动物本身福利健康，更与畜禽产品质量、动物食品安全和养殖场经济效益息息相关。随着畜牧业的发展，在畜产品生产的同时产生了大量的粪便和污水等副产物。畜禽粪便和养殖污水中富含有机质、氮、磷、钾等成分，是潜在的有机肥，能够生产土壤改良剂用于农作物生产，或用其生产沼气作为清洁能源等。但是，如果畜禽粪便和养殖污水直接排(堆)放，则会对周围的大气、土壤和水体造成巨大的威胁，进而影响到人类与动物的生命安全。因此，根据畜禽粪便和养殖过程中产生的污水特性，因地制宜地合理利用养殖废弃物资源，是畜牧业可持续发展之大计。

第一节　养殖环境管理

卫生管理、防疫安全和污染治理是集约化畜牧场规划建设中考虑的重点，畜牧生产必须考虑占地规模、场区内外环境、市场与交通运输条件、区域基础设施、生产管理水平等因素。如果场址选择不当，可能导致整个畜牧场在运营与经济效益上受损，污染大气、水和土壤等，遭到周边企业或者居民的反对，甚至被诉诸法律。新建、改建或者扩建工程均必须综合考虑自然环境、社会经济状况、畜禽的生理和行为需求、卫生防疫条件、生产工艺、饲养技术、生产流通及组织管理等因素，因地制宜并科学处理好彼此之间的关系。

一、牧场选址与区域规划

(一)牧场场址选择的具体要求

1. 气候

气候主要指与建筑设计有关造成畜牧场小气候的气候气象资料，如气温、风力、风向及灾害性天气的情况。拟建地区常年气象包括平均气温、绝对最高或最低气温、土壤冻结深度、降雨量与积雪深度、最大风力、常年主导风向、日照情况等。各地均有民用建筑热工设计规范标准，在畜禽舍建筑的热工计算时参照使用。气温资料不但在畜禽舍热工设计时需要，而且对畜牧场防暑、防寒日程安排及畜禽舍朝向、防寒与遮阴的设置等均有参考价值。风力、风向、日照情况与畜禽舍的建筑方位、朝向、间距、排列次序均密切相关。

2. 地貌

地势是指场地的高低起伏状况；地形是指场地的形状、范围以及地物（山岭、河流、道路、草地、树林、居民点）的相对平面位置状况。畜牧场的场地要选建在地势较高、干燥平坦、排水良好和向阳背风的地方。

平原地区比较平坦、开阔，畜牧场场址选择在比周围地段稍高的地方，利于排水。地下水位要低，以低于建筑物地基深度0.5 m以下为宜；靠近河流、湖泊的地区，畜牧场场地要选择在较高的地区，比当地水文资料中最高水位高1～2 m，防止涨水时被水淹没；山区建场时要选择在稍平缓坡上，坡面向阳，总坡度不超过25%，建筑区坡度在2.5%以内。坡度过大时，在建筑施工中需要大量填挖土方，增加工程投资，而且在建成投产后给场内运输和管理工作造成诸多不便。此外，注意地质构造情况，避开断层、滑坡、塌方的地段，避开坡底和谷地以及风口，避免遭受山洪和暴风雪的袭击。

3. 土质

对施工地段地质状况的了解，主要是收集拟建场地附近的地质勘查资料、底层的构造状况，如断层、陷落、塌方及地下泥沼地层。对土层土壤的了解甚为重要，如土层土壤的承载力，是否是膨胀土或回填土。膨胀土遇到水后膨胀，导致基础破坏，不能直接作为建筑物基础的受力层；回填土土质松紧不均，造成建筑物基础不均匀沉降，使建筑物倾斜或遭到破坏。如果遇到这样的土层，做好加固处理，必要时放弃选用。此外，了解拟建地段附近土质情况，对施工用材有益，如砂层可作为砂浆、垫料的骨料，就地取材节省投资。

4. 水源

水源水质关系生产、生活和建筑施工用水，必须足够重视，力求水质良好、水量充足、水源易于防护。首先了解水源情况，如地面水（河流、湖泊）的流量，汛期水位；地下水的初见水位和最高水位，含水层的层次、厚度和流向。提取水样做水质的物理、化学和生物污染等方面的化验分析，了解酸碱度、硬度、透明度、油污污染源和有害化学物质等。了解水源水质状况，有助于计算拟建场地范围内的水资源的供水能力能否满足畜牧场生产、生活、消防用水要求。

对于畜牧场而言，建立自己的水源，确保供水正常十分必要。因此，在畜牧场建设之前，首先打一眼井，便于获取优质水。如果打井时出现流速慢、泥沙过多或其他问题，最好另选场址。

水源和水质对于建筑工程施工用水同样重要，主要与砂浆和钢筋混凝土搅拌用水的质量要求有关。水中的有机质在混凝土凝固过程中发生化学反应时，就会降低混凝土的强度，锈蚀钢筋，破坏钢混结构。

5. 社会联系

（1）地理位置　畜牧场场址选择首先应尽可能接近饲料产地和加工地，靠近产品销售地，确保有合理的运输半径。其次，畜牧场周边应交通便利，对外应通有公路，特别是大型集约化商品畜禽养殖场，其物资需求和产品供销量极大，对外联系密切，交通便利更有利于生产作业，但是在防疫以及生物安全要求下，畜牧均避免与主要交通线路交叉，减少噪声、疫病传播等对动物健康和生产性能的影响。畜牧场与主要干道的距离一般在300 m以上。按照畜牧场建设标准，要求畜牧场与国道、省际公路距离500 m以上，与省道、区际公路距离 300 m 以上，一般道路 100 m 以上。对有围墙的畜牧场，距离适当缩短至 50 m。

(2)水电供应　供水及排水统一考虑，拟建场区附近如有地方自来水公司供水系统，尽量引用，但需要了解水量能否保证。畜牧场也可打井修建水塔，采用深层水作为主要供水来源或作为地下水量不足时的补充水源。根据《中华人民共和国水法》，多地相继出台地方性的地下水资源保护条例，在畜牧场修建过程中，需注意地下水资源保护。畜牧场要有可靠的供电条件，一些畜牧生产环节如孵化、育雏、机械通风等电力供应必须绝对保证。因此，需了解供电源的位置，与畜牧场的距离，最大供电允许量，是否经常停电，有无可能双路供电等情况。建设畜牧场要求有Ⅱ级供电电源，若是 III 级以下供电电源时，则需自备发电机，保证场内供电的稳定可靠。为减少供电投资，尽可能靠近输电线路，缩短新线路铺设距离。

(3)疫情环境　为防止畜牧场受到周围环境的污染，选址时避开居民点的污水排出口，不能将场址选在化工厂、屠宰场、制革厂等容易产生环境污染单位的下风口处或附近。不同畜牧场尤其是畜禽种类之间容易发生共患病的畜牧场，必须保持安全距离。

6. 立地条件

(1)土地征用　选择场址必须符合本地区农牧业生产发展总体规划、土地利用发展规划和城乡建设发展规划的用地要求；必须遵守珍惜和合理利用土地的原则，不得占用基本农田，尽量利用荒地和劣地建场。大型畜牧企业分期建设时，场址选择一次完成，分期征地。近期工程集中布置，征用土地满足本期工程所需面积。远期工程可预留用地，随建随征。征用土地按场区总平面设计图计算实际占地面积。对于规定的自然保护区、生活饮用水源保护区、风景旅游区，受洪水或山洪威胁或有泥石流、滑坡等自然灾害多发地带，自然环境污染严重的地段或地区不宜征用。

(2)畜牧场外观　注意畜禽舍建筑和蓄粪池的外观。例如，选择一种长形建筑，可利用一个树林或一个自然山丘做背景，外加一个修整良好的草坪和一个车道。在畜禽舍建筑周围嵌上一些碎石，既能接住屋顶流下的雨水(建屋顶水槽更为经济和简便)，又能防止啮齿类动物的侵入。畜牧场的畜禽舍特别是蓄粪池一定要避开邻近居民的视线，最好利用树木等将其遮挡起来。不要忽视畜牧场本身职责，建设安全护栏，防止儿童进入，为蓄粪池配备永久性的盖罩。

(3)与周边环境的协调　多风地区尤其是在夏秋季节，由于通风良好，有利于畜牧场难闻气味的扩散，但易对周围大气环境造成不良影响。因此，畜牧场和蓄粪池尽量远离住宅区，最大限度地驱散臭味、减轻噪声和降低蚊蝇的干扰，建立良好的邻里关系。仔细核算粪便和污水的排放量，准确计算畜牧场粪便贮存能力，并在粪便最易向环境扩散的季节里，贮存好产生的所有粪便，防止深秋至来年春天因积雪、冻土或涝地使粪便发生流失和扩散。同时修建有机肥厂，严格选择粪便贮存、运输和施肥设备，保证与建筑和粪便系统相配套。施肥设备要与拖拉机功率、施肥的土地及排放能力相匹配。贮存时间根据耕作计划和降雨状况来决定。我国北方地区粪便贮存能力至少为 6 个月的粪便量。国外一些畜牧场的粪便贮存能力增加到 1 年的粪便量，可降低施肥成本，提高肥效。在建设以前应获得市政、建设、环保等有关部门的批准，同时必须取得施工许可证。

(二)畜牧场分区及具体要求

安全的防疫卫生条件和减少对外部环境的污染是现代集约化畜牧场规划建设与生产

经营的核心问题之一。因此，合理的场区规划设计至关重要，应按照以下原则进行。

第一，根据不同畜牧场的生产工艺设计要求，结合当地气候条件、地形地势及周围环境特点，因地制宜，按功能分区。合理布置各种建（构）筑物，满足其使用功能，并创造出经济合理的生产环境和良好的工作环境。

第二，充分利用场区原有的自然地形地势，建筑物长轴尽可能沿场区的等高线布置，尽量减少土石方工程量和基础设施工程费用，最大限度减少基本建设费用。

第三，合理组织场内外的人流和物流，为畜牧生产创造最有利的环境条件和生产联系，实现高效生产。

第四，保证建筑物有良好的朝向，满足采光和自然通风条件，并有足够的防火间距。

第五，畜牧场必须考虑畜禽粪尿、污水及其他废弃物的处理和利用，确保其符合清洁生产的要求。

第六，在满足生产要求的前提下，建（构）筑物布局紧凑，节约用地。在占区满足当前使用功能的同时，充分考虑今后的发展，留有余地。特别是对生产区的规划，必须兼顾将来技术进步和改造的可能性，按照分阶段、分期、分单元建场的方式进行规划，确保达到最终规模后，总体协调一致。

畜牧场的功能分区是否合理，各区建筑物布局是否得当，不仅影响基建投资、经营管理、生产组织、劳动生产率和经济效益，而且影响场区的环境状况和防疫卫生。因此，认真做好畜牧场的分区规划，确定场区各种建筑物的合理布局，建立良好的生产环境，确保各个生产环节高效、有序进行。畜牧场通常分为行政办公及生活区、生产区、辅助生产区和隔离区。行政办公及生活区和辅助生产区位于场区常年主导风的上风处和地势较高处，隔离区位于场区常年主导风的下风处和地势较低处。

1. 行政办公及生活区

行政办公及生活区主要包括办公室、接待室、会议室、技术资料室、化验室、食堂餐厅、职工宿舍、厕所、传达室、警卫值班室以及围墙和大门，外来人员第一次更衣消毒室和车辆消毒设施等办公管理用房和生活用房。生活管理区在靠近场区大门内侧集中布置。

畜牧场道路包括与外部交通道路联系的场外主干道和场区内部道路。场外主干道担负着全场的货物、产品和人员的运输任务，其路面最小宽度要保证两辆中型运输车的顺利错车，一般路面最小宽度为 6 ~ 7 m。场内道路的功能不仅是运输，同时也具有卫生防疫作用，因而道路规划设计要满足分流和分工、联系简洁、绿化防疫等要求。

（1）道路分类　按功能分为人员出入、运输饲料的清洁道（净道）和运输粪污、病死畜禽的污物道（污道），有些场还设供畜禽转群和装车外运的专用通道。按道路担负的作用分为主要道路和次要道路。

（2）道路设计标准　清洁道一般是场区的主干道，路面最小宽度要保证饲料运输车辆的通行，宽度 3.5 ~ 6.0 m，宜用水泥混凝土路面，也可选用整齐石块或条石路面，路面横坡 1.0%~1.5%，纵坡 0.3%~8.0%。污物道宽度 3.0 ~ 3.5 m，路面宜用水泥混凝土路面，也可用碎石、砾石、石灰渣土路面，但这类路面横坡为 2.0%~4.0%，纵坡 0.3%~8.0%。与畜禽舍、饲料库、产品库、兽医办公区、贮粪场等连接的次要干道，宽度一般为 2.0 ~ 3.5 m。

(3)道路规划设计要求 一是要求净污分开与分流明确,尽可能互不交叉;二是要求路线简单,保证牧场各生产环节最方便的联系;三是路面质量好,坚实、排水良好,以砂石路面和混凝土路面为佳,保证晴雨通车和防尘;道路的设置不妨碍场内排水,路两侧有排水沟,并栽培绿植。道路一般与建筑物长轴平行或垂直布置,在无出入口时道路与建筑物外墙的最小距离保持1.5 m,有出入口时则为3.0 m。

搞好畜牧场绿化,不仅能调节小气候,减弱噪声,净化空气,起到防疫和防火等作用,而且还能美化环境。根据本地区气候、土壤和环境功能等条件,选择适合当地生长的树木和花草。场区绿化率不低于20%,绿化的主要地段是行政办公及生活区,具有观赏和美化效果;场内卫生防疫隔离用地及粪便污水处理设施周围布置绿化隔离带;场区上风向围墙一侧或两侧种植防风林带,围墙的其他部分种植绿化隔离带。树木与建筑物外墙、围墙、道路边缘及排水明沟边缘的最小距离为0.5 m。

2. 生产区

生产区主要布置不同类型的畜禽舍及蛋库、孵化出雏间、挤奶厅、乳品处理间、采精室、人工授精室、家畜装车台、选种展示厅等畜牧场与外界有直接物流管理的生产性建筑。

畜禽舍按照生产工艺流程顺序排列布置,其朝向、间距必须满足自然通风、采光、防火和排除舍内污秽空气的要求,朝向一般以其长轴南向或南偏东、西40°以内为宜。邻栋间距根据畜禽舍的形式加以确定,无舍外运动场平行排列的舍间距8~12 m为宜,有舍外运动场时相邻两栋舍外运动场边缘的间距控制在5~8 m,每相邻两栋舍的端墙之间的距离不小于15 m。采用纵向通风时,畜禽舍之间的距离缩小,甚至零间距。生产区内与场外运输、物品交流较为频繁的有关设施,如蛋库、孵化厅出雏间、挤奶厅乳品处理间、羊剪毛间、家畜装车台、选种展示厅等,必须布置在靠近场外道路的地方。

此外,在生产区与生活管理区和辅助生产区设置围墙或树篱,严格分开。必要情况下,需要单向流通,避免交叉污染,将生产区污染物带出或将生活区的污染物带入。

3. 生产辅助区

生产辅助区包括供水、供电、供热、维修、仓库等设施,紧靠生产区布置,与生活管理区没有严格的界线要求。对于饲料仓库,卸料口开在辅助生产区内,仓库的取料口开在生产区内,杜绝外来车辆进入生产区,保证生产区内外运料车互不交叉使用。

青贮、干草、块根多汁饲料以及垫草等大宗物料的贮存场地,按照贮用合一的原则,布置在生产区内靠近畜禽舍的边缘地带。贮存场地排水良好,便于机械化装卸、粉碎加工、运输,位于常年最大风向的下风处,与周围建筑物的距离符合国家现行的防火规范要求。另外,青贮饲料密度按600~700 kg/m^{3}计算满足牧场青饲料供应。

4. 隔离区

隔离区内主要包括兽医室、隔离舍、畜禽尸体解剖室、畜禽病尸高压灭菌或焚烧处理设备、粪便和污水储存处理设施。隔离区与生产区之间设置适当的卫生间距和绿化隔离带。隔离区内的粪便污水处理设施与其他设施保持适当的卫生间距,与生产区有专用道路相连,与场区外大门相通。

二、畜禽舍建筑结构与小气候环境管理

(一)畜禽舍的建筑结构

畜禽舍是畜禽养殖的重要环境和从事畜牧生产的必要场所。为了保证畜禽健康,使其具有良好的生产性能,畜禽舍的结构、建筑、设施和分区都必须符合卫生要求。在实际生产中,结合当地的环境气候,对畜禽养殖环境加以改善和控制,为畜禽创造适宜的环境条件,提高生产效率和经济效益。

畜禽舍建筑结构包括基础和地基、墙、屋顶、地面、门窗等。根据主要结构的形式和材料不同,分为砖结构、木结构、钢筋混凝土结构和混凝土结构。

1. 基础和地基

基础和地基在畜禽舍地面以下,为畜禽舍上部结构服务,共同保证畜禽舍的坚固、耐久和安全,必须具备足够的强度和稳定性,防止畜禽舍因沉降(下沉)过大和产生不均匀沉降而引起裂缝、倾斜和倒塌。

(1)基础　基础是畜禽舍埋入地下的墙,承受畜禽舍的各种荷载并将其传给地基,其作用是将畜禽舍本身重量及舍内固定在地面和墙上的设备、走动的人畜、机械振动、屋顶积雪等全部荷载传给地基。基础决定墙和整个畜禽舍的坚固与稳定,因而基础要具备坚固、耐久、抗机械作用能力及防潮、抗震、耐腐蚀、抗冻能力。为保证基础的坚固和安全,基础一般比墙体宽大,越到地下面越宽大。例如条形基础,一般由垫层、大放脚(墙以下的加宽部分)和基础墙组成。砖基础每层放脚一般宽出 60 mm。

用作基础的材料有黏土砖、矸石砖、三合土、灰土、毛石、条石、混凝土、钢筋混凝土等。灰土基础的主要优点是经济、实用,适用于地下水位低、地基条件较好的地区;毛石基础适用于多石的山区;钢筋混凝土基础造价高但坚固耐久;一般畜禽舍多为平层建筑,用砖基础比较实用。基础的埋置深度根据畜禽舍的总荷载、地基的承载力、当地的冻土层厚度、相邻建筑物基础及地下水位高低等情况而定。北方地区在膨胀土层修建畜禽舍时,将基础埋置在土层最大冻结深度,避免地基土层发生冻胀变形引起畜禽舍受损。基础受潮是引起墙壁及舍内潮湿的原因之一,因此基础必须防潮、防水。基础的防潮层设在基础墙的顶部,舍内地坪以下 60 mm。基础尽量避免埋置在地下水中。设置保温层提高基础的保温性能,对畜舍环境控制有利。

(2)地基　地基是基础下面的土层,承受畜禽舍的所有动荷载和静荷载,包括基础的重量,要求坚固、稳定、耐久、防腐、抗冻。地基有天然地基和人工地基之分。

总荷载较小的简易畜禽舍或小型畜禽舍直接用土层、碎石、沙砾作地基。作畜禽舍天然地基的土层必须具备足够的承重能力,足够的厚度,且组成一致、压缩性(下沉度)小而匀(不超过 2 ~ 3 cm)、抗冲刷力强、膨胀性小、地下水位在 2 m 以下,无侵蚀作用;有足够厚度,不受地下水冲刷的砂质土层是良好的天然地基。黏土、黄土含水多时压缩性大,冬季膨胀性大,如不能保证干燥,不适合作天然地基。富含植物有机质的土层、填土同样不适合作天然地基。

土层在施工前经过人工加固处理的称为人工地基。畜禽舍一般尽量选用天然地基,没有合适的天然地基时必须人工加固土层。为了选准地基,在建筑畜禽舍之前通过专业的钻探了解有关土层的组成情况、厚度及地下水位等资料,正确选用地基类型。

2. 墙

将建筑物房间与外部空间或其他房间隔开的垂直结构称为墙,是畜禽舍的主要结构。以砖墙为例,墙的重量占畜禽舍建筑物总重量的40%~65%,造价占总造价的30%~40%,冬季通过墙散失的热量占整个畜禽舍总失热量的35%~40%。墙一般有承载自身及屋顶荷载的作用,舍内的湿度、通风、采光也通过墙上的窗户来调节,因而墙对畜禽舍内小气候的状况和畜禽舍稳定性具有重要影响。

根据功能不同,墙分为承重墙和隔墙两种类型,前者承受畜禽舍荷载,后者只起房间的分隔作用。墙的功能不同,其设计与施工的要求也不相同。畜禽舍墙体必须坚固、耐久、抗震、耐水、防火、抗冻,结构简单,方便清扫、消毒;同时冬季有良好的保温与隔热性能。墙体的保温、隔热能力取决于所采用的建筑材料的热阻值与建筑厚度。尽可能选用隔热性能好的材料,保证最佳的隔热设计。受潮不仅使墙的导热加快,造成舍内潮湿,影响畜禽舍的保温隔热性能,而且影响墙体寿命,所以墙体必须防水防潮。一般墙体采用的防潮措施有:用防水好且耐久的材料作墙体外抹面以保护墙面不受雨雪的侵蚀;沿外墙四周做好散水、勒脚和排水沟,散水宽0.6~0.8 m、散水坡度2%、勒脚高约为0.5 m;墙内表面一般用白灰水泥砂浆粉刷,设计踢脚或墙裙,墙裙高1.0~1.5 m,生活办公用房踢脚高0.15 m;畜禽舍基础和地面设计防潮层等。

畜禽舍常用的墙体材料主要有砖、石、土、木材及层板、混凝土等。在畜禽舍建筑中,也可采用双层金属板中间夹聚苯板或岩棉等保温材料的复合板作为墙体,具有很好的保温效果。

3. 屋顶和天棚

(1)屋顶　屋顶是畜禽舍顶部的承重和围护构件,主要作用是承受屋顶的动荷载和静荷载、保温隔热和防止太阳辐射、雨、雪等不良影响,由屋架和屋面组成。畜禽舍屋顶除防水、保温、承重外,还要耐久、耐火、轻便。为增强屋顶的保温隔热性能,常在房顶层间设保温隔热层,或加设保温顶棚。用加气混凝土板做屋面,不仅保温隔热性能好,而且施工简便。玻璃棉、聚苯乙烯泡沫塑料、聚氨酯板等可用作天棚隔热材料。屋顶还有装饰作用,通过对屋顶的立面设计,提升畜牧场的外观形象。屋顶形式种类繁多,在畜禽舍建筑中常用的有以下六种形式:

①单坡式屋顶。屋顶跨度小,结构简单,有利于采光,造价低廉,可就地取材。缺点是净高较低,不便于工人在舍内操作,前面易刮进风雪,不利于保温隔热。只适用于单列舍和较小规模的畜禽群。

②双坡式屋顶。最基本的畜禽舍屋顶形式,目前在我国使用最为广泛。屋顶跨度大,易于修建,保温隔热性能好,适宜于各种规模的各类畜禽群的饲养。

③联合式屋顶。在前缘增加一个短橼,起挡风避雨作用。与单坡式屋顶畜禽舍相比,采光略差,但保温性能提高,适用于跨度较小的畜禽舍。

④钟楼式和半钟楼式屋顶。在双坡式屋顶单侧或双侧增设天窗,有利于通风和采光。

屋顶屋架结构复杂,造价高,但防暑降温效果好,适用于炎热地区大跨度畜禽舍。

⑤拱顶式屋顶。一种省木料、省钢材的屋顶,一般适用于跨度较小的畜禽舍,有单曲拱与双曲拱之分,后者比较坚固。施工不方便,且屋顶保温隔热效果差,在环境温度高达30℃以上时,舍内闷热,畜禽焦躁不安。一般畜禽舍较少采用拱顶式屋顶。

⑥平屋顶。随着建材工业的发展,平屋顶的使用逐渐增多。其优点是可充分利用屋顶平台,节省木材,缺点是防水问题比较难解决,畜禽舍跨度小。

(2)天棚　天棚又叫顶棚或者天花板,是将畜禽舍与屋顶下空间隔开的结构。天棚的主要作用是加强畜禽舍冬季的保温和夏季的隔热,同时也有利于通风换气,有利于畜禽舍的美观和舍内清洁卫生。坡屋顶天棚上屋顶下的空间称为阁楼,也叫作顶楼。一栋8～10 m跨度的畜禽舍,其天棚的面积几乎比墙的总面积大一倍,而18～20 m跨度时大2.5倍,且畜禽舍热空气上升积聚在天花板附近,所以天棚对畜禽舍环境控制意义重大。在双列牛舍中通过天棚散热可达36%,而四列牛舍达44%。

畜禽舍天棚要求导热性小、不透水、不透气、结构简单、重量轻,厚度小,同时能够耐久、耐火,顶棚表面平滑、粉刷成白色以增加舍内亮度等。畜禽舍常用的天棚材料有木材板、层板、石膏板、塑料板、矿棉吸音板等,在农村常常可见到草泥、芦苇、草席等简易天棚。

畜禽舍内的高度通常以净高表示。净高指舍内地面至天棚的高度,无天棚时指室内地面至屋架下弦的高度,也叫柁下高。在寒冷地区,适当降低净高有利于保温;在炎热地区,加大净高则可以加强通风、缓和高温的不良影响。

4.地面

地面是指单层房舍的地表构造部分,多层房舍的水平分隔层称为楼面。有些畜禽直接在畜禽舍地面上生活(包括采食、躺卧休息、睡眠、排泄等),所以畜禽舍地面也叫畜禽床。畜禽舍地面状况不仅影响舍内小气候与卫生状况,还会影响畜禽的健康及生产力、畜禽机体及产品(奶、毛)的清洁。

由于畜禽舍地面问题引发的畜禽肢蹄病、乳房炎及感冒等病症比较常见。所以畜禽舍地面必须坚固、保温、不滑,无造成外伤的隐患,有一定的弹性和坡度,能够防水,便于清洗消毒,耐腐蚀,经济适用。

地面性能与畜禽舍环境、畜禽健康直接相关。目前畜禽舍地面普遍采用混凝土地面或漏粪地板,除保温性能和弹性不理想外,其他性能均符合畜牧生产要求,造价也相对低。土地面、三合土地面、砖地面、木地面、塑料地面等,保温性能虽好于混凝土地面,但不坚固、易吸水,不便于清洗、消毒。沥青混凝土由于其毒性,已经被禁止作为畜禽舍地面。

地面的保温性能好坏对畜禽舍小气候的影响很大。在寒冷的冬季,如果选用保温性能好的材料或施工结构,当畜禽躺在畜禽床上时,机体对外散发的热能被地面蓄积起来,而不致传导散失,在畜禽站起后大部分热能放散至舍内空气中。实践证明,奶牛在一天内有50%的时间躺在牛床上,中间起立12～14次,整个牛群起立后舍温升高1～2℃。这不仅有利于地面保温,而且有利于舍温调节。

地面防水、防潮性能影响畜禽舍的环境状况。地面防潮防水不好时引起地面潮湿、舍内空气湿度大。如果地面透水,畜禽尿、粪水及洗涤水会渗入地面下土层,使地面导热能力增强,从而导致畜禽机体躺卧时失热增多,使舍内微生物大量繁殖,污水腐败分解使得舍内有害气体增多。

畜禽舍地面的基本要求是有弹性、平坦、不滑。如果地面太硬，不仅畜禽躺卧时感到不舒适，且对畜禽肢蹄（尤其拴养时）有害，易引起膝关节水肿、蹄部损害，也易疲劳。如果地面太滑，畜禽易摔倒，引起挫伤、骨折和母畜流产。如果地面不平，如卵石地面，容易伤害畜禽蹄趾、腱，也易积水，且不便清扫、消毒。地面向排尿沟有适当坡度，便于污水顺利排走。牛、马舍地面的适宜坡度为1%～1.5%，猪舍为3%～4%。坡度过大不仅造成畜禽肢、腱、韧带负重不匀，而且使拴养家畜后肢负担过重，造成母畜子宫脱垂与流产或引起大家畜摔倒骨折。

修建符合环境卫生要求的畜禽舍地面，需采取以下措施：①畜禽舍地面不同部位采用不同的材料，如畜禽床部采用保温的三合土、木板材料，通道采用坚固的混凝土材料；②采用特殊的构造，即地面的不同层次用不同材料，复合结构，达到取长补短的效果；③铺设厩垫，即在畜禽床部位铺设橡皮、塑料、木板、垫草等厩垫用于改善地面状况。

5. 门、窗

门窗均属非承重的建筑构件。门主要作用是通行和房间分隔，有时兼有通风作用；窗户的主要作用是采光、通风、分隔和围护作用。

（1）门　畜禽舍门有外门与内门之分，建筑物内联系各个房间的门叫内门，建筑物通向舍外的门叫外门。畜禽舍门有相对固定的设计尺寸。舍内专供人员出入的门一般高度为2.0～2.4 m，宽度0.9～1.0 m；供人、畜禽、手推车出入的门一般高2.0～2.4 m，宽1.4～2.0 m；供牛自动饲喂车通过的门高度和宽度均为3.2～4.0 m。供畜禽出入的圈栏门取决于隔栏高度，宽度一般为猪0.6～0.8 m，牛、马1.2～1.5 m，小群饲养羊为0.8～1.2 m、大群饲养羊为2.5～3.0 m，鸡为0.25～0.30 m。门的位置根据畜禽舍的长度和跨度确定，一般设在两端墙上。畜禽舍通向运动场的门一般设在纵墙上，最好设在向阳背风的一侧。

在我国北方地区，为了防止冷空气大量侵入畜禽舍，通常在大门之外设立有窗的门斗，可缓和舍内热能的外流。门斗的深度不小于2 m，宽度比门大出1.0～1.2 m。为了畜禽出行和应急安全，畜禽舍门向外开，门上无尖锐突出物，没有门槛、台阶。为了防止雨雪水淌入舍内，畜禽舍地面要高出舍外地面20～30 cm。舍内外以缓坡相连接。

（2）窗　畜禽舍窗户有木窗、钢窗、塑钢窗和铝合金窗等，形式多为外开平开窗，也可用悬窗。窗户多设在纵墙上，是外围护结构中保温隔热性能最差的部分。因此，要根据畜禽舍的要求设置窗户。寒冷地区畜禽舍防寒保暖很关键，在保证采光和夏季通风的前提下适当少设窗户，尽量减少窗户面积。在温暖地区，窗户的主要作用是保证通风，适当多设窗户和加大窗户面积。采用双层玻璃窗或者采用导热系数小的透明、半透明的材料做屋顶或屋顶的一部分（如阳光板），可缓解采光与保温的矛盾；采用密闭畜禽舍，即无窗畜禽舍，能够更有效地控制畜禽舍环境，但必须提供自动化环境控制系统，并要求充足可靠的电源。

（二）畜禽舍的类型

按畜禽舍屋顶形式分为单坡式、双坡式、联合式、半钟楼式、钟楼式和拱顶等样式，按外围护结构的封闭程度分为封闭舍、开放舍、半封闭舍和棚舍。

1. 封闭舍

由墙体、屋顶等围成封闭状态，分为有窗和无窗两种。封闭舍内外空气环境差别大，防寒防暑能力强,空气卫生质量较其他类型畜禽舍差。需要通风设施及电力保证,适用于寒冷或夏季特别热的地区及主要靠精料饲养的畜禽(如鸡、仔猪等)。

(1)有窗式畜禽舍　指通过墙体、窗户、屋顶等围护结构形成全封闭的畜禽舍形式,具有较好的保温隔热能力,便于人工控制舍内环境条件,其通风换气、采光均主要依靠门、窗或通风管。其特点一是防寒较易,防暑较难,可以采用环境控制设施进行调控;二是舍内温度分布不均匀。天棚和屋顶温度较高,地面较低;舍中央部位的温度较窗户和墙壁附近温度高,因而在饲养畜禽时,需要将热调节功能差、怕冷的初生仔畜安排在畜禽舍中央过冬。在采用多层笼养的育雏室内,把日龄较小、体重较轻的雏禽安置在上层,同时必须加强畜禽舍外围护结构的保温隔热设计,满足畜禽的要求。在我国各地,有窗式畜禽舍应用最为广泛。

(2)无窗式畜禽舍　指畜禽舍内的环境条件完全依靠人工调控。舍内环境条件容易控制,可以使用各种控制手段,自动化、机械化程度高,省人工,生产效率高。

2. 开放舍

开放舍三面有墙,一面无墙。防寒能力较封闭舍差,空气流动大,舍内外气温差别不大,空气较新鲜,适于夏季不太热、冬季不太冷的地区。

3. 半封闭舍

半封闭舍三面有墙,一面仅有半截墙。防寒防暑能力及空气新鲜度介于开放舍与封闭舍之间。冬季可适当封闭,适用于我国大部分地区。

4. 棚舍

棚舍属于完全开放式畜禽舍,也称敞篷式、凉棚或者凉亭式畜禽舍,畜禽舍四面无墙,仅有简单屋顶。棚舍起到遮阳、避雨以及部分的挡风作用,传统的牛棚、西南干阑式住宅底层家畜围栏都属于此类。棚舍的舍内外差别不大,人为控制能力差,适用于炎热及温暖地区。为了克服其保温能力较差的弱点,可以在畜禽舍前后加卷帘,利用亭檐效果和温室效应,使舍内夏季通风好,冬季保温。简易节能卷帘开放型鸡舍、牛舍、羊舍都属于这一类型。

(三)畜禽舍的小气候环境管理

畜禽舍内小气候条件如光照、温度、湿度、通风换气等是畜禽赖以生存的重要环境,直接影响到畜禽生长发育与生产性能的发挥。为了保证畜禽的良好健康状况和较强的生产力,必须因地制宜地改善及控制好畜禽舍内环境。

1. 光照

不同畜禽对光照的敏感度差异较大,畜禽的生殖活动与光照密切相关。光照时间的长短能够影响动物的繁殖活动。有的动物随着春夏季节日照时间的逐渐延长,温度的逐步升高,其性机能活动会旺盛起来,开始发情、交配等繁殖活动,此类动物称为“长日照动物”,如马、驴等;有的动物在日照时间逐步缩短的季节,温度下降时进行繁殖,此类动物称为“短日照动物”,需要在短光照的条件下进行繁殖,如绵羊、山羊等。

由于家禽对光照时间敏感,寒冷冬季时由于日照时间短,满足不了产蛋鸡的生理需求,抑制其性腺的发育,这是母鸡停产的主要原因。在养禽生产上,通常应用人工控制光照措施来控制蛋鸡的性成熟,达到适时开产、增加产蛋率的目的。但需要注意的是,随着光照时间延长,鸡的性成熟提前,开产日龄较小,第一个产蛋年中的小型蛋比例较大,而逐步缩短光照下的母鸡则开产较迟,有利于鸡的生长发育,产蛋率提高,蛋重增加。蛋鸡舍的光照时间以14~16 h/d为宜,超过17 h/d时产蛋率会因家禽疲劳而下降,低于8 h/d时会停止产蛋。

畜禽舍一般通过自然采光与人工照明两种方式来实现光照控制。开放、半开放舍主要靠自然采光;封闭舍或环境控制舍主要靠人工照明;有窗舍主要靠自然采光,辅以人工照明。为了取得光作用的最大生物学效果和节约用电、降低生产成本,宜充分利用自然光照,最为经济的光照是利用太阳辐射能的自然采光。人工照明在于补充自然光照的不足,延长冬季和过渡季节的光照时间。

(1)自然采光

①侧采光。采用纵墙上的窗户采光,优点是造价低,缺点是采光系数衰减幅度大,尤其是单侧窗。当单侧采光时,距侧窗距离为2倍窗高的点上采光系数仅为近窗点采光系数的1/20。畜禽舍一般以侧采光居多。

②上采光。采用屋顶天窗采光,优点是光照比较均匀,缺点是天窗造价较高。

③混合采光。同时采用侧窗和天窗采光,优点是采光较均匀。

(2)人工照明 一般以白炽灯和荧光灯作为光源。人工照明用于密闭式畜禽舍,自然采光畜禽舍为补充光照也需要人工照明设备。影响人工照明的因素有光源、灯的高度与分布、灯泡质量等。

①光源。畜禽一般能看见波长400~700 nm的光线,所以用白炽灯或荧光灯皆可。

②灯的高度。灯的高度直接影响地面的照度。灯越高,地面的照度就越小,一般灯具的高度为2.0~2.4 m。

③灯的分布。为使舍内的照度比较均匀,适当降低每个灯的瓦数,增加舍内的总装灯数。鸡舍内装设白炽灯时,以40~60 W为宜,不可过大。灯泡与灯泡之间的距离为灯泡高度的1.5倍。如果舍内装设两排以上灯泡,需交错排列;靠墙的灯泡,同墙的距离为灯泡间距的一半。灯泡不可使用软线吊挂,防止被风吹动而使动物受惊。对于笼养鸡而言,灯泡一般设置在两列笼间的走道上方,灯泡的布置使灯光能够照射到料槽,特别要注意下层笼的光照强度。

④灯罩。使用灯罩可使光照强度增加50%。避免使用上部敞开的圆锥形灯罩,不仅反光效果较差,而且将光线局限在太小的范围内,一般采用瓶形或伞形灯罩。如果不加灯罩,则灯泡所发出的光线约30%被墙、顶棚、各种设备等吸收。如果安装反光灯罩,则比不用反光灯罩的光照强度大45%,一般使用直径25~30 cm的伞形反光灯罩为宜。

⑤灯泡质量与清洁度。灯泡质量差或阴暗可减少光照30%,脏灯泡发出的光要比干净灯泡减少约1/3。

在畜牧生产中,光照制度是根据各种畜禽对光照强度、时间和明暗变化规律的要求制订的,一般按照程序进行自动控制。随着近年来对畜禽用发光二极管(LED)光源的开发与应用,光色对畜禽生产性能的影响以及光环境节能调控的研究也在不断深入。通过LED的光色、光照度与光周期等因子的调控,将对畜禽的营养吸收率、生长速度及抗病性等起到积极改善作用。

2. 温、湿度控制

温度和湿度与动物生产关系密切。通过调节舍内的温度和湿度，为动物提供适宜的温度和湿度条件，可以最大限度地发挥动物的生产性能。

(1)温度　只有在适宜的温度下，家畜的生产能力才有可能正常发挥。对于畜禽来说，由于受品种、生理状态的影响，适宜生产的温度也是不同的。在动物热调节机制的作用下，环境变化时，动物的新陈代谢、血液流速、呼吸速度和心率都会受到影响。但如果温度过高或者过低，以至于超过了动物自身的热调节能力时，动物的体温将会发生明显的变化，生产能力也会明显下降。如在持续高温环境(28～35℃)下，体重15～30 kg、30～60 kg和60～90 kg的猪日采食量较常温环境下分别降低9%、14%和20%，日增重分别下降11%、21%和23%，料肉比分别增加0.05、0.23和0.14；当环境温度在21～30℃和32～38℃范围内，温度每升高1℃，鸡采食量分别下降1.5%和4.6%；奶牛在热应激时，食欲减退、呼吸频率增加、直肠温度升高、生产性能下降，直肠温度每升高1℃，平均日产奶量减少约1.26 kg/头。

此外，畜舍的温度不可能一成不变，必须维持在某个特定数值范围，并且允许存在一定的波动。因为动物自身具备一定的温度适应能力，在有变化的环境下生存反而有助于畜禽生长能力的提高。环境温度适宜时，动物健康水平良好，生产性能和饲料利用率都较高，过高或过低的温度会引起动物热应激或冷应激，破坏体热平衡，导致畜禽生产力下降或停止，甚至死亡。动物适宜的温度范围见表4－1。

表4－1　动物适宜的温度范围

畜禽		体重/kg	可行的温度范围/℃	最适温度/℃
猪	妊娠母猪	—	11～15	—
	分娩母猪	—	15～20	17
	带仔母猪	—	15～17	—
	初生仔猪	—	27～32	29
	哺乳仔猪	4～23	20～24	—
	后备猪	23～57	17～20	—
	育肥猪	55～100	15～17	—
牛	乳用母牛	—	5～12	10～15
	乳用犊牛	—	10～24	17
	肉牛、小阉牛	—	5～21	10～15
鸡	蛋用母鸡	—	10～24	13～20
	肉用仔鸡	—	21～27	24
羊	母绵羊	—	7～24	13
	初生羔羊	—	24～27	—
	哺乳羔羊	—	5～21	10～15

(2)湿度　过于潮湿的空气会对畜禽健康产生负面影响。当空气中水汽含量较高时，细菌等微生物更容易大量繁殖，造成畜禽舍内草垫、饲料滋生霉菌，发霉变质的饲料被畜禽采食后可能引发疾病。而过于干燥的环境同样不利于畜禽的健康，因为水汽过少时，畜禽皮毛就会因干燥而开裂从而产生大量皮屑，进一步污染畜禽舍的环境。

高温下畜禽主要以蒸发散热为主，而蒸发散热与机体蒸发面(皮肤和呼吸道)的水汽压与空气水汽压的差成正比。动物机体蒸发面的水汽压又与蒸发面的温度和潮湿程度有关，一般皮温越高，越潮湿(如出汗)，水汽压则越大，越有利于蒸发散热。当动物机体蒸发面水汽压与空气水汽压差值因空气水汽压的升高而减少时，机体通过蒸发散热能力减弱，因此动物机体在高温、高湿环境中散热更困难，畜禽热应激反应更严重。

低温下，畜禽则是以非蒸发散热为主，如辐射、传导和对流等形式，并力争减少热量的散失来维持体温。非蒸发散热量大小与环境导热性能有关。当空气中的水汽含量较高时，即空气越潮湿，其导热性能和容热量都高于干燥的空气环境，加上畜禽被毛和皮肤在高温环境中能吸收空气中的水分，提高了其导热系数，体表阻热作用降低，导致了非蒸发散热量增加，不利于保温，机体处于低温高湿环境中会比在低温低湿环境中感到更冷。

从畜禽生理机能来说，相对湿度在50%~70%时比较适宜。但在冬季很难达到这个范围，通常情况下，鸡舍为70%，成年猪舍、后备猪舍为65%~75%，肥育猪舍为75%~80%，成年牛舍、育成牛舍为85%，犊牛、公牛舍为75%。

3. 畜禽的防寒保温

(1)调整饲养密度　在不影响饲养管理及舍内卫生状况的前提下，适当加大舍内畜禽的密度，等于增加热源，可提高舍温，是一项行之有效的辅助性防寒保温措施。

(2)利用垫料　垫料保温吸湿，改善畜禽机体周围小气候，是寒冷地区常用的一种简便易行的防寒措施。铺垫料不仅改进了冷硬地面的使用价值，而且能够在畜禽机体周围形成温暖的小气候环境。此外，铺垫料也是一项防潮措施。

(3)控制湿度　防止舍内潮湿是间接保温的有效方法。潮湿不仅加剧畜禽舍结构的失热，同时由于空气潮湿不得不加大通风换气。冬季通风占畜禽舍失热的很大比重，非采暖舍约20%，采暖舍高达80%左右。

(4)控制气流，防止贼风　建筑施工中保证结构严密，防止冷风渗透。入冬前设置挡风屏障，控制通风换气量，防止气流过大。实践证明，冬季舍内气流由0.1 m/s增大到0.8 m/s，相当于舍温降低6℃。冬季舍内气流速度最好控制在0.1~0.2 m/s。

(5)利用温室效应防寒　窗户敷加透光塑料薄膜等都可起到一定程度的保温与防风作用，尤其是充分利用太阳辐射和玻璃或者某些透明材料的独特性能形成的“温室效应”，用于提高舍温。在采取各种防寒措施仍不能达到舍温要求时，需人工供暖，尤其是幼龄畜禽舍。

畜禽舍采暖分局部采暖和集中采暖。局部采暖是在畜禽舍内单独安装供热设备，如电热器、保温伞、散热板、红外线灯和火炉等。在雏鸡舍常用煤炉、烟道、保温伞、电热育雏笼等设备供暖，在仔猪栏铺设红外线灯电热毯或仔猪栏上方悬挂红外线保温伞。集中采暖是指在集约化、规模化畜牧场，由一个集中的热源(锅炉房或其他热源)将热水、蒸汽或预热后的空气，通过管道输送到舍内或舍内的散热器。近年来，通风供暖设备的研制已有新的进展，热风炉、暖风机在寒冷地区已推广使用，有效解决了保温与通风的矛盾。总之，无论采取何种取暖方式，都要根据畜禽的生理需求、采暖设备投资、能源消耗等情况，综合考虑投入与产出的经济效益而定。

4. 畜禽的防暑降温

夏季气温高，畜禽封闭舍内温度升高，容易导致畜禽出现热应激。家禽热应激不仅表现为生产性能和健康状况的降低，还引起肉品质下降和繁殖性能降低。热应激导致家禽采食量下降，增重率降低，饲料利用率降低；肉禽体重较轻，脂肪偏多；蛋禽的产蛋量和蛋重均下降，蛋壳变薄、变脆，胶护膜变质，钙质疏松，气孔变大，表面粗糙、出现斑点、颜色异常；种禽性成熟、开产日龄延迟，降低种公禽精液品质和射精量；甚至造成禽类大量中暑死亡，经济损失严重。

家畜热应激严重影响经济效益。以奶牛为例，奶牛理想的环境温度是4～25℃，热应激时奶牛采食量降低，体温、呼吸、心率等增加，代谢水平提高，内分泌紊乱，影响干物质采食量，产奶量降低。当环境温度从25℃上升至27℃时，奶牛采食量降低；当环境温度上升到30℃以上时，奶牛采食量急剧下降；当环境温度达到40℃时，奶牛的采食量仅为适温时采食量的20%～40%。当温湿指数THI＞72时，每增加一个单位，泌乳量降低0.2 kg，乳脂和乳蛋白合成量分别降低0.012 kg和0.009 kg，同时乳脂率与干物质含量下降。高温热应激时，奶牛机体会调动一切因素来散热，使皮肤表面血流量增加，内部器官（包括子宫）血流量减少，营养供应不足，影响正常的生殖机能，例如夏季受胎率只有春季和秋季的60%左右。母牛夏季分娩时胎衣不下的发病率也比冬季高，导致子宫炎发病率高，影响配种受胎。高温降低牛的免疫力，易发生流产。同时夏季病原微生物增殖速度快，如果牛舍卫生状况不好，易感染乳房炎、子宫炎、蹄叶炎等炎症。

因此，夏季炎热高温时，畜禽养殖中必须采取防暑降温措施，主要是加强畜禽舍外围护结构的隔热设计，有效防止或减弱太阳辐射热与高温对舍内温度的影响，可采取以下降温措施：

（1）喷雾降温　喷雾降温是用高压喷嘴把温度较低的水雾化喷出的方法，最大优势是在现有的畜禽舍加装方便，降温速度快，5～10 min将舍内温度降低5～8℃，并且喷雾装置还可兼作消毒用。喷雾降温时，利用加压的水，通过喷头后形成细小的雾滴，飘散在室内的空气中，与空气发生热湿交换，达到蒸发降温的效果。喷雾降温常用于猪舍和鸡舍。

（2）喷淋降温　常用于猪、牛等畜类的降温，在猪舍、牛舍的粪沟或畜床上方安装喷头，在温度较高时定时或不定时为牲畜淋浴。一般喷头的喷淋直径约3 m，水和水蒸气直接从畜体和空气中吸收热量。滴水降温也是一种降温方式，主要应用于定位饲养的妊娠或哺乳期间的母猪。水滴滴落在母猪背部皮肤，有利于机体散热，同时也能对母猪起到安抚、镇静作用，增强母性。

（3）湿帘降温　湿帘－风机负压通风降温系统主要是利用蒸发降温的原理来降低舍内温度。在畜禽舍一端的墙壁或两侧墙壁设置进风口并安装湿帘，禽舍的另一侧安装负压风机，负压风机主要是利用空气对流、负压换气的降温原理。设备运作时，负压风机使禽舍内处于负压状态，此时舍外空气穿过安装了湿帘的进风口，并与湿帘的水接触，由于舍外空气的水蒸气未达到饱和状态，湿帘的水会吸收舍外空气的热量蒸发，即对舍外空气进行降温处理。接着,温度降低的舍外空气进入舍内与环境换热,将舍内闷热气体排出舍外。

(4)适当降低养殖密度　可以缓和夏季畜禽舍内代谢热积聚,增大空气流通,使温度降低的同时也净化了畜禽舍内的空气。

5. 通风与换气

畜禽舍内由于动物的粪尿、饲料、垫料等产生的粉尘、积存发酵产生的气体,造成舍内空气质量恶劣,易引发以畜禽呼吸道疾病为主的各种疾病。此外,畜舍中产生的有害气体对于畜禽的影响是长期和连续的,轻则使家畜体质变弱,生产性能下降;重则引发急性症状,损害畜禽的健康和生产力,甚至导致死亡。因此,消除畜禽舍内的有害气体,使畜禽的健康和生产力得到保证和提高,在饲养管理中具有重要意义。当猪舍内氨气浓度达到 35 mg/m^{3}时,猪会出现萎缩性鼻炎;氨气浓度 50 mg/m^{3}时,猪的增重下降 12%;氨气浓度达 100 mg/m^{3}时,猪的增重下降 30%。

通风换气是畜禽养殖过程中环境控制的一个重要手段。在气温高的情况下,通过空气流动使动物感到舒适,缓解高温对畜禽的不良影响。在畜禽舍密闭的情况下,引进舍外的新鲜空气,排除舍内的污浊空气,既能防止舍内潮湿,又可改善空气质量。

(1)通风换气原则　排除过多水汽,使舍内空气的相对湿度保持适宜状态;维持适中的舍内气温;气流稳定、均匀,不形成“贼风”,无气流死角;清除舍内有害气体;防止水汽在墙、天棚内表面凝结。

(2)通风方式

①自然通风。自然通风是利用进、排风口(如门、窗等),依靠风压和热压为动力的通风。它是利用舍内外温度差造成的热压或风力作用造成的风压,实现换气的一种通风方式。不需要任何机械设备,利用这种通风方式常常可以达到较大的通风换气量,是一种最经济的通风方式。

②机械通风。机械通风依靠机械动力实行畜禽舍通风,也叫强制通风。按照畜禽舍内气压变化分类,机械通风分为负压通风、正压通风和联合通风三种方式。负压通风亦称排气式通风或排风,利用风机将舍内污浊空气抽出。正压通风亦称进气式通风或送风,通过风机将舍外新鲜空气强制送入舍内,使舍内气压升高,舍内污浊空气经风口或风管自然排出,保证舍内适宜的温湿状况和清洁的空气环境。联合通风亦称混合式通风,是一种将负压通风和正压通风同时使用的通风方式,因可保持舍内外压差接近于零,故又称为等压通风。

三、畜禽养殖生产过程中的圈舍环境管理

(一)饲料饲喂管理

畜禽养殖过程中,每天都需要一定的饲料供给,维持畜禽正常的营养需要,但也应特别注意,如果处置不当,会对畜舍环境以及畜体健康造成影响。

1. 饲料质量卫生检查

饲料的安全卫生直接影响畜禽健康、畜产品质量和环境,间接影响到人类的卫生健康和生命安全。饲料饲喂前,饲喂人员应进行质量卫生检查,观察饲料的颜色、形态,饲料的

形状、颗粒大小、色泽均匀度，有无异物混入，是否有异味、结块，有无虫害、有无霉菌等。并检查饲料标签或信息，不得使用发霉、过期、虫蛀、有异味的饲料，不违法使用饲料添加剂。

2. 饲料投喂与剩料清除

畜禽饲料饲喂方式有人工饲喂和机械饲喂两种。人工饲喂是将混合好的饲料由饲养员投喂给动物；机械饲喂主要借助饲喂设备控制器中设定好的程序，根据畜禽营养需求，在预定饲喂时间内，设定饲喂次数，通过机器设备将配合好的饲料按量投喂给动物。不管是人工饲喂还是机械饲喂，在动物饲喂过程中均应严密观察，既做到使动物获得足够的营养物质，又没有影响畜舍环境。

料槽的剩料应及时收集并完成清理，可以在养殖场安装剩料收集装置，代替人工收集，降低人工成本，提高工作效率。

（二）饮水管理

畜禽养殖场的水源主要来自供水企业的自来水和场区的地下水。一般情况下，水中常含有泥沙、有机悬浮物、盐类及细菌等。为使水质达到生活饮用水标准的要求，在饮用前必须进行净化与消毒处理。地面水一般较浑浊，细菌含量较多，需要沉淀、过滤和消毒来改善水质。地下水较清洁，只需经过消毒处理。受到特殊有害物质污染的水，则需采用特殊的净化处理。畜禽饮用水水质安全指标见表4－2。

表4－2　畜禽饮用水水质安全指标

项目		标准值	
		畜	禽
感官性状及一般化学指标	色	≤30°	
	浑浊度	≤20°	
	臭和味	不得有异臭、异味	
	总硬度（以 $CaCO_3$ 计），mg/L	≤1 500	
	pH	5.5～9.0	6.5～8.5
	溶解性总固体，mg/L	≤4 000	≤2 000
	硫酸盐（以 SO_4^{2-} 计），mg/L	≤500	≤250
细菌学指标	总大肠菌群，MPN/100 mL	成年畜100，幼畜和禽10	
毒理学指标	氟化物（以 F^- 计），mg/L	≤2.0	≤2.0
	氰化物，mg/L	≤0.20	≤0.05
	砷，mg/L	≤0.20	≤0.20
	汞，mg/L	≤0.01	≤0.001
	铅，mg/L	≤0.10	≤0.10
	铬（六价），mg/L	≤0.10	≤0.05
	镉，mg/L	≤0.05	≤0.01
	硝酸盐（以N计），mg/L	≤10.0	≤3.0

除了水源的水质卫生处理外，供水系统中的饮水管线、水槽、水塔等饮水设施的卫生也直接关系畜禽的健康生产。水线长期使用后会形成水垢和生物膜，可采用消毒药或酸化剂浸泡消毒。

供水系统包括贮水池、水塔、饮水管线、饮水器等，每周冲洗 1～2 次，通常先采用高压水冲洗供水系统内腔，之后加入清洁剂约 1 h 后排出药液，再用清水冲洗；清洁剂通常有酸性清洁剂（如柠檬酸、醋等）和碱性清洁剂（如氨水）两大类，使用清洁剂可除去供水管道中沉积的水垢、锈迹、水藻等。

如果采用饮水投药防治疾病时，饮水投药前两天对刚消毒后的饮水系统彻底冲洗，避免残留的清洗消毒剂影响药效。投药结束后对饮水系统再次清洗，防止黏稠度较大的药物粘连于饮水管表面而形成氧化膜，避免营养药物（如电解多维等）残留饮水中。

（三）畜床卫生管理

畜床是动物的重要环境因子，其优劣极大地影响着动物健康和生产力。目前，我国的畜牧生产中，大量使用水泥混凝土畜床，其冷、硬、潮造成的危害还未能有效解决。

1. 垫料管理

垫料又叫作垫草或褥草，是指在日常管理中给畜床铺垫的材料，这是控制畜舍内空气环境卫生的一项重要的辅助性措施。垫料具有保温、吸潮、吸收有害气体及保持畜体清洁等作用。根据垫料的种类不同，垫料的更换频率也不同，若不更换，垫料内寄生虫、微生物大量繁殖，不利于畜禽生长。一般情况下，牛粪卧床垫料铺设前，应对卧床上残存的牛粪进行清理。牛粪垫料铺设时，以专用垫料抛洒车为佳，铺设厚度不低于 30 cm。铺设后定期检查垫料的温度和湿度，保持松软度。

2. 粪床粪污清理

畜禽每天排出的粪尿数量较大，且日常管理所产生的污水也较多，所以畜禽舍的排污管理至关重要。如果没有做好排污则会影响生产效率，造成环境污染。据统计，每头（只）畜禽 1 d 的粪尿量与其体重之比，牛为 7%～9%，猪为 5%～9%，鸡为 10%。生产 1 kg 牛奶排出的污水约为 12 kg，生产 1 kg 猪肉排出的污水约为 25 kg。一个年出栏万头规模的猪场，水冲清粪方式排污水量为 150～200 m^3/d，水泡清粪方式为 100～120 m^3/d，人工清粪方式为 50～60 m^3/d。因此，根据清粪方式，合理设置畜禽舍排水系统，及时清除污物与污水，是防止舍内潮湿、保持良好的空气卫生和畜禽机体卫生的重要措施。

畜禽生产中污水和粪便的清除方式取决于粪便性状，而粪便性状与畜禽的种类、饲养管理方式有关，也受清粪方式的影响。畜牧场粪污包括畜禽粪尿、垫料及清扫用水（生产污水）。不用垫料的新鲜的羊、鸡粪便的含水量约为 75%，马粪为 79%，远低于其他家畜粪便的含水量，呈固态，易于清除，因而即使少用或不用垫料也便于保持舍内清洁与干燥。牛、猪粪便含水量较高，一般分别高达 88% 及 91%，呈半干状态，如使用垫料或实行厚垫草饲养，不论粪尿分离与否，与垫料混合，其含水量可降到 70%～80% 而呈固态。但是，如饮水器漏水或清扫肆意用水，即使使用垫料，也会使含水量上升到 85%～90%。而实行水冲清粪时，含水量甚至高达 95% 以上。

通常含固形物在 20% 以上的粪尿采用固态粪处理办法，在 15% 以下时按液态处理。

在国外，为了省工、省时，奶牛场、养猪场往往采用后者。如果含固形物在5%~15%时，粪便呈流体状，自然流到位于地势较低的粪水池。但要达到直接灌溉和喷洒的匀质则固形物需在5%以下，必要时加水稀释(水冲清粪则无此必要)，同时不能使用垫料。畜禽舍的排水设施一般与清粪方式相配套，清粪方式不同，每日的排污量差异较大。根据畜禽种类和饲养管理方式的不同，清粪方式一般有人工清粪、机械清粪、水冲清粪和水泡清粪等方式。

(四)病死动物管理

畜禽舍内发现有患病动物死亡时，必须尽快进行无害化处理。畜禽尸体处理过程中，应对畜禽的死因、死前症状进行分析，明确患病情况，同时动态化对正常的畜禽进行观察，判断是否出现同样的病症。对疑似畜禽和周围的畜禽进行隔离，尽量缩小疾病传播范围。极为重要的是，对病死畜禽要严格执行“四不准一处理”的规定，即不准宰杀、不准食用、不准出售、不准转运病死畜禽及其产品，在转运病死畜禽时，应使用符合密闭、防水、防渗、防破损、耐腐蚀等要求的包装材料，包装材料的容积、尺寸和数量应与病死畜禽的体积、数量相匹配。监管人员现场勘验结束后，对死亡畜禽的尸体进行密封。一次性包装材料使用后销毁处理，可循环使用的包装材料应进行清洗消毒。

畜禽尸体应当委托病死畜禽无害化处理场进行集中处理。大型规模养殖场自行处理畜禽尸体时，应严格按照《病死及病害动物无害化处理技术规范》要求，配备与养殖规模相适应的无害化处理设施，确保有效杀灭病原体。在处理畜禽尸体时，常常采用高温处理或土埋方法，不论采用哪种方法，都必须将病畜的排泄物、粪床以及各种废弃物等一并进行处理，避免对畜舍及周边环境造成污染。

四、畜禽养殖设施与用具的清洁消毒

(一)畜禽生产设施清扫与消毒

1. 畜禽舍

清扫圈舍表面灰尘、饲料残渣、蜘蛛网及地面、内外粪沟、排粪管道和漏粪板下的粪污，用60℃以上的热水及除垢剂清洗所有畜禽圈舍、水管、漏缝地板、排粪管道等固定设备，并使用高压水枪进行二次清洗。圈舍消毒应按照从上到下、从里到外原则，消毒时间不少于30 min。圈舍消毒分空畜禽舍和带畜(禽)消毒两类。

空畜禽舍先彻底清扫粪尿污物，再用2%过氧化氢喷洗墙壁、地面、笼具，待作用1~2 h后，用清水冲洗，等干燥后用0.3%~0.5%过氧乙酸喷洒消毒，对于密闭的畜禽舍还可用甲醛熏蒸消毒。每批畜禽调出后，畜禽舍要彻底清扫干净，用水浸泡、冲洗，然后喷雾消毒或熏蒸消毒。间隔5~7 d后，方可转入下批新畜禽。

带畜(禽)消毒常用0.1%~0.2%过氧乙酸进行雾化消毒，喷雾量为50~80 mL/m^3，以均匀湿润墙壁、屋顶、地面，畜禽体表稍湿为宜，不得直接喷向畜禽。定期带畜(禽)消毒，有利于减少环境中的病原微生物。但是注意不要使用甲醛等有刺激性气味的消毒剂，此类消毒剂对人体及动物黏膜有刺激作用。动物在采用喷雾、饮水等途径接种活疫苗时，最好不要进行消毒,防止消毒剂造成活疫苗失效。

2. 附属设施

(1)药房库房　用0.1%~0.2%过氧乙酸进行雾化或熏蒸消毒;备用器材、设备、工具等用有效氯5 000 mg/L的含氯消毒剂进行喷洒、擦拭或浸泡消毒;消毒时间不少于30 min。

(2)更衣室,洗手、淋浴、卫生间　设有单独的更衣室,个人衣物与工作服应分开存放。洗手、卫生间内配备洗手设施及消毒、烘干手设施。洗手设施采用非手动式开关,排水直接接入下水管道。卫生间的结构、设施与内部材质易于保持清洁消毒。卫生间内设置排气通风设施和防蝇防虫设施,保持清洁卫生。

(3)挤奶厅　挤奶厅是否干净卫生影响原料奶的品质,对挤奶厅地面、墙壁和主要设备用1%~2%氢氧化钠溶液或2%~4%次氯酸钠溶液进行喷洒消毒,1 ~4 h后用水冲洗干净。

(4)采精室　采精前须将所用器具及采精场所彻底进行清洁消毒。采精室安装紫外线照射器,每天工作结束后照射1 ~2 h,长期不用的采精场在工作前1 d进行彻底消毒。操作台在采精前后以75%酒精或“消毒威”消毒灭菌(距采精要间隔2 h以上)。采精厅或场定期用消毒液(如2%~5%来苏尔或2%过氧化氢)喷洒消毒。玻棒、集精管、量杯清洗后在干燥箱内进行160℃、120 min干燥消毒。采精筒、三角套、内胎须以洗涤剂洗涤,清水洗净,121℃高压蒸煮30 min后晾干。衣帽间、手术间、实验间均可用紫外线消毒。

(5)剪毛室　每年(次)剪毛开始前应先对剪毛室进行彻底清扫和消毒,尤其是使用前1 d对剪毛室的地面、墙壁、栏杆等进行消毒,剪完1只羊后应将剪头浸在2%过氧化氢中清洗后继续剪。这一措施是防止不清洁环境给绵羊剪毛后的皮肤创口造成感染。

(6)孵化室、仓库　采用熏蒸法消毒。

(二)畜禽生产工具清洗与消毒

1. 饲喂用具清洗与消毒

耐热器皿、餐具消毒宜煮沸或用干热法消毒。生产区内的扫把、水壶、料槽、送料车,加料铲等用具,每天清理洗刷,之后选用不同的消毒方法,如日光下暴晒、消毒液浸泡、喷洒、熏蒸等方法,并保证足够的消毒时间。

2. 运输工具消毒

运载畜禽车辆在装前和卸后都要清扫和消毒。运载健康畜禽的车辆,先清扫,之后用自来水冲洗,最后用杀毒灵等合适的消毒液喷洒消毒;运载病死畜禽的车辆,先用消毒药液喷洒,之后彻底清扫、冲洗,去除运载车辆表面的污物,再用1:300杀毒灵溶液等消毒,按300 ~500 mL/m^{2}药液喷洒。第1次消毒后间隔1 h,再用此方法消毒1次,经0.5 ~1 h后,用自来水全面冲洗。清扫的杂物到指定地点无害化处理。

3. 畜禽产品用具清洗与消毒

(1)肉制品用具清洗消毒

①案板、传送带。生肉分割过程中,分割肉在车间时,大部分时间被置于传送带和案板上,当微生物数量较多时,极易对肉制品造成严重的交叉污染。常用热水浸泡案板15 min,或在热水浸泡的基础上,辅以200 mg/kg的二氧化氯喷洒或浸泡30 s。

②刀具等器械。刀和器械可用0.015%碘溶液消毒。直接用于肉品加工的各种器械如

架空轨道、盛装肉品、脏器的不锈钢容器等，在洗刷后用0.2%～0.5%过氧乙酸溶液喷雾消毒。

③冷库。冷库是肉品冷冻加工和贮存冻肉的场所。由于经常进出肉品极易被微生物污染，尤其是易滋生霉菌，所以必须定期对冷库进行除霉消毒。消毒前先将库房内的食品全部搬空，再用机械清除地面、墙壁、顶板上的污物和排管上的冰霜，有霉菌生长的地方用刮刀或刷子仔细清除。可用5%～10%过氧乙酸水溶液，按0.25～0.5 mL/m^{3}电热熏蒸或用0.1%乙内酰脲溶液喷雾消毒。低温冷库用乙二醇和乙醇有机溶剂防冻。有除臭需求时，可用30%生石灰、5%氯化苯甲烃铵和5%食盐的水溶液混合喷洒墙壁。

(2)奶制品用具清洗消毒

①挤奶机。挤奶机的清洗包括预冲洗、碱洗、酸洗和清水漂洗。挤奶前，用清水对设备进行冲洗，一般冲洗10 min，目的是冲净残留的清洗剂。每次挤奶后必须对挤奶机进行清洗并彻底消毒。挤奶后预冲洗，挤奶完毕后，马上冲洗，不加任何清洗剂，用清洁的温水(40℃左右)进行冲洗。预冲洗不用循环，冲洗到水变清为止。之后酸洗碱洗交替操作，并按说明书配制浓度。一般遵照“两班碱，一班酸”的原则。碱洗，预冲洗后立刻进行，循环清洗10 min，温度控制在75～80℃，循环后排放的水温不能低于40℃(水温低于40℃时会形成脂肪膜)，目的是清除奶垢；酸洗，循环清洗10 min，温度在60℃左右，目的是清除水垢。最后温水冲洗5 min。清洗结束后排净管道内的残水。

②储奶罐。储奶罐要有自动清洗装置，清洗方法和挤奶机相同。没有自动清洗装置时，必须进行人工清洗。清洗原则是罐内外必须洁净无残留物和死角，卫生死角要进行人工刷洗。要求制冷罐内清洗后无异味、无奶垢、无水、无酸碱及消毒液残留。

(3)蛋用具清洗消毒

①产蛋箱。在禽类产蛋箱内铺设整洁干燥的垫料并充满产蛋箱挡板2/3处，每周更换新垫料，如果发现产蛋箱垫料中有粪便应立即清理，发现被污染的垫料也应及时更换。每月定期检测产蛋箱垫料的细菌和霉菌情况，有利于保持种蛋干净不被污染，避免细菌入侵种蛋内部而感染雏鸡，危害雏鸡健康生长。保持地面垫料干净，避免鸡进入产蛋箱后污染产蛋箱。周转的蛋托、蛋箱等物品用浸泡消毒的方法，可用比较大的容器盛放一定浓度的消毒剂，将蛋箱、料桶、水桶等浸泡2 h以上。

②蛋托。捡蛋前应将滑车彻底清洗消毒并封闭滑车以防鸡进入，同时将舍内专用蛋托提前清洗消毒干净以备用，捡蛋人员需将双手清洗干净并用酒精消毒后方可捡蛋。

③种蛋消毒。通常选用高锰酸钾和福尔马林进行熏蒸消毒，每立方米空间用21 g高锰酸钾和42 mL福尔马林，熏蒸时间为20 min，然后对熏蒸箱彻底排放气味15 min后才可送入蛋库保存。熏蒸时要求温度为24℃，相对湿度为80%。蛋库温度以18～20℃为宜、湿度保持75%～80%，保持蛋库干净卫生，每周定期用消毒剂擦拭墙壁、地面和屋顶，同时保证蛋库通风良好且避免气流直接吹向种蛋。蛋盘之间要有10 cm的距离、靠近墙壁的蛋盘最少离开墙壁15 cm，有利于种蛋之间的通风，提供给种蛋足够的氧气。

4.畜禽处理器械清洗与消毒

金属注射器、针头、连续注射器、刺种针、手术刀、镊子、剪子、耳号钳等物品，先用清水冲洗干净后置于消毒锅内煮沸消毒30 min，取出放置灭菌瓷盘中备用。消毒后器械如长时间闲置不用，须经消毒才能使用。此外，兽医诊室应保持日常清洁卫生，可采用紫外线照射或熏蒸消毒，每周至少进行3次。兽医诊疗室进行过患病动物解剖或治疗，或进行过患病动物诊断后，应立即消毒。温度计等诊疗器械需要浸泡或擦拭灭菌处理。

第二节 畜禽养殖废弃物污染的危害与原因

随着集约化和规模化养殖的发展，人类对动物性食品的需求得到极大满足，同时也促进了农牧业经济的发展，但由此导致的环境污染是一个亟须解决的重要问题。如果规模化畜禽养殖场废弃物没有及时处理，将给当地群众的生产、生活带来严重损害，因此各级政府部门和广大生产企业应高度重视这种情况。畜禽养殖产生的污染物包括固体废物（粪便、病死畜禽尸体、垫料等）、水污染物（尿液、冲洗水等）和大气污染物（氨气、硫化氢、甲基硫醇等），其中粪便和养殖污水是主要污染物，具有产生量大、来源复杂等特点，其产生量、性质与畜禽养殖种类、养殖方式、养殖规模、生产工艺、饲养管理水平、气候条件等有关。

我国每年产生的畜禽粪污高达38亿吨，且每年以3%左右的速率增长，但畜禽粪污综合利用率不足60%。畜禽养殖产生的环境危害主要是对水体、大气、土壤以及人体健康、生态系统、畜牧业发展所造成的直接或间接的环境影响。

一、畜禽养殖废弃物的危害

（一）对水体的影响

1. 地下水

畜禽养殖业产生的污染物对地下水的污染主要是通过渗透途径，污染物渗入地下污染地下水，使地下水溶解氧含量减少，含氮量增加，水质中有毒成分增多，严重时水体发黑、变臭，失去使用价值。人若长期或大量饮用硝态氮超标的地下水，可能诱发癌症。受污染的地下水极难治理恢复，将造成较持久性的污染。畜禽养殖废弃物对地下水造成污染主要有三种途径：

（1）肥料渗入　大量的畜禽粪便没有经过加工直接作为肥料施入土壤，导致肥料没有更好地被植物吸收，没有充分被吸收的部分将会通过土壤层渗入地下水层。长久堆放的畜禽粪便经雨水冲刷也会渗入地下水层。

（2）排污系统渗入　零散小型养殖场没有设立规范的三废收集处理设施，畜禽排泄物直接排进周边的地表水和土壤，形成了面源污染，使污染物渗入地下水环境。部分养殖场的栏舍以及排污系统没有进行硬底化处理，畜禽产生的污染物容易通过土壤渗入地下水层。南方地区使用大面积的鱼塘来消化处理畜禽产生的排泄物，在消化过程的同时，多余的畜禽排泄物和鱼类粪便通过累积渗入了地下水层。

（3）畜禽养殖场废弃物的渗入　部分养殖场管理不科学，畜禽尸体、洗刷用具、孵化残余物（蛋壳、死胚、绒毛、胎粪）等没有经过规范处理而随意丢弃或填埋，造成养殖场及周围环境恶化。这些废弃物产生的污染物及其滋生的病原微生物随雨水或微生物作用进入地下水,从而造成地下水环境污染。

2. 地表水

畜禽养殖废弃物对地表水的影响主要表现为大量有机物质进入水体后,有机物的分解将大量消耗水中的溶解氧,使水体发臭;当水体中的溶解氧大幅度下降后,大量有机物质在厌氧条件下继续分解,产生甲烷、硫化氢等有毒气体,导致水生生物大量死亡;废水中的大量悬浮物使水体浑浊,降低水中藻类的光合作用,限制水生生物的正常活动,造成对有机物污染敏感的水生生物逐渐死亡,从而进一步加剧水体底部缺氧,使水体同化能力降低;氮、磷使水体富营养化,富营养化的结果使水体中硝酸盐和亚硝酸盐浓度过高,人畜长期饮用时引起中毒,而一些有毒藻类的生长与大量繁殖会排放大量毒素于水体中,导致水生动物的大量死亡,从而严重破坏水体生态平衡;粪尿中的一些病菌、病毒等随水流动导致某些流行病的传播等。

(二)对土壤的影响

畜禽养殖对土壤的污染主要表现在畜禽粪便过量施用造成的土壤结构失衡和有害物质在土壤中的累积。随着畜牧业的发展,畜禽污染物大量增加,特别是固体类的畜禽污染物。对于一般养殖户来说,由于养殖规模较小,一般将畜禽粪污作为有机肥料施入农田来消化,不会产生严重的环境污染。但规模化养殖的畜禽粪便排放量大,远远超出了土壤的承载能力,无法及时被消纳时则会造成土壤结构失衡,过度还田施用还会导致土壤中的氮、钾、磷等有机养分过剩,从而阻碍农作物的生长。此外,未经处理的粪污导致土壤孔隙堵塞,造成土壤透气性、透水性降低,致使土壤板结,生产力下降,使作物徒长、倒伏、晚熟或不熟,造成减产,甚至导致作物腐烂。

另外,如果养殖场对饲料添加剂、抗生素大量使用,畜禽粪便中重金属、药物、有害菌等物质残留,施用到农田土壤中造成重金属和抗生素复合污染,不仅使土壤失去使用价值,而且严重威胁食品安全。

(三)对大气环境的影响

1. 污染大气

粪便大量堆积时,硫醇、硫化氢、氨气、吲哚、有机酸、粪臭素等有毒有害物质经粪便腐败分解而进入大气环境中,为动物疫病的传播提供了有利条件,同时严重危害人类健康。如氨具有刺激性气味,易溶于水,在畜禽舍中常被溶解或吸附在潮湿的地面和墙壁上,对人体黏膜刺激性大,易引起黏膜充血、支气管炎等;硫化氢是一种无色、易挥发、刺激性很强的气体,易引起眼结膜炎、鼻炎等。对畜禽粪便分析发现,奶牛、猪和蛋鸡饲料中70%的氨被排泄出来,肉鸡饲料中50%的氨变成了粪便。高温下粪便发酵以及含硫蛋白分解会产生大量氨气和硫化氢等臭味气体,造成空气中含氧量相对下降,污浊度升高,降低空气质量。

2. 温室效应

目前畜牧业是我国农业领域第一大甲烷排放源,也是全球温室气体的主要来源,人类活动产生的温室气体中,有15%左右来自畜牧业。经联合国粮农组织测算,全球每年由畜禽养殖产生的温室气体引发的升温效应相当于71亿吨二氧化碳当量。在畜禽动物中，牛是最大的温室气体制造者，每年畜牧业甲烷排放总量中有70%以上来自牛群体。

（四）生物风险

畜禽粪污中含有大量的病原微生物、寄生虫卵等，使环境中病原种类增加、菌量增多，出现病原菌和寄生虫的大量繁殖，导致传染病和寄生虫病的蔓延。在这种环境中仔猪（鸡）成活率低、育肥猪增重慢、料肉（蛋）比增高，阻碍了畜禽养殖业的发展。尤其是人兽共患病暴发时，会造成很大疫情，给人畜带来严重危害。畜禽粪污污染地下水使得饮用水源（无论是地表水还是地下水）状况恶化，对人体健康造成危害。另外，如果不对畜禽粪便进行无害化处理，直接入田会造成农产品微生物、重金属等污染，威胁食品安全，严重危害人类健康。

在畜禽养殖过程中，为了防治畜禽疾病，常在饲料中添加抗生素和化学药物，对养殖环境造成严重的负面效应。近年来暴发的禽流感、猪流感等疾病，其传染源之一就是畜禽粪便等排泄物。如果人们长期食用耐药性动物产品，则会造成致敏、致畸、致癌等不良后果。

二、造成畜禽养殖废弃物污染的原因

（一）养殖区缺乏合理规划

畜禽场布局发生了巨大变化，由农业区、牧区转向大中城市及城镇郊区。自1988年我国实施“菜篮子工程”后，各级政府高度重视畜牧业发展，纷纷兴建了一批集约化养殖场，以解决城市居民的肉、蛋、奶问题，考虑到运输成本等因素，这些养殖企业大都建在大、中城市近郊，或者靠近河流、村庄的地方，给人们的正常生活带来了很大的影响。有些养殖场布局不合理，随意性非常强，如把行政办公区域和生产区域混合在一起，不利于养殖生产和疾病的防控。近年来，由于城市建设的发展，城区不断外延扩大，一些养殖场逐渐进入城市范围，导致畜禽环境污染问题更加突出。

（二）农牧脱节，种养分离，养殖废弃物利用率低

农牧脱节，种养分离，畜禽废弃物得不到充分利用，是造成畜禽废弃物污染的主要原因。我国传统的畜禽业是以家庭分散养殖为主，畜禽养殖的废弃物通过周围农田及时施肥自然消化，形成良性循环。自20世纪中期以来，以畜—肥—粮循环为主要形式的农业生产模式在我国农业生产上形成了很好的生态平衡体系，然而近20年随着规模化畜禽养殖业的迅速发展，以及畜禽业向城市周边的转移，造成了严重的农牧脱节，最终导致养殖业与种植业分离，养殖者不种地，废弃物没有土地及时消纳，畜禽废弃物这一宝贵的农业资源得不到及时利用。同时由于化肥工业的发展，种地者用化肥取代了畜禽粪肥，锐减了畜禽有机肥的使用，导致畜禽废弃物被随意堆放、丢弃，造成了严重的环境污染问题。

（三）畜禽废弃物治理不到位

当前我国畜禽养殖业废弃物的处理方式局限于生物、化学和物理等技术方式，设施投

资较大,治理成本较高,但处理效果并不明显,不能满足畜禽养殖业的废弃物处理。一些中型、大型养殖场一般安装有专门的废水处理设备、干湿分离设备等,但设备落后,处理不达标。同时沼气工程的利用技术水平与环境管理水平较低,沼气工程运行管控、沼气利用与沼液的处理不彻底,进而造成直接或间接二次污染等。

(四)政策监管有待加强

在畜牧业发展过程中,农业政策与环境政策存在一定的脱节现象。一是政策制订环节上的脱节。大力发展畜禽养殖业一直是农业部门的政策目标,各级农业部门都将畜牧业发展作为农村产业结构调整、实现农业增长的重要内容加以推行,由于环境保护不是其核心职能,因此畜禽养殖污染防治在制定的政策中没有充分体现。同样,过去由于农村和农业的环境保护职能不在环保部门管辖范围之内,加之受人力、物力和财力的限制,环保部门主要针对城市和工业污染进行防治,所以畜禽养殖污染没有被纳入防治的重点内容。二是政策执行过程中的脱节。在政策的执行过程中,农业部门促进包括畜禽在内的农业发展的职能非常明确,而环保部门包括畜禽养殖业污染在内的农村环境管理问题却缺乏相应的职能和手段,畜禽养殖业的污染防治与环境管理较为薄弱。

第三节　畜禽养殖废弃物管理及资源化利用技术

当前我国畜牧业处于由传统散养模式向规模化、集约化饲养模式转变的阶段,畜牧业总产值逐年增加,我国的畜禽养殖业正在以超过世界平均水平的速度发展,但同时暴露出的养殖污染问题日趋严重,畜禽养殖污染排放量占农业污染排放总量的比例居高不下,畜禽养殖业已经成为我国主要污染源之一。如何有效地从根源上减少和控制畜禽养殖污染,严格执行无害化处理以及循环利用养殖废弃物,实现畜禽养殖与生态环境的和谐发展,已成为我国亟须解决的热点问题。

一、国内外畜禽养殖废弃物管理对策

畜牧业造成的农业面源的严重污染已经引起许多国家和地区的重视,发达国家早已将畜牧污染防治法规列入国家的法律范围之内。芬兰是世界上首个开展畜禽养殖废弃物污染防治立法的国家。自 1970 年以来,日本先后公布多个相关法律,是畜牧污染防治法规方面立法最多的国家。此外,美国、加拿大、德国、英国、法国、韩国、丹麦、荷兰、比利时以及挪威等国都有相应的法律法规。

(一)美国

美国是目前世界第一大禽肉与牛肉、第二大禽蛋生产国。根据联合国粮食与农业组织(Food and Agriculture Organization,FAO)数据统计,2021 年美国家畜饲养量共计 18 635.86

万头(匹、只),其中牛 9 378.95 万头,马 1 066.7 万匹,山羊 258.6 万只,绵羊 517 万只,猪 7 414.61 万头。美国 60% 以上的国土面积为农业用地,畜牧业产值占到农业总产值 40% 以上。畜牧生产多以规模化家庭农场为主,早在 1972 年美国确定了"国家污染物排放消减体系"(National Pollutant Discharge Elimination System, NPDES)许可证制度,明确规定通过点源排放污染物必须获取许可证,否则视为违法行为。同年,美国提出基于种养结合的畜禽粪便综合养分管理计划(Comprehensive Nutrients Management Plan, CNMP),所有规模养殖场必须制定和实施 CNMP,中小规模养殖场自愿实施,成功地解决了畜禽废弃物的环境污染问题。1997 年,《清洁水法》中明确工厂化养殖与工业和城市设施一样视为点源性污染,排放必须达到国家污染减排系统许可。美国联邦水污染法规定,超过一定规模的养殖场在建场时必须报批,获得环境许可,并严格执行国家环境政策法案。此外规定,作为水质污染特定来源的大规模牧场基准饲养头数为 1 000 家畜单位,相当于肥育牛 1 000 头,猪 2 500 头,鸡 10 万羽,羊 10 000 只,成年奶牛 700 头,马 500 匹。如果畜牧场临近河流时,其规模限定为 300 个家畜单位。

美国的大型农场基本都是农牧结合型模式,即种植业与畜牧业相结合,畜禽养殖所产生的液体废弃物不得向外排放,养殖场形成"饲草、饲料、肥料"三者循环体系。种植业为畜牧业提供畜禽养殖过程中所需的饲料,而畜禽生产过程中所产生的废弃物经处理后又为种植业提供所需的肥料。这样既合理地利用资源,实现畜禽健康养殖,又生产出高端的有机农产品,从而减少了化肥的施用量,提高了土壤肥力,完美地实现了畜禽废弃物的"零排放"。除农田利用外,当畜禽粪便的养分供应量超过农作物的养分需求或土地承载力时,为避免产生污染风险,美国养殖场会选用其他的粪污处理利用方法,如堆肥处理、厌氧发酵处理等,但这些技术在美国养殖场粪污处理中所占的比重小。

(二)欧盟

近 30 年来,欧盟成员国相继通过并制定新的环境法律、法规,规定内容包括每公顷土地动物单位(载畜量)标准、畜禽养殖废水农用的限量标准以及与此相关的动物福利(圈养家畜和家禽密度标准),鼓励农户畜牧养殖,但限制养殖规模的扩大。此外,规定中提到,凡是遵守该规定的牧民及养殖户均可获得相应的养殖补贴。以荷兰为例,为了有效制止畜禽粪便污染,1971 年立法规定,未经处理的粪便直接排放到地表水中属于违法行为。1984 年后陆续颁布实施了一系列法律法规,构建了结构合理、行之有效的法规体系,包括《动物粪便法案》《空气质量计划》《自然保护法案》《恶臭气体法案》等国家法规,明确规定了国家、省、农场、养殖企业的环境保护责任和义务,限定了禽舍、牧场、粪便贮存场的有害气体排放标准阈值或排放总量要求。同时,在荷兰政府积极推动下,科研机构加快技术研发,发布实施了《畜禽养殖污染防治可行技术》指导以及规范技术应用和工程建设。荷兰的畜禽养殖污染防治鞭策性政策覆盖了动物生产、物资流通、治污设施、施肥控制等各个方面,重点针对减少动物圈舍污染物排放量、减少动物粪便贮存流失量、减少施肥操作损失量、减少作物生长氮肥流失量等四个方面。

欧洲各国在养殖业废弃物管理方面有很多类似的地方,如禁止在秋冬季节施撒畜禽粪便、规定畜禽粪便的贮存时间、限定粪肥施用量等。例如,英国、意大利、芬兰在秋季允许粪水入田,但荷兰、法国、丹麦、德国禁止粪水在秋季入田;英国、荷兰、法国、德国最多容纳畜禽或粪便氮含量相似,在150~250 kg/hm^2之间,而丹麦、芬兰、挪威、瑞典则每公顷最多容纳2.3~2.5头牛产生的粪便量。

(三)日本

自1950年开始,日本推广集约化养殖,大量集约化奶牛养殖场的兴起对水体造成了严重污染。随着对养殖污染认识的不断加强,20世纪60年代日本制定了《废弃物处理与消除法》《防止水污染法》《恶臭防止法》等7部法律,加强对奶牛养殖污染的控制和监管。如《废弃物处理与消除法》明确规定,在城镇等人口密集地区,禽畜粪污禁止直接排放于户外,直接排放的必须进行处理。《防止水污染法》明确了养殖场的污水排放标准,当养殖场达到一定规模时,排放的液体必须经过处理,达到相应标准后方可排出,不可直接或者在处理不达标情况下排出。为加强养殖业污染的防治,日本对畜禽养殖污染治理支持力度较大,对环保处理设施建设费给予高额补贴,50%由国家财政补贴,25%由都道府解决,农户只支付25%的建设费和运行费用,使得养殖户的治污参与度与积极性大大提高。日本横滨市要求牧场主对畜禽产生的粪便和尿液、冲洗水分开,尿液、冲洗水全部进入下水道,由公共污水处理厂进行处理,但由畜禽场交纳污水处理费。

日本畜禽养殖场以中小规模为主,畜禽废弃物中的氮磷钾总量基本与日本的化肥用量相当,但是大部分养殖场周围没有足够的农田消纳畜禽粪便。畜禽养殖场普遍采用干清粪方式,固体粪便、粪浆和污水等不同形态废弃物,分别通过不同技术进行处理。只有北海道农田面积充足,养殖以大规模奶牛场为主,粪污经过氧化塘贮存后作为肥料用于饲草或农作物种植。此外规定,1个养殖场中猪超过50头、牛超过20头、马超过50匹时,必须向所在地政府提出申请,得到许可方能经营。畜牧场排放的污水中生化需氧量(biochemical oxygen demand,BOD)和化学需氧量(chemical oxygen demand,COD)的浓度要低于120 ppm (part per million,液体浓度的一种单位符号,表明样品中某物质含量以百万分率为表示单位),大肠杆菌数量要少于300个/cm^3。养殖场必须遵守《恶臭防止法》规定,一旦有害气体超出允许浓度,影响周围居民生活时,则勒令停产。一个畜牧场养猪超过2 000头、牛超过800头,马超过2 000匹时,排出污水必须经过净化,使之符合水质保护法规定。在公共水域中排放水要求更严,规定猪舍面积在50 m^2以上、牛棚在200 m^2以上、马厩在500 m^2以上时,必须向当地政府申报设置特定设施。

(四)中国

防治畜禽养殖废弃物污染离不开畜禽养殖废弃物管理技术的推广和应用。为了规范畜禽养殖废弃物处理,农业农村部、国家市场监督管理总局、国家标准化管理委员会、商务部等部门制定了一系列畜禽养殖废弃物管理方面的技术标准,指导我国规模化畜禽养殖场科学合理地处理废弃物,变废为宝,进行无害化和资源化利用。

目前,我国已经颁布实施的畜禽养殖废弃物管理的技术标准共有18个,包括《畜禽养殖业污染物排放标准》(GB18596—2001)、《病害动物和病害动物产品生物安全处理规程》(GB 16548—2006)、《畜禽养殖业污染防治技术规范》(HJ 81—2001)和《畜禽养殖业污染治理工程技术规范》(HJ 497—2009)等4个强制性标准。《畜禽粪便监测技术规范》(GB/T 25169—2010)和《畜禽粪便无害化处理技术规范》(NY/T 1168—2006)等2个推荐性标准。《畜禽环境术语》(GB/T 19525.1—2004)和《畜禽养殖废弃物管理术语》(GB/T25171—2010)规定了畜禽养殖废弃物与环境的相关术语;《畜禽养殖业污染防治技术规范》和《畜禽场环境污染控制技术规范》(NY/T 1169—2006)全面介绍畜禽养殖污染防治技术要求;《畜禽粪便监测技术规范》《畜禽粪便无害化处理技术规范》《畜禽粪便农田利用环境影响评价准则》(GB/T 26622—2011)、《畜禽粪便安全使用准则》(NY/T 1334—2007)、《畜禽粪便还田技术规范》(GB/T 25246—2010)规定了畜禽粪便监测、处理和利用方面的技术要求;《畜禽养殖业污染治理工程技术规范》、《畜禽养殖污水采样技术规范》(GB/T27522—2011)、《畜禽养殖污水贮存设施设计要求》(GB/T 26624—2011)、《规模化畜禽养殖场沼气工程设备选型技术规范》(NY/T2600—2014)和《规模化畜禽养殖场沼气工程验收规范》(NY/T 2599—2014)等规定了畜禽养殖污水处理方面的相关技术要求;《病害畜禽及产品焚烧设备》(SB/T10571—2010)、《病害畜禽及其产品无害化处理人员技能要求》(SB/T 10663—2012)规定了病害畜禽及其产品处理技术、设备和人员等相关要求;《畜禽养殖业污染物排放标准》规定了畜禽养殖业污染物排放要求。

为确保畜禽粪污处理后作为粪肥安全利用,要求液体粪肥的蛔虫卵、钩虫卵、粪大肠菌群数、蚊子苍蝇四项卫生学指标符合《畜禽粪便无害化处理技术规范》规定的液体畜禽粪便厌氧处理卫生学要求。畜禽粪污无害化处理后作为粪肥还田可参考《畜禽粪便还田技术规范》的施用方法,选择适宜的施用时间。畜禽粪污处理和畜禽粪肥施用过程中,采取必要措施,减少养分损失,减轻环境影响。此外,畜禽粪污还田配套土地面积符合《畜禽粪污土地承载力测算技术指南》要求的面积。养殖场户根据畜禽粪污所施农田的土壤状况、农林作物类型、种植制度等适时适量进行粪肥施用,合理确定畜禽粪肥施用量,不能过量施用畜禽粪肥。

1. 粪污无害化处理

(1)固体粪污　粪便处置要达到《畜禽粪便无害化处理技术规范》(GB/T36195—2018)的要求。固体畜禽粪便经过堆肥处理后施于农田,必须符合表4-3的卫生学要求。

表4-3　固体畜禽粪便堆肥处理卫生学要求

项目	指标
蛔虫卵	死亡率≥95%
粪大肠菌群数	≤10^5个/kg
苍蝇	堆体堆肥周围没有活的蛆、蛹或新孵化的成蝇

(2)液体粪污　液态畜禽粪便宜采用氧化塘贮存后进行农田利用,或采用固液分离、厌氧发酵、好氧或其他生物处理等单一或组合技术进行无害化处理。处理后的液体畜禽粪便符合表4-4的卫生学要求。

表4-4 液体畜禽粪便厌氧处理卫生学要求

项目	指标
蛔虫卵	死亡率≥95%
钩虫卵	在使用粪液中检不出活的钩虫卵
粪大肠菌群数	常温沼气发酵≤10^5个/L,高温沼气发酵≤100个/L
蚊子、苍蝇	粪液中不应有蚊蝇幼虫,池的周围不应有活的蛆、蛹或新羽化的成蝇
沼气池粪渣	达到表4-3要求后方可用作农肥

2. 粪肥还田要求

粪便还田应达到《畜禽粪便还田技术规范》(GB/T25246—2010),污水处理后用于农田灌溉时,符合《农田灌溉水质标准》(GB 5084)要求;粪污经处理后向环境排放时,符合《畜禽养殖业污染物排放标准》(GB 18596)。禁止未经处理的畜禽粪便直接还田或向环境排放。具体粪肥还田注意事项按照《畜禽粪便还田技术规范》(GB/T 25246—2010)要求执行。土壤承载力受作物种类、产量、土壤肥力、粪肥当期利用率等多种因素的影响,消纳面积有所变化,具体参照《畜禽养殖粪污土地承载力测算技术指南》执行(表4-5)。

表4-5 粪肥全部就地还田利用所需消纳的土地面积

存栏	玉米(目标产量6 t/hm²)	大豆(目标产量3 t/hm²)
100头猪	84亩	53亩
100头奶牛	556亩	351亩
100头肉牛	278亩	176亩
100只家禽	3.4亩	2.2亩
100只羊	34亩	22亩

二、畜禽养殖废弃物资源化利用技术

(一)粪便沼气发酵技术

沼气发酵又称为厌氧消化、厌氧发酵,是指有机物质在一定的水分、温度和厌氧条件下,通过各类微生物的分解代谢,最终形成甲烷和二氧化碳等可燃性混合气体的过程,CH_4通常占比超过50%,而CO_2一般超过30%,其中还有少量S、N_2、O_2以及CO等。沼气发酵已被广泛用于处理动物粪便。截至2017年,美国有2 100多个沼气厂,其中250个农场的沼气厂使用牲畜粪便;欧洲的农业废弃物、粪便和能源作物的沼气生产约占初级沼气能源产量的74%;中国有1.8×10^9t牲畜粪便,用于生产沼气的牲畜粪便量为9.5×10^8 t,沼气的生产潜力约为$5.7\times10^{10}m^3$。沼气对化石燃料的替代正在推动许多国家的可持续发展。

通过沼气发酵,有机污染物将其中存在的BOD、COD去除大部分,但是在沼液和沼渣中依然有一些残留。对于沼气来说畜禽的粪便是其重要的发酵原料,利用沼气时形式多样化,不但对其直接进行燃烧,而且还可实现并网发电,甚至还将其应用于保鲜、孵化和沼气灯等。通过发酵后也会产生沼渣和沼液等副产物,通过对这些副产物进行科学处理让废物循环利用,有效提高畜禽的养殖效益。

(二)有机肥加工利用技术

1. 沼肥利用

养殖废弃物通过沼气发酵技术、无害化处理后形成大量沼渣、沼液。如果无法有效解决沼渣、沼液的消纳问题,很可能使环境再次受到污染,甚至一些可利用资源遭受严重浪费,对能源利用、经济效益造成影响。沼渣和沼液中含有大量氨基酸和维生素以及K、P、N等元素,是制作有机肥的重要物质。沼肥在农田中施用效果良好,相较于菌肥和化肥,它对作物生长更有利,可促进沼渣、沼液的利用,增加养殖废弃物的附加值。

2. 堆肥发酵

堆肥发酵是通过固液分离粪污后,利用发酵作用对筛选的细菌等微生物堆肥发酵。这个过程可以有效降解废弃物有机质,使其从最初不稳定状态逐渐转变成腐殖质状态。在发酵过程中,较高的温度可杀死粪便中存在的虫卵、杂草种子、病原菌等有害物质,从而有效地去除并使粪污得到净化。

目前,许多地区将高温好氧堆肥作为废弃物资源化利用的重要途径。为了提高效果,通常会结合其他措施,包括现代与传统的堆肥发酵方式。在现代堆肥发酵方式中,农作物秸秆、固体畜禽粪便等按比例混合后堆肥发酵,保持含水率在50%~60%,并调节C、N比为30:1,经过一段时间后,粪便腐熟。在使用现代堆肥发酵技术时,堆肥场必须具有足够大的土地面积来贮存与处理粪便。

(三)饲料化技术

饲料化技术是利用畜禽粪便含有的粗蛋白、矿物质等营养物质,经过杀菌、除臭等处理后,作为其他动物的饲料或饲料添加剂。这种畜禽粪污处理方式改变了传统利用微生物进行粪便处理的理念,成本低、资源化效率高,无二次排放及污染,可实现生态养殖。

畜禽养殖中产生的各类粪便,其中有很多营养物质没有被完全消化,这些物质通过再次进行处理和加工后形成饲料,不但实现消毒和除臭以及杀菌的目的,而且将蛋白质消化率及代谢能力进行有效提高,甚至一定程度上明显改善了饲料的适口性,主要有干燥法、热喷法、直接喂养法以及青贮法等。随着饲料化技术不断得到快速应用和发展,不但从源头上有效解决了环保问题,而且弥补了目前市场中蛋白质饲料短缺等问题,使畜禽产品附加值显著提升,有利于养殖业的发展。

三、畜禽养殖废弃物资源化利用模式

(一)农牧结合模式

农牧结合模式是指种植业、畜牧业及环境等因素有机结合成三位一体的农业综合系统,其核心是因地制宜建立以粮食生产为基础,饲料生产为重点,经济作物生产为动力,平衡发展相互配合的“粮—经—饲”三元种植业新模式。按照种植业和周边土地的消纳能力(承载量)布局畜禽养殖规模,畜禽粪便及养殖污水经过无害化处理后回归农田、果园、茶园、林地等。

目前,我国已有“一粮一饲”“一粮一经”“两饲一粮”和“一粮一经一饲”等农牧结合型种植业模式。农区畜牧业占据全国畜牧业的主导地位,农牧结合是农区畜牧业发展的主要形式。农牧结合为社会提供不可替代的肉、蛋、奶、皮革、药物等动物产品;使人类不能直接利用的植物产品转化为有用的畜产品;增加种植业产品的附加值。此外,农牧结合还为种植业提供动力和有机肥料,真正实现过腹还田和有机农业的目标。

农牧结合的治理模式既解决畜禽粪便的污染问题,又增肥地力,促进粮食生产的增产增收,而粮食生产又促进了养殖业及其他行业的发展。在具体利用上,采用粪污处理直接还田,生产沼气、渣液还田,生物养殖、垫料还田,综合利用、开发还田等模式。根据养殖布局和养殖密度,采用多种形式推进农牧结合。

1. 粪肥直接利用模式

(1)中小规模养殖场户　重点推广就地结合、就近利用模式,建立小型沼气池,将畜禽粪便、污水发酵后还田作为农作物的肥料,或直接用作施肥,通过粪肥还田使畜禽排泄物不排往其他外界环境,从而达到污染物的低排放,处理模式简便、成本低。

(2)大型规模化养殖场　采用还田处理方法时,根据土地承载量、养殖规模、养殖密度等建立一定规模的贮存池进行无害化处理,同时具备运输和播撒设施以方便施用;对没有充足土地消纳利用粪肥的养殖场,建立集中处理畜禽的有机肥厂或处置机制,指派专门人员集中收集粪便,统一处理,生产商品有机肥后进行土地利用,作为土地的肥料或土壤调节剂来满足作物生长需要的养分,其用量不能超过作物生长所需养分的需求量。养殖过程中产生的污水经无害化处理后尽量充分还田,向环境中排放时符合排放标准规定。

粪便还田方式适用于远离城市、土地宽广且有足够土地消纳粪便污水的地区,特别是农作物种植常年需施肥作物的地区。

2. 生物发酵床养殖模式

以谷壳、农作物秸秆粉、锯末、枯草芽孢杆菌、酵母菌等混合均匀发酵制成有机物垫料,铺垫在畜禽舍。畜禽排泄物经垫料微生物作用被迅速降解,从而达到免冲洗栏舍、无臭味、无污水排放,从源头上实现环保养殖。在养殖过程中,畜禽的排泄物混入有机垫料中,通过微生物发酵分解制成优质的生物活性有机肥。这是一种无污染、零排放的生物环保养殖技术,把“养殖—粪便处理—环境控制—有机肥生产”结合起来,目前已在生猪、肉牛、奶牛、笼养蛋鸡等生产实际中得到广泛推广和应用。

(二)生态养殖模式

生态养殖模式是指在一定的养殖空间内,通过良好的管理手段和先进的养殖技术实现大自然物质稳定循环,从源头上控制养殖污染,保护环境不受污染的模式。生态养殖是科学养殖管理的结合,在养殖过程中各个环节应用生态理念,包括从选种、繁育、管理方面对养殖中产生的畜禽粪便进行无害化处理和资源再利用,利用营养和饲养手段调控污染成分的排放。积极开展生态养殖模式,提高现有资源的利用效率的同时,积极开发新的畜牧资源，特别是利用生物技术发展生态养殖。

在具体运用上，研发作物秸秆青贮技术，加快探索、推广节粮型生态养殖模式，通过提高饲料原料质量，科学调配饲料，最大限度地提高畜禽对营养物质的消化和利用，减少粪尿的排泄量，减少污染；开发新型无抗生素饲料添加剂，改进饲料制造工艺，提高饲料中营养物质的利用率，减少畜禽粪便排放量，从而减少有害物质的排放。目前我国在饲料添加剂和环保添加剂应用等方面有大量的研究，主要针对提高饲料利用率和各种营养物质的消化吸收率，减少有害物质的排泄和降低残留量等方面。

在生态养殖治理模式过程中，养殖人员要立足现状，研究生态养殖规律，根据不同地区发展情况，找到能够实现良性循环、适合畜牧业发展的生态养殖模式，最大限度减轻养殖污染。根据现状创建一个生态养殖场，制定合理的养殖措施，加强对环境的管控，促进养殖生态发展，科学合理地发展养殖技术。

开展现代化生态养殖治理模式，需注意以下四点：

第一，根据畜禽的天然特性，选择适合生长的自然生态环境，确保环境无污染，让畜禽活动自由，进食自由，自然生长。

第二，在饲养过程中，改善饲料配方，科学调配饲料，降低日粮中营养物质（主要是氮和磷）的浓度，从而减少氮的排泄量和对环境的污染；使用配合饲料，饲喂青绿饲料；饲料中不添加抗生素添加剂，采用环保型饲料添加剂，如微生态制剂、中草药制剂、微量元素螯合物、酶制剂等，改善畜禽胃肠道环境，提高饲料转化率，利于畜禽健康和抗病能力，同时减少有害物质的排泄，进而减轻养殖污染。

第三，防治畜禽疾病，应对传染病疫情，进行初步免疫检查，选择中草药或调整饮食以提高动物抗体水平。动物出现疾病后，严格隔离，使用相关药物或中草药治疗，尽量减少或不使用抗生素治疗疾病，减少有害物质的排泄。

第四，及时收集粪便，实现粪便的无害化处理，多角度优化粪便资源，将动物粪便转化为有机肥，或用于制造沼气，实现资源的多样化利用，避免周围生态环境被污染，保证环境卫生。

（三）生态循环模式

循环农业是将种植业、畜牧业、渔业等与加工业有机联系的综合经营方式，利用物种多样化微生物技术形成生态链的良性循环，以产出最大化、充分利用可再生资源、减少有害物质排放为目标，使经济、社会和生态三大效益协同发展的生产模式，具有高产量、高质量、高效益和资源循环、生产绿色等优势。

1. 畜禽排泄物综合利用模式

（1）“一气两沼”综合利用模式　沼气综合利用结合测土配方施肥、标准农田地力培肥、优质农产品基地建设、无公害农产品等，探索“一气两沼”综合利用模式。开展沼渣、沼液生态循环利用技术研究与示范推广，形成上联养殖业、下联种植业的生态循环农业新格局。

（2）畜粪收集处理中心　建立畜粪收集处理和有机肥加工设施完善的畜粪收集处理中心，规范运作和户集、村运、片收的收集机制，使畜粪收集率及综合利用率提高到95%以上。

2. 立体复合循环模式

(1)“移动大棚生态养鸡”模式　在菜地里搭建简易大棚养鸡,实行鸡—菜—稻轮作。这种生态循环模式节省土地资源,降低运行成本,有利于鸡病防治和疫情控制,有利于提高鸡的产品品质,有效增加土地肥力,减少环境污染。

(2)“鱼—桑—鸡”模式　在池塘内养鱼,塘四周种桑树,桑园内养鸡。鱼池淤泥及鸡粪作桑树肥料,蚕蛹及桑叶喂鸡,蚕粪喂鱼,使桑、鱼、鸡形成良好的生态循环。实践证明,每5 000 kg桑叶喂蚕,蚕粪喂鱼,可增加鱼产量25 kg,年产鸡粪1 200 kg,相当于给桑园施用标准氮肥18 kg,磷肥17.5 kg。

3. 种养共生生态循环模式

充分利用稻田资源,发展“稻鸭共育”循环模式。在水稻秧苗生根后,稻田里套放一定数量的幼鸭,起到生态循环利用、增加效益的作用。一方面,稻田里的害虫、杂草作为鸭的饲料,减少虫害和农药施用;另一方面,鸭的排泄物直接还田,增加肥力,减轻稻田肥料施用量,达到降本增效的目的。

4. 以秸秆为纽带的循环模式

秸秆还田模式的推广能够有效实现减少焚烧排放、增加农田肥力的生态循环目标。以秸秆为纽带的循环模式有多种形式,如围绕秸秆饲料、燃料、基料综合利用,构建“秸秆—基料—食用菌”“秸秆—成型燃料—燃料—农户”“秸秆—青贮饲料—养殖业”产业链。通过农业基础设施的完善,改善农业生产条件和环境;实行农牧结合和种养结合,使农业废弃物得到资源化循环利用,消除废弃物对环境的污染,改善土地质量和水环境质量。以秸秆为纽带的循环可实现秸秆资源化逐级利用和污染物零排放,使秸秆等废物资源得到合理有效利用,解决秸秆任意丢弃焚烧带来的环境污染和资源浪费问题,同时获得有机肥料、清洁能源、生物基料,对促进农业资源可持续利用和推进“五水共治”、美化农村环境等具有积极的意义。

(四)功能拓展模式

功能拓展模式是生态养殖模式的优化模式,充分利用特色畜禽资源优势,因地制宜,积极发展特色畜禽生态牧场,促进高效生态特色畜牧业与相关产业的结合,发挥畜牧业特色,在建立生态养殖场的同时促进畜牧业与其他相关产业的共同发展。在具体运用中,探索林间围栏运动养殖、草地围栏放牧阳光养殖、庭院式养殖、农庄式养殖等新模式,推进观光旅游、休闲体验、文化传承等项目的发展;建立大型沼气池,改善环境的同时,将沼渣作为种植业肥料,沼液用于农作物的浸种与喷施,沼气作燃料使用,为周围用户提供发电照明、发电上网与天然气能源入户;建立生物有机肥厂,由工厂收集部分养殖户畜禽粪便,经生物发酵制成生物有机肥包装上市。这些都是新型畜牧功能的拓展。

针对日益严重的养殖污染问题,广大养殖户已经意识到养殖污染正确处理的重要性和必要性。畜牧业可持续发展要综合考虑土地承载能力和当地污染治理要求。根据不同的养殖规模,科学合理地制定和规划养殖污染治理方案,提高畜禽粪便收集能力,促进养殖与生态环境和谐发展;改善饲料配方,从源头上控制畜禽有害物质的摄入;积极推广生态养殖模式,简化养殖污染治理流程,通过农牧相结合,提高养殖效率。同时加强环境监测,确保已经建设的养殖污染治理设施稳定发展。

现以农牧结合生态循环模式实例陈述畜牧业养殖污染防治：福建南平地区地处福建省北部、武夷山脉北段东南侧、闽江上游，位于闽、浙、赣三省交界处，俗称“闽北”，年平均降雨量 1 684 ~ 1 780 mm，境内植被丰富，非常适合牛、羊等草食动物养殖。福建南平市建阳区某生态农业科技有限公司位于福建南平市建阳区徐市镇。牧场内设有 48 位转盘挤奶机和自动喂料机；奶牛存栏 1 600 头，其中产奶牛 850 头。公司以规模化奶牛养殖为核心，通过种养体系耦合，开展沼液、牛粪等牛场废弃物多级循环利用技术集成，通过山地种植牧草消纳沼液、沼肥返田、水旱三季轮作、牛粪生产食用菌、有机肥生产等循环产业链建设，促进“牧—沼—肥—菜（草）”综合开发，有效治理了牛粪污染问题，构建了具有区域特色的农牧结合生态循环模式。

因此，在畜禽养殖过程中，有效利用畜禽粪污资源，强化畜禽养殖污染防控，合理使用粪污处理技术及模式，促使畜牧养殖业科学、安全运行，才能取得更大的生产效益。

第五章　牧场装备与智能化

牧场装备及智能化已经成为增强我国畜牧业综合生产能力、提高劳动生产效率、促进畜牧业现代化转型升级的重要手段。在畜牧业生产经营管理的关键环节应用物联网、云计算、大数据、人工智能等新一代信息技术，实现智能环控、精准饲喂、畜禽健康智能监测、畜禽产品自动收集以及牧场智慧化管理，已成为现代畜牧业发展的必然趋势，此举将进一步推动畜牧业节约成本、提质增效、绿色健康和高质量发展。

第一节　牧场智能化硬件设备

近年来，精准饲喂、智能环控、养殖信息监测、畜产品智能化采集加工等智能养殖设备得到了广泛应用，利用智能设施设备代替人工作业，能够极大减轻劳动负担，提高劳动生产效率，提高畜禽的健康和生产水平以及精细化养殖管理水平，并减少养殖过程中人畜接触次数，降低疫情传播风险，进而加快畜牧业现代化进程。

一、环境调控设备

(一)环境监测设备

畜禽养殖环境监测设备能够对畜禽场舍小气候，如温湿度、粉尘浓度、光照度、氨气浓度及通风状况等因素进行精确监测，及时采集信息并分析处理，为养殖环境精准调控提供重要依据。

畜禽养殖环境监测设备结构如图 5－1 所示，主要由传感器、智能监控终端、显示终端组成。传感器用于采集养殖环境的温度、湿度、有害气体及光照强度等信息，智能监控终端负责处理传感器感知的信息，显示终端通过访问服务器，获取环境信息并进行可视化展示。畜禽养殖环境监测设备通过智能监控终端预设参数及工作模式，也可由管理员远程在客户端操作完成。通过在畜禽舍内设置测控单元，实现环境参数的智能监控。

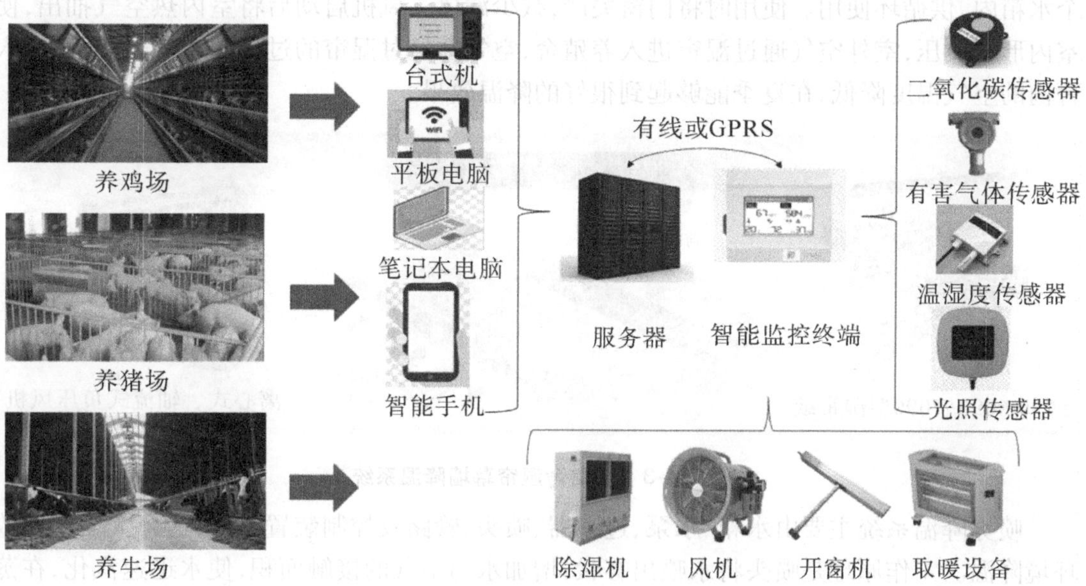

图5－1　畜禽养殖环境监测设备

（二）通风降温设备

通过温度采集控制器获取养殖场内的温度，根据温度的高低采用降温湿帘幕墙、雾化降温风机、感应式全自动喷淋设备对养殖场进行降温处理。生产实践中，常见的有湿帘幕墙降温系统和喷雾降温系统。

（a）湿帘幕墙降温系统　　（b）喷雾降温系统

图5－2　畜禽通风降温设备

畜禽舍湿帘幕墙降温系统由温度传感器、温度采集控制器及温度调控装备（包括湿帘幕墙、负压风机、循环供水管）三部分组成。畜禽通风降温设备结构示意图见图5－3。

湿帘纸是采用独特的高分子材料与木浆纤维分子间双重空间交联，并用高耐水、耐火性材料胶结而成的蜂窝状结构，该结构既保证了足够的湿度、高耐水性能，又具有较大的蒸发表面积和较低的过流阻力损失。在湿帘的上部安装有淋水管，通过水管上面的小孔不断地将凉水均匀地淋在湿帘上。湿帘下部有盛水槽能够承接从湿帘上流下的水并集中到一个水箱内，供循环使用。使用时将门窗关严，减少漏风。风机启动后将室内热空气抽出，使室内形成负压，室外空气通过湿帘进入养殖舍，空气在经过湿帘的过程中发生热交换，进入舍内的空气温度降低，在夏季能够起到很好的降温效果。

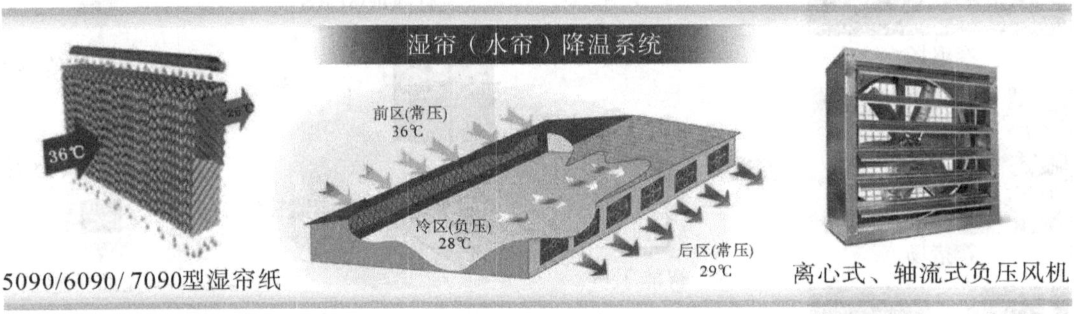

图5-3　畜禽舍湿帘幕墙降温系统

喷雾降温系统主要由水箱、水泵、过滤器、喷头、管路及控制装置组成，适合大面积开放环境降温。工作原理是喷头将水喷出雾状，增加水与空气的接触面积，使水迅速汽化，在蒸发时从空气中吸收大量的热量，从而达到降低温度的效果。

（三）加热升温设备

加热升温设备主要用于提高秋冬季或其他特殊天气下的畜禽舍内的环境温度，保证畜禽正常生长发育，充分发挥其生产性能。

畜禽加热升温设备当前主要是指用于畜禽养殖输送暖风的暖风机，包含暖风机及配套的热风引流管，使用较少的管件装置将暖风机输出端的热能更加快速、均匀、高效地引导到畜禽舍中。顶部分流管由分流管接入暖风朝两端输送，再由折弯分流管导流从畜禽舍的顶部由出风口快速均匀地导风加热，畜禽舍的周侧由多个侧部分流管从顶部分流管导出分流，再经由侧部朝向畜禽舍中部的出风口均匀出风加热，效率更高。暖风机主要包括直燃式暖风机和电暖风机。直燃式暖风机可采用天然气、柴油、煤油等作为燃料，升温迅速，热风干燥清新，能够保证良好的温、湿环境，如图5-4所示。

图5-4　畜禽加热升温设备

（四）照明控制设备

畜禽照明控制设备具备智能调光的功能，根据畜禽在不同生长期和不同季节的光照需求自动或手动调节光照强度和光照周期，智能控光变光，促进畜禽充分发挥其产奶、产蛋、产毛、育肥等生产性能。

畜禽照明控制设备包括智能终端、控制模块与光源模块，其中智能终端包括手机、平板电脑等移动端，通过通信网络与控制模块相连，控制模块通过控制线与光源模块连接，根据分布在畜禽舍内的各个光照测控单元（光照传感器）上传的相关参数，调节光源模块的光照强度及时间。

（五）自动清粪设备

畜禽自动清粪设备旨在解决目前在畜禽养殖过程中，人工清粪引起的工作量大、清理不及时、效率低而导致细菌大量滋生，从而对畜禽健康造成威胁的问题。自动清粪设备通过安装在动物生活区域下方可调节的传送设备收集动物产生的大部分粪便，并通过全自动传送带或刮板式清粪机将粪液集中至收集单元中集中处理，最后通过消毒除臭单元对传送设备进行消毒除臭。优点是设备制造成本低，操作安装简单，自动化程度较高，有效保障畜禽舍的环境整洁，有益于畜禽健康。

畜禽自动清粪设备包括多层全自动传送带式清粪机及刮板式清粪机。多层全自动传送带式清粪机在结构上包括驱动减速机构、传动机构、主动辊、被动辊、输送带等组成。自动刮粪机在结构上包括牵引机（电动机、减速器、绳轮）、钢丝绳、转角滑轮、刮粪板及电控装置。适用于鸡鸭养殖的多层全自动传送带式清粪机及适用于猪牛羊养殖的刮板式清粪机，如图 5－5 所示。

(a) 传送带式清粪设备　　(b) 刮板式清粪设备

图 5－5　畜禽自动清粪设备

多层全自动传送带式清粪机根据环境监测设备采集包含 NH_3 和 H_2S 数据在内的养殖舍空气环境质量信息，通过后台的智能分析，判定当前养殖舍空气质量，智能控制输送带式肉鸡粪便清除装置的启动与停止。设备粪便清扫板安装在各层的鸡笼下，机器启动时，电机、减速器通过链条移动各层的自动滚筒工作，在被动滚筒和自动滚筒的压迫下发生摩擦，移动粪便清扫带沿笼组纵长方向移动，将鸡粪输送到一端，被安装在端部的刮板刮掉，完成清粪工作。

刮板式清粪机工作时电动机驱动绞盘，钢丝绳牵引刮粪器。向前牵引时刮粪板呈垂直状态，紧贴地面，刮粪到终点时，刮粪器前面的撞块碰到行程开关，使电动机反转，刮粪板返回。刮粪器受到背后钢丝绳牵引将刮粪板抬起，越过粪污，因而后退不刮粪。

二、繁殖检测设备

（一）奶牛发情监测设备

奶牛发情时活动频率增加，通过佩戴电子项圈或脚环（图 5－6），监测奶牛活动量的变化，判断奶牛发情和健康状况，及时提示技术人员开展奶牛繁殖和保健工作，减少人员观察误差，提高发情鉴定的准确率，降低奶牛空怀期时间及饲养成本，快速提高牧场繁殖水平。

设备内部配置三轴加速度传感器，通过绑带固定在奶牛颈部或肢蹄上，获取奶牛活动量。奶牛发情期间会表现出兴奋不安、爬跨次数增加、躺卧时间减少等行为特点，导致活动量比平时显著提高。通过监测奶牛的活动量来判断其是否处于发情期是一种常见的方法。发情监测设备具有无线传输功能，将采集到的活动量上传至服务器进行发情状态的判别。设备采用低功耗设计，保证持续工作时间大于 60 个月。外壳采用全封闭设计，防水防潮，可在泥泞或积水的牧场环境工作。

图 5－6　奶牛佩戴的发情监测设备

（二）B 型超声妊娠诊断仪

B 超诊断技术是一项先进的妊娠诊断技术，借助 B 型超声妊娠诊断仪进行动物早期妊娠诊断，有效提高了动物早期妊娠鉴定的准确率，及时发现没有受孕的母畜，并采取措施，缩短母畜非生产天数，减少饲料浪费，提升繁殖效率，对家畜规模化生产管理具有显著的促进作用。B型超声妊娠诊断仪（图5－7）包括便携探头式和170°扇形探头式，两种设备均同时满足操作性能稳定、显像清晰以及携带方便的特点，适用于牧场动物早期妊娠诊断。

B超诊断法又称灰度调制型超声诊断法，是将超声回声信号以光点明暗，即灰阶的形式显示出来，光点的强弱反映了回声界面对超声反射和衰减的强弱，光点随探头移动而移动扫描，由于扫查连续，光点、光线、光面构成了被探测部位的二维断层图像或切面图像，这种图像称为超声声像图。根据声像图形态结合动物的局部解剖学知识就可准确诊断动物是否妊娠。

B型超声妊娠诊断仪工作流程：首先使待测动物一侧靠墙（或围栏）站立固定。探头涂抹医用耦合剂后，将探头垂直紧贴于动物皮肤，一边观察显示器显示的图像，一边缓慢滑动探头扫描，寻找清晰、准确的扫描效果，从而进行妊娠判定。当探测到膀胱的暗区显像后，向膀胱的左上方或右上方探查，胎龄较大时向膀胱侧下方滑动探查。显示屏上如果能够比较清楚地显像出圆形或椭圆形的一个或几个规则的孕囊液性暗区，随着胎龄的延续，在暗区内见到胎体所反射的较强的回声，显像明亮的胎斑，即可判定为妊娠阳性；无暗区或暗区很不规则时为妊娠阴性，即动物未妊娠；出现较大的暗区且暗区内有树枝状明亮的纹理，多为子宫积液。

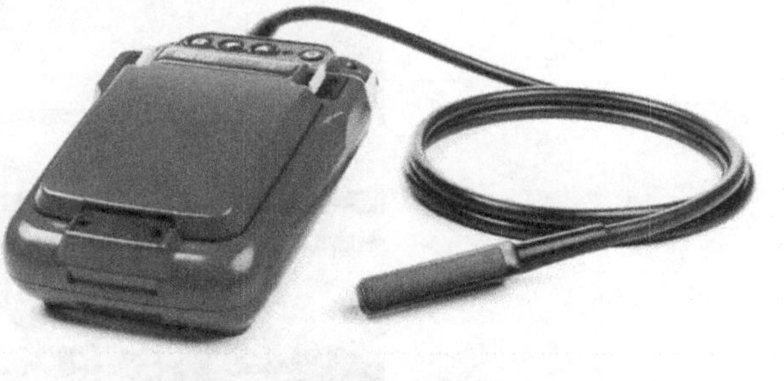

图5－7　B型超声妊娠诊断仪

（三）自动采精分析系统

采用自动采精分析系统，延长种畜的使用年限，降低生产成本；对采精员的操作技术要求低，避免种畜对人的伤害，提高了安全性；减少精液与外界的接触，使精液不易被污染，提高了精液质量。

自动采精分析系统包括自动采精假台畜（图5－8）、假阴道、分析系统、稀释加工和包装储存系统，具有自动采精、分析精液品质、稀释精液和包装精液的功能。首先利用自动采精假台畜和假阴道采集种畜精液，然后利用精液分析系统进行精液品质检测，根据精子密度分析结果进行相应倍数的稀释，最后分装储存。自动采精假台畜设计智能，操作简单，公畜容易固定，方便采精。

图5－8　自动采精假台畜

三、饲料饲喂装备

(一)轨道车式喂料机

轨道车式喂料机(图5-9)主要用于多层笼养鸡舍,是一种骑跨在鸡笼上的喂料机,沿鸡笼上或旁边的轨道缓慢行走,将料箱中的饲料分送至各层饲槽中。

轨道车式喂料机根据料箱的配置形式分为顶料箱式和跨笼料箱式。顶料箱行车式喂料机只有一个料桶,料箱底部装有搅龙,当喂料机工作时搅龙随之运转,将饲料推出料箱沿溜管均匀流入饲槽。跨笼料箱喂料机根据鸡笼形式配置,每列饲槽上都跨设一个矩形小料箱,料箱下部锥形扁口通向饲槽中,当沿鸡笼移动时,饲料便沿锥面下滑落入饲槽中。

图5-9　轨道车式喂料机

(二)链式喂料系统

通过自动料线将饲料从料塔输送到各个猪舍,并根据猪不同体况、不同生长阶段调节饲喂器,做到精准饲喂,减少了饲料浪费、降低了劳动强度、提高了生产效率。

链式喂料系统(图5-10)由自动控制系统、空气压缩系统及储料塔、混合罐、内置螺旋线或塞盘链条的饲料输送管道组成。颗粒料装入灌装车,运到猪场导入料罐,由料罐通过链式供料系统输送到猪舍,定量下料至干湿饲喂器。链式喂料系统工作时,驱动装置带动供料链条在饲料输送管道内移动,将储料塔底部的饲料通过输送管道带走,经过每个自动料箱上部的落料管，饲料靠本身的重力落入自动料箱中，依次加满每一个自动料箱，当加满最后一个时停止供料。自动料箱上有刻度，将调节阀调至相应刻度即每次饲喂量，当下料至刻度线时，停止下料，实现了精准饲喂的自动化。

图 5-10　链式喂料系统

（三）母猪电子饲喂站

母猪电子饲喂站实现了饲喂和数据统计运算的全自动功能。耳标识别系统对进食的猪进行自动识别，根据电子饲喂系统内对应的饲喂量，控制饲喂器进行精确供料饲喂。电子饲喂系统对每次进食猪耳标号、进食时刻、进食用时、进食量自动监测。管理员单独针对一头猪进行指定时间段饲喂量手工调整，保证猪在差异情况下精确饲喂。电子饲喂系统对控制设备的运行状态、测定状况、猪异常情况进行全面的检测及系统报警，电脑屏幕上显示当前进食猪的状态。门禁系统保证给每一头猪提供单独、不受外界影响的采食环境。

母猪电子饲喂站由服务器、电脑、饲喂站、电路及通信系统、气路系统、水路系统组成。当佩戴电子耳标的母猪接近入口，入口门天线扫描到母猪耳标信息后，入口门打开，母猪到达食槽，天线再次扫描耳标后食槽打开，开始落料，预先设置的料量落完后，食槽关闭，母猪经两重单向门退出。在此过程中，电子饲喂系统自动检测母猪的体温、体重、怀孕天数等生理指标，将吃料不正常的母猪或即将分娩的母猪自动分离到隔离区并喷上颜色标记。电子饲喂系统会将每一天的数据及时准确地上传到控制中心，饲养员或管理者在终端进行分析统计数据。母猪电子饲喂站见图 5-11。

图5－11　母猪电子饲喂站

（四）自动犊牛饲喂机

自动犊牛饲喂机具有犊牛个体识别、个性化精准饲喂、恒定保温、自动搅拌、清洗消毒等功能。根据犊牛不同日龄的营养需求，自动控制饲喂量和饲喂浓度，做到定时、定质、定温、定量的精准饲喂。通过监测犊牛采食量、采食次数情况，有助于及时发现采食异常犊牛，便于及时处理和治疗。

自动犊牛饲喂机包括代乳粉给料装置、乳品搅拌装置、热交换装置、奶（水）供入装置、定量输送饲喂装置、清洗装置等组件。首先通过犊牛佩戴的耳标区分不同日龄的犊牛，并把此信息输入计算机；饲喂机将料斗中代乳粉按设定好的不同日龄对应的饲喂量，定量输送到搅拌容器中；饲喂机再将热水器中热水按设定好的温度、不同乳粉对应的温度，定量输送到搅拌容器中，将热水和代乳粉在搅拌容器中搅拌、混合均匀；饲喂机再通过泵定量输送到饲喂站的奶嘴，犊牛由此自由采食；清洗系统保证自动犊牛饲喂机卫生条件良好，避免影响犊牛健康。自动犊牛饲喂机见图5－12。

图5－12　自动犊牛饲喂机

（五）全混合日粮饲料搅拌车

全混合日粮（total mixed rations，TMR）饲料搅拌车利用绞龙机械对饲料进行螺旋切割与搅拌，使得粗料、精料、添加剂等按一定的配方比例充分混合，提高饲料适口性和营养均衡性，并在行进过程中投放饲料，省时省力，实现了高效精准作业，提高了饲喂效果。

TMR 饲料搅拌车由取料滚筒、取料皮带、称重计量系统、切割搅拌系统、搅拌箱体、出料系统等部分组成（图 5－13）。取料滚筒具有吸料和切碎功能，从青贮窖取下青贮饲料。取料皮带将饲料输送到搅拌箱体。切割搅拌系统对饲料进行切割搅拌，通过多次循环保证物料充分切割及均匀混合。称重计量系统实时显示饲料重量变化，并设置定量称重预警功能，及时提醒操作人员。出料系统通过液压控制的出料门控制饲料出料量。

图 5－13　TMR 饲料搅拌车

（六）自动推料装备

目前应用较多的自动推料装备是转盘式推料机器人。转盘式推料机器人适用于道槽合一式的规模化养殖场，最小作业宽度 2.5 m，可在畜舍中央道槽上按程序自动运行，实现每天多次智能地为动物推送补充饲料，保证动物采食量均匀，提高饲喂效率，同时降低人工劳动强度。推料机器人采用蓄电池供电，避免了农机设备入场作业带来的废气和噪声污染。

转盘式推料机器人主要由主动行走机构（主动轮、从动轮、伺服电机）、旋转推料机构（主动齿轮、回转支撑、直流电机）、传感器、控制系统及电源等组成。转盘式推料机器人的控制系统以单片机为核心，实现单片机与超声波模块、光电传感器、电子罗盘、无线传输模块、触摸屏、直流电动机及伺服电动机等电子元器件之间的数据接收与输送。转盘式推料机器人见图 5－14。

转盘式推料机器人采用三轮布置的底盘作为行走机构，其中两个后轮为独立驱动的驱动轮，前轮采用万向轮作为从动轮。驱动轮通过驱轴和联轴器由伺服减速电机进行驱动，通过控制两个驱动轮之间的转速差实现机器人的行走和转向。

图5－14　转盘式推料机器人

转盘式推料机器人采用旋转推料机构配合主动行走机构进行推料。旋转推料机构由回转支撑、回转壳、主动齿轮及直流电动机构成。回转支撑的外圈固定于主动行走机构，回转支撑的内圈与回转壳相连接。直流电动机通过联轴器和齿轮轴驱动主动齿轮做旋转运动，带动与主动齿轮相啮合的回转支撑内圈及回转壳做回转运动。

（七）采食量测定设备

畜禽采食量测定设备旨在解决我国畜禽养殖过程中，饲喂过程耗用过多人工劳动的问题。处于不同养殖阶段的畜禽采食量不同，而传统的养殖方式中主要依靠人工判断食槽内的剩余饲料量来判定动物的当日采食量，但若饲料放置不够，则无法获取精准的动物采食量；同时，饲养员需根据料桶内连续几次的剩余饲料量才能判断出动物的健康状态，耗费精力大，且常因人为操作误差或主观因素，无法准确判断动物是否处于疾病状态中。

畜禽采食量测定设备通过进料装置给食槽投喂饲料，并通过称重装置分别对动物采食前、后的饲料进行测量然后经饲料量检测器上传至检测终端，随时监测每个动物的饲喂量与采食量，并做出采食规律曲线，进而为每个动物合理推荐饲喂量。通过设定饲喂时间，提高了饲喂效率和动物产品产量及品质；无须人工操作，省时省力，有助于降低生产成本。

畜禽采食量测定设备包括进料装置、食槽及设于食槽内的食料量检测器，其中食料量检测器设于食槽的内侧壁上，且进料装置的饲料输出口朝向食槽使得饲料能落入食槽内；食槽的底部设有与食料量检测器连接的称重装置，食料量检测器通过数据导线与称重装置连接，称重装置用于测量食槽内饲料的重量，并将重量信息通过食料量检测器上传至检测终端。

畜禽采食量测定设备的具体工作流程：当动物走进食槽时，食料量监测器中的射频识别技术（RFID）射频模块读取动物的个体编号信息并将其传输至控制器中；在采食过程中，称重传感器监测计量底座上饲料量的变化并将其传输至控制器中；采食完毕后，控制器通过发送模块将动物的个体编号、采食量、采食时间、进食槽等信息发送至检测终端。畜禽采食量测定设备见图 5－15。

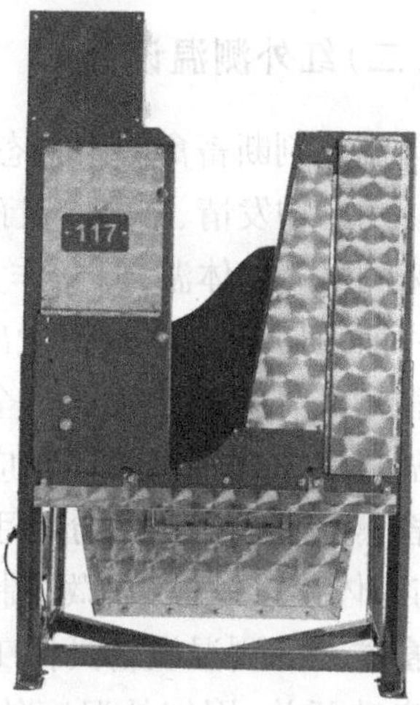

图 5－15　畜禽采食量测定设备

四、饲养管理装备

（一）个体识别设备

畜禽养殖过程中，因动物繁殖、育种、免疫、检疫、防病和商品流通等环节的需要，应对动物进行个体识别，建立动物信息档案，其中基于射频识别技术（radio frequency identification，RFID）的动物个体识别技术最成熟，应用最广泛。畜禽个体识别设备在采集动物生长性能数据时，可通过独立的读卡器设备读取动物身上佩戴的电子标签识别个体身份，简化操作人员的数据采集工作，降低个体识别错误率，节约养殖时间成本。

畜禽个体识别设备，包括电子耳标、微处理器、天线系统（包括依次连接的读卡芯片、耦合单元和天线）等，微处理器与读卡芯片连接。该设备示意图见图 5－16。

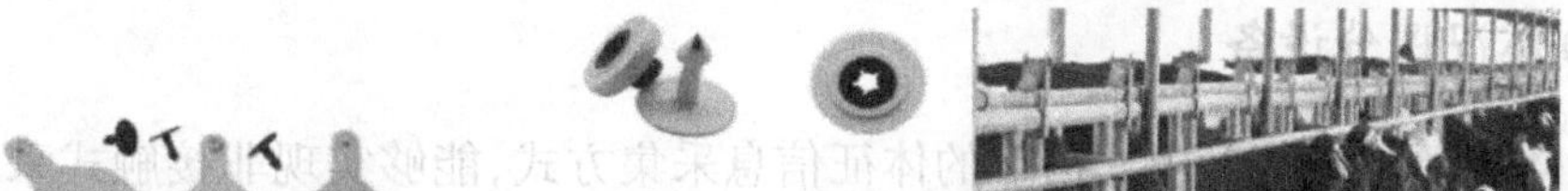

图 5－16　畜禽个体识别设备

畜禽个体识别设备工作流程：微控制器控制读卡芯片输出频率为 134.2 kHz 的射频信号，天线发出的电磁波能量引起畜禽身上佩戴的电子标签产生电压能量，激活电子标签的应答芯片从中读取畜禽的身份信息。微处理器将获得的畜禽身份信息通过有线或无线网络传输至终端进行自动数据关联，简化操作人员的采集流程，节约时间成本。

(二)红外测温设备

体温是判断畜禽健康状态的基本依据和指标,监测并及时记录畜禽的体温变化,有利于及时识别动物发情、分娩以及预防和诊治疾病等。大部分养殖场基本采用温度计插入直肠的方法来测量动物体温,但操作方式繁琐,不能做到实时监测,容易造成个体间疾病的交叉传播。目前,研究人员已经研发出动物体温自动采集装置,开始在养殖场试用或广泛推广。

畜禽红外测温设备通过全自动红外热成像仪对动物进行非接触式测温,有效避免了传统体温检测方式带来的动物应激反应,并通过显示模块读取体温,测量精度高。

畜禽红外测温设备分为手持式与安置式。手持式结构简单,安置式较为复杂,它由壳体、与壳体连接的探头、微控制器、显示模块及智能终端等部分组成。

畜禽红外测温设备具体工作流程:手持式畜禽红外测温设备对准动物身体某个部位,打开启动开关,用红外温度传感器读取动物的体温并传输给微控制器;微控制器对动物的体温数据进行处理、存取并判断动物体温是否异常,同时将动物体温通过显示模块显示出来,方便饲养人员及时读取动物体温;当动物体温正常时,蜂鸣器不启动,同时双色 LED 指示灯中的绿灯亮起;当动物的体温出现异常时,蜂鸣器警报响起,同时双色 LED 指示灯中的红灯亮起。体温测试结束后,上传测温信息至终端后自动关闭启动开关,断开电源。

(三)体况评分设备

畜禽体况评分设备采用非接触的体征信息采集方式,能够实现非接触式采集动物个体体长、体高、体重、体温等体征信息以及图像信息,并通过无线传输方式实时上传采集的信息,实现长期定位监测动物个体的体征信息。用这种形式取代传统的手工式动物个体体重、体尺等生长体征的测量工作,一方面可以避免由于人为误差而造成的测量精度低,另一方面可以避免将动物个体放置或驱赶到秤台上,对动物造成较大应激。

畜禽体况评分设备包括支撑板、信息处理传输装置、激光测量装置、图像采集装置、红外测温器、RFID 读卡器、红外线感应器、电子秤以及荧光灯等。该技术基于安装在分隔门上的 3D 摄像头,当动物从摄像头下面经过时,系统自动拍摄动物活动并从视频序列中选出最佳的静态照片,将结果发送至信息管理系统,通过专业算法将图像转化为精准的体况分数。管理员随时登录查看单只、分组或整个养殖场的体况分数统计图表。此外,通过信息管理系统设定预警,当发现动物的评分低于标准分数时及时发出通知。

(四)厅式挤奶设备

智能挤奶装备与人工挤奶相比,将原奶通过密封的管道直接导入制冷罐,整个过程与外界环境完全隔离,到达制冷罐的原奶在最短的时间内(2 h)冷却到 4℃以下,抑制原奶中微生物的繁殖,最大程度地保障原奶质量。智能挤奶装备挤奶的压力、脉动频率相对稳定,而且随着挤奶自动化的发展逐步实现了仿生学挤奶、自动脱杯、自动按摩、自动计量、自动监测和报告奶畜异常表现等功能,尽可能地为奶畜提供舒适的挤奶环境,并及时发现异常动物,达到保证奶畜乳房健康、提升产奶量的目的。

挤奶装备主要由真空系统、脉动系统、挤奶系统和奶储存系统组成。

1. 真空系统

真空系统由真空泵、真空贮槽、真空调节器、真空管道等组成。真空泵分为变容真空泵和动量传输泵两大类，主要作用是将挤奶机系统内的气体排出，保持一定的真空度，为挤奶工作提供动力。

2. 脉动系统

脉动系统由脉动器和脉动气管组成，用于调节气流，让其反复地通过挤奶杯脉动室，使挤奶机杯组工作室保持相对稳定的频率，如果脉动系统的稳定性较差，会直接导致奶畜乳头血液循环不畅或对奶畜乳房产生负面影响，诱发奶畜乳房炎。

3. 挤奶系统

挤奶系统由奶杯、奶管、挤乳杯等组成，其中奶杯是机械化挤奶环节中唯一同时与奶畜乳房和乳汁直接接触的部件，其性能直接影响奶畜乳房健康和奶品质。奶杯分外套和内套两部分，外套一般由不锈钢材料或合成树脂制成，内套均为橡胶制品，其品质对奶畜乳房炎的预防具有不可忽视的作用。

4. 奶储存系统

奶储存系统由长奶管和制冷罐组成，原奶储存设备要求有良好的隔热保温措施，配有适当的搅拌设备，保证乳成分均匀混合。

厅式挤奶设备的常见类型包括转盘式挤奶机、鱼骨式挤奶机、并列式挤奶机。

1. 转盘式挤奶机

转盘式挤奶机是较为先进的挤奶机类型（图 5－17），利用旋转的挤奶台进行流水作业，具有自动电子识别、电子计量、自动脱杯等功能，独特的操作系统与电脑相连，实现对畜群的数字化管理，挤奶时挤奶杯组和奶畜同时移动，动物从一边进入挤奶位置，挤完后的动物在一圈结束后退出挤奶位置，每小时转动 7～8 圈，挤奶人员用工少，每个挤奶人员专注于一项工作，挤奶操作规范、科学、合理，每个转台能提供的挤奶栏位多达 80 个，适用于较大规模的奶畜场。

图 5－17　转盘式挤奶机

2. 鱼骨式挤奶机

鱼骨式挤奶机的中央设有人员操作坑道，挤奶杯组有两排，挤奶动物呈鱼骨式站立在坑道的两边，与坑道形成 30°～45°的角，挤奶员从奶畜侧后部将乳头杯套上。两侧动物同时完成挤奶任务，工作效率比中置式挤奶机高，适合小规模牧场（图 5－18）。

图5－18　鱼骨式挤奶机

3. 并列式挤奶机

并列式挤奶机中央设置挤奶员工作坑道,挤奶栏位设在坑道两侧,挤奶员站在坑道内工作。挤奶时动物尾部朝向挤奶坑道,垂直于坑道站立。挤奶结束后动物从两侧通道返回。与鱼骨式挤奶厅相比,并列式挤奶机主要是动物站位不同,硬件配置更高,基本上实现自动计量、自动脱杯、乳房仿生按摩等。挤奶动物呈并列式站位,动物横向与挤奶管道垂直,便于挤奶人员的挤奶操作。该类型挤奶机的科技含量和挤奶工作效率更高,适合较大规模的牧场(图5－19)。

图5－19　并列式挤奶机

(五)挤奶机器人

挤奶机器人实现了最接近奶畜自然状态下的无人化挤奶作业(图5－20)。在养殖福利方面,将使奶畜更加舒适地挤奶;在工作效率方面,增加每日挤奶次数,提高产奶量;在节本增效方面,代替人工作业,节省大量劳动时间和生产成本。

挤奶机器人是集成了机械、气液、自动控制、传感器、计算机视觉、软件及数据库等的一体化系统,采用模块化设计,以主控计算机为核心,分为管理、识别、控制、数据采集等功能模块。工作时奶畜从右向左进入挤奶箱,在挤奶箱上方有检测奶畜臀部位置的摄像机,初步确定乳房位置,控制系统发出指令,三自由度机械臂按照控制程序以安全轨迹运动到乳房附近；末端执行器中的图像识别测距传感器精确测定乳头的三维坐标，其后由清洗刷和挤奶杯组分别进行清洗、按摩、套杯、挤奶、脱杯、药浴等一系列程序，挤奶结束时机械臂返回清洗座。

图5－20　挤奶机器人

（六）自动集蛋设备及系统

自动集蛋设备及系统通过传送带、蛋线等一系列输送装置将蛋从层叠式养殖笼蛋槽自动输送到中央蛋库，方便后期分级包装等操作。利用该系统极大减少了人与动物的接触，降低了疫病传播风险，节约了劳动用工成本，提高了生产效率。

自动集蛋设备及系统包括传送带、集蛋装置、立式集蛋机、中央输蛋线及缓冲装置（图5－21）。工作时禽蛋从养殖笼滚动到传送带上。传送带把每列养殖笼的禽蛋自动送到禽舍前端。集蛋装置将禽蛋轻柔地导入到立式集蛋机上。立式集蛋机由多个蛋爪组并联连

图5－21　中央输蛋线

接在升降链条上，每一个蛋爪组由多个蛋爪通过结合轴串联连接，每一蛋爪组两端通过结合轴分别与防止鸡蛋滑出的边挡相连接，边挡通过边扣固定于升降链条上。立式集蛋机将每层禽蛋导入到各自的输蛋框内，不会产生碰撞现象，最后经过缓冲装置送到中央输蛋线。中央输蛋线平稳地将禽蛋转运到中央蛋库。系统设定自动启动运行时间，自动记录产蛋数量和重量，形成禽蛋生产日志和图表，便于分析监测料蛋比变化。

（七）移动式防疫消毒装备

移动式防疫消毒装备通过移动平台承载喷雾部件在养殖舍内部自主移动喷洒消毒液，代替人工进行防疫消毒，实现无人化的消毒防疫。

移动式防疫消毒装备主要由移动承载平台、药液喷洒部件、环境监测传感器以及控制器等构成。移动式防疫消毒装备支持自动和遥控两种作业模式。在自动模式下，用户按照既定防疫规范要求，设置养殖场内药液喷洒时间、剂量和作业范围，形成机器人防疫消毒作业计划。机器人按照预设参数自动启动，在养殖舍内巡线移动。根据控制器预设的药液喷雾要求，自动调节电磁阀开闭频率控制消毒液喷洒流量、调节风机转速控制消毒液喷洒距离，实现养殖环境内的无人化消毒作业。在遥控模式下，用户通过电脑或手机终端向机器人发送操作指令，根据用户自主判断，对养殖场内不同作业区域的消毒剂量和喷雾距离进行动态调节。

（八）巡检机器人

畜禽健康巡检是日常养殖管理过程中必不可少的环节。巡检机器人应用机器视觉、语音识别、人工智能等技术代替或部分代替人工巡检，解决人工巡检主观性强、效率低、疫情风险大的问题。巡检机器人根据指令自动移动到指定栏位，通过监控摄像头、红外热像仪、拾音器、环境监测传感器等感知设备收集畜禽体重、体温、数量、环境等信息后，上报给后台服务器并返回给客户端。

巡检机器人主要由无线充电仓、动力装置、深度摄像头、广角摄像头和工字形轨道等组成（图 5－22）。通过在养殖场上方安装滑轨，轨道巡检机器人在滑轨上按照既定路线巡视，在巡视过程中对每个畜禽的情况以及养殖场环境进行实时动态监测。

图 5－22　轨道巡检机器人

(九)自动断喙装备

全自动断喙器断喙特点是非接触性、不流血,处理后不会产生开放性伤口,也没有产生神经瘤和细菌感染的风险。与人工操作相比,机器操作的一致性、均匀性优势明显。工作人员进行定制化精确的微调,速度和精准度都很高,断喙处理后对鸡的饮食和生长不会产生负面影响。断喙工作在孵化厅进行,与性别鉴定和免疫注射同步完成,避免工作人员花费额外时间在鸡舍抓鸡,减少鸡的应激,提高了生物安全性。

全自动断喙器结构示意图见图5-23,其采用低速电机通过链杆传动机件,带动电热动刀上下运动,并与微动鸡嘴定位刀片自动对刀,快速完成切嘴止血功能。整机由变压器、电机、冷却抽风机等构成,机头装有电动启动船型开关、电热动刀、电压调节的多段开关和停刀止血时间调节旋钮。使用时打开电源,将刀温调到微红至橘红程度;待到发红后,立即开动电机及风扇船型开关;根据鸡的大小,选好微动刀孔径,然后左手提稳鸡的双脚,右手拇指压鸡后脑,食指压喉部。接着把鸡喙放进刀孔,动刀落下后,停2~3 s止血。

图5-23　全自动断喙器结构示意图

(十)自动鸡蛋分选设备

自动鸡蛋分选设备对鲜蛋进行破蛋检测、裂缝检验、血斑检测、清洗、消毒、喷码、称重、包装等处理,产出符合标准的清洁蛋,解决了人工检测分级工作量大、主观性强、效率低下的问题。

自动鸡蛋分选设备的工作流程:鲜蛋经由上蛋系统移动至传送带;传送带上设置方向整理装置,使得鸡蛋按照特定的方向统一排列;然后经高速毛刷清洗,经干燥后送到检测装置;检测装置利用高速图像处理技术对鸡蛋污垢面积和颜色等参数进行分析,准确检出脏蛋;继续通过自动裂缝蛋检测装置,多角度的小锤对鸡蛋进行敲打,利用音频处理技术识别裂缝蛋特有的声音,检出裂缝蛋;检测的最后阶段利用强光照射鸡蛋,借助光谱分析技术自动检出血斑蛋、散黄蛋、腐败蛋、无黄蛋等异常蛋;对通过检测的合格蛋进行紫外照射杀菌消毒,最后进行称重包装。

（十一）自动称量与分群设备

针对家畜的自动化称量与分群设备，以可编程控制器为核心控制器，利用无线射频识别器读取家畜耳标信息，光电传感器对家畜行走位置进行实时检测，气缸驱动实现分栏门的快速开启和关闭，触摸屏作为人机交互界面。该设备应用于大型养殖场，不仅节省劳动力，还能提高称重和分栏效率。

自动称量与分群装备主要由机械部分和电气部分组成，机械部分由入口门、阻隔门、分栏门和称重栏组成，通过模块化设计可方便地组装和维护，称重栏设计成上宽下窄的形式；电气部分由可编程逻辑控制器（programmable logic controller，PLC）控制系统、气力驱动系统、称重传感器、光电传感器、耳标阅读器和触摸屏等组成。

自动称量与分群装备工作流程：畜群由入口的弯曲通道引导进入，称重栏在入口门侧和阻隔门侧分别安装有位置可调的传感器。家畜进入称重栏时，处于入口门侧的光电传感器感知家畜的到来，发出信号至 PLC，PLC 通过电磁阀控制气缸驱动阻隔门关闭，耳标阅读器读取动物身份编号数据，当动物行走至靠近阻隔门时，阻隔门侧的光电传感器感知动物行走到此位置，系统关闭入口门。此时入口门和阻隔门均处于关闭状态，动物在称重栏内，由于称重栏内是上宽下窄的设计，底部很窄限制动物的运动，称重栏底部安装有四个高精度的称重传感器，当称重系统监测到动物重量稳定时，触摸屏显示并记录下动物的耳标身份和体重数据，开启阻隔门并根据动物体重打开相应的分栏门，实现动物从左侧出、右侧出和中间出的三分栏功能。当动物离开称重栏时，阻隔门侧的光电传感器感知动物离开称重系统，此时打开入口门，开始下一只动物的称重分栏，系统重复上述动作。自动称量与分群装备见图 5－24。

图 5－24　肉羊智能化称量设备

（十二）奶牛自动分群门

奶牛自动分群门是一种安装在奶厅出口位置的智能化设备，挤奶后的牛群经过时，通过识别系统识别出需要特殊处理的奶牛，再通过活动门将这些牛从挤奶牛大群中分离进入不同的通道或区域，从而达到牛群管理的目的。

奶牛自动分群门包括六个模块：①分群决策软件。分群门系统的“大脑”，软件将结合牛群管理的需求，根据预设条件，自动决定哪些牛需要被分出来，以何种理由分出来，以及要分向何种区域；②识别控制系统。分群门系统的“感觉器官和神经系统”，包括识别器、侦测奶牛位置的摄像头、传输信号的通信系统和控制门动作的控制系统；③分群门机械构件。分群门系统的“脚”和“手”，包括棚架，活动门和动作气缸等，负责分群任务的直接执行；④物理分群区域。引导牛群走向，并决定分隔奶牛去向缓冲引导区、分群通道、临时隔离区、处理区；⑤附属信息装置。称重系统等其他收集牛信息的附属设备；⑥人、牛工作流程。人、牛和分群门如何在时间和空间上配合，包括奶牛流向，不同群奶牛，分隔出牛的调配，人员的分配和工作位置，人何时在何处工作，牛何时出现在何处等（图5－25）。

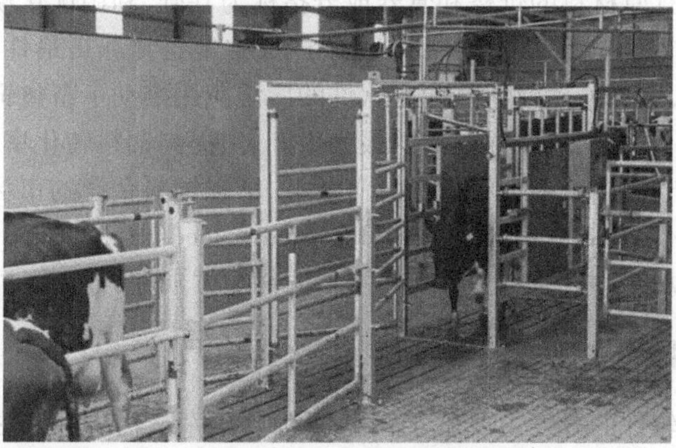

图5－25　奶牛自动分群门

第二节　牧场智能化软件系统

随着畜禽养殖规模化和集约化程度的不断提高，迫切需要利用信息化的手段及时感知养殖过程中的各种数据和信息，通过大数据分析，挖掘动物个体的生产性能、遗传特性、健康状况等，从而不断提升生产管理水平和效率，降低生产成本，防范风险。牧场生产管理信息化软件系统主要包括环境控制系统、饲料营养配方软件、繁育管理系统、疾病防疫系统等。

一、环境控制系统

环境控制系统通过温度、湿度、光照、NH_3、CO_2 等传感器收集舍内空气参数，结合畜禽不同生长阶段的环境需求，经控制器分析处理，智能调控风机、风门、侧窗、水帘、灯光、保温等设备。例如，在家禽养殖领域中 AC－2000 环境控制系统应用较为广泛，辅助养殖者轻松管理多个禽舍，保证禽舍内部最佳环境条件，确保高效的能源消耗。控制器从饲养一日龄雏鸡开始至出鸡全过程，一次性设定全程自动控制整个鸡舍的通风、换气、加热、报警、照明等设备,操作简单,性能可靠,解决了通过人工手动调节畜禽舍环境方式的劳动负担重、生产效率低的技术问题。

二、饲料配方软件

单一饲料难以满足畜禽的营养需求,养殖过程中通常依据饲养标准将多种饲料原料按照一定比例均匀混合形成配合饲料。一个好的饲料配方应该在满足动物营养需求的同时,处理好各种养分的互补关系、最大限度发挥添加效应,尽可能降低饲料成本,提高产出效益。手工配方计算量复杂,难以精确满足畜禽不同阶段营养需求,配方软件应运而生。饲料配方软件是以现有原材料的价格和营养成分指标为基础,利用优化模型计算出所需原料的配比以及生成配方的产品价格,以最小的生产成本使畜禽获得最佳的生长能量,帮助养殖户节省生产成本,增加养殖效益。配方软件的广泛应用推动了畜禽饲养技术从粗糙模式向精细化的飞跃,一方面能够发挥畜禽的最大生产力、提高饲料转化率,另一方面能够整合饲料原料、降低生产成本、增加饲料厂的经济效益、增强饲料企业的市场竞争力。目前国外常用的著名配方软件有 brill、CPM - dairy、PC - dairy、feedsoft、Mixi、NRC 等;国内常用的配方软件有 CMIX 配方软件、三新配方软件、胜丰饲料配方软件、金牧饲料配方软件等。

(一)奶牛饲料配方软件

奶牛饲料配方软件的开发主要基于饲料原料数据库、营养标准数据库、优化配方模型的建立三个方面,直接影响配方软件的实用性。

在制定饲料配方前,首先需要收集当前市场或库存的原料营养成分及其价格信息,再针对某一类饲喂对象提出所要求的营养指标和原料用料限量,配方软件将通过一定的规划算法得出配方结果,包括各原料的用量、原料的影子价格、配方所得产品的单位成本价格等信息。配方结果不仅可以指导产品的生产,还可以指导产品的定价和采购方向。其次,在原料的用量上需要设定限定范围,否则会造成一些原料因为成本太高而被舍弃,尽量不要在开始时设置最大值和最小值,待调整配方时再根据情况设置,一定要充分利用影子价格。一是配方营养约束条件的影子价格,二是原料影子价格。一般的专用软件在筛选出最低成本配方的同时,在原料价格的灵敏度一栏中均可得到参选原料影子价格的信息。对于配方中被选中的原料,其影子价格即是其灵敏度的上限;对于未被选入配方的原料,其影子价格即是其灵敏度的下限。

(二)猪营养需要模型软件

NRC(2012)猪营养需要模型由美国国家研究委员会发布。首次采用 Excel 工作簿模式设计,方便易用。基本操作步骤:首先选择能量、氨基酸、磷营养指标体系;其次选择猪类型,包括仔猪、生长育肥猪、妊娠母猪或哺乳母猪;最后输入适当参数与条件计算相应的生长性能和营养需求。通过 NRC(2012)模型,猪场管理人员可以根据预期的生产目标来设定饲喂计划,并对各阶段猪的营养摄入量是否符合需要进行评估,从而提出改进措施。

三、繁育管理系统

繁育管理是养殖管理的重要环节，主要包括种畜性能测定、发情监测、适时配种、妊娠早期诊断、分娩记录、产后护理、转群管理、孵化管理等。繁育管理系统的应用提高了繁育工作的管理水平和效率。繁育管理系统具有统计分析功能，自动分析计算繁殖率、受胎率、流产率、孵化率等繁育指标并进行可视化展示，方便管理者全面掌握养殖场种群结构和繁育状态分布，及时发现繁育管理中的问题和需要改进的环节，实现科学决策，提高养殖管理的数字化和精细化水平。繁育管理系统具备数据档案管理、发情监测和配种管理、遗传评估和系谱分析等功能。数据档案管理主要涉及动物个体电子档案、生长性能测定数据、系谱数据、采精记录、配种记录、繁殖记录等繁育数据资源的一体化存储与管理。通过发情监测和配种管理功能，准确检测动物发情高峰期，及时提醒繁殖人员最佳授精时间。利用遗传评估和系谱分析功能，根据动物个体识别编号（父号、母号），进行动物品种系谱追溯，对种畜进行遗传评估，制定选育目标，选出优秀的种畜进行选配。

（一）猪场繁育管理软件

常见的猪场管理软件有国外的 PigWIN、Pig CHAMP、Herdsman 等，我国开发有 GPS 猪场生产管理信息系统、GBS 种猪育种数据管理与分析系统、GBS 种猪场管理与育种分析系统、金牧猪场管理软件 pigCHN 等。PigWIN 的种猪管理模块按照规模养猪生产中配种到怀孕再到分娩的流程，主要关注母猪的生产性能表现，而且在数据分析和报表显示方面做了比较优秀的处理，主要功能包括季度趋势、年度比较、各胎次一窝仔猪性能、分组分析一窝仔猪的生产性能等。PigWIN 种猪管理模块在录入从青年母猪转入猪场开始到发情配种、妊娠、分娩、断奶以及期间的治疗、淘汰等一系列信息后，管理人员便能准确跟踪母猪的配种、生产、疾病等信息。PigWIN 可以提供猪场猪群生产性能的逐月分析结果，关键性指标包括期末母猪存栏数、终端公猪存栏、断奶猪/交配母猪、断奶猪/母猪、分娩窝数/已配母猪、分娩窝数/母猪、平均窝产仔总数、每窝平均产活仔数、平均断奶仔猪数等。一段时间内各品种母猪的胎次分布、分娩率等，可以帮助管理者调整猪场的后备猪计划、母猪淘汰计划等，种猪场管理者参考这些信息和当地的市场需求来调整不同品种母猪的饲养量。一段时间内各胎次母猪的产仔、分娩情况等信息用来分析整个猪场猪群是否处于旺盛的生产力范围，从而进行产仔计划、后备猪计划、母猪淘汰计划等的管理与安排。猪场管理软件能够为管理者呈现所需要的信息，将大量的基础生产数据以表格和图形的形式展现出来，方便管理者快速诊断猪场问题，从而通过更好的管理提高经济效益。

（二）奶牛场繁育管理软件

常见的奶牛场繁育管理软件有国外的 Dairy Comp 305、Alpro、Afifarm 等，我国开发有新牛人、丰顿、奶业之星、一牧云等，其中 Dairy Comp 305 软件是完整的奶牛场管理软件包，拥有强大的报告模块，适用于各种复杂报表或报告的制作，并可实现客户的自定义设置，满足不同牛场的个性需求。功能强大、使用便捷、运行迅速、录入简单，是世界应用最为广泛的牛场管理软件包。Dairy Comp 305 软件由牛场管理模块、生产管理模块、经营管理模块和统计分析模块组成。牛场管理模块主要管理牛的个体档案、奶牛群列表、离场和死亡管理信息、人员管理信息，实现对奶牛场的宏观管理；生产管理模块是软件的核心，主要是对奶牛体尺体重、繁育泌乳、疾病诊断、蹄部和乳头管理等信息进行登记和统计；经营管理模块主要用于管理者和工作人员信息的查询和统计；统计分析模块主要用于奶牛生产中泌乳、繁育、胎次结构、产奶量和疾病等信息的统计分析，养殖管理人员通过生成21 d妊娠率、受胎率、21 d参配率、空怀牛占比等数据报表和统计图，快速直观地发现问题。牛场繁育管理软件可实现牛场数据的迅速处理，辅助牛场的日常管理工作，极大提高了奶牛场管理工作效率。

四、疾病防疫系统

畜禽疾病防疫系统是针对畜禽疾病发生频率、经济损失较大等实际问题，从畜禽疾病早预防、早预警的角度出发，在对气候环境、养殖环境、病源与畜禽疾病之间的关系进行分析的基础上，确定各类病因预警指标及其对疾病发生的可能程度，根据预警指标的等级和疾病的危害程度，建立畜禽疾病三级预报预警模型；根据多病因、多疾病的畜禽疾病发生与传播机理，提出畜禽病害远程诊断方法，为畜禽病害诊治提供科学的在线诊断和预警方法，实现畜禽养殖疾病精确预防、预警、诊治。

畜禽疾病防疫系统主要包括畜禽疾病诊治模块与畜禽疾病预警模块。畜禽疾病诊治模块由案例维护子模块、诊断推理子模块、数值诊断知识维护子模块、用户界面等组成，其中用户界面提供人机交互和诊断、治疗、预防结果显示等功能；案例维护和数值诊断知识维护是系统后台知识库的管理模块，这两部分是由系统管理员和疾病专家根据实际得到的案例、案例诊断过程中复用的案例和数值诊断的知识，进行增加、修改和删除等操作；诊断推理模块是根据畜禽养殖用户通过界面输入的畜禽疾病症状信息，通过案例诊断和数值诊断，对疾病进行综合推理并得出结论，最后将诊断结果返回给用户。

畜禽疾病预警模块主要包括知识查询子模块、疫病预警子模块和系统维护子模块，其中知识查询子模块由养殖、疾病、预防多个方面查询构成；疾病预警子模块分为畜禽疫病预警、预警记录查询及疾病疫情查询；系统维护模块分为用户信息、预警记录、预警指标及疫病知识管理。

五、生猪智能化高效饲养模式案例

温氏集团种猪公司东成试验场基于RFID技术与物联网技术，集成应用种猪个体识别与数据采集系统、环境监测与智能调控系统、智能化电子饲喂系统等，建立了生猪智能化高效饲养模式，节约人工成本，提高了生产效率。

（一）种猪个体识别与数据采集系统应用

针对生猪养殖生产中人工剪耳缺、写耳牌等高强度、低效率、易出错的问题，基于RFID

原理研发并应用一款合适频率、尺寸、重量的电子耳标，具有低掉标率、高读取率的优秀性能，为实现猪的个体精准身份识别奠定了良好基础。

采用智能电子耳标钳，在佩戴耳标的同时完成信息初始化，并配合使用手持电子耳标读写设备，通过蓝牙或 Wi－Fi 无线连接至平板终端，研发出电子耳标序列号与信息系统的数据传输技术，实现电子耳标与种猪档案的对应绑定与快速识别，提高了管理效率。

采用多天线、通道式的物理结构，研制了通道式 RFID 电子标识设备（图 5－26），实现对通过猪的电子耳标快速批量识别与采集，并完成了电子耳标识别上传、信息系统单据匹配的应用开发，特别适用于小种猪转群、盘点、调拨、销售时快速识别出小种猪个体与数量，提高生产效率。

图 5－26 通道式 RFID 电子标识设备现场测试

开发出种猪生产过程数据现场录入应用程序（图 5－27），利用种猪个体档案电子识别系统，读取电子耳标序列号来识别种猪个体，实现现场可实时录入种猪生产过程数据，取消现场手工登记表，提高数据录入的及时性与准确性。

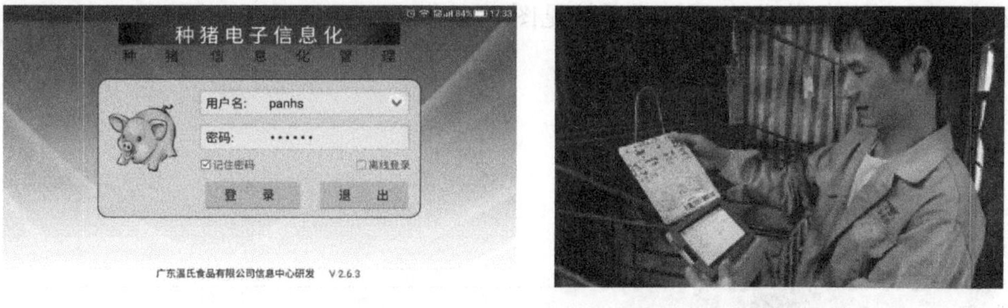

图 5－27 种猪生产过程数据现场录入应用程序

（二）猪舍环境监测与智能调控系统应用

通过电气控制器集成整合形成主控电箱，实现猪舍风机、水帘、刮粪等环控设备的集中控制。研发出物联网主控器，接收猪舍内温度、湿度、NH_3、光照等多类型传感器采集的关键环境数据。在此基础上，物联网主控器连接设备集中控制电箱，与物联网管控平台进行互联互通。结合视频监控，在物联网管理平台实现环境数据的可视化与环控设备的远程控制，开发出基于物联网的猪舍环境智能化管理系统，构建了种猪饲养环境智能决策平台，通过以环境监测数据、猪的不同阶段生理需求为基础建立的种猪舍内环境参数精细化控制数学模型，实现了猪舍内环境的远程移动管理和智能精准调控。温氏物联网云平台 PC 端实时监测列表见图 5－28。

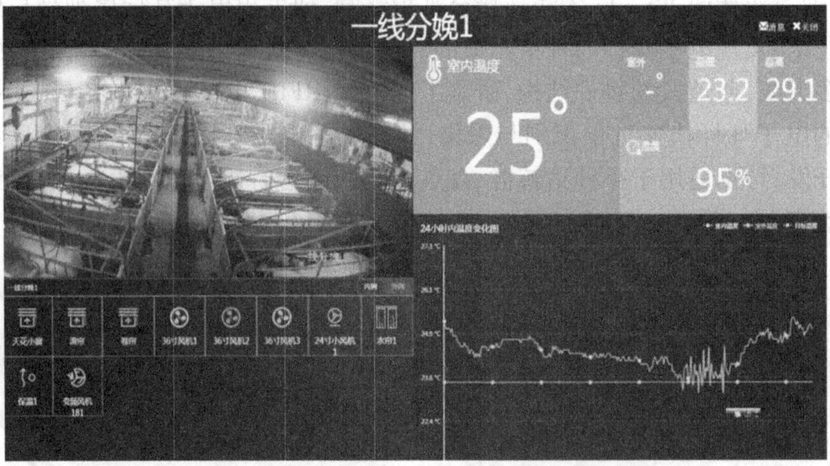

图 5－28　温氏物联网云平台 PC 端实时监测列表

（三）种猪智能化电子饲喂系统应用

利用种猪三维重构智能测定技术，结合猪个体监测和估重系统，研发建立了种猪体重体况评价模型。结合猪精细化饲养管理技术，建立了种猪测膘调料与背膘管理方案，推行种猪膘情精细化管理。根据种猪体况评价与精准饲喂的模型，构建了种猪饲喂智能决策平台，给不同阶段、不同体况的种猪分配精准的采食方案；通过 RFID 电子耳标识别种猪个体数据信息，匹配当期最佳采食控制方案，利用物联网技术智能调控饲喂设备，实现种猪个体的精准饲喂。种猪智能化电子饲喂系统见图 5－29。

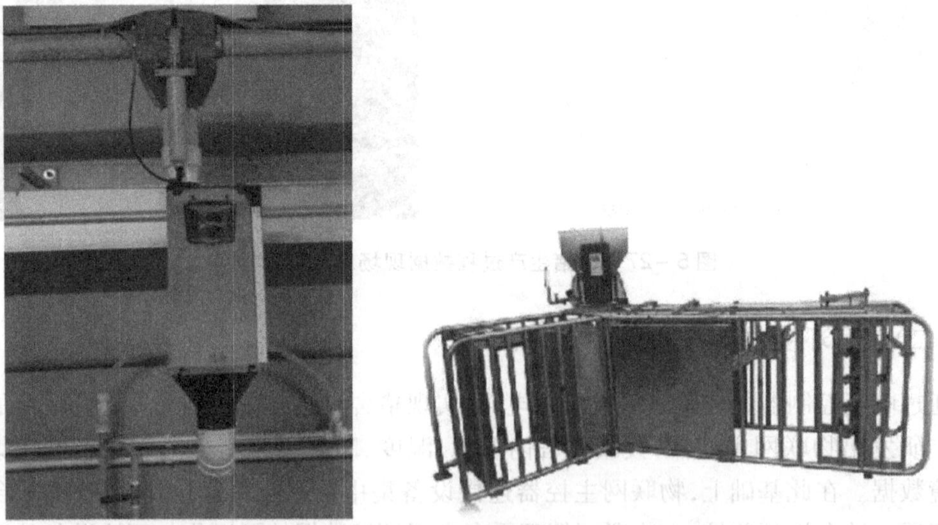

(a) 电子精准饲喂设备　　(b) 电子饲喂站

图 5－29　种猪智能化电子饲喂系统

通过智能系统的集成应用，人均饲养生猪数量从 15.87 头提高到 42.9 头，提高了 170% 以上，配种分娩率总体从 87.56% 提高到 90.91%，提高了 3% 以上，减少了饲料的消耗，单头猪饲料成本降低 12% 以上，有效降低了员工的劳动强度，显著提升了劳动效率。

第六章　猪的饲养管理技术

我国是全球最大的猪肉生产国和消费国。近年来，猪肉在我国的肉类产量和消费量占比均接近或超过60%。从食物消费结构来看，我国猪肉产量以供应国内消费为主，占比达98%，其次为出口。

生猪产业是城乡居民肉类食品供给的重要来源，在农业和农村经济中占有重要地位。养猪业的发展不仅满足了人们对猪肉及其产品的消费需求，而且为农民增收、农村就业、粮食转化以及带动相关产业发展等做出了重大贡献。我国生猪产业经历了计划经济时代的统购统销阶段，改革开放时代的市场放开发展阶段，从传统产业向现代产业推进的转型发展阶段以及当前所处的现代化转型升级阶段，生猪产业已经发展成为现代化全产业链模式。

第一节　产业概况与生物学特性

一、生猪产业概况

随着全球猪肉市场需求的持续增长，猪肉产量不断增加。2021 年世界猪肉产量为 10 610 万吨，同比上升 10.81%。中国、欧盟（27 国）、美国的猪肉产量占世界的 77.51%，同比略降，其中中国占 43.35%，同比上升 5.4 个百分点，欧盟占 22.32%，同比下降 2 个百分点，美国占 11.84%，同比略降。

随着我国经济的不断发展，城乡居民收入水平和生活水平不断提高，猪肉需求量不断增加，推动了我国生猪产业快速发展。2021 年全国生猪存栏 44 922 万头，同比增长 10.5%，其中能繁母猪存栏 4 329 万头，同比增长 4.0%；生猪出栏大幅增长，全国生猪出栏 67 128 万头，同比增加 14 424 万头，增长 27.4%；猪肉产量 5 296 万吨，同比增加 1 183 万吨，增长 28.8%，已经恢复到非洲猪瘟之前水平；人均猪肉消费量达到 40.1 千克。我国是生猪生产和消费大国，但也是最大的猪肉进口国。2021 年依然有 450 万吨的需求缺口，因而应继续大力发展生猪产业，这对于满足人民高质量生活需要、促进国内经济增长具有重要意义。

近年来，我国高度重视生猪产业发展。在国家政策的引领和市场的拉动下，生猪产业综合生产能力进一步增强，从业人员素质大幅提升，科技支撑能力显著增强，公共服务体系不断完善，龙头企业带动作用明显加强，组织化程度逐步提高，现代产业发展基础进一步夯实，打开了生猪产业链的广阔发展空间。产业主要呈现为规模化水平不断提升、产地及销区更加集中、环保升级、食品安全升级以及生产效率升级。未来生猪养殖将朝向规模化、现代化、一体化方向发展。

二、猪的生物学特性

家猪由野猪驯化而来。猪在长期的进化与驯化中，因自然选择和人工选择的双重作用，逐渐形成了特有的生物学特性。不同猪种或不同类型既有其种属共性，又有各自的特性。

（一）性成熟早、繁殖率高、世代间隔短

猪的性成熟较早，国外引入的瘦肉型品种猪一般 5 ~ 6 月龄达到性成熟，7 ~ 8 月龄就可初次配种。我国优良地方猪种，公猪 3 月龄能够产生精子，母猪 4 月龄开始发情排卵，比国外品种猪早 3 个月左右。猪的妊娠期短，只有 114 d，1 岁时或更短的时间内可以妊娠产仔。

猪是常年发情的多胎高产动物，一年可分娩 2.0 ~ 2.5 胎，若缩短哺乳期，对母猪用激素进行批次化处理，可以达到 2 年 5 胎；经产母猪一胎产仔 10 头左右，我国太湖猪的产仔数高于其他地方猪种和国外引入猪种，窝产活仔数平均超过 14 头，个别高产母猪一胎产仔超过 22 头，最高纪录窝产活仔数达到 42 头。

（二）食性广、饲料转化率高

猪是杂食动物，门齿、犬齿和臼齿很发达。猪胃是肉食动物的简单胃与反刍动物的复杂胃之间的中间类型，既具有草食兽的特征又具备肉食兽的特点。猪具有坚实的鼻吻，嘴筒突出有力，吻突发达，能够有力地掘食地下块根、块茎饲料。因此，猪采食的饲料种类多，来源广泛，能够充分利用各种动植物和矿物质饲料，但猪对食物有选择性，特别喜食甜味饲料。

猪对饲料的转化率仅次于鸡，高于牛和羊，对饲料中的能量和蛋白质利用率高。猪对精料有机物的消化率为 76.7%，同时能够较好地消化青粗饲料，对青草和优质干草的有机物消化率分别达到 64.6% 和 51.2%。但猪对粗饲料中粗纤维的消化能力较差，且饲料中粗纤维含量越高，对日粮的消化率也越低。

（三）生长期短、周转快、沉积脂肪能力强

猪的妊娠期短，产仔数多，出生时发育不充分。为了补偿胚胎期内发育不足，仔猪生后两个月内生长发育特别快，30 日龄的体重为初生重的 5 ~ 6 倍，2 月龄体重为 1 月龄的 2 ~ 3 倍，断奶后至 8 月龄前，生长依然迅速，尤其是瘦肉型猪生长发育更快。在满足营养需要的条件下，一般 160 ~ 170 d 体重达到 90 ~ 100 kg 即可出栏上市，相当于初生重的 90 ~ 100 倍。

猪生长初期（1 ~ 2 月龄）骨骼生长强度大，占体重比例高；3 ~ 4 月龄以后生长重点转移到肌肉，5 ~ 6 月龄主要沉积脂肪。

(四)猪的嗅觉和听觉灵敏、视觉不发达

猪天生有特殊的鼻子,嗅区广阔,嗅黏膜的绒毛膜面积大,嗅神经分布非常密集,因而猪的嗅觉非常灵敏,对任何气味都能嗅到和辨别。仔猪在出生后几小时便能够辨别气味,依靠嗅觉寻找乳头,在3 d内就能够固定乳头,且任何情况下不会出错。嗅觉在公母性联系中具有很大作用。例如,发情母猪闻到公猪特有的气味后,即使公猪不在场,也会表现“呆立”反应。同样,公猪能够敏锐闻到发情母猪的气味,即使距离很远也能够准确地辨别母猪所在方位。

猪的听觉相当发达,耳形大,外耳腔深而广,即使很微弱的声响都能觉察到。猪头转动灵活,可以迅速判断声源方向,辨别声音强度、音调和节律,容易对呼名、口令和声音刺激建立条件反射。这种特点有利于管理猪群,但也容易使猪群产生应激反应。

猪的视觉很弱,缺乏精确的辨别能力,视距、视野范围小,不靠近物体就看不见东西。猪对光刺激一般比声刺激出现条件反射慢很多,对光的强弱和物体形态的分辨能力较弱,辨色能力差。人工授精时,人们常依据猪这一特点利用假母猪进行公猪采精。

(五)适应性强、分布广

猪对地理、气候等自然条件的适应性强,是世界上分布最广、数量最多的家畜之一。从生态学适应性看,主要表现为对气候寒暑的适应、对饲料多样性的适应、对饲养方法和方式(自由采食和限喂,舍饲与放牧)的适应,这些是猪被广泛饲养的主要原因之一。

(六)对温度、湿度敏感,喜欢清洁,容易调教

大猪怕热,小猪怕冷。猪怕热是由于皮下脂肪层较厚、汗腺不发达以及皮薄毛稀对阳光的反射能力差等因素导致的;猪怕冷,尤其是初生仔猪,皮薄毛稀、皮下脂肪少以及体温调节中枢不发达等导致抗寒能力差。

猪喜爱清洁,采食、趴窝和排泄粪尿往往都有固定地点。通过对猪群调教训练,可养成采食、趴窝和排粪尿“三点定位”的良好习性。

(七)定居漫游,群居位次明显

猪喜群居,在开放式饲养或散养情况下,在外自由活动或放牧运动时均能够顺利回到固定的圈舍,表现出定居漫游的习性,但圈养时又表现出一定的群居性和明显的位次秩序。

第二节　种猪的饲养管理

一、种公猪的饲养管理

(一)种公猪的营养需要

1. 粗蛋白

蛋白质是构成精液的重要成分。在公猪的日粮中如能给予一定数量的蛋白质(根据不

同猪种粗蛋白为14%~15%),对增加精液数量、提高精液质量以及延长精子寿命有很大作用。

2. 能量

一般要求每千克日粮中消化能不低于12.97 MJ。注意供给要适当,不可过多或过少,防止公猪过肥或过瘦,从而影响配种。

3. 矿物质

矿物质对公猪精液品质和健康有较大影响。日粮中缺钙时精子发育不全、活力不强;缺锌时睾丸发育不良和精子生成完全停止;缺硒时引起贫血、精液品质下降、睾丸萎缩退化等。

4. 维生素

维生素对种公猪的健康和精液品质关系密切。如果日粮中缺乏维生素A,公猪性欲不强、精液品质下降,甚至生殖机能减退或完全丧失;缺乏维生素E时,睾丸发育不良、精子衰弱或畸形、受精能力降低;缺乏维生素B_1、B_2时,睾丸萎缩及性欲减退等。

(二)种公猪的饲养

为了最大限度提升配种母猪的受胎率及产仔数,要对种公猪进行科学饲养管理。种公猪的营养水平同品种类型、体重大小、配种强度和饲料的供应量等因素有直接关系。对实行季节性产仔的养猪场,在种公猪饲料管理上可分为配种期和非配种期,配种期的营养供应和饲喂量要高于非配种期。在配种之前一段时间到配种结束,应该加大饲料中的营养成分配比和多种维生素及青饲料,使种公猪在配种期间能够保持旺盛的性欲以及优良的精液品质,达到提升母猪受胎率和产仔数的目的。如果是每年均衡产仔的养猪场,种公猪常年配种,可按照配种期的营养水平和饲料要求量配备供应。种公猪的饲料中不能混杂发霉变质和有毒物质,保证质量安全;考虑饲料的适口性,并稳定每天的饲喂量,同时饲料体积不能过大,避免造成公猪腹部过大,进而影响配种效果;在饲喂方式上最好用潮拌料,每日饲喂3次。

公猪对营养的要求较高,日粮消化能应达到12.5~13.9 MJ,蛋白质含量达到14%~16%,且其中要有5%~8%的动物蛋白质饲料,如优质鱼粉、肉骨粉等。公猪日粮中矿物质数量要充足、比例要协调,否则会降低精液品质,日粮中含钙0.65%、磷0.55%、食盐0.35%。配种期的种公猪负担重,体力消耗大。一般情况下公猪每次射精200~300 mL,精液中干物质含量为2%~10%,其中60%以上是蛋白质。因此,在种公猪集中配种期间,每日可加喂1~2个鸡蛋,补充因射精消耗的营养。

种公猪使用配比合理的全价饲料,避免营养不均衡。配种前饲料粗蛋白含量达到13.5%;配种期间饲料粗蛋白含量为15%,日喂饲料2~3 kg,定时定量,可每天补喂优质鲜牧草或青贮料0.5~1 kg;配种后饲料粗蛋白含量达到14.5%~15.2%,赖氨酸为0.7%~0.8%,维持种公猪正常性欲、精液量和精液品质。因此,在饲养方式上采用每日三餐制,根据季节特点、温度变化、个体膘情以及使用频率等适当调整饲喂量;适量加喂一些生理酸性饲料,如谷物、糠麸、油饼等,提高精液品质;饲料要多样化,达到营养互补,饲喂定时定量,防止过肥或过瘦。

在饲养过程中,无抗饲料是最佳选择。在育成前阶段,尽量不给种公猪饲喂生长育肥猪料(中猪料或大猪料),其矿物质含量不能满足后备公猪的需求;从体重 70 kg 开始,给种公猪饲喂专门化的种公猪饲料;如果种公猪的体况过肥,饲喂量下降到 1.5 kg/d,总体三分饿、七分饱。

(三)种公猪的管理

种公猪单圈饲养,猪舍面积应不低于 8 m^2。公猪舍要远离母猪舍,绝对不许放在同一个猪舍内进行饲养。单圈饲养、适当运动、夏季防暑降温是种公猪有效管理的三大要素。适当运动可有效促进公猪机体的新陈代谢,增强体质。运动时避开炎热的中午时分,最好选择在清晨或傍晚进行,而寒冷季节时选择在温度相对较高的中午。在配种期内,尤其是配种量大时,酌情减少运动量或暂停运动。另外,保证种公猪充足的清洁饮用水,定期检查精液品质,始终保持种公猪机体的清洁卫生。具体管理措施包括以下三个方面:

1. 运动

实际生产中,适当加强种公猪的运动不但能够增进食欲、提高体质、防止肥胖,同时能够有效提升性欲及精液品质。如果运动量不足,种公猪就会喜睡,变得肥胖,导致性欲下降,从而影响配种效果。因此,只要是天气状况允许,就要坚持让种公猪运动,每天 0.5 ~ 1 km。每天应进行驱赶运动,上、下午各 1 次。夏季在早、晚凉爽时进行,冬季在中午进行。规模小的猪场,安排饲养员驱赶种公猪运动;种公猪较多的猪场可建造种公猪运动场,一般将运动场设计成环形,配合狭窄的走道,使种公猪只能往前走,不能回头,避免种公猪打架,可多头种公猪同时运动。

2. 采精

(1)公猪调教与采精　种公猪从小要加强调教管理,建立人与猪的和睦关系,严禁打吓,培养良好习性,同时及时淘汰性欲低下、配种能力差、精液质量差的公猪。

种公猪进行调教训练时,要耐心诱导,反复训练,避免恐吓或者抽打,防止种公猪丧失信心;当种公猪较难调教时,要多次进行短暂训练,每周进行 4 ~ 5 次;在种公猪进行爬跨之后均要完成采精活动,避免种公猪对假猪台丧失兴趣;调教时避免使用具有刺激性的消毒液,以免影响种公猪的性反射,同时也要避免噪声或强光等刺激。

手握法是采集公猪精液最常用的方法,由于操作方便,设备简易,可分段接取精液,所以被广泛采用。手握法是在公猪爬跨假母猪后,阴茎伸出准备交配时,用手握住阴茎螺旋的龟头部并锁定,不让其转动,然后有节奏地均匀用力,另一只手持覆有过滤精液滤纸的集精杯接取富含精子部分的精液。公猪射精的过程需 5 ~ 10 min,采精期间会稍停 1 ~ 2 min,然后又接着射精,一般分 2 ~ 3 段完成。首先射出清亮的不含精子的液体和少量的胶状物后,接着射出浓份精液,以后逐渐变淡,经过 1 ~ 3 次精液由浓变淡的变化后,最后射出的是清亮不含精子的液体和大量的胶状物。采精结束后,让公猪自然爬下假母猪,饲喂 1 ~ 2 枚鸡蛋,以补充公猪体力。

(2)精液质量管理　猪场实行人工授精时,每次都要对精液进行品质检查。一般来说,原精主要检查精液颜色、气味,精子密度和活力、畸形率等。精液稀释后检查的项目主要有精子密度和活力等。

目前精液贮存最佳的方法是将其贮存在17℃的恒温箱中。精子在短效稀释液中可保存3 d、中效稀释液中保存4 ~6 d、长效稀释液中保存7 d以上。稀释后的精液在贮存期间会沉淀、聚集,需要每天翻转一次。在使用前将精液摇匀,人工授精时要求精子活力大于60%。

3. 猪群遗传潜力管理

为了挖掘猪的遗传潜力,必须为猪提供各种营养物质,如蛋白质、脂肪、碳水化合物、维生素、矿物质和水,满足猪维持生命、生长发育、繁殖和各种生理活动的需要。此外,做好育种工作,通过选优淘汰来构建和保持高效核心群,通过科学地选配生产出更多的优秀种猪。

二、母猪的饲养管理

(一)母猪的营养需要

1. 配种前母猪的营养需要

根据饲养标准和母猪的具体情况进行日粮配合,满足能量、蛋白质、矿物质、微量元素和维生素的供给。能量水平要适宜,不可过高或过低,以免引起母猪过肥或过瘦,影响发情配种。一般要求每千克配合饲料含11.715 MJ消化能,粗蛋白水平12%~13%。矿物质和微量元素对母猪的繁殖同样有一定的影响,供给不足会造成繁殖机能下降。饲料中注意铁、铜、硒、锰、碘的供给。维生素对母猪的繁殖机能有重要作用,饲料中注意添加各种维生素,特别是维生素A、维生素D和维生素E。

2. 妊娠母猪的营养需要

对妊娠母猪饲养水平的控制应采取前低后高的饲养方式,即妊娠前期在一定限度内降低营养水平,到妊娠后期再适当提高营养水平。整个妊娠期内,经产母猪增重保持30 ~35 kg为宜,初产母猪增重保持35 ~45 kg为宜(均包括子宫内容物)。

妊娠母猪一般采用“低妊娠高哺乳”的饲养方式,降低或取消泌乳贮备。一般认为妊娠期母猪日粮中的粗蛋白质最低可降至12%,蛋白质需要与能量需要平行发展。钙、磷、锰、碘等矿物质和维生素A、D、E不可缺少,多用优质草粉和各种青绿饲料来满足妊娠母猪对维生素的需要,在缺少草粉和青绿饲料时应在饲料中添加矿物质和维生素。

(二)母猪的饲养

1. 后备母猪分阶段饲养

体重30 ~60 kg阶段:使用育肥猪料,采用自由采食的饲喂方式,不限制采食量。

体重60 ~100 kg阶段:使用后备母猪专用饲料,仍然采用自由采食的方式进行饲喂。但是,对于体重增加过快、明显肥胖的后备母猪应当采取限饲的方式进行饲喂。

体重100 kg至配种前15 d阶段:当后备母猪生长至6月龄、体重达到100 kg左右时,应当隔离饲养,同时使用后备母猪专用饲料进行限制饲喂,每日饲喂量2.5 kg左右,控制母猪体况,避免过度肥胖。

配种前15 d至配种阶段:采取短期优饲的饲喂方式,使用哺乳母猪料进行饲喂,日采食量控制在3.5 kg左右或者自由采食,目的是促进母猪发情。母猪一旦成功配种,要及时降低饲喂量,否则会导致胚胎死亡、发生流产。

分娩母猪的饲养阶段:于产前5 d开始调整饲料喂量,对乳房膨胀明显、营养状况良好的母猪喂量由每日每头3~4 kg,以每日0.5 kg的量减至每日每头2 kg,分娩后4 h不喂料,4~8 h内可喂给哺乳母猪料0.5 kg。第2天饲喂2 kg,以后逐日增加0.5 kg,直至增加到标准量为止(标准量=2 kg+0.25 kg×哺乳仔猪数)。对体质瘦弱的母猪适量加喂蛋白质饲料促进泌乳,任何时候都要供给清洁、充足的饮水。

2. 根据妊娠母猪膘情给予饲料

妊娠母猪膘情良好才能保证胎儿的正常发育,从而提高猪场的生产成绩。妊娠母猪膘情可以通过对母猪脊柱、尾根和骨盆3个部位进行综合测量来评定。脊柱突出明显,尾根凹深,骨盆突出可见的妊娠母猪膘情判定为1分;脊柱稍微突出容易摸到,尾根凹浅,但骨盆仍然突出可见的膘情判定为2分;脊柱、骨盆无法目测但手可以按压触碰到,尾根无凹的母猪膘情判定为3分;脊柱、骨盆看不到,只有大力气按压才能摸到的膘情判定为4分;脊柱、骨盆看不到,大力气按压也不能摸到的膘情判定为5分。通常,配种1~35 d的妊娠母猪标准膘情为2.5分,配种36~84 d标准膘情为3~3.5分,配种85 d以上标准膘情为3.5~4分。妊娠母猪的膘情要定期打分,根据膘情及时调控饲料量的供给,将膘情控制在合理的分值范围内。

3. 妊娠母猪饲养注意事项

保证妊娠母猪的饲料质量,严防将霉变饲料饲喂给妊娠母猪;保持料槽的卫生,及时清理料槽,防止饲料长时间堆积在料槽内变质。夏季天气炎热饮水需求量较大时,除了自动饮水器外,还可在妊娠母猪将饲料吃完后,在料槽中放入足量的清洁饮水,水量以料槽容积的1/3为宜。

(三)母猪的管理

1. 后备母猪管理

后备母猪要重新分群,要求品种以及体型大小尽可能一致,坚持小群饲养,每个大栏一般4~6头。需要注意的是,饲养后备母猪的大栏要有足够的饲养空间,不同年龄阶段的后备母猪需要的饲养空间不同,一般平均每头后备母猪占用面积在2 m^2左右。

后备母猪一般在合栏后必须观察一段时间。刚合栏时后备母猪由于生活习性不同会发生互相咬架斗殴等情况,注意避免因为打架过于激烈而造成猪的损伤。一旦发现弱猪、病猪要及时进行隔离饲养,分群后无特殊情况时最好不进行调栏。猪舍温度一般控制在18℃左右,相对湿度控制在60%~75%,夏季天热时利用风机、水帘、风扇等防暑降温;冬季尤其是北方的冬天,一定要做好猪舍防寒保暖工作,可使用暖气、燃气暖炉等进行猪舍保温。同时注意猪舍通风良好,保证猪舍内有充足清洁的空气。污浊的空气不仅影响后备母猪的生长发育,还会降低后备母猪对公猪气味的敏感性,从而造成母猪发情迟缓甚至不发情。

后备母猪在分群后要及时进行调教,做好调教工作有利于减少母猪之间打架撕咬现象的发生,同时还利于保持猪舍环境卫生。调教工作在后备母猪刚进入猪圈时进行。首先调教母猪有秩序采食，保证所有的猪都能够采食。其次固定猪排便排尿、睡觉休息及采食饮水场所。经过几天的调教就能够使猪养成固定排便、睡觉、吃食的良好生活习惯。

后备母猪要适时进行疫苗免疫接种、驱虫，做好疾病防控管理。常规免疫接种疫苗包括猪瘟、猪口蹄疫、猪细小病毒及每年2～4月的猪乙型脑炎等疫苗。用药净化后备母猪体内的细菌性病原体，预防呼吸道疾病、猪痢疾和肠炎。控制寄生虫病，包括蛔虫、结节虫、绦虫、线虫、鞭虫、肾虫及体外寄生的螨虫和猪虱等；调查种源场有无重要传染病，加强检疫，防止引进携带传染病病原体的隐性感染猪；外购后备母猪要仔细观察，做好采血检验工作，了解免疫状态和疾病感染情况，并进行严格的隔离和适应，一般隔离期不低于45 d。

2. 配种管理

配种母猪的繁殖管理水平是影响其人工输精效果的一个重要因素。一个猪场应当建立完善的繁殖记录制度。有条件的猪场应用新型电子耳标和电子数据库，使技术员能够更加方便、详细地掌握母猪群的整体和个体的健康、繁殖情况等。

母猪的发情鉴定一般由经验丰富的技术员根据母猪的生理表现（如急躁不安、爬跨其他母猪、食欲下降和咬圈栏，外阴部变红、肿胀和流出黏液等）、压背查情等方法判定。对于乏情母猪，首先要结合记录查明不发情的母猪是否患有疾病，如营养缺乏和代谢紊乱等；其次从母猪的饲养方式着手，给母猪增加蛋白质和维生素等营养物质摄入量，保证其正常排卵和受精的营养基础。另外，通过结扎公猪爬跨、精液（或性腺分泌物）涂抹以及注射或口服激素、使用商品化母猪诱情剂等方法刺激母猪发情。

母猪的发情间隔约为21 d，且每次发情持续3～5 d。发情初期时，母猪食欲下降，阴道黏膜会出现潮红现象。处于发情中期的母猪焦躁不安，阴门处出现肿胀或充血等现象，阴部有黏液流出，且排尿频次增加。母猪发情后12 h出现排卵，至38 h结束，卵子存活12～24 h，受精时间持续8～12 h。精子与卵子结合需要2～3 h。因此，通常于母猪发情后的20～30 h进行配种最为适宜，即母猪接受公猪爬跨时，或母猪出现静立反射现象时为最适合的配种时机。

3. 妊娠母猪管理

妊娠母猪在18℃左右的环境感觉最舒适，湿度控制在60%～80%。早春、深秋或寒冬季节时，将猪舍门窗、水帘或风机的缝隙使用胶布等封堵严实，严防贼风。母猪妊娠早期尤其是配种后的2周内是受精卵的着床期，如果母猪受到刺激容易导致早期流产，一般要求配种后30 d内不宜进行猪的转群或接种疫苗等操作。

做好免疫管理。产前3～4周是妊娠母猪进行疫苗免疫的有利阶段，应当按照程序选择在该时间段进行免疫。

4. 分娩管理

在母猪预产前7 d将分娩舍彻底打扫，严格消毒，使舍内保持空气清新、温度适宜（18～23℃）、湿度合理（65%～75%）、阳光充足。准备好接产消毒用品，如酒精、碘酊、抹布、电灯、手电筒、产仔箱、红外线灯、火炉、剪齿钳、耳号钳、台秤、注射器和有关药品等。母猪产前5～7 d转入产房，单圈或单栏喂养，不要随便更换饲养员，保持猪舍安静。产前1 d对地面、猪栏及母猪后躯、肛门、阴门和乳房周围清洗消毒，安排值班人员日夜监护。

母猪的临产征兆：产前5～7 d，乳房发红、充盈、膨胀，两侧乳头向外涨，俗称“乳头炸、仔快下”。前乳头在产前24 h可挤出乳汁，中乳头在产前12 h可挤出乳汁，后乳头在产前3～6 h可挤出乳汁；母猪临产前两侧臀部凹陷，阴门松弛、红肿，有分泌物流出，俗称“塌胯撇丝”；产前6～8 h母猪出现拱圈、衔草、减食和精神不安现象；如果出现不安起卧、频排便尿、呼吸急促等现象，则说明即将分娩。

临产时母猪经过一阵不安后会慢慢安静下来，横卧，流出羊水，不断努责，表明胎儿很快产出。在胎儿产出后，要用抹布擦去胎儿口腔、鼻腔和全身的黏液，理顺脐带，距胎儿腹部4 cm处把脐带用手掐断，碘酒涂抹消毒。如果断脐处继续流血不止，可用手捏住断端直至不流血为止。如果产后发现仔猪假死（呼吸停止，心脏仍在跳动），用人工呼吸法进行急救，方法是将猪头朝下，两手分握两肋骨处，一张一合有节奏地挤压，直到仔猪叫出声为止。

母猪正常的产仔时间为3～5 h，仔猪全部产出后，胎衣在2 h内自动排出。如果胎衣不能及时完全排出，可肌注催产素，促使胎衣排出。如果发生难产，肌注催产素2 mL/100 kg体重，肌注后15～30 min可产出仔猪。对仍不能产出者，采用手术助产，最后打扫分娩现场，将胎衣和死胎用塑料袋包裹深埋。母猪产后要观察健康状况，对产道损伤、乳房炎和产后败血症等及时治疗。母猪产后2 d不食属正常现象，超过3 d不食时给予治疗。

分娩后保持圈舍清洁卫生，防止粪、尿污染乳头，避免仔猪吃奶受到感染，发生拉稀等消化系统疾病。每天上、下午各清理一次粪便，每2～3 d更换一次垫草。训练母猪定时、定点排粪、排尿，保持猪圈卫生。舍内通风透光，保持干燥。保持猪舍安静，防止大声喧哗而惊吓母猪。保护好乳房，让仔猪固定乳头吮乳，防止争咬损伤。对损伤乳头的母猪及时进行治疗，无固定乳头的仔猪让其他母猪寄养或人工哺乳等。

（四）提高母猪生产力策略

母猪的繁殖性状由遗传力决定。不同品种和品系的母猪，其窝产仔数、初生仔猪窝重、仔猪成活率和断乳仔猪的体重差异较大。一般二元、三元猪的窝产仔数少于土杂品种，但其仔猪成活率和断乳仔猪体重优于土杂品种猪。

做好环境卫生，保持养殖场周边的清洁，并定期进行消毒，最好采用火焰法消毒。母猪圈舍温度保持在16～22℃、相对湿度控制在70%～80%为宜；经常观察母猪的发情表现，推算好正常的发情期，准确掌握配种时间，以便提高母猪的配种成功率。后备母猪的初次配种，应在达到本品种成年体重的60%～75%、发情3次后且发情特征较明显时开始。经产母猪在断奶后第1次发情时配种。

仔猪早期断奶是提高母猪年产仔窝数的主要方法。在我国的养猪生产实践中，规模化集约化猪场采用3～5周龄断奶。猪舍设施及温度与卫生条件好，能够保证高质量诱食饲料与开食料的猪场可采取3周龄断奶。同批断奶母猪一般断奶后4～5 d进入发情高峰，一周之内绝大多数母猪都可发情配种。因此，母猪一个生产周期的时间可缩短到150 d（妊娠期114 d、哺乳期28 d、断奶到再次发情配种7 d）以内，基本可以达到母猪两年产5窝。

注重防疫，减少疾病。严格执行“全进全出”的饲养管理规程和防疫消毒制度；严格按照免疫程序接种猪主要疫病的疫苗。实际生产中，猪的一些疫病如猪瘟、猪伪狂犬病、猪细小病毒病、乙型脑炎、繁殖与呼吸综合征等都会不同程度引起母猪繁殖障碍，导致窝产活仔数减少甚至妊娠失败。因此，要因地制宜地制订好免疫程序，在配种前切实搞好免疫，提高母猪的免疫力。

第三节 仔猪的饲养管理

一、仔猪的营养需要

1. 蛋白质、氨基酸的需要

仔猪一般只需初乳中的免疫球蛋白即可，蛋白质进入消化道后主要分解为氨基酸，因而满足仔猪氨基酸需要十分重要。仔猪最佳氨基酸比例为：(把赖氨酸定为100)赖氨酸100、蛋氨酸+胱氨酸50、苏氨酸60、色氨酸15、亮氨酸100、异亮氨酸55、组氨酸33、苯丙氨酸+酪氨酸96、缬氨酸70。具有上述氨基酸平衡比例的蛋白质叫理想蛋白质。理想蛋白质利用率高，按饲料百分比计算，仔猪对理想蛋白质的需求量比粗蛋白质约低2个百分点。

2. 能量需要

哺乳仔猪所需的碳水化合物主要是乳糖，而断奶仔猪所需碳水化合物变为日粮提供的复杂的植物性碳水化合物淀粉、寡糖和非淀粉多糖等，其中淀粉作为主要组分，是断奶仔猪的主要能量来源。碳水化合物含量对仔猪具有特殊的作用，仔猪日粮中碳水化合物含量占可消化干物质含量的60%~80%。来源不同的碳水化合物的营养性和功能性碳水化合物的含量与比例存在很大差异，影响仔猪肠道形态、消化道酶活性和微生物区系，进而影响仔猪能量平衡以及对蛋白质、氨基酸等其他营养素的利用。

3. 矿物质的需要

仔猪7.0~20 kg体重时需要的最佳钙、磷比例为1.3∶1。高水平钙会显著降低仔猪生产性能。日粮中钙含量为0.8%时骨骼矿化程度最高，仔猪日粮钙水平为0.58%~0.80%时能获得较好的生产性能。仔猪日粮一般不会缺钾；但钾过量会影响钠和镁吸收。猪没有储存钠的能力，且一般植物性饲料中钠和氯含量很低，需要经常在日粮中补充。仔猪饲料中食盐的含量应控制在0.05%~0.50%。食盐过多或饮水过少可引起猪食盐中毒。

4. 维生素的需要

骨骼与肌肉的生长都需要维生素参与代谢过程，特别是维生素A、维生素D、维生素E比较重要。10~20 kg断奶仔猪每千克饲粮中分别含维生素A 1 700 IU、维生素D 1 200 IU和维生素E 11 IU。除以上脂溶性维生素外，水溶性维生素在猪的生长发育中也发挥重要作用。目前已确定的水溶性维生素有10种，包括硫胺素、核黄素、泛酸、胆碱、烟酸、维生素B_6、生物素、叶酸、维生素B_{12}和微生物C。在多数情况下，缺乏症无特异性症状，导致食欲下降、生长受阻。除维生素B_{12}外，水溶性维生素几乎不在体内储存，经尿排出体外(包括代谢产物)。猪肠道微生物能合成B族维生素，但难以被猪吸收。

二、仔猪的生理特点

初生仔猪的消化、免疫、神经调节等功能发育不健全，仍处于生长发育阶段。仔猪的生理特点决定了仔猪饲养管理要求高。

(一)消化功能不健全

初生仔猪的消化器官相对重量和容积较小。胃的重量为4~8 g,占体重的0.44%,容积为30~40 mL。随着日龄的增加而迅速扩大,到20日龄时,胃重量增长到35 g左右,容积扩大3~4倍;小肠在哺乳期内快速生长,长度增加约5倍,容积扩大到50~60倍;消化器官强烈地生长持续到6~8月龄,之后开始降低,直到13~15月龄逐渐接近为成年猪的水平。

仔猪消化器官发育晚熟,导致消化系统发育较慢,消化机制不完善。在胃液组成上,哺乳仔猪在20日龄内,胃液中仅有足够的凝乳酶,而唾液和胃蛋白酶很少,为成年猪的1/4~1/3,到仔猪3月龄时胃液中的胃蛋白酶才增加到成年猪的水平。同时,初生仔猪胃底腺不发达,不能分泌盐酸,胃内缺乏游离的盐酸,且胃蛋白酶原没有活性,不能消化蛋白质,特别是植物性蛋白质。

此外,食物通过哺乳仔猪消化道的速度较快。哺乳仔猪的胃容积小,食物进入胃后完全排空的时间为:15日龄时约为1.5 h,30日龄时为3~5 h,60日龄时为16~19 h。

(二)体温调节机能不完善

仔猪的体温调节能力较差,在初生仔猪身上表现尤其明显,这是由于初生仔猪通过神经系统调节体温适应环境应激的能力差,特别是出生后第1天。仔猪体内的能量贮备较少,被毛稀疏、皮下脂肪少(脂肪不到体重的1%),保温隔热能力差。在母猪分娩后,仔猪自子宫恒温环境到气温较低的环境时,仔猪不易维持正常体温,易出现冻僵、冻死等现象,因而初生仔猪要加强护理,尤其是在寒冷季节要做好保温工作。

(三)生长发育迅速

仔猪出生时体重为1~2 kg,不到成年猪体重的1%,但出生后生长发育迅速。在饲养管理良好的情况下,10日龄时可达到初生体重的2倍,30日龄时达到5~7倍,60日龄时体重可达15~20 kg,增加10~15倍以上。

(四)缺乏先天性免疫力

初生仔猪体内没有免疫抗体,存在于母猪血清中的免疫球蛋白不能通过母猪血管与胎儿脐带传递给仔猪。仔猪在6周龄时才依靠自身合成抗体,并逐渐由被动免疫向主动免疫过渡。初生仔猪没有先天性免疫力,且免疫系统发育不完善,常因免疫力低下易感染疾病而导致死亡。

三、哺乳仔猪的饲养管理

哺乳仔猪是指从初生到断奶前这一阶段的仔猪。初生仔猪刚离开母体,对外界环境的适应能力较差,必须做好初生仔猪的护理工作。

（一）哺乳仔猪的饲养

1. 及时吃足初乳

初生仔猪不具备先天性免疫能力，必须通过初乳获得，让仔猪尽早吃到初乳是初生仔猪获得抵抗力的唯一有效途径。仔猪出生后及时吃足初乳，能够刺激消化器官的活动，促进胎粪排出，增加营养产热，提高仔猪对寒冷的抵抗力。

2. 补铁

铁是形成血红素和肌红蛋白所必需的微量元素，也是细胞色素酶类和多种氧化酶的成分。初生仔猪体内铁的贮存量很少，若不及时给仔猪补铁，仔猪体内贮备的铁将很快消耗殆尽。仔猪缺铁时，血红蛋白不能正常生成，从而导致营养性贫血症。目前最有效的补铁方法是给仔猪肌肉注射铁制剂，如右旋糖酐铁注射液等，一般在仔猪 2 日龄时注射 100 ~ 500 mg，预防缺铁性贫血，提高仔猪断奶成活率。

3. 提早开食补料

哺乳仔猪的营养单靠母乳不够，必须补喂饲料。母猪的泌乳量一般在第 3 周开始逐渐下降，而仔猪生长发育迅速，母乳已不能满足仔猪的营养需要，如不及时补喂饲料，必然会影响仔猪的生长发育。早期补料刺激消化系统的发育与机能完善，减轻断奶后营养性应激导致的腹泻。

猪场饲喂设备较好时，仔猪生后 5 ~ 7 d 即可开食。仔猪单独活动，并有啃咬硬物拱掘地面的习性，利用这些行为有助于补料。实际生产中常采用自由采食方式，即将特制的诱食料投放在补料槽里，让仔猪自由采食。为了让仔猪尽快吃料，要利用仔猪抢食的习性和爱吃新料的特点，每次投料少，每天多次投料，仔猪诱食料要适合仔猪的口味，有利于仔猪的消化，最好是颗粒料。

4. 补水

哺乳仔猪生长迅速，代谢旺盛，母乳中和仔猪补料中蛋白质含量较高需要较多的水分，生产实践中经常看到仔猪喝尿液和脏水，这是仔猪缺水的表现。及时给仔猪补喂清洁饮水，不仅可以满足仔猪生长发育对水分的需要，还可防止仔猪因喝脏水而导致下痢。因此，在仔猪 3 ~ 5 日龄时给开食的同时，要注意补水，最好安装仔猪专用的自动饮水器或设置水槽。

（二）哺乳仔猪的管理

1. 仔猪防寒保温

新生仔猪的适宜环境温度是 30 ~ 34℃，如果产仔舍内温度为 17℃，则 72% 的仔猪体温会低于 37℃，仔猪活动便会受到影响。因此，要加强环境管理工作，尤其是寒冷季节需做好防寒保温工作，可使用红外线灯泡或者使用保温板保温。对于规模较小的普通猪舍，根据实际情况建设简易保温室，利用温度计掌握好温度变化情况。在简易保温室的地面铺设一些比较松软的垫子或干草，保证内部环境的干净、卫生。

2. 固定乳头

母猪乳汁除分娩后最初两天连续分泌外，以后是通过刺激有控制地放乳，不放乳时仔猪吃不到乳汁。母猪每次放乳时间很短，一般为 10 ~ 20 s，哺乳间隔约为 1 h。仔猪有固定乳头吸乳的习性，开始几次吸食某个乳头，直到断奶时不变。仔猪出生后有寻找乳头的本能，而较小的弱仔经常找不到乳头或被强壮的仔猪挤掉，这样易引起相互争夺，咬伤乳头或仔猪颊部。为保证同窝仔猪生长均匀，放乳时有序吸乳，在仔猪生后 2 d 内应进行人工辅助固定乳头，把弱小仔猪放在前边乳汁多的乳头上，体格强壮的放在后面。固定乳头要以仔猪自选为主，个别调整为辅，特别要注意控制抢乳的强壮仔猪，帮助弱小仔猪吸乳。

3. 剪犬齿与断尾

仔猪出生后第 1 天，对窝产仔数较多特别是在产活仔数超过母猪乳头数时，可以剪掉仔猪的犬齿。对初生重小、体弱的仔猪可以不剪。去掉犬齿的方法是用消毒后的铁钳子剪去犬齿，目的是防止仔猪互相争夺乳头时咬断乳头或仔猪双颊。

用于育肥的仔猪出生后，为了预防育肥期间的咬断尾现象，要尽早断尾，一般可与剪犬齿同时进行。断尾方法是用钳子剪去仔猪尾巴的 1/3（约 2.5 cm 长），然后涂上碘酒，防止感染。

4. 选择性寄养

在母猪产仔过多或无力哺乳自己所生的部分或全部仔猪时，应将这些仔猪寄养给其他母猪。在生产实践中最好将多余的仔猪寄养到迟 1 ~ 2 d 分娩的母猪，不要寄养到早 1 ~ 2 d 分娩的母猪。为了使寄养顺利实施，可在被寄养的仔猪身上涂抹收养母猪的奶或尿，同时把寄养仔猪与收养母猪所生的仔猪合养在一个保育箱内一定时间，干扰母猪嗅觉，使母猪分辨不出气味。

5. 预防腹泻

腹泻是哺乳仔猪最常见的现象，是影响仔猪生长发育最重要的因素之一，也是导致哺乳仔猪死亡的最常见病症。预防仔猪下痢是养育哺乳仔猪的关键技术之一，由传染性病原体引起的下痢病，如痢疾、副伤寒、传染性胃肠炎，特别是哺乳仔猪的大肠杆菌性痢疾，都有很高的死亡率，尤其是抵抗力弱的仔猪。

预防哺乳仔猪腹泻必须采用综合措施，首先是提高青年母猪的免疫力，使仔猪从初乳中获得某种特定的抗体，生产实践中可以将青年母猪与经产母猪放在同一栏内饲养，或者让青年母猪接触到经产母猪的粪便。其次是通过寄养仔猪，平衡窝仔猪数。再次，要注意保温，防止湿冷及空气污浊，严格实行全进全出制度。免疫注射对于防止肠道病原菌感染非常有效，必须做好疫苗接种工作。帮助仔猪抵抗病原菌的同时注意补水，当下痢仔猪失去体液 10% 时，即面临死亡。给仔猪施以胃管直接补水的效果最好，通常补水量为体液的 1/10 左右，每千克体重每天需补水 75 mL；对严重腹泻的仔猪可腹腔注射葡萄糖生理盐水，或者自由饮服补液盐加抗菌药物的水溶液。

四、断奶仔猪的饲养管理

断奶仔猪是指仔猪从断奶至 75 日龄左右的仔猪。断奶对仔猪是一个很大的应激，由饮用母体的液体奶变为采食固体饲料，生活环境由依靠母猪到独立生存，使仔猪精神上受到打击。如果饲养管理不当，会引起仔猪烦躁不安，食欲不振，生长发育停滞，形成僵猪，甚至患病或死亡。因此，维持哺乳期内的生活环境和饲料条件的相对稳定，做好饲料、环境和管理制度的过渡，是养好断奶仔猪的关键。

（一）断奶仔猪的饲养

1. 合理饲喂

仔猪断奶后，要保证饲喂方式科学合理，减少胃肠道等疾病的发生。仔猪断奶前期，严格控制饲喂量，一般以正常喂量的50%为宜，同时按照少量多次的原则，每日饲喂5次左右为宜，随着日龄增长不断增加饲喂量，并减少饲喂次数。仔猪断奶1周后，如无异常可继续增加饲喂量，如出现腹泻等症状应及时治疗。在换料过程中，切记不可突然换料，遵循循序渐进的原则，每天减少教槽料20%的量以逐渐过渡到保育料。做好饮水管理，保证饮水干净无污染，最好饮用温水，避免仔猪发生腹泻等。为减少仔猪应激，可在饮水中加入适量的葡萄糖以及电解多维。

2. 科学合理搭配日粮

仔猪断奶后，为其提供营养充足、均衡的日粮，满足仔猪生长发育对多种营养物质的需求。合理搭配日粮，保证饲料适口性好，易于消化吸收，在饲料中加入适量的葡萄糖、鱼粉、乳清粉，提高饲料质量。亦可加入一些益生菌，促进仔猪肠道有益菌生长，改善肠道环境，完善胃肠道功能，以便充分吸收营养物质。在必要的情况下，饲料中加入适量的中草药，如黄芪、板蓝根等，提高仔猪抵抗力，促进仔猪生长。

（二）断奶仔猪的管理

1. 生长环境

为保证仔猪断奶后健康成长，要营造舒适、健康的生长环境，降低发病率。仔猪断奶后，其体温会下降1℃左右，再加上断奶初期仔猪摄入营养不足，极易引发腹泻、感冒等现象。因此，在仔猪断奶前后，要科学合理地控制好圈舍温度，通常仔猪保育前期以23～25℃为宜，保育后期以20～23℃为宜；保证保育舍光照通风正常，及时排出有害气体；保育舍湿度以65%～75%为宜，过于潮湿会导致皮肤病，过于干燥易发生呼吸道疾病，从而影响仔猪生长发育。

2. 合理分群

合理分群饲养不仅能够避免出现相互撕咬、争夺食物的现象，也能够使仔猪摄入均衡、充足的营养物质。饲养人员要结合仔猪品种、体格、性别、日龄以及健康状况等多方面因素合理分群，要求同栏饲养日龄、体重、性别相近的仔猪。针对过于瘦弱的仔猪，单独饲养，增强体质。

3. 疾病防控

仔猪断奶后，由于抵抗力、免疫力较低，易感染病原微生物而诱发疾病。因此，养殖人员要高度重视疾病防控工作。对仔猪保育舍定期清洁、消毒，且保证消毒的彻底性和全面性，避免滋生细菌和病毒；做好仔猪体内和体外驱虫工作，降低寄生虫病发病率；制定健全完善的免疫接种制度和免疫计划，结合本地疫病流行状况及趋势，及时落实免疫接种工作，尤其要做好猪丹毒、猪肺疫、伪狂犬病、猪繁殖与呼吸综合征、猪传染性胸膜肺炎、猪气喘病、猪链球菌病、猪流行性腹泻等疾病的防控工作，接种期间严格控制免疫接种剂量，做到无菌操作，禁止打飞针。免疫接种后定期落实免疫监测工作，如发现免疫失效应及时进行复免，实现对疫病的有效防控。

第四节　育肥猪的饲养管理

一、育肥猪的营养需要

(一)能量需要

生长育肥猪的能量需要量由蛋白质沉积、分解与合成，脂肪沉积、分解与合成，以及各自的维持需要量组成。对于大多数生长猪，低的能量水平会限制其生长；而对于育肥猪，能量摄入量一般不会限制其瘦肉生长速度。在进行日粮配合时，应根据市场对产品的需求确定其最佳的能量摄入量。美国国家科学研究委员会(United States National Research Council)建议，生长育肥猪能量浓度为每千克饲粮 14.23 MJ(代谢能)。

(二)蛋白质需要

猪对蛋白质的需要与对能量的需要有一定的相关性，要注意日粮中的能蛋比，确保育肥猪摄入适宜的能量和蛋白质，满足生长发育和增重需要。在提供合理的蛋白质营养时，注意各种氨基酸的给量和配比，尤其注意日粮中赖氨酸占粗蛋白的比例，沉积瘦肉较快的猪需要较高的蛋白质和氨基酸水平。在消化能力和氨基酸都满足的情况下，日粮蛋白质水平应控制在9%~18%。

(三)矿物质需要

矿物质是猪生命活动必需的营养物质，是组成猪体的重要成分，还参与酶和辅酶的组成，调节猪体的生理生化功能。其中钙和磷是骨骼中的主要成分，占猪体矿物质的70%左右，并且对日粮中无机钙、磷的利用率要高于有机钙、磷，生长育肥猪至少需要13种矿物质元素，钙、磷、钾、钠、硫等7种常量元素和铁、铜、锌、锰、碘、硒等6种微量元素。其中，钙的需要量通常为磷需要量的2~2.15倍。钠、氯和钾是调节机体离子平衡的重要物质，钠和钾的消化吸收量大于实际需要量，过量的部分随尿液排出体外，钠和氯化物的需要量为1.5 g/kg。镁也是骨骼的结构物质，还参与许多酶的合成，其需要量为0.4 g/kg。

(四)维生素需要

育肥猪缺乏维生素将导致生长速度下降、料重比增加及抗病力下降。因此，日粮维生素水平必须保持稳定在一个合适的水平，以获得最大的生产性能。NRC 确定的生长育肥猪(20～50 kg 及80～120 kg)维生素 A 需要量为1 300 IU，即每千克日粮中需要450 μg 的维生素 A 醋酸酯。维生素 D 的需要量在很大程度上与钙、磷比例有关，比例过大或过小都会导致维生素 D 的需要量增加。育肥猪饲料中添加维生素 E 可延长猪肉的贮存时间，一般情况下，日粮中维生素 E 的最低添加量为40 mg/kg。饲粮中添加生物素可明显改进饲料转化率。此外，泛酸参与维生素 C 的合成，而一定量的维生素 C 又可降低猪对泛酸的需要。

二、育肥猪的生长发育规律

育肥猪在生长过程中遵循一定的生长发育规律，早期生长速度快，达到最大生长速度后生长减缓，且早期主要以骨骼和肌肉生长为主，后期以脂肪沉积为主。因此，在掌握育肥猪生长发育规律的基础上，科学进行饲养管理，以达到提高胴体品质、缩短生产周期、节约饲料成本等目的。

(一)体重增长

体重增长是检验育肥猪日粮营养水平的重要依据，也是决定育肥猪出栏的重要依据之一。在生长过程中，品种、营养和环境等决定生长速度，虽然不同品种的生长速度不尽相同，但是育肥猪都会遵循相同的生长发育规律。一般情况下，育肥猪的日增重呈现不规则的抛物线。首先是增快(加速度生长期)，到达最大生长速度(拐点或转折点)后降低(减速生长期)，正常情况下转折点发生在成年猪体重的40%左右，相当于育肥猪的适宜屠宰期。不同品种、环境条件等适宜屠宰的体重不同，但一般在6月龄之前。

(二)体组织生长

猪各个组织的生长发育速度与体重增长速度基本一致，但生长强度和顺序不平衡，通常生长顺序为神经组织、骨骼、肌肉和脂肪。随着猪年龄的增长，一般是骨骼最先发育，也最早停止，肌肉生长发育处于中间，脂肪是最晚发育的组织。与后备猪相比，育肥猪生长时缩短了各个组织部位的生长发育时间，脂肪组织的增长加快。一般情况下，生长育肥猪20～30 kg 时为骨骼生长高峰期，60～70 kg 时为肌肉生长高峰期，90～110 kg 时为脂肪蓄积旺盛期。

品种及营养水平对体组织生长强度有一定的影响。例如，瘦肉型猪种肌肉的生长期延长，脂肪沉积延迟，骨骼生长、肌肉生长、脂肪沉积的三个高峰之间的间隔拉开。而营养水平低时生长强度小，营养水平高时生长强度大。因此，根据以上生长发育规律，在早期应提供充足的营养，注意日粮中矿物质和必需氨基酸的供应，促使骨骼和肌肉充分生长发育；育肥期(60～70 kg 以后)控制饲料中能量含量，避免过度采食或摄入过多的能量使机体过早蓄积脂肪，降低饲料利用率和胴体瘦肉率。

(三)猪体化学成分变化

随着年龄和体重的增长，猪体的化学成分呈现一定规律的变化，即幼龄时猪体的水分、蛋白质和矿物质的相对含量较高,尤其在胚胎期和生长最初时体内蛋白质和矿物质生长速度很快,但随年龄增长而逐步降低;幼龄时猪体的脂肪含量相对较低,随着日龄的增长脂肪逐渐沉积增加,而水分和蛋白质等成分越来越低。因此,在实际生产中猪育肥到 90 ~ 100 kg 时出栏。

三、育肥猪的饲养

(一)育肥方式和饲喂方法

1. 育肥方式

在育肥期饲养过程中,通常采用“吊架子”和“一条龙”两种育肥方式,不同的育肥方式对生长育肥猪的增重速度、饲料转化率和胴体瘦肉率均有很大影响。

“吊架子”育肥法也叫“阶段育肥法”,是根据当地饲料条件所采用的一种育肥方式,一般把育肥期分成小猪阶段、架子猪(中猪)阶段和出栏前催肥阶段。小猪时以精饲料为主,饲料能量和蛋白质水平相对较高,促进机体迅速生长发育。中猪阶段主要利用猪骨骼肌发育较快的特点,采用低能量和低蛋白质的日粮进行限制饲养(吊架子),一般以青粗饲料为主,饲养 4 ~ 5 个月。催肥阶段主要利用肥猪易于沉积脂肪的特点,充分挖掘猪体沉积脂肪的能力,增加日粮精料比例,使用能量和蛋白含量较高的饲料,达到催肥的目的。这种方式可以充分利用当地青粗饲料等自然资源,节约饲料成本,提高养殖效益,但会推迟猪群出栏时间,延长生长期和降低生长效率,往往在经济不发达、当地青粗饲料比较丰富的地区采用,不适宜集约化、现代化养猪生产的要求。

“一条龙”育肥法也叫“直线育肥法”,即根据猪在各个生长发育阶段的特点,采用不同的营养水平及饲喂技术,整个育肥期均让猪群自由采食,保证在整个生长育肥期能量和蛋白质水平逐步提高,加快猪增重,提高饲料转化率。这种方法的优点是猪生长速度和体重增加快、饲料转化率高、饲养周期短和商品率高,在规模化、现代化养猪场中大部分采用这种方法。然而,按照“一条龙”育肥法饲养的生长育肥猪,往往使猪沉积大量的脂肪而影响其瘦肉率。为了兼顾增重速度、饲料转化率和胴体瘦肉率,商品瘦肉猪一般采取“前敞后限”的饲养方式,即在育肥猪体重 60 kg 以前按照“一条龙”饲养方式,采用高能量、高蛋白质饲粮;在育肥猪体重达到 60 kg 后,适当降低饲粮能量和蛋白质水平,限制其每天采食的能量总量。

2. 饲喂方法

育肥猪的饲喂方法一般分为自由采食和限制饲喂两种。

现阶段我国规模化的养猪基地往往选择自由采食的饲喂方式,只需要在固定的饲料桶内定时加入充足的饲料以保证育肥猪日常需求,育肥猪随意采食,符合动物福利的要求。然而,这种饲养方式通常会使猪因为贪食而采食过量,不仅浪费了饲料,饲料利用率下降,同时不利于猪本身的健康,也不利于提升养殖场的经济效益。

限制饲喂是在兼顾肉猪重量增长效率的基础上,适当减少肥猪生长后期的饲料供应,采取定时定量的饲喂方法,提高饲料利用率的同时降低料肉比,改善肥猪体况,是提高精品猪肉产量的新型饲喂方法。限制饲喂主要有两种方法，一是对营养平衡的日粮在数量上进行控制，即每次饲喂自由采食量的70%～80%，或减少饲喂次数；二是降低日粮能量浓度，把纤维含量高的粗饲料配合到日粮中，限制其对养分特别是能量的采食量。

自由采食和限量饲喂对增重速度、饲料转化率和胴体品质有一定的影响。前者增重快，沉积脂肪多，饲料转化率低；后者饲料转化率改善，胴体背膘较薄，但日增重较低。因此，若要提高日增重，以自由采食为好；若只追求瘦肉多和脂肪少，则以限制饲喂为好。如果既要求增重快，又要求胴体瘦肉率多，则以两种方法结合为好，即在育肥前期采取自由采食，让猪充分生长发育，而在育肥后期采取限量饲喂，限制脂肪过多的沉积。

（二）饲料调制

饲料加工调制与饲料的适口性、转化率有密切关系。合理的调制可改善饲料适口性，提高饲料转化率，还可降低或消除有毒、有害物质的危害。合理搭配饲料可以发挥能量、蛋白质等各种营养物质之间的互补作用，进而提高饲料中各种营养物质的利用率。实践证明，使用玉米饲喂育肥猪仅能利用51%的蛋白质，如果饲喂肉骨粉仅能利用41%的蛋白质，如果将2份玉米和1份肉骨粉混合一起饲喂育肥猪，可以利用61%的蛋白质。

1. 粉碎细度

玉米、高粱、大麦、小麦、稻谷等谷实饲料都有硬种皮或兼有粗硬的壳，喂前粉碎或压片，减少咀嚼消耗的能量，也有利于消化，育肥猪吃起来爽口，采食量大，增重快，饲料利用率高。然而，如果玉米等谷实类粉碎过细，对食道和胃黏膜会有损害，降低猪的采食量、增重和饲料利用率。用大麦、小麦饲喂育肥猪时，用压片机压成片状比粉碎效果好。青绿饲料、块根块茎类、青贮料及瓜类饲料可切碎或打浆拌入配合精料中一起喂猪，减少糟损、咀嚼，缩小体积，增加采食量。甜菜在饲喂量较大时必须粉碎，且越细越好，否则容易引起消化不良而腹泻。干粗饲料一般都应粉碎，以细为好，缩小体积，改善适口性和增加采食量。

2. 生喂与熟喂

配合饲料一般宜生喂，玉米、高粱、大麦、小麦等谷实饲料熟制后会破坏维生素，降低氨基酸的利用率，因而谷实饲料及其加工副产物应当生喂，不要煮熟喂猪。牧草、野菜、树叶、胡萝卜、甜菜、白菜、萝卜、瓜类及水生植物等青绿多汁饲料，都应粉碎和打浆生喂，煮熟会破坏维生素，处理不当会造成亚硝酸盐中毒。含有害成分的饲料如棉仁饼、菜籽饼，或者轻度变质的饲料（含有真菌、霉菌）煮熟饲喂最好，避免或减少中毒的可能性。总之，喂猪常用的绝大多数饲料都应当粉碎，配制成全价日粮生喂，不仅饲喂效果好，还能降低饲养成本。

3. 干喂与湿喂

配（混）合饲料的饲喂形态对生长育肥猪的增重和饲料转化率不同。饲喂干粉料的条件是猪栏内必须是硬地面（水泥或木板地面），否则会因饲料抛撒而造成浪费。为了有利于育肥猪采食，缩短饲喂时间，避免舍内有饲料粉尘，可将干粉料按1∶0.5或1∶1掺水，调成半干粉料或湿粉料，用食槽饲喂或在硬地面撒喂。料水的比例加大到1∶（1.5～2.0）时，即成浓粥料或稀粥料，不会影响饲养效果，但必须用食槽饲喂，费工费事。

（三）饲喂次数

在猪食欲最好的时间进行饲喂，可提高饲料的利用率。采取自由采食方法时不存在饲喂次数的问题，而在限制饲喂条件下，不同国家、地区对育肥猪的饲喂次数各不相同。在日本每天分3~4次喂给一定量的配合饲料，每次使猪在10 min左右吃完。采用限制饲喂或定时给料，营养供给达到转折点时，一般现代化养猪场采取2次/d的饲喂方法。肉猪每天饲喂次数要根据猪的年龄和日粮组成来掌握。仔猪胃肠容积小，消化力差，而相对饲料需要量多，每天宜喂3~4次；育肥猪胃肠容积扩大，消化力增强，可减少饲喂次数。如果日粮是精料型，则每天饲喂2次或3次，增重和饲料利用率基本没有差异；如果饲粮中包括较多的青料、干粗饲料或糟渣类饲料，则日喂3~4次，能够增加每天采食总量，有利于增重。另外，猪群食欲和时间有很大关系，正常情况下猪群采食欲望在每天傍晚时候最强，早晨次之，中午最弱，这种情况在炎热的夏季最为明显，所以饲养人员应根据猪群的食欲情况，在每天早晨和傍晚进行饲喂，中午时间可以不饲喂。因此，猪每天日粮饲喂量的分配比例为傍晚40%、早晨35%、午间25%。例如，夏季日喂2次时，以6点和18点饲喂为宜，因为早晚凉快，猪的食欲旺盛。

（四）饮水

水是维持猪生命不可缺少的物质，也是细胞和体液的重要组成部分，一般猪体内水分占体重的50%~65%。水分对调节体温、营养物质的消化、吸收和运输以及体内废物的排泄等具有重要作用，在实际生产过程中必须供给充足的清洁饮水。如果饮水不足，会引起食欲减退，采食量减少，致使猪的生长速度缓慢，体质变差，免疫力和抗病能力降低，从而诱发猪群感染各种疾病，降低育肥效果。因此，必须供给干净、充足、无污染的饮水，保证猪群健康生长和发育。

实践证明，猪食入1 kg饲料需要饮水2.5~3.0 kg，以保证饲料的正常消化和代谢。猪的饮水量随生理状态、环境温度、体重、饲料性质和采食量等而变化，一般在春秋季节其正常饮水量应为采食饲料风干重的4倍或体重的16%，夏季约为5倍或体重的23%，冬季则为2~3倍或体重的10%左右。一般以安装自动饮水器较好，或在圈内单独设置水槽，经常保持充足而清洁的饮水，自由饮用。一般情况下，选用自来水或者地下水作为水源，坚决禁止直接使用湖水、河水等作为饮用水。另外，保证饮用水的适宜温度，不能使用温度过高或过低的水源作为饮用水。

四、育肥猪的管理

在养猪生产过程中，猪的育肥属于最后一个阶段，是检测饲养管理技术是否过硬、疫病防控是否完善的关键，因而这个阶段的管理十分重要。规模化养猪场饲养育肥猪时，要重点关注日常管理、保健管理和安全管理等方面，切实提升猪的育肥效果。

（一）日常管理

1. 合理分群

猪群在育肥期一般均采取合群饲养，生产中应根据是否容易管理和生产成本来决定饲养群体的大小。群饲既能充分利用圈舍面积和设备，提高劳动生产率，降低养猪生产成本，又可利用猪的同槽争食习性来促进食欲，提高增重效果。但群饲容易发生争食、咬架等情况，影响采食和增重，因而必须做到合理分群。

分群管理是将育肥猪按照品种、批次、生长情况和体重等标准进行分类，分别放入不同的圈舍后进行个性化管理。生长猪在保育结束进入育肥前期需对猪进行重新分群，防止出现以大欺小、以强欺弱的现象，影响育肥猪生产性能。在分群时，尽可能让同一品种体重大小、体质强弱接近的个体分为一群；分群宜采用“夜合昼不合”的原则，坚持“留弱不留强、拆多不拆少”的方法；适当喷雾酒精等有干扰气味的药液，减轻分群带来的咬斗现象，保持群体稳定，减少应激；分群后不应随意变动猪群，使其保持相对稳定，若有患病或体质差的猪应及时调整。

一般公猪生长速度远高于母猪，青年母猪的生长速度最慢，去势后的公猪生长速度介于公猪与母猪之间。由此可见，将公猪与母猪分群饲养，不仅可以提高猪群均匀度，达到同时出栏和提高猪舍利用率的目的，而且可以充分挖掘猪群的生产性能。目前规模化养猪场在育肥期均对猪群进行合理分群饲养，以获取理想的育肥效果。在正常条件下，生长育肥猪的分群状态一直保持到出栏。如果猪群中存在生长状态特殊的猪，可视情况判断是否需要单独建群饲养。

2. 调教

为提高猪的饲养效果，保证猪的健康，养殖人员在育肥猪新合群或调入新圈时，要及时加以调教。育肥猪的调教要重点抓好两项工作，第一是防止强夺弱食。及时调教分群后的猪，确保每头猪吃到饲料、吃饱饲料，因而应具备足够的饲槽，对霸槽争食的猪要勤赶、勤教。第二是训练猪养成“三角定位”的习惯，使猪养成固定位置饮水采食、睡觉、排便的习惯，通过训练和引导帮助其形成定点记忆，形成条件反射，尤其是定点排便，减轻管理工作量，保证圈舍卫生，保障猪群健康。一般情况下，在育肥猪进入圈舍后第一次排泄调教最为有利，便于猪产生定点记忆。具体方法是猪调入新圈前，预先把圈舍打扫干净，在猪躺卧处铺上垫草，食槽内放上饲料，并在指定排便地点堆放少量粪便、泼点水。把猪调入新圈后，若有个别猪不在指定地点排便时，要及时将其粪便铲到指定地点，并守候看管，一般经过一周左右的训练，猪便会养成“三角定位”的习惯。

3. *养殖环境管理*

育肥猪生存的环境包括环境卫生、猪舍内的小气候环境（舍内温度、湿度、光照、声音，猪与废弃物产生的二氧化碳、氨气、硫化氢气体等）。环境卫生在育肥猪养殖过程中易被忽视，实际上猪舍的环境卫生对于育肥猪的影响很大，如果卫生条件较差，则猪舍粪污堆积，易引起猪舍空气质量变差，导致大量的病原微生物滋生与繁殖，引起猪患病。因此，每天做好清舍工作，及时将粪污清理干净，并定期进行消毒，保持猪舍清洁卫生。

猪舍温度保持在16～23℃为宜，在此温度下猪增重快，饲料转化率高。如果环境温度过低，猪会通过增加采食量获取较多能量，然后转化成热量以维持正常体温和抵御外界寒冷，所以在温度较低时会减缓增重速度，增加采食量，进而降低饲料转化率。温度过低还会降低猪体质和抗病能力，长期处于低温环境中的猪群通常发病率高。反之，如果环境温度过高，猪体为散发热量，会增加呼吸频率，加快新陈代谢，引起食欲减退和采食量下降，也会降低生长速度，同样无法获取较好的育肥效果。同时温度过高时，猪体表皮肤较厚，不容易散热，给猪群带来严重的热应激，致使机体肾上腺素分泌过多，影响体质和抗病能力，最终导致生产性能下降。

育肥猪舍内需要适宜的光照，光照太强会降低猪的日增重，而光照不足时影响猪的脂肪沉积。要确保湿度的适宜性，湿度会直接影响育肥猪效果，适宜的湿度会提升猪群生长速度，提高饲料利用率，进而保证猪胴体品质，最佳湿度是50%。猪场需配备通风换气设备，保证舍内良好的空气循环，减少有害气体、尘埃以及微生物滋生，降低猪呼吸道疾病的发生率；控制外界传入的噪声，减少猪应激反应；及时清理排泄物及污染物，做好定期全面消毒工作，给育肥猪提供适宜的生长环境，从而提高饲料转化率，促进增重。

（二）保健管理

1. 防疫

为了预防育肥猪的常见传染病，以保证育肥猪健康生长，应全面统筹规划，切实保障猪群健康。养殖人员必须针对本地疫病流行状况，制定科学合理的防疫计划和免疫流程，认真做好预防接种工作。选用正规渠道的优质疫苗，避免遗漏，严格防疫，规避风险。对从外地引入的猪要隔离观察，并及时免疫接种，强化生物安全措施，严格制定和执行育肥猪饲养管理规范；加强圈舍环境管控，扩大防控范围，严控人员、车辆和物资的进出，增加消毒环节和频率，杜绝可能的病原传播途径。一旦群体中出现传染病病例，必须立即对病猪进行隔离治疗，做好病猪所在圈舍和同圈舍猪的消毒工作；若出现死猪，要妥善处理尸体，避免其成为新的传染源。同时在饲料中添加微生物制剂、酶制剂等改善猪肠道菌群，消除饲料中抗营养因子，提高机体非特异性免疫功能，防控疾病发生。

2. 驱虫

驱虫对提高育肥猪的增重和饲料转化率关系很大，也直接影响到养猪的经济效益。育肥猪常常会感染蛔虫、姜片吸虫、疥螨、虱等体内外寄生虫，当寄生虫数量达到一定程度时猪食欲下降、免疫力低下，对猪健康造成极为严重的影响。因此，加强对育肥猪的有效驱虫十分重要，具体措施是对饲料、饮用水进行质量检测，确保不含寄生虫或病原体后才能饮用；进出圈舍的养殖人员做好防护工作，避免将寄生虫带进圈舍；规模化养猪场要提高机械化饲养设备、自动化温湿度控制系统的普及率。一般采用伊维菌素、敌百虫或驱虫净等药物于90日龄第1次驱虫，135日龄第2次驱虫。根据当地虫害情况，对于蜱虫等具有极强传染病的害虫要做好预防工作，一般尽量采取生物防治法，如果治疗效果不明显，必要时采取低毒药物进行防治。

（三）安全管理

育肥猪的疫病防控是保证正常养殖的重要环节，且育肥猪数量较多，一旦有疫情就会在整个猪群中迅速蔓延传播，所以在育肥猪的管理过程中要高度重视疫病防控工作。

育肥猪较其他阶段的猪的抗病能力强，但仍要加强疾病的预防。首先要合理饲喂，增强体质，提高抗病能力；加强消毒，定期对猪舍以及四周环境进行严格消毒；严禁场外人员和车辆随意进出猪场，进入前严格遵守消毒制度，且在每批猪转出后或者出栏后进行彻底消毒。在育肥猪的饲料或者饮水中加入适量的生物制剂，提高机体的抵抗力，减少胃肠道疾病和呼吸道疾病的发生。根据本场的免疫计划定期对生长育肥猪进行疫苗免疫接种，并监测抗体水平，以便对免疫方案做出适当调整，提高免疫效果。疫苗免疫接种量要合理科学，免疫接种部位恰当，避免因为接种不到位、疫苗接种量不足而造成免疫失败。

健全猪场生物安全体系是猪场控制疫病最经济、最有效的措施。在引入外地猪时，隔离饲养一段时间，同时利用人工授精技术进行繁殖，进一步降低传播疾病的概率。重视疾病传播途径控制和猪场选址布局优化，疾病传播途径控制需要关注生物媒介，如开展全方位消毒，及时彻底清理排泄物，把可能携带病原的食物及鸟类粪便排除在养猪场外，重视病死猪的无害化处理。

第七章　牛的饲养管理技术

牛是人们驯化较早的与人类生活最为密切的一种多用途家畜，目前主要包括肉用和奶用两大方向。随着肉牛产业和奶牛产业的不断发展，世界上畜牧业发达国家十分重视养牛业的发展，养牛业在畜牧业经济中占据重要地位。

养牛业是现代农业的重要组成部分，其持续健康发展对于改善我国居民膳食结构、增强国民体质、优化农业结构、增加农牧民收入以及乡村振兴等具有重要意义。牛可以充分利用各种青粗饲料和农副产品，生产营养价值高的牛肉和牛奶；牛皮及其他副产品是轻工业和出口贸易的重要物资。大力发展养牛业可以迅速提高我国畜牧业占农业产值的比重，不仅具有十分显著的经济效益，而且还具有良好的社会效益和生态效益。牛肉营养丰富，富含亚油酸、矿物质、肉碱、维生素等，具有益气养胃、促进康复的功效，对人体健康十分有利。牛奶含有丰富的蛋白质以及矿物质、维生素等营养物质，能够缓解疲劳、保持精力充沛，利于骨骼和牙齿生长、促进身体生长发育，常喝牛奶对身体健康非常有益。

第一节　产业概况与生物学特性

一、牛的产业概况

(一) 肉牛产业概况

随着全球牛肉市场需求的持续增长，肉牛饲养量不断增加。2021 年全球肉牛存栏量达 99 649.5 万头，同比增长 1.33%，主要集中在印度、巴西等国；全球肉牛出栏量为 29 314.1 万头，同比增长 0.39%，其中排名前三的国家分别为印度、中国和巴西；全球牛肉产量达到 5 836.6 万吨，与 2020 年相比提高了 1.2%，其中美国是全球最大牛肉生产国，其后是巴西和中国，三者牛肉生产总量合计占世界总量的 50.47%。从 2017 年开始，全球牛肉的市场消费量呈现逐年增长的趋势，至 2021 年市场消费量已达到 5 686.5 万吨，同比增长 1.4%，其中美国以 22.35% 的消费占比位列第一，其次是中国和巴西，分别占比 17.56% 和 13.18%。

随着我国经济的不断发展，城乡居民收入水平和生活水平不断提高，饮食文化和饮食结构逐渐改善，牛肉需求量不断增加，推动了我国肉牛产业的快速发展。目前我国已成为继美国和巴西之后世界第三大肉牛养殖生产国，人均牛肉消费量从2014年的4.71 kg增长到2021年的6.56 kg，同比增长了4.6%，比2014年增长39.3%。2021年我国肉牛存栏量为9 817.25万头，同比增长2.7%；出栏量从2016年的4 265万头增至2021年的4 707万头。2021年牛肉需求量达到930.02万吨，较2020年的884.27万吨增加了45.8万吨，同比增长5.17%，但2021年我国牛肉产量仅697.5万吨，依然有232.52万吨的需求缺口，因而应继续大力发展肉牛产业，这对于满足人民高质量生活需要、促进国民经济增长等具有重要意义。

近年来，为了促进肉牛产业健康发展，我国陆续发布了《"十四五"推进农业农村现代化规划》《推进肉牛肉羊生产发展五年行动计划》等相关政策对产业进行引导，为肉牛产业的发展提供了良好的政策环境。另外，现代生物技术的创立和发展，与现代畜牧业的发展紧密联系起来，为优秀肉牛种质资源的保护与利用、良种快速繁育、肉牛精准营养、饲料资源的开发利用以及肉牛疾病的预防和诊断等提供了更多更广阔的途径，有效提高了肉牛养殖的生产效率和产品质量。

（二）奶牛产业概况

随着奶牛产业的发展环境越来越好，奶牛养殖行业呈现提质增量状态。2021年全球奶牛存栏量为1.39亿头，主要集中在印度、欧盟、巴西、墨西哥、俄罗斯等国家或地区，主要奶业出口国牛奶产量达到2.73亿吨，比2020年增长0.5%，增速放缓。据统计，2017—2021年全球乳制品产量呈现缓慢增长的趋势，2021年全球牛奶产量为54 519.6万吨、奶酪产量2 205.1万吨、黄油产量1 125.6万吨、脱脂奶粉产量475.9万吨、全脂奶粉产量462.1万吨。全球乳制品需求增长和主要生产国产量下降导致全球乳制品价格增长，2021年全球乳制品价格指数平均为118.4点，比2020年全年平均价格指数上升15.1%。乳制品价格上涨主要源于黄油和奶粉国际价格持续上涨，需求增长和乳制品价格上升使得原料奶价格也有所增长。

我国是世界上第三大奶牛养殖国，2021年奶牛存栏量930万头，目前奶牛单产平均达到8.6吨，生鲜乳产量达到3 683万吨，同比增长7.1%。奶制品的消费量同步逐年增高，近三年受疫情影响，干乳制品、大包粉、乳清类、奶酪类和奶油类等乳品进口数量下降明显，进口价格显著提高。我国乳制品出口量很小，主要产品为婴幼儿配方粉、大包粉。在牛奶产量稳定增长的同时，供应趋紧的局面渐趋改善。

随着商业化模式的出现，一些散户和小规模养殖场正在逐渐淡出市场，被专业奶牛养殖场、农村合作社等规模化养殖模式所替代。奶牛业的稳健发展，其根基在于养殖技术的掌握与恰当运用。在奶牛育种与繁殖方面，使用科学的遗传评估手段，利用同期发情、定时输精等繁殖调控技术；在营养与饲料方面，推广低蛋白日粮饲料配方；运用有机酸制剂、菌制剂或酶复合制剂，以及不同阶段不饱和脂肪酸的适量添加和合理比例的纤维饲料替代等，在保证奶牛营养需要、促进健康的同时，降低了饲养成本及管理风险，从根源上促进了奶牛产业的高质量发展。

二、牛的生物学特性

(一)耐寒不耐热

牛的祖先为寒带动物,体型较大,单位体重的体表面积小,虽有汗腺分布但不发达,皮肤散热比较困难。因此,牛比较怕热,但具有较强的耐寒能力,在 -18℃的环境中能够维持正常的体温,高原牦牛可以适应海拔 3 000 m 以上的高寒气候。

低温时,牛需采食大量的饲料来维持一定的生产力水平;高温时,牛的采食量大幅度下降,导致肉牛的生长发育速度减缓与奶牛的泌乳量明显下降。高温对牛的繁殖性能有很大影响,可使公牛的精液品质与母牛的受胎率降低。因此,生产中必须采取防暑降温措施以减少高温对牛的影响,并避免在盛夏时采精与配种。

(二)反刍与嗳气

牛是反刍家畜,有瘤胃、网胃、瓣胃、皱胃 4 个胃。前 3 个胃没有消化腺,只起浸润、揉搓、软化、酸化及发酵分解作用,也称前胃。第四胃皱胃有胃腺,能够分泌消化液,具有真正的消化作用,故第四胃也称真胃。犊牛初生时前胃很小,只有皱胃一半左右,乳汁靠皱胃和小肠来消化。随着犊牛的生长发育,瘤胃迅速发育成熟。

牛无门齿与犬齿,采食时靠高度灵活的舌头把草卷入口中,并借助头的摆动将草扯断,不经过咀嚼即会吞咽入瘤胃,因而容易将混入饲料中的异物误食入瘤胃内,最后进入网胃引起创伤性网胃炎和心膜炎。牛在休息时,瘤胃中经过浸泡的食团通过逆呕重回到口腔,经过重新咀嚼并混入唾液后再吞咽进入瘤胃,这个过程称为反刍。瘤胃内有大量的微生物,是饲料进行发酵的主要场所,故有“天然发酵罐”之称。在微生物的作用下,进入瘤胃的饲料不断发酵产生挥发性脂肪酸与各种气体(如 CO_2、CH_4、NH_3等),这些气体由食管进入口腔后吐出的过程称为嗳气。当牛采食大量带有露水的豆科牧草与富含淀粉的根茎类饲料时,瘤胃发酵急剧增多,所产生的气体超过嗳气负荷时,就会出现瘤胃鼓气,如不及时救治,牛会窒息死亡。

(三)食管沟反射

牛的食管沟始于贲门,延伸至网—瓣胃口,是食道的延续,收缩时呈一个中空闭合的管子(或沟),使食糜穿过瘤—网胃,而直接进入瓣胃。在哺乳期的犊牛,食管沟可以通过吸吮乳汁而闭合,称食管沟反射,使乳汁直接进入瓣胃和真胃,防止乳汁进入瘤胃、网胃因微生物发酵而引起腹泻等消化道疾病。在一般情况下,哺乳期结束的犊牛进入育成期后食管沟反射逐渐消失。

(四)群居性与优势序列

牛喜群居。牛群在长期共处过程中,在群体行为的基础上可以形成群体等级制度与优势序列,这种主次关系是牛“社会地位”的群体位次关系,每头牛都清楚地“知道”自己在群体中的“社会地位”。

牛群中牛的排序通常由年龄、体重、脾气以及在牛群中的资历等因素决定。通过这种方式,年长与体型大的牛通常拥有较高的优势地位,而年幼、体轻与新转入群体内的母牛的地位较低。牛的群体等级制度与优势序列在规定牛群的放牧游走路线、按时归牧、有条不紊进入挤奶厅以及防御敌害等方面都具有重要意义。

(五)食物特性与瘤胃营养特点

牛是草食动物,放牧时喜食高草,在料槽中吃饲草时往往有前后甩动的动作,故对饲草的浪费较大,因而要采取合适的饲喂设施与方法。牛喜食青绿饲料与块根饲料,喜食带甜、咸味的饲料,通过训练后能够大量采食带酸性成分的饲料。

牛的瘤胃体积庞大,具有厌氧、弱酸、温度稳定的特点,是一个庞大的“发酵罐”,这种特殊环境非常适合瘤胃微生物的繁殖和生长。瘤胃微生物的繁殖和生长受到日粮组成、饲养方式和其他因素影响,在饲养过程中日粮及饲喂程序不宜骤然变更,使其具有适应过程。另外,牛患病后口服抑菌类药物能够杀死瘤胃微生物,因而药物的使用要特别慎重。

牛对饲料中纤维素的消化主要依靠瘤胃中的纤维分解细菌和部分纤毛虫,可以将纤维素分解成挥发性脂肪酸为牛提供能量。饲料中的蛋白质和非蛋白质化合物被牛采食后,瘤胃内微生物可将其分解利用并合成微生物蛋白,其随食物到达皱胃和小肠后,被消化酶分解为氨基酸,最后被机体利用。此外,瘤胃微生物可以合成 B 族维生素,成年牛可以合成维生素 K。

(六)繁殖特性

牛属于单胎动物,自然状态下双胎率仅 1%~5%。牛的初情期为 6~12 月龄,性成熟为 8~14 月龄,发育正常的后备母牛 18 月龄时就可以配种。除北方部分牧区的黄牛和高寒地区的牦牛因终年放牧和气候的影响属季节性发情外,常见的舍饲黄牛为常年多次发情,一年四季均可发情配种。母牛发情周期为 21 d 左右,发情持续时间约 18 h,发情后约 10 h 排卵,妊娠期为 280 d 左右。种公牛一般从 1.5 岁开始参加采精和配种活动。

第二节　肉牛的饲养管理

一、肉牛的营养需要

营养需要指每一头肉牛每天对能量、蛋白质、矿物质及维生素等营养成分的需要量,是肉牛饲养标准的主要内容。牛对各种营养物质的需要,因其品种、年龄、性别、生产目的、生产性能等不同而有所差异。

(一)能量需要与碳水化合物营养

1. 肉牛对能量的需要

能量是维持生命活动以及生长、繁殖、生产等必需的。牛需要的能量来自饲料中的碳水化合物、脂肪和蛋白质,但主要是碳水化合物。碳水化合物包括粗纤维和无氮浸出物,在瘤胃中被微生物分解为挥发性脂肪酸、二氧化碳、甲烷等。挥发性脂肪酸被瘤胃壁吸收,成为牛能量的主要来源。

(1)肉牛的能量体系和能量单位　牛的饲料种类很多,从营养价值高的谷物到营养价值低的秸秆都是牛的常用饲料。不同饲料对牛的能量价值不一样,不仅能量的消化率相差很大,而且从消化能或代谢能转化为净能的效率也不相同。若用消化能或代谢能评定饲料,计算繁琐比较麻烦,所以目前世界上多数国家在牛的饲养上采用净能体系。

我国现行的肉牛饲养标准采用的是综合净能值,也称净能体系,即综合净能 = 维持净能 + 增重净能,用肉牛能量单位(RND)来表示。许多地方用玉米作为能量饲料,1 kg 玉米的综合净能值是 8.08 MJ,以其为 1 个 RND,即 RND = 每千克饲料的综合净能值为 8.08 MJ。

采用综合净能值把维持净能和增重净能结合起来综合评定,旨在为了适合我国国情,便于计算并在生产中推广应用。

(2)肉牛的能量需要量

①生长肥育牛的能量需要　我国肉牛饲养标准(1992)规定,在舍饲条件下,生长肥育牛维持净能需要为每千克 $W^{0.75}$ 322 kJ,即 $NE_m(kJ) = 322\ W^{0.75}$。

式中 322 $W^{0.75}$ 为代谢体重(kg),适合牛感到舒适的温度(一般是 15 ~ 18℃),舍饲,轻微活动,无应激的环境。当气温低于 12℃时,每降低 1℃,维持能量需增加 1%。

生长肥育牛增重净能(kJ) = (2 090 + 25.1W) × 日增重/[1 - (0.3 × 日增重)],式中 W 为体重(kg)。

肉牛的综合净能(NE_{mf})需要为:$NE_{mf}(kJ) = 322\ W^{0.75} + (2092 + 25.1W)$ × 日增重/[1 - (0.3 × 日增重)]

②生长母牛的维持净能需要　322 $W^{0.75}$,增重净能需要按照生长肥育牛的 110% 计算。

③繁殖母牛的能量需要　在维持净能需要为 322 $W^{0.75}$ 的基础上,不同妊娠天数每千克胎儿增重需要的维持净能为:$NE_m(kJ) = 0.197\,69\ t - 11.761\,22$,式中 t 为妊娠天数。

哺乳母牛的能量需要:维持净能需要为 322 $W^{0.75}$,泌乳能量需要为每千克 4% 乳脂率的标准乳为 3 138 kJ。代谢能用于维持和产奶的效率相似,所以哺乳母牛的维持和产奶净能需要都以维持净能表示。

2. 碳水化合物的营养

碳水化合物可分为可溶性的碳水化合物和难溶性的碳水化合物两种。可溶性的碳水化合物也就是无氮浸出物,包括糖和淀粉。由于糖和淀粉极易溶于水,所以容易消化吸收。难溶性的碳水化合物是指粗纤维类物质,包括纤维素、半纤维素和木质素。纤维素是高分子的葡聚糖,肉牛瘤胃中的细菌微生物能够分泌分解纤维素的酶,纤维素被分解后成为葡萄糖,对肉牛具有营养作用。半纤维素是一种和纤维素性质相似的多糖,水解后可生成木糖、五碳糖、六碳糖、半戊糖,同样具有营养作用,因为比纤维素的分子小,所以比纤维素容易水解。木质素是具有芳香族结构的高分子芳香烃物质，不能水解，肉牛也没有消化酶，因而木质素本身不能被消化，且对其他消化酶还有抑制作用。因此，木质素会影响纤维素、半纤维素以及其他营养物质的消化，木质化程度越高，饲料的营养价值越低。

碳水化合物是肉牛的主要能量来源。糖、淀粉、纤维素和半纤维素被分解后，均生成低级脂肪酸——乙酸、丙酸、丁酸而被肠壁吸收，通过参加体内三羧酸循环而形成高能磷酸化合物，产生热能用于维持肉牛的正常体温和一切生理活动，例如肌肉活动、心跳、呼吸、胃肠蠕动、血液循环等。另外，肉牛食入养分的消化分解、体内养分的合成都需要能量。

碳水化合物在动物体内含量很少，却是动物体组织构成不可缺少的成分。例如，细胞中的核酸由核糖、脱氧核糖组成；软骨、结缔组织、肝肾、血液由糖蛋白构成；碳水化合物在体内分解后转变成有机酸的碳架，与体蛋白降解的氨基酸结合成新的非必需氨基酸。另外，碳水化合物是形成体脂的重要原料，食入的碳水化合物一部分转变成糖原供作热能，多余部分变成脂肪贮存起来，以备营养不足时作为能源物质。由碳水化合物转变成体脂肪时经过了氢化作用，所以组成脂肪的脂肪酸多是饱和脂肪酸，形成的体脂比较硬，牛肉的品质较好。对于育肥肉牛来说，应当多喂一些富含碳水化合物的饲料，如玉米、大麦等，以便改善肉品质。

（二）蛋白质的需要与非蛋白氮的利用

1. 蛋白质的需要

蛋白质是构成牛皮、牛毛、肌肉、蹄、角、内脏器官、血液、神经及各种酶和激素等的重要物质，不论犊牛、青年牛或成年牛，均需要一定的蛋白质。蛋白质过多过少均不利于肉牛的健康。例如，体重 200 kg 的生长肉牛，维持需要可消化蛋白质 170 g，如果日增重 0.5 kg，则需要可消化蛋白质 350 g。

饲料中的蛋白质由各种氨基酸组成。牛对蛋白质的需要实质就是对各种氨基酸的需要。氨基酸有 20 多种，其中有些氨基酸在体内不能合成或合成数量不能满足牛体正常生长需要，必须从饲料中供给，称之为必需氨基酸，如赖氨酸、色氨酸、苯丙氨酸、甲硫氨酸、苏氨酸、异亮氨酸、亮氨酸、缬氨酸等。含有全部必需氨基酸的蛋白质，营养价值较高，称为全价蛋白质，否则称为非全价蛋白质。一般而言，动物性蛋白质优于植物性蛋白质，多种饲料搭配喂肉牛比单一饲料效果好，其主要原因是各种氨基酸可以互补，能够提高饲料中蛋白质的生物学效价。

2. 非蛋白氮的利用

非蛋白氮指非蛋白质结构的含氮化合物，包括游离氨基酸及其他蛋白质降解的含氮产物以及氨、尿素、铵盐等简单含氮化合物，是粗蛋白质中扣除真蛋白质以外的成分。

肉牛可以通过瘤胃微生物把非蛋白氮分解成氨，合成菌体蛋白，菌体蛋白再被真胃和小肠分解成氨基酸而吸收利用。根据这一特点可用一些人工合成氨化物来补充饲料蛋白的不足。目前用于反刍家畜的非蛋白氮包括三大类：尿素及其衍生物，如缩二脲、羟甲基尿素、磷酸尿素等；肽类及其衍生物，如氨基酸、酰胺、胺等；有机铵及无机铵类，如硫酸铵、氯化铵、乙酸铵、丙酸铵、碳酸铵、碳酸氢铵等。最常用的是尿素，含 45% 的氮，如果全部被用来合成菌体蛋白，1 kg 尿素相当于 2.8 kg 的蛋白质（0.45×6.25 kg），或者相当于 7 kg 豆饼中所含的蛋白质。

(三)矿物质营养需要

矿物质在肉牛体内的种类很多,而总量仅占体重的3%~4%,参与体内的各种生命活动。矿物质构成畜体的软硬组织,是骨骼和牙齿的主要成分,肌肉、血液、皮肤、消化液、激素中都含有一定量的矿物质元素;与碳水化合物、脂肪、蛋白质的代谢有密切关系;对神经、肌肉的兴奋性及对血液和其他体液的酸碱度、渗透压有调节作用。因此,矿物质是保证肉牛健康生长、繁殖和生产所不可缺少的营养物质。

在生产实践中,急性矿物质缺乏症和急性死亡现象很少见,但任何一种或几种重要矿物质供应不足都会导致牛体衰弱,生长受阻,食欲减退,饲料利用率低,繁殖功能紊乱以及骨骼病变。但若矿物质元素超过了安全用量,也会造成危害甚至中毒,还会影响其他元素的吸收。

(四)维生素需要

肉牛在正常代谢过程中需要各种维生素,牛瘤胃微生物和体组织可合成多种维生素,如B族维生素、维生素K和维生素C,能够满足牛体本身需要;维生素D可以完全或部分合成;维生素E形成数量有限。牛体不能合成维生素A,无论成年牛或是犊牛都需要从饲料中摄取。

1. 维生素A

维生素A能够促进生长,刺激食欲,有助于肉牛繁殖和泌乳,保持呼吸系统和黏膜的健康状态以及维持正常的视力。

维生素A缺乏,轻者犊牛的饲料采食量下降,增重下降,严重时会出现夜盲,肌肉运动失调和痉挛;幼龄牛失明,眼过度流泪和角膜炎,甚至发生严重间断性腹泻、肺炎等;母牛性周期紊乱,受胎率下降,流产或死胎,胎衣不下,种公牛性机能下降。

维生素A仅存于动物体内,由机体吸收青绿饲料中的胡萝卜素,在小肠壁、肝脏及乳腺内经胡萝卜素酶的作用迅速转变成具有活性的维生素A。因此,对肉牛除供给动物性饲料外,应多饲喂幼嫩青饲料和胡萝卜、南瓜、黄心甘薯、黄玉米等,以满足牛对维生素A的需要。

2. 维生素E

维生素E是一种生理性抗氧化剂,能够协调维持细胞正常结构和生理功能。

一般成年牛不易出现维生素E的缺乏症。在冬季舍饲期,如长期饲喂劣质干草、秸秆及芜菁等根茎饲料,会造成维生素E的缺乏。维生素E缺乏时,犊牛白肌病的发生率增加,可用维生素E进行补充。

(五)饮水需要

牛体含水量一般占其体重的55%~65%,牛肉含水量约64%,牛奶含水量约为86%。不同物质在牛体内的溶解、吸收、运输,以及代谢过程所产生的废物和排泄,体温的调节等均需要水,所以水是生命活动不可缺少的物质。

肉牛所需要的水来自饮水、饲料中的水分及代谢水（即动物新陈代谢过程所产生的水），但主要依靠饮水。肉牛的代谢水只能满足其需要量的5%～10%。肉牛需要的水量因个体、年龄、饲料性质、生产力、气候等因素不同而有所差异。一般来说，在正常气温下，每100 kg体重要求每天供水10 L，天气炎热时可增加到12 L。粗略来讲，肉牛日需水26～66 L，每天上、下午各喂水1次，夏天宜增加饮水次数。

二、犊牛的饲养管理

（一）犊牛的饲养

犊牛饲养管理的水平直接关系到成年时的体型结构和生长性能。加强犊牛的培育和饲养管理，实现全活全壮，不断增加数量，提高质量，必须注重犊牛初生期的护理。肉用初生犊牛的护理与乳用犊牛基本一致，但也有其特殊性，肉用犊牛多采用“母代犊”饲养法。

1. 早喂初乳

犊牛出生后1.0～1.5 h内吃到初乳。第1次初乳的喂量为1.5～2.0 kg，以后每天按体重的1/5～1/6供应初乳的喂量，每天饲喂2～3次，挤出的初乳及时饲喂，奶温控制在35～38℃。初乳饲喂期一般为4～7 d。

2. 适时补饲青粗饲料及精料

犊牛出生后20 d左右开始出现反刍，到49 d时形成比较完整的瘤胃微生物区系，初步具备消化粗饲料的能力。如果适时饲喂草料，可以加速瘤胃发育，促进瘤胃微生物的繁殖。因此，适时断奶并饲喂植物性饲料，有利于犊牛的早期生长发育。一般在出生后3个月以前，母牛的泌乳量可满足犊牛生长发育的营养需要，3个月以后母牛泌乳量逐渐下降，而犊牛的营养需要却逐渐增加，如犊牛在这个年龄的生长受阻则很难补偿。

对于随母哺乳的犊牛，通常用测定其增重速度来衡量母牛是否满足需求。一般而言，大型肉牛的犊牛平均日增重700～800 g，小型肉牛的犊牛平均日增重600～700 g。若增重达不到上述水平的要求，应增加母牛的补饲量，也可以对月龄大的犊牛直接增加补料量。哺乳期以5～6月龄为宜。不留作后备牛的公牛犊，可实行4月龄断奶或早期断奶，但必须加强营养。

3. 早期断奶

早期断奶是指犊牛的哺乳期缩短到1～2个月以内，要求犊牛体质健康，出生后1.0～1.5 h内饲喂初乳，至少饲喂4 d，1周龄时开始训练采食犊牛料，自由采食，并提供优质干草，当犊牛每天能采食0.75～1.00 kg犊牛料时，即可断奶。犊牛料含粗蛋白质16%～18%、粗脂肪2%、粗纤维3%～5%、钙0.60%、磷0.42%，另外添加维生素A、D、E及微量元素添加剂。

对于3周龄以前的犊牛，可饲喂代乳粉。代乳粉用脱脂奶粉、乳清粉、乳蛋白粉、动物性脂肪、大豆卵磷脂及维生素A、维生素E和烟酸等配合而成，要求含20%粗蛋白、10%粗脂肪、0.25%粗纤维以及适量的维生素和矿物质等。在3周龄以后，犊牛生长到能够消化非乳蛋白质时，适当增加植物蛋白质、豆饼粉、胶化玉米和谷物糖类等，营养含量为粗蛋白质22%~24%,粗脂肪6%~10%,粗纤维0.5%~1.0%,维生素A、D、E以及矿物质添加剂等。

(二)犊牛的管理

为了培育出体质健壮而又适于集约化管理的幼牛,必须加强犊牛管理。

1. 预防接种

对于2~3月龄的犊牛,特别是转入放牧之前要接种气肿疽疫苗。断奶前3周接种传染性牛鼻气管炎疫苗(IBR),断奶后2~3周接种牛病毒性腹泻疫苗。此外,要进行布鲁氏菌及结核病的预防接种。

2. 阉割

如果是专门生产小白牛肉,公牛犊在没有表现出性特征之前就可以达到市场收购体重,因而不需要阉割。利用育成牛肥育,一般小公牛3~4月龄时阉割,阉牛生长速度比公牛慢15%~20%,而脂肪沉积增加,牛肉质量改善,适于生产高档牛肉。阉割的方法有手术法、去势钳、锤砸法和注射法等。

3. 去角

去角时间以早春或晚秋较好,去角方法有苛性钠去角、电烙铁去角等。

固体苛性钠去角时,剪去3~10日龄犊牛角基部的毛,在外周用凡士林涂一圈,防止药液流出,伤及头部或眼睛。然后用苛性钠锭稍蘸水在剪毛处画圆,面积约1.6 cm^2,至表皮有微量血渗出为止。需要注意的是,正在哺乳的犊牛施行手术后4~5 h才能到母牛处吃奶,防止苛性钠腐蚀母牛乳房及皮肤,另外手术的当日防止雨淋。

电烙铁去角时,将电烙铁加热到一定温度后,牢牢地按压在角基部,一直到其下部组织烧得光亮为止,但不宜太深、太久,避免烧伤下层组织。

犊牛去角后需注意经常观察,夏季蚊蝇多,有化脓的可能。如果化脓,在初期可用3%双氧水冲洗,再涂以碘酊。

4. 分群饲养或放牧

将犊牛按月龄、体格大小和健康状况进行分群,每群30~50头,分群后固定专人进行饲养或放牧。

5. 舍内环境管理

1周龄内的犊牛抵抗力低,通常不到户外运动,舍内需保持舍温0℃以上,干燥、明亮、无穿堂风,防止犊牛感冒或发生肺炎。

6. 注意饲喂乳的质量

人工哺乳时,注意乳及喂乳用具的卫生及乳的温度,并做到定时、定量。经常观察犊牛的精神状态及粪便,发现疾病及时治疗,提高犊牛的成活率。

三、育肥牛的饲养管理

(一)育肥牛的饲养

犊牛满6个月时即进入育成期,称之为育成牛或青年牛。育成公牛在6月龄至24月龄正处于快速生长发育阶段。此阶段精心饲养管理,不仅可以获得较大的增重速度(一般日增重在 1.0 kg 左右),而且可使幼牛得到良好的发育。

育成公牛的生长速度比育成母牛快,因而所需的营养物质较多,特别需要以精料的形式提供能量,促进其迅速生长和性欲发展。如果饲养不好、营养水平过低,不仅生长速度减慢,而且会延迟性成熟的到来,并导致精液品质低劣。对育成公牛一方面给予充足的精料外,另一方面应让其自由采食优质干草;10 月龄时自由采食牧草、青贮料、青刈饲料或干草,作为日粮的主要部分,但精料仍继续饲喂,其喂量依粗料的质量而定。以青草为主时,精、粗料的干物质比例为 55∶45;以干草为主时,其比例为 60∶40。在饲喂豆科或禾本科优质粗料的情况下,对于周岁公牛乃至成年公牛,精料中粗蛋白质的含量控制在 12% 左右。

肉牛在出售或屠宰前的一定时期内,主要应用易消化的谷物饲料催肥,以提高肉产量和改善肉品质的方法称为肉牛的肥育。幼龄牛和成年牛均可进行肥育,但前者主要是肌肉增长,而后者则主要为脂肪沉积。一般情况下,肉牛肥育可分为犊牛肥育、周岁牛肥育和 1.5 ~ 2.0 岁牛肥育,后者最为普遍。

1. 肉牛的标准与架子牛的选择

(1)肉牛的标准　在肉牛生产中,目前我国的肉牛主要是国外优良肉牛品种与本地黄牛杂交生产的杂交改良牛和我国地方良种黄牛品种,通过科学饲养,特别是后期集中 3 ~ 5 个月催肥,使其具有了良好的肉用性能,一般 18 ~ 27 月龄体重 450 kg 以上,而生产高档牛肉的优质肉牛体重要求达到 500 ~ 600 kg。

(2)架子牛的选择　架子牛品质是影响商品肉牛肥育性能的重要因素之一,了解与掌握架子牛选择或等级评定标准,有利于促进优质肉牛生产及产业化进程。

①美国架子牛的分级　为了准确判断架子牛的特性,美国农业部(USDA)修订了架子牛等级评定标准,作为买卖双方市场议价的基础,且便于架子牛的分群和市场统计。新标准把架子牛大小和肌肉厚度作为评定等级的两个决定因素。

②架子牛选择的原则　在我国的肉牛业生产中,架子牛通常是指未经肥育或不够屠宰体况的牛,需要从农场或农户选购至育肥场进行肥育。选择架子牛时要注意选择健壮、早熟、早肥、不挑食、饲料报酬高的牛,具体选择时要考虑品种、年龄、体重、性别和体型外貌等。

a. 品种与年龄　在我国,最好选择夏洛来牛、利木赞牛、皮埃蒙特牛、西门塔尔牛等肉用或肉乳兼用公牛与本地黄牛母牛杂交的后代,也可利用我国地方黄牛良种,如秦川牛、晋南牛、南阳牛和鲁西牛等;年龄最好在 1.5 ~ 2 岁或 15 ~ 21 月龄。

b. 性别　如果选择已去势的架子牛,则早去势为好,3 ~ 6 月龄去势时可以减少应激,加速头、颈及四肢骨骼的雌化,提高出肉率和肉品质。公牛的生长速度和饲料转化率优于阉牛,且胴体瘦肉多,脂肪少,但不宜选购年龄过大(超过 2.0 ~ 2.5 岁)的架子公牛。

c. 体型外貌　在选择架子牛时,首先应看体重,一般情况下 1.5 ~ 2 岁(或 15 ~ 21 月龄)的牛,体重应在 300 kg 以上,体高和胸围最好大于其所处月龄发育的平均值。另外,注意查看毛色,角的状态,蹄、背和腰的强弱,肋骨开张程度、肩胛等。一般情况下,四肢与躯体较长的架子牛生长发育潜力较大,若幼牛体型已趋匀称,则将来发育不一定好;后肢飞节高的牛发育能力强;皮肤松弛柔软、被毛柔软致密的牛肉质良好;发育虽好,但性情暴躁、神经质的牛不能认为是健康牛，难以管理。

2. 饲养技术

(1)饲料搭配与混合　在育肥牛的饲喂中，将精料、粗料、糟渣料、青贮饲料、干草饲料分开饲喂，或者将育肥牛日粮组成的各种饲料按比例(称量准确)全部混合，掺匀后饲喂。所谓混合均匀，是在有机械混合时，至少开动机器 3 min；在手工操作时，至少搅拌 3 次(把所有饲料搅拌 3 次)，以看不到饲料堆里有各种饲料层次为准。饲喂混合饲料时牛不会挑食，且先上槽和后上槽牛采食到的饲料基本一致，便于提高育肥时的整齐度。

(2)干拌料和湿拌料　饲喂育肥牛时，可以采用干拌料，也可以采用湿拌料。理想的育肥牛饲料应常年饲喂全株青贮玉米或糟渣饲料。因此，饲喂前将蛋白饲料(棉籽饼、胡麻饼、葵花籽饼)、能量饲料(玉米粉、大麦粉)、青贮饲料、糟渣饲料、矿物质添加剂及其维生素饲料按比例称量放在一起来回翻倒 3 次，含水量 40%～50%，属半干半湿状，这样喂牛最好。育肥牛不宜采食干粉状饲料，因为牛一边采食，一边呼吸，极易把粉状料吹起，影响牛的呼吸。

饲喂半干半湿混合料时要特别注意，防止混合料发酵产热，若发酵产热后饲料的适口性会大大下降，影响牛的采食量。因此，应采取多次少量拌料，以能够满足牛 4～6 h 的采食量为限，用完再拌；将拌匀的混合料摊放在阴凉处，以 10 cm 厚为好。

(3)饲喂次数　目前我国饲喂育肥牛大多数是日喂 2 次或 3 次，少数实行自由采食。自由采食能够满足牛生长发育的营养需要，长得快，屠宰率高，出肉多，可在较短时间内出栏；采用限制饲喂时，牛不能根据自身要求采食饲料，从而限制了牛的生长速度。

(4)投料方式　将按比例配制好的饲粮堆放在牛槽边，采用少添勤喂的方式，使牛总有不足之感争食，而不厌食或挑剔。少添勤喂时要注意牛的采食习惯，一般是早晨采食量大，因而早上第 1 次添料要多一些，太少容易引起牛争料而顶撞斗架；晚上饲养人员休息前，最后一次添料量要多一些，因为牛在夜间也会采食。

(5)饲料更换　一般牛场不可能有均匀性的饲料，即从育肥牛进栏到出栏都用相同的饲料。随着牛体重的增加，各种饲料的比例也有调整，因而在育肥牛饲养过程中饲料的变更常常发生。但饲料的更换应采取逐渐更换的办法，绝不可骤然变更而打乱牛原有的采食习惯，一般应该有 3～5 d 的过渡期，逐渐让牛适应新更换的饲料。在饲料更换期间，要求饲养管理人员勤观察，发现异常后及时采取措施，尽量减少因更换饲料带来的应激风险。

(6)饮水　育肥牛体内水的来源有代谢水、饲料水及饮水等三个来源。水是廉价的资源，但在养殖中常常被忽视，进而影响育肥牛的生长发育。如何满足育肥牛饮水需要，采用自由饮水法最为适宜。在每个牛栏内装有能让牛随意饮到水的装置，饮水设备的位置最好设在距牛栏粪尿沟的一侧或上方，供水系统流出的水很快进入粪尿沟，不会打湿牛栏。冬季北方天冷时，自由饮水有一定困难，只能定时饮水，但每天至少 3 次。

(7)放牧育肥　在牧区因地制宜，依靠廉价的草原资源，采用放牧加补料的方法能收到良好的育肥效果。放牧育肥的时间应选择在每年的 7～10 月，此时牧草茂盛，尤其要抓好牧草结籽期的育肥。放牧时早出牧，午间在牧场休息，晚上到有食槽处补料，每天的放牧距离不要超过 4～5 km。

(二)育肥牛的管理

肉牛育肥包括幼龄牛、成年牛和老残牛的育肥,目的是科学应用饲料配比和管理技术,以尽可能少的饲料消耗获得尽可能高的日增重,提高出栏率,生产出优质牛肉。

1. 季节

肉牛肥育以秋季最好,其次为春、冬季节。夏季气温超过30℃时,肉牛自身代谢快,饲料报酬低,必须做好防暑降温工作。

2. 去势

公牛2岁前肥育,生长速度快,瘦肉率高,饲料报酬高。2岁以上的公牛,宜去势后肥育,否则不便管理,会使肉脂有膻味,影响胴体品质。

3. 驱虫

育肥前要驱虫(包括体内和体外寄生虫),并严格清扫和消毒牛舍。常用驱虫药有丙硫咪唑、敌百虫、螨净等。

4. 运动

尽量减少活动时间,降低营养物质的消耗,提高肥育效果。每次喂完后,每头牛单木桩拴系或圈于休息栏内,缰绳的长度以牛能卧下为好。

四、成年牛的饲养管理

(一)种公牛的饲养管理

种公牛是发展牛群,提高肉牛质量的重要基础之一。对种公牛的基本要求是保持体质健壮,生理机能正常、性欲旺盛,提高精液品质,延长种用年限。但营养水平不能过高,防止过肥。

1. 种公牛的饲养

(1)营养需要和饲养标准　种公牛的日粮必须是全价饲料,各种营养成分必须齐全。营养需要的重点是蛋白质、矿物质和胡萝卜素。公牛能量维持需要量略高于母牛,故在维持需要的基础上增加20%。体重下降时,标准可提高10%~15%,过肥时适当降低标准。蛋白质需要量比维持需要高70%,若长期饲喂低蛋白日粮则影响种公牛的性欲和精液品质。钙磷及维生素A是公牛必需的重要物质,若日粮中缺乏,就会影响精子的形成,降低精液品质和性欲。

(2)饲养技术　日粮配合原则是全价营养,多样配合,适口性好,容易消化,精、粗、青饲料合理搭配,蛋白质的生物利用价值高。成年公牛粗饲料可按每100 kg体重每天1.0~1.5 kg干草或2~3 kg青草,1.0~1.5 kg块根茎,0.6~0.8 kg青贮料供给。精料占干物质的45%~60%,喂量可按公牛体重或体况决定,每头每日饲喂4~5 kg或每100 kg体重饲喂0.3~0.5 kg精料。精料混合料以玉米、麦麸、大麦、豆饼类等饲料的搭配使用较好,注意微量元素和维生素的供给。日粮组成要保持相对稳定,粗饲料以优质豆科干草为主,搭配禾本科牧草,而不用酒糟、秸秆、果渣及粉渣等饲料,青贮料与干草搭配饲喂,并以干草为主。如果饲喂优质干草,混合精料的粗蛋白含量应不低于12%;如果粗饲料品质差,粗蛋白质含量要达到18%~20%。冬春季节可用胡萝卜补充维生素A。

在饲养过程中,注意多汁饲料和粗饲料的饲喂量不可过多,避免形成"草腹",同时能量饲料也不宜过量以免过肥而使配种能力下降。在日粮配合上,保证优质豆科干草的饲喂量,控制玉米青贮料的喂量。由于菜籽饼、棉籽饼有降低精子活力的作用,不宜作为成年种公牛的饲料;虽然豆饼富含蛋白质,但为生理酸性饲料,饲喂过多易在体内形成大量的有机酸,对精子形成不利,故应控制喂量。为了保证公牛旺盛的性欲和良好的精液品质,可补喂维生素E和大麦芽,日粮中应含有维生素E 15~30 mg/kg。成年公牛对钙、磷的需要量没有奶牛多,尤其是钙,故日粮中钙的含量不宜过多,特别是对老年公牛,精料中不宜再补充钙,若日粮中的钙含量超出需要量的3~5倍,公牛会发生椎骨关节僵硬和变性骨关节炎。日粮分3次饲喂,定时定量,先精后粗,防止过饱;保证充足饮水,水质清洁卫生。通常每日饮3次,夏季饮水可增加到4~5次。在给料和采精前饮水,采精和配种前后0.5 h停止饮水。

3.种公牛的管理

(1)拴系要牢　育成公牛在10~12月龄时要穿鼻戴环,经常牵引训练,使公牛养成温顺的性格。鼻环需用皮带吊起,鼻环上有两条系绳通过缠角带,左右分开,拴系在两侧的立柱上。所用的鼻环、笼头、立柱、系绳要经常检查,如有损坏立即更换,以免发生意外事故。种公牛的牵引应坚持双绳牵导,两人一前一后扯绳牵引,人与牛应保持一定距离。对烈性公牛,须用勾棒进行牵引,由一人在牵住缰绳的同时,另一人两手握住勾棒,勾搭在鼻环上以控制其行动。

(2)运动　运动能够增进健康,防止蹄壳变形,保证性情温顺,性欲旺盛,改善精液品质,防止公牛变肥。公牛每天上、下午各运动一次,每次1.5~2.0 h,行走距离4 km左右。夏天可整天放在运动场,但运动场应有遮阴处。

(3)刷拭和洗浴　刷拭和洗浴在种公牛管理上很重要,既能保持皮肤清洁,促进血液循环,又有利人、牛亲近。坚持每天刷拭两次,尤其要注意清除角间、额部、颈部等处的污物,以免发痒而顶人。夏季应进行洗浴,边淋边刷,浴后擦干。

(4)合理利用　公牛采精时,应让其建立勃起、爬跨、射精等一系列反射,因而采精员必须熟悉整个过程,正确采精。种公牛一般1.5岁开始利用,每周采精1~2次,2岁后2~3次,3岁以上3~4次为宜,严格执行定日定时采集精液。交配和采精的时间,应在饲喂后2~3 h进行,在配种和采精的高峰季节,每周让公牛至少休息1 d。只有正确使用公牛,才能延长其利用年限。另外,必须坚持严格的采精制度,保证正常的精子量,防止公牛出现性抑制。

(5)称重　每3个月称重一次,根据体重变化适时调整日粮营养水平或其他生产管理流程。公牛不可过肥,否则会影响性欲和精液品质。

(6)护蹄　每年春秋各修蹄一次。经常检查蹄形有无异常,清除蹄围和蹄叉内的粪土,保持蹄壁、蹄叉洁净。蹄形损坏时影响运动和采精,损坏严重者予以淘汰。经常保持牛蹄的清洁干燥,严防发生腐蹄,常用蹄钩清除蹄底与蹄叉粪污,并用清水冲洗后擦干。一般常用4%的硫酸铜溶液浸泡蹄部,每周喷洒1~2次,增强牛蹄角质的抵抗力,减少蹄的感染。

公牛运动场力求平坦，无小石子、瓦砾、铁屑、玻璃碎片等有害物，避免损伤牛蹄。

(7)睾丸按摩　每日对阴囊、睾丸、附睾进行按摩。按摩睾丸时，应结合刷拭进行，一般每次按摩5～10 min，保持阴囊的清洁卫生，定期进行冷敷，以改善精液品质。

(8)保持卫生　种公牛的圈舍应建在远离主要公路、居民点、工厂和公共场所的地方，且远离母牛舍。保持牛舍地表的干净卫生，地表应平坦，坚硬。牛舍温度在10～30℃之间，夏季注意防暑降温，冬季注意防寒保暖。

(9)单槽饲喂　从断奶时起，种公牛就应单槽喂养。两头公牛之间的距离保持3 m以上，或用2 m高的栏板(栅栏)隔开，避免相互爬跨和顶架。

(10)检修设施　要经常检修鼻环、缰绳、隔板和围栏等，以免跑牛造成人畜伤亡事故。采精架与台牛相匹配，采精场所的地面不宜太硬和太滑，不可用松土铺垫，避免采精时扬起灰尘而污染精液。

(二)种母牛的饲养管理

受胎率和犊牛断奶重是肉牛饲养成功与否的两个最重要因素。饲养母牛的目标是提高母牛的产犊率，初生重大，断奶重大，断奶成活率高，力争全活全壮。为此，母牛应具有性早熟、高繁殖率、产犊后早发情等特征，且具有较高的泌乳量和较长的泌乳期。为实现饲养目标，必须采取相应措施加强母牛的饲养管理。

一般情况下2.5岁以上的母牛称为成年母牛。2.5～5岁母牛的体重、体尺和体形仍在继续生长发育，因而日粮所含的营养物质必须满足其生长发育的需要。虽然母牛随着年龄增大体重增加，但增重速度逐渐变慢，生长所需营养减少，维持需要增加，所以总的营养物质需要量仍呈增长趋势。5岁以上母牛已经达到体成熟，在空怀情况下只要满足维持需要即可。

1. 妊娠母牛的饲养管理

妊娠母牛饲养管理的基本要求是体重增加、代谢增强、胚胎发育正常，保证犊牛初生重大、出生后生活力强。

(1)妊娠母牛的饲养　妊娠母牛的营养需要与胎儿的生长发育有直接关系。妊娠前期胎儿增重较慢，所需营养不多，中期以后胎儿增重开始加快。胎儿的增重主要集中在妊娠的最后3个月，其增重占犊牛初生重的70%～80%。如果胚胎期胎儿的生长发育受阻或发育不良，出生后难以补偿，造成犊牛生长缓慢，增重速度减慢，饲养成本增加，从而降低养殖效益。同时，母牛体内需蓄积一定的养分，保证产后泌乳，满足哺乳的需要。

在饲养上，妊娠期前6个月胚胎生长发育缓慢，母牛只要保持中上等膘情即可。在妊娠的最后3个月需增加母牛营养物质的供给，满足胎儿生长发育和保证产后泌乳的需要。一般情况下，母牛分娩前3个月至少要增重45～70 kg，才能保证产犊后的正常泌乳与发情，但母牛不可过肥，尤其是用大型牛品种杂交改良的小体型母牛，应合理控制营养成分供给，避免因胎儿过大而造成母牛难产。妊娠母牛的营养需要除满足能量和蛋白质外，还要注意维生素和矿物质的供给。在饲草料供应时，禁止饲喂发霉、变质、冰冻饲料，同时禁止饮冰水，水温不低于10℃。

在舍饲养殖时，采用青粗饲料为主，适当搭配精饲料的原则，参照饲养标准饲喂。若粗料以玉米秸秆为主，需搭配1/3～1/2的优质豆科牧草，再补饲饼粕类饲料，也可用尿素代替部分蛋白饲料。如果没有豆科牧草，可用青草补料标准的1.3倍补饲混合料，同时要注意玉米秸秆的质量，粗硬且适口性差的玉米秸秆要进行加工调制，改善其适口性。若粗料以麦秸为主，同样搭配优质豆科牧草，并补给混合精料和维生素A或胡萝卜素。混合精料的参考配方为玉米27%、大麦25%、饼粕类20%、麸皮25%、石粉0.2%、食盐1%，每头牛每天应添加维生素A 1 200～1 600 IU。在精料和多汁饲料较少（占日粮干物质10%以下）的情况下，可采用先粗后精的顺序饲喂，即先喂粗料，待牛吃半饱后，在粗料中拌入部分精料或多汁料碎块，引诱牛多食，最后把余下的精料全部投饲，吃净后下槽；若精料较多时，可按先精后粗的顺序饲喂。

如果以放牧为主，青草季节应尽量延长放牧时间，可以不补饲。枯草季节时，根据牧草的质量和牛的营养需要确定补饲草料的种类和数量，特别是在怀孕后期的2～3个月应重点补饲。如果没有青草，维生素的摄入量不足，可用胡萝卜或维生素A添加剂补充，一般每头牛每天补饲胡萝卜0.5～1.0 kg，精料0.8～1.0 kg。精料参照配方为玉米50%、糠麸类10%、油饼类30%、高粱7%、石灰石粉2%、食盐1%，另外需每100 kg饲料添加维生素A 100万IU，或者通过饲喂胡萝卜来满足需要。

（2）妊娠母牛的管理　妊娠母牛要做好保胎工作。无论是舍饲还是放牧情况下，都要防止牛挤撞和顶架，避免猛跑、急转弯、跳跃等危险行为，以免引起流产。在饲料条件较好时，让母牛保持足够的运动，以便增强体质，促进胎儿的生长发育，避免过肥而造成难产。

在母牛临产前，准备好产房和产栏。产房要求宽敞、清洁、保暖和环境安静，并预先对产房、产栏进行全面彻底的清洗和消毒，地面铺上清洁干燥、晒过的柔软垫草。产房内设置产栏，一牛一栏。母牛在临产前1～2周进入产房，单栏饲喂并让其自由运动。母牛分娩前应准备好接产、助产的器具和药品等。临产前注意观察，当出现临产征兆时做好充分准备，保证母牛正常分娩。初产母牛的难产率较高，分娩时应做好必要的接产、助产工作。

2. 母牛泌乳期的饲养管理

产犊后用乳汁哺育犊牛的母牛称之为哺乳母牛。哺乳期犊牛生长的快慢与哺乳母牛泌乳量的高低有很大关系，不同品种母牛泌乳量差异很大，故其饲养标准也不尽相同。

（1）泌乳母牛的饲养　人们通常把母牛分娩前30 d和产后70 d称为母牛饲养关键的100 d，这100 d饲养得好坏对母牛的分娩、泌乳、产后发情、配种受胎、犊牛的初生重和断奶重、犊牛健康和正常发育均十分重要。泌乳牛的采食量及营养要求在母牛不同生理阶段中最高和最关键，能量需要量增加50%，蛋白质需要量加倍，钙、磷需要量增加3倍，维生素A需要量增加50%。如果母牛日粮中营养物质缺乏，会使犊牛生长停滞、患下痢、肺炎和佝偻病等，严重时还会损害母牛健康。为了使母牛获得充足营养，应给予优质青草和干草。豆科牧草是蛋白质和钙质的良好来源。为了使母牛获得足够的维生素，可多喂青绿饲料，冬季可加喂青贮料、胡萝卜和大麦芽等。

母牛每生产1 kg的标准乳需消耗1.67 MJ增重净能和约140 g干物质，相当于0.3～0.4 kg配合饲料的营养物质。大型肉牛品种的母牛在自然哺乳时每头日均产奶量可达6～7 kg，产后2～3个月达到泌乳高峰期时日产奶量可达10 kg以上，肉乳兼用牛的产奶量会更高一些。因此，如果母牛产后不及时增加营养，泌乳量就会下降，从而影响母牛的健康状况。营养物质的增加量可在原日粮(维持或生长日粮)的基础上按其泌乳量的高低增加。每产1 kg乳加喂饲料干物质0.45 kg(至少含粗蛋白85 g,综合净能2.57 MJ,钙2.46 g,磷1.12 g,胡萝卜素2.5 mg)。对于大多数的专门化肉用牛和杂交改良牛来说,泌乳只是为了满足犊牛哺乳的需要。母牛分娩后的最初几天,体力尚未恢复,消化机能很弱,必须给予容易消化的日粮,粗饲料以优质干草为主,精料最好用小麦麸,每天0.5~1.0 kg,逐渐增加,并加入其他饲料,待3~4 d后转入正常日粮饲喂。母牛产后恶露没有排净之前不可过多饲喂精料,以免影响生殖器官的复原和产后发情。

(2)泌乳母牛的管理　产前半个月,最好将母牛移入产房,由专人饲养和看护,发现临产征兆时,估计分娩时间,准备接产工作。母牛的分娩征兆:①分娩前乳房发育迅速,体积增加,腺体充实,乳头膨胀;②阴唇在分娩前1周开始逐渐松弛、肿大、充血,阴唇表面皱纹逐渐展平;③分娩前1~2 d阴门有透明黏液流出;④分娩前1~2周骨盆韧带开始软化,产前12~36 h荐坐韧带后缘变得非常松软,尾根两侧凹陷;⑤临产前母牛表现烦躁不安,常回顾腹部,后躯摇摆,排粪尿次数增多,每次排出量少,食欲减少或停止。上述征兆是母牛分娩前的一般表现,由于饲养管理、品种、胎次和个体之间的差异,往往表现不完全一致,必须根据母牛的具体情况和表现,全面观察,综合判断。

在正常分娩过程中,母牛可以将胎儿顺利产出,不需人工辅助。但是对初产母牛、胎位异常及分娩过程较长的母牛则要及时进行助产,加快分娩过程并保证胎儿的成活。分娩时,母牛的体内损失大量水分,分娩后应立即给母牛饮温热的麸皮盐水。一般用温水10 kg,加麸皮0.5 kg,食盐50 g,搅拌均匀饲喂。在有条件的情况下,加250 g红糖效果更好。泌乳母牛饲养管理的目的就是让其多产乳,故应充分按摩乳房,加强挤乳,经常刷拭牛体,加强母牛运动,保证充足的饮水,促进乳汁的生产,提高产奶量。

母牛产后易发生胎衣不下、食滞、乳房炎和褥热症等,要经常观察母牛状况,发现病牛应及时医治。头胎母牛饲养管理不当会出现酮病,表现为血糖降低、血和尿中酮体增加、失重、食欲不佳、产奶量下降和出现神经症状,故应进行规范化的饲养管理,蛋白质供给量不宜过高,但又不能缺少能量,特别是糖和淀粉,所以应特别注意日粮的搭配。

3. 空怀母牛的饲养管理

空怀母牛的饲养要点是围绕提高受配率、受胎率,充分利用粗饲料,降低饲养成本而进行。繁殖母牛在配种前应具有中上等膘情,过瘦过肥往往都会影响繁殖。在日常饲养管理工作中,如饲喂过多精料而又运动不足,易使母牛过肥,造成不发情。但在饲料缺乏、母牛瘦弱的情况下,也会造成母牛不发情而影响繁殖。实践证明,如果在母牛前一个泌乳期内给以足够的平衡日粮,管理精细周到,可以提高母牛的受胎率。对于瘦弱母牛,在配种前1~2个月开始加强饲养管理,适当补饲精料,也能提高受胎率。

运动和日光浴对增强牛群体质、提高牛的繁殖性能有很好的促进作用,牛舍内若通风不良、空气污浊、过度潮湿或夏季闷热、冬季寒冷等恶劣环境都易危害牛体健康,体质敏感的母牛会很快停止发情。因此,改善饲养管理条件十分重要。

第三节 奶牛的饲养管理

一、犊牛的饲养管理

犊牛一般指初生至6月龄前的幼牛，按饲养管理阶段分为新生犊牛、哺乳犊牛和断奶犊牛。犊牛经历了从母体子宫环境到体外自然环境、由依靠母乳生存到依靠采食植物性饲料为主生存、由反刍前到反刍的生理环境转变。新生犊牛的免疫系统处在发育过程中并缺乏抗体，对外界环境中的病原微生物抵抗力较差，因而犊牛的管理应更为严格。犊牛瘤胃和肠道发育不完全，对日粮营养物质的消化吸收效率低。由于犊牛特殊的生理特点，在饲养管理上有别于其他年龄阶段的牛。健康的犊牛对于提高牛群质量和生产性能、扩大牛群数量等均具有重要作用。

（一）犊牛的营养需要

1. 能量

犊牛通过消化牛奶和饲料中碳水化合物、脂肪和蛋白质等获得化学能，维持其生命活动及生长。犊牛的能量需要分维持需要和生长需要两部分，取决于其体重、生长速度、活动量、环境温湿度等因素。维持能量需要主要包括绝食代谢产热、运动能量消耗和体温调节的能量消耗。在低温条件下牛体散热量增加，需要额外产热来阻止体温下降。高温时通过汗液分泌、增加呼吸次数等加大蒸发散热，使机体产热量增加，因而需减少环境温度的显著变化对犊牛生长的不利影响。犊牛生长所需能量与犊牛的体重以及活体增重呈正相关。保障犊牛能量供应有利于提高犊牛采食量和生长发育，且犊牛阶段的能量供应不仅影响生长发育，甚至对成年阶段的繁殖性能和泌乳性能也有重要影响。

2. 蛋白质

犊牛蛋白质的需要分为维持和增重两部分，维持蛋白由尿和粪中的氮损失两部分构成，而增重蛋白则是指氮在体组织中的沉积。蛋白质进入消化道后分解为氨基酸，其实蛋白质需要也是氨基酸需要。由于奶牛胎盘的特殊结构，母牛血液中的免疫球蛋白无法通过胎盘传递给胎儿，犊牛首先需要通过初乳获取免疫球蛋白来提高机体免疫力，抵抗感染。因此，犊牛在出生12 h之内需要获得足够的优质初乳。对于体重40 kg、日增重0.6 kg饲喂代乳粉和开食料的犊牛，每日蛋白需要量为205 g。蛋白供应充足有利于犊牛健康生长，但是蛋白水平过高可能会伴随着热增耗增加、蛋白利用率低以及日粮成本增加。

3. 碳水化合物

碳水化合物在瘤胃发酵产生挥发性脂肪酸，刺激犊牛瘤胃的发育和建立瘤胃微生物区系，促使犊牛由以吃乳为主向以完全采食植物性饲料的过渡，若碳水化合物摄入不足，会导致瘤胃发育迟缓或不全。因此，在常乳期犊牛需要补充碳水化合物以保证瘤胃的发育和健康。

4. 矿物质维生素

钙和磷是动物需求量最高的两种常量矿物元素，在动物体内的含量分别约为15 g/kg和10 g/kg，其功能是构成动物骨骼的成分，在动物骨骼的形成、发育、强壮过程中有重要作用。因此，日粮中提供充足的钙和维生素D有助于犊牛的生长发育。犊牛的抗病能力、对外界不良环境的抵抗力、适应调节体温的能力较差，是机体最易受各种病菌侵袭而引起疾病，可能导致死亡的时期。新生犊牛肝脏在出生3周后才具有合成维生素C的能力，临床易出现齿龈充血、腹泻、粪便带血等症状，通过日粮、饮水或注射维生素C可缓解相应症状。

（二）犊牛的饲养

1. 吃足初乳

初乳不仅营养丰富，而且含有大量的免疫球蛋白。犊牛在出生后1 h内应灌服2 L初乳，6 h以后再补充2 L初乳，以获得被动免疫。犊牛出生后24 h后对免疫球蛋白的吸收能力明显降低，因而及时灌服初乳可以帮助犊牛提高自身免疫力。灌服过程中饲养人员要掌握相关技巧，提前准备好灌服需要的奶瓶并控制好力度，将奶嘴插入到犊牛口中让其吮吸，经挤奶瓶让初乳顺利流到犊牛口中。对于一些体质相对较弱的犊牛，吮吸的初乳量比较少、吮吸的力度比较小，需要饲养人员有足够的耐心保证犊牛充足的初乳摄入量。对于不能自行饮奶的犊牛，可采用插管灌服的方式，提前对相关器具进行消毒并控制好力度，保证操作合理规范。

2. 饲喂开食料

在犊牛出生后7 d左右，适当饲喂开食料。开食料根据犊牛营养需要而配置，一般粗蛋白质含量16%~20%，代谢能达到12.54~14.63 MJ/kg，含有充足的矿物质、微量元素和维生素，且适口性强、易消化。另外，在犊牛出生后10 d左右训练采食干草，干草的物理刺激可促进瘤胃发育，并帮助瘤胃建立稳定菌群，从而提高犊牛消化饲料的能力。在饲喂时，饲料与牛奶分开给予，减少污染，饲喂量一般为体重的10%，保证犊牛自由采食。出生后20 d，在混合精饲料中加入20~25 g切碎的胡萝卜或甜菜等多汁饲料，2月龄后开始饲喂青贮饲料并随犊牛的生长不断增加饲喂量。

3. 保证饮水

犊牛出生后3 d，训练其自由饮水，水质必须洁净卫生。提供饮水时，犊牛的自由饮水量可从第1周的1 kg/d增加到第4周的2.5 kg/d。适当饮水可以增加犊牛采食量，提高日增重，促进犊牛生长。起初犊牛不愿意饮水，可在水中适当添加一些牛奶予以诱导。饮水温度应适宜，开始时一般为37~38℃，饮用一段时间后饲喂常温水（16~18℃）。饮水温度会影响犊牛的饮水量，断奶前饮用温水的犊牛的饮水量比饮用冷水的犊牛（6~8℃）高47%；断奶后提供温水时犊牛的饮水量比冷水高7%。在冬季要避免饮用凉水甚至冰水，防止犊牛受到应激影响胃肠道功能。

4. 断奶后饲养

哺乳期每日饲喂牛奶3次，每次饲喂量相同，定时饲喂。牛奶温度控制在35~38℃，不可过冷或过热。犊牛出生后60 d左右断奶，断奶后的犊牛与母牛分开饲养管理，逐渐消除其吃奶习惯。刚断奶后的犊牛日增重降低，被毛粗乱无光泽，这是断奶应激造成的，属于正常情况，当犊牛逐步适应断奶时将恢复正常。犊牛在断奶后不宜立即改变饲料，应继续饲喂断奶前的饲料，让犊牛有一个适应过程。随着犊牛月龄的增长，再逐渐增加精料的饲喂量。犊牛断奶后至4月龄时，仍继续饲喂开食料，日粮中应富含精料，且应含有超过30%的植物纤维，这样不仅能够促进犊牛瘤胃发育，而且能够满足自身对能量的需求，防止出现断奶应激。4月龄后调整为育成牛饲粮配方，保证犊牛的正常生长发育。

（三）犊牛的管理

1. *产房环境*

新生犊牛自身的体温调节能力较弱，母牛预产期前应管理好产房的环境，产房温度调整至15～25℃，湿度控制在65%左右。产房干净、通风，且要定期消毒，避免因犊牛自身免疫力低下而受到多种病原微生物的侵扰。

2. *接产护理*

接产前准备好必要的物品、药品和器械，主要包括剪脐带的剪刀、结扎脐带的丝线、止血药、抗菌药和必要的碘酊或甲紫溶液等消毒用品。母牛分娩时，检查胎位是否正常。若胎位正常，尽量让其自然分娩，减少人工干预。若胎位不正常导致难产，应及时人工助产，但不可硬拉，避免对母牛的生殖道造成伤害。倒生时尽快拉出胎牛，避免胎儿因窒息导致死亡。新生犊牛出生后及时清理口腔和鼻腔中的黏液，防止吸入黏液而造成呼吸困难乃至窒息死亡。若胎牛吸入黏液出现呼吸困难，可用手轻轻拍打小牛胸部，促进其呼吸。若情况严重时，提起小牛两后肢，再用力拍打小牛胸部，促进黏液排出，直至恢复正常呼吸。新牛犊牛在正常呼吸后，离脐带孔8～10 cm左右处剪短脐带，并进行消毒，防止发生脐带炎。为防止新生犊牛受凉，在母牛与犊牛分离后，接产员用干净的毛巾擦干犊牛皮肤上的黏液。

3. *犊牛舍管理*

犊牛出生后要关注犊牛舍的卫生管理，工作人员定期对犊牛舍清理打扫。地面保持干净，垫料按时更换，保证垫料干净松软，避免致病菌的大量滋生。犊牛的体温调节能力差，要控制好牛舍的温湿度，配备齐全的保暖设施，避免由于天气原因而出现牛舍内温湿度大幅度波动。夏季圈舍温度在27℃以下，冬季在10℃以上，湿度控制在60%左右；夏季垫料厚度控制在15～20 cm，寒冷季节时增加垫料厚度在20 cm以上，以便起到保暖作用。根据季节变化和当地疾病流行情况，选择不同消毒剂对圈舍内外进行彻底消毒，有效杀灭病原菌和寄生虫，防止疾病的发生和流行。

二、育成牛的饲养管理

通常将6月龄至配种前这一时期的后备牛称为育成牛。育成牛的抗病力较强，生长发育十分迅速，机体代谢旺盛，体重和体型发生显著变化。奶牛犊生长至6月龄时体重约占成年奶牛体重的30%，到18月龄时达到75%。奶牛处于育成期时性器官和第二性征发育快，且机体各个器官体积和功能发生变化，日趋发达完善。育成期母牛的卵巢会出现成熟卵泡，并开始发情排卵。当犊牛生长至12月龄时，瘤胃已发育至接近成年牛的容积，日粮的消化吸收能力逐渐增强。育成牛的生长速度对初情期和头胎产犊月龄影响很大。小母牛生长缓慢会引起初情期推迟至 18～20 月龄，而育成牛生长过快时可在 9 月龄时开始发情。因此，育成牛饲养管理的主要目标是育成牛 13～15 月龄时达到成年母牛体重的 55%～60%，分娩时达到成年母牛体重的 82%～85%。

（一）育成牛的饲养

1. 7～12 月龄

7～12 月龄是育成母牛生长发育最迅速的时期，主要表现在体重的变化和消化系统的完善。育成牛的前胃有一定容积，且具有消化粗饲料的能力，应对其供给足够的营养物质，包括优质牧草、干草和青绿饲料等，刺激瘤胃的进一步发育，不断增强牛的消化吸收能力。育成牛可以补充一定的精饲料，但饲喂量要根据粗饲料的投喂量确定。通常情况下，日粮中 70% 的干物质来自于青粗饲料，其余来自于精饲料。因此，育成牛每天饲喂干草 5～6 kg，适量提供青贮和多汁饲料，精饲料 2～3 kg，精料比例占饲料干物质量的 30%～40%，骨贝粉和食盐各 25 g。同时控制日增重，一般不超过 0.9 kg。在正常饲养条件下，12 月龄的奶牛体重可增长至 280～300 kg，体高达到 115 cm 以上。

2. 12 月龄至初次配种

此阶段育成牛的消化器官进一步发育，瘤胃容积更大，整个消化系统更加完善，拥有更高的粗饲料消化能力，此时可以提高青粗饲料的供给，降低日粮精饲料的比例。每天饲喂干草 8～9 kg，青贮和多汁饲料 15 kg，精饲料 1～2 kg。注重母牛营养物质的搭配，若营养供给过多会造成营养过剩，既浪费了饲料又增加了饲养成本，而且造成奶牛肥胖，对后期配种受孕及妊娠造成负面影响；若营养供给过少则造成营养缺乏，抑制牛生长发育，降低日增重，配种时体况不能达到标准，导致配种延期。

（二）育成牛的管理

1. 分群管理

当犊牛生长至 6 月龄时，应进行科学的分群管理。首先，公母分群饲养，以免互相爬跨、偷配早育，对后期生长发育、人工授精及奶牛选配造成影响。其次，生长状况不同的奶牛同样进行分群饲养，根据其实际体重进行分群，防止出现体型大的牛“欺负”体型较小的牛。分群后有利于更好地进行合理化饲养，制定不同的日粮配方，保证日粮营养的合理搭配。

2. 保证运动

育成期的奶牛正处于生长发育最旺盛的时期，每日适当的运动能够促进血液循环，改善机体新陈代谢，且奶牛的骨骼和肌肉得到锻炼后也能够更快地发育。运动应为自由运动，每日上、下午各运动一次，每次 1.5～2.0 h，行程约 4 km。在有效的锻炼后，奶牛对营养物质的需求增加，提高了日粮采食量和日增重，消化系统也快速发育，有利于培育出健康的高产奶牛。如果奶牛缺乏运动，且饲喂过多精料，容易导致体况过肥、体脂较厚、体躯较短、身体矮小、早熟早衰，最终导致奶牛利用年限缩短、产奶量下降。

3. 刷拭与修蹄

牧场可以在圈舍内安装全自动牛体刷，一方面刷去牛体身上的粪污和寄生虫，保持牛体洁净，减少疾病发生；另一方面促进育成母牛皮肤代谢和血液循环，使育成母牛健康成长，而且还能训练育成母牛养成温顺的性格，方便以后的管理。每日擦拭1～2次，每次5～6 min。育成期母牛处于生长旺盛时期，活泼好动，而其尚未发育完全的蹄肢又较柔软，在运动过程中容易磨损，如果牛蹄长期得不到修理，过多的角质层将会堆积在蹄底趾缝间，对牛的日常行动和生活造成一定影响。因此，为了保证牛蹄健康，奶牛在10月龄后每年春季和秋季应各修蹄1次。

4. 乳房按摩

乳房是奶牛产奶的重要部位，为了乳房更好地发育，处于育成期的奶牛应定期接受乳房按摩。每天一次，每次5 min。按摩乳房时，由乳房下部向上按摩1～2 min，再用温水（50～55℃）洗净，毛巾擦干后用手由乳房下部向上按摩2～3 min。乳房按摩一方面能够改善乳房血液循环，促进乳腺细胞的生长发育及乳导管结构的形成，从而提高后期奶牛的泌乳性能；另一方面，奶牛育成期时适应了乳房按摩，可使奶牛与工人关系更加亲和，牛的性情更为温顺，减少第一次挤奶时产生应激，有利于后期挤奶。

5. 定期称重

由于奶牛个体间的差异，有些育成期奶牛的生长会出现异常，因此应对奶牛定期进行体尺和体重的测定，以判别不同个体的生长状况。对于生长异常的牛应查明具体原因，采取对应措施。所有体尺和体重数据记录要详细，以便后期进行查找分析。8月龄之前是奶牛培育的最重要时期，生长迅速，体重、体尺变化快，8月龄之后速度减慢。13月龄时荷斯坦育成牛体重、体高、胸围、体斜长和管围分别为366 kg、125 cm、168 cm、140 cm和18 cm左右。

6. 适时配种

根据育成期奶牛自身不同的发育状况而选择适宜的时间进行初次配种，适合的配种时间可提高牛场牛群的运转效率，间接增加养殖育成母牛的经济效益。在13～14月龄时，若体重达到成年体重的70%，即可进行配种。若配种过早，会出现配种失败的情况，即使配种成功也会使其正常的生长发育受阻，影响母牛的生长发育及头胎产奶量，甚至是终生产奶量，使其过早被淘汰而缩短利用年限；若配种过晚，影响受胎率，增加饲养成本。

三、泌乳母牛的饲养管理

奶牛在经历产犊之后进入泌乳期，一般持续280～320 d，国际上通常将305 d产奶量作为标准。实际生产中将奶牛泌乳周期分为4个阶段，即泌乳前期、泌乳盛期、泌乳中期和泌乳后期。泌乳前期也称围产后期，指奶牛产犊后0～20 d，泌乳盛期是奶牛泌乳天数从21～100 d，泌乳中期是从泌乳第101～200 d，泌乳后期是泌乳从201 d到干奶前。泌乳期长短因奶牛品种、胎次、年龄、产犊季节和饲养管理等的不同而存在差异，其中饲养管理是影响奶牛泌乳期长短十分重要的因素，也是影响产奶量和乳品质最重要的因素。因此，对泌乳牛按照不同的泌乳阶段给予规范化饲养，在保证牛健康的同时充分发挥其泌乳潜力。

（一）泌乳母牛的营养

1. 能量

泌乳期奶牛的能量需要包括乳的能量需要、妊娠需要以及机体能量需要。乳的能量含量与乳成分含量（乳脂、乳蛋白、乳糖）有关，妊娠的净能需要量即沉积在胎儿体内和子宫中的能量。胎儿的增重主要在分娩前3个月，日增重可达200 g以上，而妊娠前期的日增重仅几十克。按妊娠沉积能量（胎儿+子宫）约需要4.87倍的泌乳净能计算妊娠能量需要，根据胎儿生长发育情况，推荐妊娠第6、7、8、9月每天在维持基础上增加4.184、7.113、12.552、20.920 MJ泌乳净能，即可满足妊娠需要。

泌乳奶牛在泌乳前期通常出现能量负平衡，动用部分体内贮存能量用于产奶，出现体重下降现象。在泌乳中后期能量正平衡后，多余的能量在体内沉积，体重增加。因此，在泌乳初期应增加能量供应，在泌乳后期应控制能量供应，避免奶牛过肥。

2.蛋白质

奶牛需要摄入蛋白质以满足维持、泌乳、生长、妊娠等各种生命活动的需要。泌乳牛的蛋白质需要包括维持需要和泌乳需要。在泌乳前期，奶牛会出现蛋白质负平衡，仅仅满足能量供应不足以缓解损失。因此，在饲养管理过程中应及时调整日粮蛋白质含量，保障蛋白质的充足供应，满足蛋白质需求。

3.碳水化合物

泌乳期奶牛能量需求增加，机体代谢所需能量的70%左右来自糖类的氧化供能。葡萄糖是供给动物代谢活动能量来源最有效的营养素。若葡萄糖供给不足，会出现低血糖症或酮病，甚至产生妊娠毒血症而导致母牛死亡。充足的碳水化合物可减少蛋白质分解供能，有利于蛋白质合成代谢，除供能外还参与乳糖、乳脂和非必需氨基酸的形成。纤维结构在维持泌乳奶牛瘤胃正常供能、刺激咀嚼、维持乳脂稳定、提供能量等方面发挥重要作用。

4.矿物质与维生素

矿物质在维持奶牛机体健康、形成动物产品和保证繁育等生命活动中发挥重要作用，对于奶牛的正常生长、泌乳和繁殖是必需的。维生素具有多种生物学功能，参与许多代谢途径，并具有调节细胞免疫和基因调控的功能。泌乳期奶牛通过乳中分泌出大量矿物质，造成矿物质和维生素流失，因而对矿物质和维生素的需求增加。瘤胃微生物可合成大量的B族维生素，一般饲料中B族维生素的含量相当丰富，但高产奶牛、围产期奶牛可能存在B族维生素缺乏，需要额外补充。此外，高代谢状态使奶牛可能处于应激状态，需要额外补充具有抗应激的维生素等。

5.水

水是构成奶牛机体生命活动的基础物质之一。无论对于奶牛的生命活动还是生产性能，水都是最关键的营养素，其重要性仅次于氧气。饮水和饲料水是奶牛摄入水的主要来源，泌乳、排尿、排粪和蒸发是奶牛排出水分的主要途径。饮水不足或水质不合格都会损害奶牛的健康和生产性能。泌乳牛每单位体重需要的饮水量比其他哺乳动物都高。泌乳期奶牛的需水量较其他生理阶段显著提高，经产牛比头胎牛需要的饮水量更多，高产奶牛的水分利用效率高于低产奶牛。饮水量不足时，奶牛的产奶量、乳汁成分以及干物质采食量等显著降低。

(二)泌乳母牛的饲养

1. 泌乳早期的饲养

为充分满足新产牛对营养物质的需求,尽量降低因采食量减少而导致的能量负平衡的影响,提高新产牛日粮营养浓度,饲喂优质牧草,改善饲喂管理,提高干物质采食量,但粗饲料比例不低于40%。母牛产犊后7~10 d,干物质采食量在正常采食量的70%以内;初产牛产犊后21 d干物质采食量大于17 kg,经产牛产犊后21 d干物质采食量大于19 kg,以减缓新产牛能量负平衡和体重减轻。新产牛日粮中脂肪的补充量限制在干物质的2%~3%,即泌乳前5周内,日粮中脂肪总含量占日粮干物质总量的5%~6%。一般可在日粮中额外补充添加剂来调节牛体健康,例如小苏打可提高奶牛瘤胃pH,降低瘤胃酸度,饲喂量为每头每天100~250 g,或占干物质总量的0.8%;氧化镁为碱化剂,也可提高瘤胃pH。此外,新产奶牛补充蛋氨酸、胆碱和烟酸,以改善牛的健康和能量负平衡状态,防止酮病发生,提高干物质采食量。

2. 泌乳盛期的饲养

经产奶牛一般在产犊后40~60 d达到泌乳高峰,而头胎奶牛一般在80~100 d达到泌乳高峰,其产奶量占全泌乳期产奶量的40%左右。泌乳盛期最大限度地发挥奶牛的泌乳性能是高产稳产的关键,也最能反映饲养管理的效能。首先满足优质粗饲料的供给。日粮干物质采食量占体重的2.5%~3%,日粮中应含有(以DM计)2.4个NND/kg、17%~18%粗蛋白质、19% ADF、25%以上NDF,精、粗料比为60:40~55:45,钙含量0.8%~0.9%、磷含量0.45%,并保证其他矿物质的供应。在泌乳盛期尽快增加奶牛能量、蛋白质的摄入,并保持在一定水平,防止体况下降过快,避免由于能量不足引起的产后子宫恢复缓慢和发情时间推迟等。从产奶和繁殖两方面考虑,泌乳盛期补喂蛋白质饲料,避免蛋白质过量造成的氮不平衡而引起的奶牛受胎率降低。日粮中钙占干物质的0.8%~1%,磷0.4%~0.5%。如钙磷不足,将会出现异常发情,降低繁殖性能。此外,日粮中可添加过瘤胃脂肪、过瘤胃蛋白或过瘤胃氨基酸,既能提高营养浓度又不降低粗饲料采食量,从而保证粗纤维的需要。脂肪的添加量不宜过高,一般不超过干物质的5%~6%。

3. 泌乳中期的饲养

母牛产犊后101~200 d为泌乳中期,饲养管理目标是减缓奶量下降速度,恢复体况。奶牛进入泌乳中期时,干物质采食量已达到高峰,而高峰之后干物质采食量的下降幅度又小于产奶量的下降幅度,因而要调整日粮结构,适当减少精料补充料,逐渐增加优质青粗饲料的饲喂量,力求使产奶量下降幅度减到最低程度,一般每月产奶量下降控制在5%~7%。产犊后140 d时母牛体重开始增加,应适当调整日粮精粗比例,粗纤维不低于17%。对低产奶牛严格控制精料用量,精、粗料干物质比例为50:50~45:55。若精饲料全部采用淀粉形式(如谷物颗粒)对瘤胃环境不利,应多含可消化纤维(如甜菜、谷物糠麸、酿酒谷物以及棉籽饼粉等),有助于维持瘤胃最佳环境。为维持瘤胃正常功能和正常乳脂率,应提供高质量的饲草。

4. 泌乳后期的饲养

泌乳后期指母牛产犊后第201天到干乳阶段。母牛处于妊娠后期,产奶量下降幅度较大，主要目标是调整体况，准备干乳。泌乳后期也是为下一个泌乳期做准备的时期，要保证奶牛在此期获得足够的营养以补充体内营养储存，主要用于维持、泌乳、修补体组织、胎儿生长、妊娠沉积等。如果奶牛营养摄入不足导致体况过差，干乳期又不能完全弥补，会使奶牛在下一个泌乳期泌乳量大大低于遗传潜力，导致产奶效率低下。但如果营养过高，体况过好，又容易在产犊时患代谢疾病，如酮病、脂肪肝等。饲料营养供应根据奶牛膘情加以调整，一般以粗饲料为主，精、粗料干物质比为40∶60～30∶70，抓住时机恢复母牛体况。

5. 饮水供应要求

水分对奶牛非常重要，必须保证充足清洁的饮水。如果奶牛饮水摄入量减少13%，牛奶产量将减少2%，乳脂含量减少2%。夏季奶牛水槽每日清理1次，挤奶厅可放置水槽，供奶牛挤奶结束后及时补充水分。冬季注意水温不低于10℃，禁止给妊娠母牛饮用冰碴水。

（三）泌乳母牛的管理

1. 产前护理

为了减少即将产犊母牛生殖器官被感染，在产前两周将其转入产房。产房必须在奶牛入住前用2%火碱水消毒。奶牛进入产房前对其躯干和外阴部用2%～3%来苏水进行清洗，并用毛巾擦干。在产房入口处设立消毒池，保证饲养人员进入产房后能够让整个产房处于无菌状态。产房的监控要清晰准确，并安排专业饲养人员在产房周围值班，保证母牛临产前所有的活动都能被观察到。如果母牛有临产特征，用高锰酸钾溶液消毒外阴部。母牛在产犊前1周容易发生乳房膨胀和水肿，可在母牛的饲料中补充添加剂预防。

2. 泌乳期护理

母牛在产犊后持续分泌乳汁。刚开始几天要加强日常护理，保证母牛身体逐步恢复，防止严重疾病产生，也要禁止过早进行催乳操作。产房仍然需要保持相对干燥的状态。如果母牛乳房水肿情况比较严重，在挤奶过程中应先热敷，并且坚持按摩使水肿尽快消退。

奶牛在泌乳盛期易发生乳房炎，挤奶前后需做好药浴消毒工作，通过乳头药浴有效预防乳房炎的发生。泌乳盛期的奶牛发情症状不明显，极易错过最佳配种时机，应经常巡舍，详细记录发情日期、发情症状及子宫分泌物情况。此外，注意奶牛保胎，适当调整卧床挡颈杆，及时清理垫料中的杂物，防止机械性流产；干奶前进行一次妊娠诊断，确认母牛是否怀孕。

3. 科学挤奶

科学挤奶是确保奶牛乳房健康、产奶量高的前提。奶牛乳房一般在清洗和按摩刺激后1 min左右开始排乳，此时也是挤奶的最佳时机，如果较晚挤奶会导致排乳过程受到抑制，影响泌乳量。奶牛挤奶分为人工挤奶和机械挤奶两种，采用机械挤奶时要根据实际情况对机械进行合理调试，人工挤奶则要注意挤奶的正确操作方法。母牛产犊后30 min即可挤奶，挤奶前用热水清洗牛体两侧、尾部，用0.1%高锰酸钾溶液消毒乳房，弃前3把奶，挤出初乳立即喂犊牛。产奶初期乳房水肿比较严重，开始不能将初乳全部挤净，避免过度挤奶。为尽快消除乳房水肿，每次挤奶前和挤奶后用50～60℃的温水浸湿毛巾，热敷及按摩乳房。前后药浴碘伏，减少乳区感染，降低乳房炎发病率。奶牛挤奶时要保持安静，防止奶牛受到惊吓,否则会导致肾上腺素分泌增加,抑制催产素促排乳作用,最终导致产奶量下降。

4.日常保健

定期检查肢蹄,定期修蹄。定期检查牛舍环境,如果牛舍地面设计不好、环境条件差、温度高、湿度大都会使奶牛肢蹄病的发病率升高。如一般铺有橡皮胶垫牛舍的牛群步态评分比水泥地板的牛群好。在卧床和赶牛通道中铺撒垫料,保护肢蹄。保持牛体清洁卫生,牛舍安装自动牛体刷,促进奶牛血液循环,且利于奶牛保持体表清洁和健康,从而提高产奶量。

5.防暑降温

奶牛尤其是荷斯坦牛耐寒不耐热,对热应激敏感。如果奶牛长时间处于热应激状态,可导致代谢机能紊乱,生产性能明显下降。与冬季相比,夏季奶牛乳房炎和胎衣不下发病率分别比冬季高9.42%和23.33%,母牛受胎率较冬季低13.1%;泌乳前期奶牛热应激反应较泌乳中、后期敏感,产奶量下降幅度更大。我国很多地区夏季日最高温度经常超过30℃,极端最高温度达40℃,对奶牛生产极为不利。因此,实际生产中夏季降温至关重要。为尽可能降低热应激对奶牛生产造成的损失,应采取相应的技术措施来控制奶牛饲养环境的温度,如用隔热性好的材料作为牛舍顶棚,减少太阳辐射;建造自然通风的牛舍;使用湿帘风机系统、喷雾系统、喷淋风扇系统等间接蒸发降温技术,或建造洗浴池等直接蒸发降温方式。

四、种公牛的饲养管理

种公牛是加快牛群发展最关键的因素之一,对牛群的改良具有极为重要的作用。培育优秀的种公牛旨在保持其体格健壮、精力充沛、性欲旺盛且能够产生足量优质精液,使其优良性状稳固地遗传给后代。随着人工授精技术和牛精液冷冻保存技术的发展及应用,种公牛的利用率得到大幅提升。同时,由于种公牛的需要量较少,质量要求较高,而培育种公牛的经济代价大,对种公牛的饲养管理提出了更高要求。在种公牛的饲养管理过程中有任何环节的疏忽,都会造成种公牛体质变弱、精液质量下降,甚至会导致种用价值丧失。因此,科学、规范的饲养管理是培育优秀种公牛的基础,对种公牛生产性能的提高意义重大。

(一)种公牛的饲养

在种公牛的全价日粮配合中,精料占总营养的40%为宜,每天每100 kg体重饲喂精饲料0.4~0.6 kg,每天总量不超过8 kg;成年公牛每天每100 kg体重饲喂干草1.0~1.5 kg,每天总饲喂量8~10 kg;块根饲料每天100 kg体重饲喂0.8~1.0 kg,每天总饲喂量6~8 kg。精、粗、青饲料要多样配合,营养全价,适口性好。

尽量不用或少用菜籽饼和棉籽饼;玉米、甘薯等含糖量高的饲料宜少喂,避免种公牛膘情过肥,降低配种能力。限制青粗饲料的饲喂量,多汁饲料和粗饲料不宜过量供应,防止形成“草腹”,影响其种用价值。禾本科饲料(如全株玉米青贮等)在青贮过程中易形成大量有机酸,饲喂过多对精子形成不利,应按量饲喂;育成公牛除补充精料外,自由采食优质干草如苜蓿和羊草等,日粮中蛋白质含量不应低于12%,若营养不充足,会延长性成熟期,影响生长发育，降低精液品质。

种公牛所必需和最重要的维生素是维生素 A，日粮中缺少会影响精子形成，使畸形精子数量增加，因而要特别注意维生素 A 的供应。饲料中钙磷的最佳比例为(1.5～2.0)：1；食盐对增进食欲、促进消化机能和正常代谢十分重要，每天供应量 70～80 g。为种公牛提供充足、清洁的饮水，但在采精、配种前后和运动前后半小时内不宜饮水。

（二）种公牛的管理

对于经过后裔鉴定证明为优秀的种公牛，要加强管理，合理利用。要管理好种公牛，首先要了解其性情，从生理角度看，种公牛拥有“三强”，即记忆力强、防御力强及性反射强，正是由于种公牛具有“三强”的特性，饲养人员需在日常管理中慎重对待，注意安全。

1. 人员固定

饲养员要相对固定，对公牛态度和善，禁止随便对公牛吆喝和鞭打，勤观察公牛的行为特性，可通过饲喂、饮水、刷试等活动，与种公牛建立感情，做到人牛亲善。种公牛勃起反射、爬跨反射、射精反射迅速，采精人员在采精前要做好各种准备，采精技术娴熟，动作迅速、利落。

2. 适度运动

运动是保持种公牛健康、精液品质良好的重要条件。在每天上午、下午各运动 1 次，时间以 2 h 左右为宜，可以采用旋转架运动方式。

3. 刷拭和洗浴

刷拭最好用毛刷，对牛角间、颈部、肋部、尾根部等部位顺毛发方向用力刷挠，既清洁皮肤，又使牛变得温顺，每天刷拭 1～2 次；种公牛站安装淋浴设施或药浴池，以便对牛体定期淋浴和驱虫，保持牛体干净卫生。

4. 睾丸按摩

睾丸按摩是种公牛十分重要的管理项目，能够促进睾丸血液循环，促使睾丸发育，提高雄性激素的合成，从而增强性能力，维持种公牛健康和改善精液品质。每天用温水清洗和按摩睾丸，每次 5～10 min，定期对睾丸及其阴囊进行检查和护理。

5. 精液采集

成年公牛一般每周采精 2 次，每次连续采精 2 遍；或者每周采精 3 次，但要隔日采精。夏季每周采精 1 次。牛每次射出 100～150 亿个精子。严禁在下雪霜冻天气时采精。

6. 定期护蹄

定期修蹄、护蹄，保证种公牛四肢健康。若发生蹄漏和蹄叶炎时，采用“五步法”进行处理：首先用工具刀把腐肉及其脓包去除，然后用清水把伤口处清洗干净，接着用碘酒将牛蹄浸泡 5 min，再用“特制溶液”浸泡（配方：H_2O 1 L，$CuSO_4$ 10 g，CH_3CHO 30 mL），最后用绷带包扎伤口。

五、乳用水牛的饲养管理

水牛耐热、抗病力强、耐粗饲，低廉的饲养成本和广阔的市场需求使水牛产业成为投资效益好、极具市场竞争力的新兴产业。我国高度重视水牛业发展，明确把发展乳用水牛作为南方奶业发展的战略选择。水牛奶品质优良，其干物质和营养成分显著高于荷斯坦牛及其他动物乳和人乳。水牛奶的乳脂肪、蛋白质和干物质的含量分别为7.9%、5.0%和18.4%，分别为荷斯坦牛奶的2倍、1.6倍和1.5倍。同时，水牛奶锌、铁、钙含量高，具有抗衰老作用，氨基酸、维生素含量丰富，是老幼皆宜的理想全价食物；水牛奶加工潜力巨大，加工优势明显，可生产高品质的奶油、奶酪和奶粉等奶产品。

（一）乳用水牛的饲养

1. 初乳期

初乳期是乳用水牛产犊后的1～5 d。每头犊牛的人工哺喂初乳量可按照犊牛出生时体重的10%进行，后期则根据犊牛的实际生长情况进行调整。通常情况下，第1次饲喂2 kg初乳，之后以1.5 kg/次，每天3次为标准进行饲养，连续饲喂5 d。若初乳量过多，无法被犊牛吃完，可采取以下处理方式：一是进行冷藏处理，用于后期无初乳食用的犊牛饲养；二是与正常牛乳混合，饲喂大龄犊牛。初乳营养物质浓度高于普通牛乳，并不适合直接饲喂大龄犊牛，需要加入适量的温水或普通牛乳后再喂给大龄犊牛。

2. 常乳期

犊牛出生后5 d后用常乳喂养，或者转移到小圈中进行小范围饲养，小圈饲养量为12头左右。根据目前乳用水牛的实际饲养情况，应确保犊牛有90 d以上的哺乳期，奶量控制在300 kg左右，最高不能高于500 kg，平均喂养2～3次/d，但是要控制好饲喂量。

3. 断奶牛

犊牛生长至1周岁进入断奶阶段，奶水牛在这一阶段生长较为快速，营养需要量也相对较高。因此，实际饲养中需要适当增加蛋白质的摄入，并且配合适量的优质草料，确保奶水牛的胃能够得到有效发育。

4. 育成母牛

从1周岁直到产犊的母水牛均被称为育成母牛，饲喂时精料为辅，尽可能让奶水牛多吃青、粗饲料，帮助其胃容量增加。精饲料的粗蛋白含量为14%，饲喂量根据奶水牛实际生长状况来定，只要满足奶水牛生长阶段的营养需要即可。

5. 成年母牛

成年母牛即产犊后的母牛，其饲养管理分为围产期、泌乳期和干乳期三个阶段，其中围产期的饲养最为关键，母牛在产犊前15 d到产犊后15 d期间被称为围产期。这一时期母牛的饲养状况与后期奶产量具有密切的关系，在产犊前15 d增加精饲料的饲喂量，饲喂量以不超过母牛体重的1%为宜；产犊后15 d以恢复母牛体重为主，注意饲喂易消化的饲料。精饲料根据母牛的食欲与恢复情况来决定。另外，不用控制干草的投喂，此举有助于母牛体重的恢复。

为了更好地使母牛在下一个泌乳期保持更高的产奶量，在怀孕母牛预产期前60 d左右停止挤奶，称之为干乳期。干乳之前的几天内，要控制饮食及饮水，增加粗饲料，适当减少精料，少喂或停喂多汁青绿饲料，尽快干奶。干乳后，日粮以优质干草为主，并喂以适量的青贮料、块根类饲料和精料，精料的比例约占30%。

(二)乳用水牛的管理

1.初乳期

刚出生的犊牛在1 h内进行哺喂，并在1 d内饲喂5 kg初乳，确保犊牛吸收足量的蛋白质。在饲养过程中关注牛舍的通风、光照等条件，圈舍温度保持在15℃。在哺喂初乳时，需要采取少食多餐的方式，确保犊牛吸收到足够的营养。

2.常乳期

常乳期犊牛管理需要保持干净的饲养环境，有效减少犊牛患呼吸道疾病的概率，并且定期清洗、消毒饲喂用具、牛床等，营造干燥、舒适的生活环境。针对日龄10 d以上的犊牛设立一定的活动空间，有意识地培养犊牛与饲养员之间的感情。在喂养过程中，对30～60日龄的犊牛需提供饮用温水；定期刷拭犊牛，避免感染皮肤病或寄生虫等疾病。

3.断奶牛

定期清洗躯体，并保证充足的光照与运动。

4.育成牛

育成母牛的管理，一是要保证充足的光照与运动；二是要做好发情观察，在母牛24月龄以上、体重达到350 kg左右、经过2～3次的正常发情时，就要适时进行配种；三是每天刷拭牛体并进行乳房按摩。

5.成年母牛

围产期母牛要做好产房卫生以及接产工作，尤其是难产时应及时助产；产犊后0～3 d饮用温热的红糖麸皮汤水，1周内供给温热饮水；每天按摩乳房2次，每次5 min；产后初期的3～5次挤奶不能全部挤完。为了促使母牛尽早恢复发情，应该加强饲养管理，一般情况下母牛产犊后30～60 d内发情。

泌乳期母牛要由大群饲养改为小群饲养，小规模饲养时最好针对每个个体进行饲养。保证适量的运动，保持舍内外的清洁卫生。及时对膘情进行评定，判断饲养管理是否合理，并且以此作为调整饲料、加强饲养管理的依据。同时做好发情观察，适时配种。

对于干奶期母牛主要是进行正确的干乳。停奶方法有两种，一种是逐渐停奶法，在停奶前1～2周开始进行，由原来的每日挤奶2次改为每日1次、再改为隔日1次，直至停止。二是快速停奶法，在最后一次挤奶完成后，向4个乳头孔内注入干乳油剂，药浴后不再挤奶。

第八章　羊的饲养管理技术

羊产业是畜牧业发展中重要的产业之一，全世界家养羊品种800多个，包括山羊和绵羊两大类群，其中山羊品种200多个，绵羊品种600多个，主要用于生产羊肉、羊奶以及羊毛等。在我国绵羊、山羊品种培育的漫长历史中，由于不同生态环境条件下的封闭育种，形成了适应地方环境并分布广泛的许多优良品种，从气候干旱的西北沙漠地区到气候湿润的中东部地区，从高海拔的青藏高原到海拔较低的东部地区均有分布。随着科学技术的进步与深度渗入，羊产业发展步伐加快，生产经营方式已由粗放式养殖生产逐渐转向了集约化、标准化、现代化生产方式，为畜牧业发展做出了重要贡献。

第一节　产业概况与生物学特性

一、羊的产业概况

（一）肉羊产业概况

肉羊产业在我国羊产业中占有举足轻重的作用，发展前景良好。2021年全国羊存栏31 969万只，出栏量33 045万只，羊肉产量为514.0万吨，提前实现了我国《推进肉牛肉羊生产发展五年行动方案》中提到的“到2025年羊肉产量稳定在500万吨”的发展目标。我国羊肉进口规模整体有所扩大，出口规模偏小。2021年羊肉进口量为41.07万吨，主要来源于澳大利亚和新西兰，其次为乌拉圭和智利；2021年羊肉出口量为0.20万吨，主要集中在我国的香港、澳门和阿联酋、以色列等中东地区，另外还有柬埔寨、越南等东南亚国家。

随着我国居民收入水平提高和生活方式转变，人们对羊肉需求量持续增长。2021年羊肉需求量达到554.87万吨，较2020年增加了26.20万吨，同比增长4.96%，羊肉自给率为92.8%，提前实现了农业农村部《“十四五”全国畜牧兽医行业发展规划》中提出的“2025年，我国羊肉自给率保持在85%左右”的目标。羊肉总消费量从2015年的463.0万吨增长到2020年的540.6万吨，提高了16.8%，年均增长3.36%。从整体上看，我国羊肉处于供不应求的状态，2021年人均需求量为3.93 kg，较2015年增长了0.57 kg，年增长率为2.9%。

我国肉羊养殖区域特征十分明显，近10年（2010—2020年）肉羊养殖量排名前五的省(区)(内蒙古、新疆、山东、河北、四川)其养殖量占到全国总量的50%以上。肉羊养殖增长点由传统牧区放牧养殖向农牧交错和农区舍饲养殖转变;羊肉产品由大羊肉逐渐向优质羔羊肉、精分割羊肉产品转变;羊肉消费人群由特定群体向普通大众转变;消费主导方式由户外餐饮向家庭厨房转变;羊肉购销渠道由集市门店向门店、网店、快递配送等多渠道转变。在羊肉需求的巨大市场下,肉羊产业的综合生产能力将不断提高,产业优势会更加明显。

(二)奶羊产业概况

近年来世界奶羊养殖数量持续增长,据联合国粮农组织(FAO)统计显示,2021年全球奶羊养殖数量已超过4.79亿只,其中奶山羊2.19亿只,奶绵羊2.59亿只,约有90%以上的奶羊产自亚洲和非洲。我国是亚洲奶羊产业的优势地区,尤其是奶山羊产业优势明显,奶山羊品种主要以关中奶山羊、西农萨能奶山羊、崂山奶山羊、文登奶山羊为主,养殖模式正在向规模化、标准化方向发展,2021年奶山羊存栏量达到1 200万只,山羊奶产量120万吨左右。此外,近几年我国开始发展奶绵羊,并形成产业雏形,目前供应商品奶的奶绵羊已超过万只。

我国奶山羊主要分布于黄河流域和云贵高原,陕西省和山东省是奶山羊生产的传统地区,在两大省区的奶山羊产业带动下,云南、河南、内蒙古、贵州、广东、湖南、福建、甘肃、黑龙江等地开始发展并逐渐壮大。奶绵羊产业是我国的新兴产业,目前我国奶绵羊养殖数量不多,但发展势头强劲。由于奶绵羊的生理特性,其主要分布在甘肃省、内蒙古自治区和山西等地区。

发展奶羊产业可优化我国奶业结构,提供特色乳制品,促进畜牧业经济发展。目前,尽管我国羊奶产业在畜牧生产中份额偏小,羊乳仅占国内乳品消费市场的5%左右,但近年来随着中央到地方的奶业振兴政策陆续出台和“奶业振兴计划”的实施,奶羊产业发展具备了良好的政策环境,在政策带动引领下,奶羊产业必将蓬勃发展,助推我国奶业振兴与畜牧业经济迈上新台阶。

(三)绒毛羊产业概况

国际毛纺织组织(IWTO)和澳大利亚羊毛产业协会(AWI)等国际机构的资料显示,2021年世界羊毛产量(净毛,下同)为109.25万吨,较2020年增加了3.84%;澳大利亚、中国、印度和南非羊毛产量较2020年分别同比增加了11.95%、1.19%、0.60%和2.16%。中国和蒙古国是世界最主要的羊绒生产国,两国羊绒产量占世界羊绒总产量的90%以上;2021年中国羊绒产量较2020年有所增加,如河北宽城县、辽宁省盖州市、本溪县、青龙县2021年羊绒总产量较2020年增加了8.77%。我国的细毛羊与绒山羊主要分布在内蒙古、新疆、辽宁等地区。据国家绒毛用羊产业技术体系2021年调研发现,我国细毛羊存栏量呈下降趋势,而绒山羊存栏量呈增加趋势。羊毛主要进口来源国为澳大利亚、蒙古国、南非,羊毛条主要进口来源地为马来西亚、埃及、保加利亚;羊毛主要出口至日本、尼泊尔、丹麦,羊毛条主要出口至德国、意大利、土耳其。羊毛的主要进口省份是江苏、浙江、山东,羊毛条的主要进口省份是江苏;羊毛主要出口省区是江苏、河北、西藏,羊毛条主要出口省市是江苏、浙江、上海。

近年来,绒毛羊种质资源引起重视,良种繁育体系构建投资进一步加大,在多胎细毛羊、肉用细毛羊、高产型绒山羊、细绒型绒山羊、高产半细毛羊等新品种(系)培育方面取得了显著进展,培育出了具有自主知识产权的藏西北白绒山羊、贵乾半细毛羊等国有化品种。在养殖方式上,绒毛羊家庭种养一体化养殖优势逐步凸显,种养增收效果明显。绒毛羊规范化营养体系构建需要进一步完善,精准营养成为国内家畜养殖的热点,面对饲草和粮食资源的压力变大,高效精准的养殖成为现阶段绒毛羊产业发展的重点。

二、羊的生物学特性

1. 合群性强

羊的群居行为很强,通过视觉、听觉、嗅觉、触觉等传递和接受各种信息,容易建立群体结构,保持和调整群体成员之间的活动,而头羊和群体内的优胜序列有助于维系这种群居活动。在羊群中,原来熟悉的羊会形成小群体,小群体再组成大群体。在自然群体中,羊群的头羊由年龄较大、体格健壮、后代较多的公羊担任,一般利用山羊行动敏捷、易于训练及记忆力好的特点选用头羊。一般情况下,绵羊的合群性优于山羊,粗毛羊优于细毛羊和肉用羊,中国本地羊优于国外引入羊;夏、秋季牧草丰盛时,羊的合群性优于冬、春季。利用合群性特点,在羊群出圈、入圈、过河、过桥、饮水、换草场、转运羊等活动时,只要头羊先行,其他羊即跟随头羊前进并发出保持联系的叫声,为生产中大群放牧管理提供了方便。但是,由于群居行为强,羊群间距离近时容易混群,在管理上需加以注意。

2. 性喜干燥,怕湿热

"羊性喜干厌湿,最忌湿热湿寒,宜居高燥之地",说明养羊的场地、圈舍和休息地都以高燥为宜。如果久居泥泞潮湿之地,羊易患寄生虫病和腐蹄病,毛用羊或肉毛兼用羊甚至毛质降低,脱毛加重。不同品种的绵、山羊对气候的适应性不同,如细毛羊喜欢温暖、干旱、半干旱的气候,而肉用羊和肉毛兼用羊则喜欢温暖、湿润、全年温差较小的气候,但长毛肉用罗姆尼羊耐受湿热气候的能力较强,能够适应沼泽地区,且对腐蹄病有较强的抵抗力。

3. 嗅觉灵敏

羊的嗅觉比视觉和听觉灵敏,母羊主要凭嗅觉鉴别自己哺乳的羔羊,而视觉和听觉起辅助作用。分娩后,母羊会舔干羔羊体表的羊水,并熟悉羔羊的气味。个体羊有其自身的气味,群羊有群体气味,一旦两群羊混群,羊可由气味辨别出是否属于同群羊。在采食时,羊能够依据植物的气味和外表辨别植物种类或同一植物的不同品种(系),选择富含蛋白质多、粗纤维少、没有异味的牧草采食,并依靠嗅觉辨别饮水的清洁度。

4. 胃肠发达

羊是反刍家畜,由瘤胃、网胃、瓣胃和皱胃组成复胃。胃容积大,其容量因年龄、品种不同而异。一般成年绵羊4个胃的总容积近30 L,山羊为16 L左右。在4个胃中,瘤胃最大,占整个胃容量的79%,网胃占7%,瓣胃占3%,皱胃占11%。小肠是食物消化和吸收的主要场所。山羊和绵羊的小肠在家畜中最长,山羊小肠约为25 m,为其体长的27倍多。大肠直径比小肠大,长度比小肠短,约为8.5 m,主要功能是吸收水分和形成粪便。

5. 勤于反刍

羊白天或夜间都有反刍现象，每日反刍时间约为 8 h，一般白天 7 ~ 9 次，夜间 11 ~ 13 次，每个食团咀嚼 40 ~ 60 次，每次持续 20 ~ 50 min，午夜到中午期间反刍食物再咀嚼速率较慢。反刍次数及持续时间长短与饲草种类、品质、调制方式以及羊的体况均有关。疲劳或受到外界强烈刺激时，会造成肉羊反刍紊乱或停止，甚至引起瘤胃鼓气。羔羊出生后 30 日龄左右开始出现反刍行为，因而早期补饲易消化的植物性饲料能够刺激前胃发育，促进羔羊提早出现反刍。

6. 性成熟早，繁殖力强

一般来说，绵羊 6 ~ 8 月龄性成熟，山羊 4 ~ 6 月龄性成熟。羊是季节性发情动物，每年 8 ~ 10 月是发情高峰期，发情明显，受胎率高。在实际生产中，羊体重达到成年体重的 70% 以上时开始配种，但在饲料和饲养条件良好时 7 ~ 8 月龄也可配种；羊可以一胎多羔、一年两胎或两年三胎，利用年限相对较长。

7. 绵羊胆小温顺，山羊活泼好动

绵羊性情温顺，反应迟钝，易受惊吓，喜欢从暗处到明处，而不愿从明处到暗处。在遇有物体折光、反光或闪光，例如药浴池和水坑的水面、门窗栅条的折射光线、板缝和洞眼的透光等时，常常表现畏惧不前。山羊生性好动，行动敏捷，喜欢攀高，善于游走，除采食、反刍和休息外，大部分时间都是走走停停。尤其是羔羊，经常前肢腾空，躯体直立，猛跑跳跃。山羊喜角斗，有正向互相顶撞和跳起斜向相撞两种，绵羊只有正向相撞一种，因而有“精山羊，疲绵羊”之说。

8. 适应性强，抗病力强

羊的适应性主要包括耐粗饲、耐渴、耐热、耐寒、抗病力等方面，适应性的强弱不仅关系到羊生产力的发挥，也决定不同品种的发展方向。

（1）耐粗饲性　在极端恶劣条件下，绵羊具有极强的生存能力，能够依靠粗劣的秸秆、树叶等维持生活。与绵羊相比，山羊耐粗饲性更强，除采食各种杂草外，还啃食一定数量的草根树皮，比绵羊对粗纤维的消化率高 3.7%。

（2）耐渴性　绵羊的耐渴性较强，尤其是夏秋季缺水时，能够在黎明时沿牧场快速移动，用唇和舌接触牧草，搜集牧草上凝结的露珠。与绵羊比较，山羊耐渴性更强，山羊每千克体重代谢需水 188 mL，绵羊则需水 197 mL。

（3）耐热性　绵羊的汗腺不发达，蒸发散热主要靠喘气，耐热性差，因而夏季应在羊场安置遮阳设备、栽树或搭遮阳棚等，防止绵羊扎堆。与绵羊比较而言，山羊较耐热，气温 37.8℃时依然能够继续觅食。当夏季中午炎热时，山羊从不发生扎堆现象，照常行走好动。

（4）耐寒性　绵羊有厚密的被毛和较多的皮下脂肪，以减少体热散发，故较耐寒。山羊没有厚密的被毛和较多的皮下脂肪，体热散发快，耐寒性低于绵羊。

（5）抗病力　羊的抗病力较强，且抗病力强弱因品种而异。一般来说，山羊的抗病力比绵羊强。体况良好的羊对疾病有较强的耐受能力，病情较轻时一般不表现症状，有的甚至临死前依然能够勉强跟群吃草。

第二节　肉羊的饲养管理

一、肉羊的营养需要

羊的营养需要指其在生活、生长、繁殖和生产过程中对能量、蛋白质、矿物质、维生素和水等营养物质的需要量，包括维持需要和生产需要两类。维持需要是指羊为了维持正常的生理（生命）活动，体重不增不减，也不进行生产时所需的营养物质；生产需要指羊在进行生长、繁殖、泌乳和产毛等生产条件下所需的营养物质。

（一）能量需要

能量是肉羊生命活动和生产过程的第一营养要素，主要来源于日粮中的碳水化合物、脂肪和蛋白质。科学合理的能量水平对保证肉羊机体健康、提高生产力、降低饲料消耗等具有重要意义。如果能量供给不足时会导致幼龄肉羊生长缓慢，母羊繁殖率降低；能量摄入量过高时造成羊过肥，对生产和机体健康同样不利。

目前表示能量需要的方式有代谢能和净能两大体系，两者之间可通过转化系数予以转化，但不同饲料品质及羊在不同生产目的下转化效率差异较大，一般多采用净能体系表示。肉羊能量需要量为维持能量需要和生产能量需要的总和。

代谢能（MJ/kg）= 消化能（MJ/kg）×0.82，1 g 总消化养分（TDN）= 18.41 MJ 消化能。

1. 维持能量需要

绵羊维持需要的能量与代谢体重在一定的活体重范围内呈直线相关关系。NRC（1985）确定的绵羊每日维持需要量：维持能量需要（NE_m）= $[56W^{0.75}] \times 4.1868$ kJ，式中 NE_m 为维持净能（kJ），W 为活体重（kg）。

2. 生长能量需要

NRC（1985）认为，空腹体重 20～50 kg 的生长发育期绵羊，其空腹增重需要的热值，轻型体重羔羊为 12.56～16.75 MJ/kg，重型体重羔羊为 23.03～31.40 MJ/kg。在实际生产中，计算增重所需的热值时，需将空腹重换算为活重，即空腹重 ×1.195。同品种活重相同的情况下，公羊每千克增重所需要的热值是母羊的 0.82 倍。

3. 妊娠能量需要

青年妊娠母羊能量需要量包括维持净能、自身生长增重、胎儿增重及妊娠产物的需要量；成年妊娠母羊自身不再生长，能量需要量仅为维持净能、胎儿增重及妊娠产物的需要量。妊娠前 15 周由于胎儿的绝对生长较小，能量需要量小，一般给予维持能量加少量的母体增重需要即可满足。在妊娠后 6 周，由于胎儿生长较快，能量需要量大，需要额外补充能量。另外，妊娠母羊怀单羔时能量需要量为维持需要量的 1.5 倍，怀双羔时为维持需要量的 2.0 倍。

（二）蛋白质需要

蛋白质对肉羊具有重要的营养作用，如果日粮中蛋白质不足，会影响瘤胃的生理功能，导致羊生长发育缓慢，繁殖率下降；蛋白质严重缺乏时，羊消化紊乱，体重下降，贫血，水肿，抗病力弱；蛋白质饲喂过量时，多余的蛋白质变为低效的能量，造成浪费；同时，过量的非蛋白氮和高浓度的可溶性蛋白会造成氨中毒。

羊摄入的日粮蛋白质，一部分在瘤胃中被微生物降解，降解蛋白质（RDP）被用于合成瘤胃微生物蛋白质（MCP），日粮的瘤胃非降解蛋白质（UDP）和瘤胃微生物蛋白质进入小肠后被消化、吸收和利用。NY/T816—2021 推荐肉用绵羊的蛋白质需要量，20～60 kg 生长育肥公羊粗蛋白质需要量为 99～265 g/d、代谢蛋白质需要量为 43～155 g/d、净蛋白质需要量为 29～88 g/d；20～60 kg 生长育肥母羊粗蛋白质需要量为 86～228 g/d、代谢蛋白质需要量为 40～144 g/d、净蛋白质需要量为 28～81 g/d。

（三）脂肪需要

羊的各种器官、组织，如神经、肌肉、皮肤、血液等都含有脂肪。脂肪不仅是构成羊体的重要组成部分，也是热能的重要来源。每千克脂肪产热 13 kcal，是碳水化合物或蛋白质的 3.25 倍。脂肪是脂溶性维生素的溶剂，饲料中维生素 A、维生素 D、维生素 E、维生素 K 及胡萝卜素，只有被饲料中的脂肪溶解后，才能被羊体吸收利用。

羊对脂肪需求量相对较少，一般日粮就能满足需求，不必额外添加。羊日粮脂肪含量超过 10% 时，会影响瘤胃微生物发酵，阻碍其他营养物质的吸收利用。羊可将饲料中的不饱和脂肪酸氢化为饱和脂肪酸，其空肠后部能够较好地吸收长链脂肪酸、饱和脂肪酸。因此，羊的体脂组成与单胃动物不同，饱和脂肪酸比例明显大于不饱和脂肪酸。多余的脂肪以体脂肪形式贮存于体内，维持体温或转化为热能供羊机体维持生命和生产。

（四）矿物质需要

矿物质是肉羊体组织、细胞、骨骼和体液的重要成分，一些矿物元素也是体内酶的辅助因子或者激活剂。目前发现至少 15 种是羊体内的必需矿物元素，其中常量元素 7 种（钠、钾、钙、镁、氯、磷和硫）、微量元素 8 种（碘、铁、钼、铜、钴、锰、锌和硒）。矿物质缺乏或过量时，影响羊的健康、生长发育、繁殖及产品质量，严重时导致死亡。

（五）维生素需要

维生素属于低分子有机化合物，包括水溶性维生素和脂溶性维生素两大类，是肉羊生长发育、繁殖后代和维持生命所必需的重要营养物质，主要以辅酶和催化剂的形式广泛参与体内化学反应。羊瘤胃微生物可以合成水溶性维生素，一般情况下体内不会缺乏，不需要在日粮中添加。而脂溶性维生素常常在体内会出现缺乏，进而引起机体代谢紊乱，影响肉羊健康和生产性能。如维生素 A 缺乏会引起羔羊生长停滞、消瘦；公羊性机能减退，精液品质下降；母羊受胎率下降，性周期紊乱，出现流产、胎衣不下等。维生素 D 缺乏时引起羔羊佝偻病，成年羊骨质疏松症。维生素 E 缺乏时羊步态僵硬、肌肉营养不良或者出现白肌病，还会引起繁殖机能障碍。

（六）水的需要

水是羊机体器官、组织和体液的主要组成部分，约占体重的一半。水是羊体内的主要溶剂，各种营养物质在体内的消化、吸收、代谢等一系列生理活动都离不开水。水对体温的调节、维持细胞渗透压和正常生化反应具有重要意义。肉羊需水量受机体代谢水平、环境温度、生理阶段、体重、采食量和饲料组成等因素的影响。

羊饮水不足时，胃肠蠕动减慢，消化机能紊乱，血液浓稠，体温调节功能等遭到破坏，从而导致羊的生产力下降，健康受损，生长滞缓。因此，实际生产中必须保证清洁充足的饮水。绵羊对水的需要比对其他营养物质的需要更重要，一只饥饿的羊在失掉几乎全部的脂肪、半数以上蛋白质和体重的40%的情况下仍然能够生存，但失掉体重1%～2%的水即出现渴感，食欲减退；继续失水达体重8%～10%时引起代谢紊乱，失水达体重20%时羊有可能死亡。

二、羔羊的饲养管理

羔羊是指断奶前处于哺乳期的幼龄羊，该时期是羊生长发育最关键的时期，加强饲养管理甚为重要，不仅能够促进羔羊快速生长，而且有利于提高羔羊成活率。

（一）羔羊的饲养

1. 初乳饲喂

初乳是母羊产羔后3～5 d内分泌的乳，羔羊出生后应尽早（30 min内）吃到初乳。初乳中含有丰富的蛋白质（17%～23%）、脂肪（9%～16%）、维生素、矿物质等营养物质和大量的抗体，对增强羔羊体质、抵抗疾病和排出胎粪具有重要作用。因此，早吃、吃好初乳可促进羔羊体质健壮、减少疾病发生。

2. 常乳饲喂

常乳是母羊产羔后6 d以后的乳，是哺乳羔羊营养物质的主要来源，尤其是羔羊出生后第1个月的营养几乎全靠母乳供应。一般情况下，全天供应常乳量相当于初生重的1/5为宜，并随羔羊日龄的增加适当调整，1月龄以上时逐渐下减，保证羔羊生长发育。

3. 适时补饲

羔羊10日龄时开始训练吃草料，刺激消化器官的发育，促进心、肺功能健全。在圈内安装羔羊补饲栏（仅能让羔羊进出）让羔羊自由采食，少给勤添；10日龄后可以母子分群，羔羊每天定时哺乳3次，同时饲喂羔羊专用颗粒料，补饲青干草。颗粒料推荐配方为玉米66.5%，豆粕22%，麸皮10%，碳酸氢钙1.5%。

4. 断奶

羔羊一般在2～3月龄断奶，最晚不超过4月龄。羔羊断奶后，有利于母羊恢复体况，准备配种，同时锻炼羔羊的独立生活能力。羔羊断奶后按性别、体质强弱分群饲养，以断奶前补饲的颗粒料及优质苜蓿干草为主，每天饲喂3次，自由采食，圈内装置水槽，供自由饮水。

(二)羔羊的管理

1. 接产

羔羊出生后，首先把口腔、鼻腔里的黏液擦净，以免呼吸困难、吞咽羊水而引起窒息或异物性肺炎。羔羊身上的黏液最好让母羊舔净，有利于母羊认羔，建立母子关系。如母羊恋羔性弱时，可将胎儿身上的黏液涂在母羊嘴上，引诱母羊舔净羔羊身上的黏液。如果母羊不舔或者天气寒冷时，用柔软干草迅速把羔羊体表擦干，以免受凉。如母羊分娩时间较长，羔羊出现假死情况时，可采用两种方法急救：一是提起羔羊两后肢，使羔羊悬空，同时拍其背胸部；二是羔羊卧平，用两手有节律地推压羔羊胸部两侧。

母羊产后站起，如果脐带自然撕裂，须对羔羊脐带断端涂5%碘酒消毒。如脐带未断，可在离羔羊脐带8 ~ 10 cm处，用手指向脐带两边撸去血水后剪断，然后用碘酒消毒。一般不要结扎脐带，否则会影响渗出液的排出，使脐带难以干燥，引起脐带炎。

2. 寄养或人工哺乳

对初生孤羔、缺奶羔羊和多胎羔羊，在保证吃到初乳的基础上，找保姆羊寄养或人工哺乳。人工哺乳务必做到清洁卫生，定时、定量和定温（35 ~ 39℃），哺乳工具用奶瓶或饮奶槽，定期消毒，保持清洁。对初生弱羔、初产母羊或护仔行为不强的母羊所产羔羊，需人工辅助羔羊吃乳。

3. 保温

圈舍要求干燥、通风、卫生，严防贼风。初生羔羊被毛稀疏、单薄，体温调节能力差，对外界温度变化敏感，要做好保温防寒工作。判断舍温是否合适，若母仔悠闲地卧在一起，说明舍温合适；若羔羊卧在母羊身上，或许多羔羊挤在一起，说明舍温过低；母仔卧得很远，说明舍温过高，可适当通风降温。冬季可在产房加设羔羊保温箱。

4. 编号

为了识别羔羊、便于科学的饲养管理及以后选种、选配等工作，需要对羔羊进行编号。羔羊出生后即可进行个体编号，编号的方法主要有耳标法、剪耳法、墨刺法和烙角法，目前主要采用耳标法。耳标是固定在羊耳朵上的标牌，有铝片和塑料两种，形状分为圆形和长方形两种。编号的方法是第一字母表示出生年号，其后为个体号，公羔编单号，母羔编双号，佩戴一般公左母右，且可以有红、黄、蓝不同颜色代表羊的等级，各养殖场应建立自己的编号制度、系统和方法。

5. 去势

不做种用的公羊摘除睾丸，称为去势。去势后称为羯羊，性情温顺，便于管理，饲料报酬高，肉膻味较轻，品质好。

(1)去势时间　一般在羔羊出生后1 ~ 2周进行。体弱的羔羊应适当延后时间，待身体健壮后进行。去势时选择晴朗、无风的上午进行。

(2)去势方法　去势方法主要包括结扎法、睾丸摘除法和无血去势法三种。

①结扎法。适用于1 ~ 2周内的公羔。先将睾丸挤入阴囊底部，然后用橡皮筋紧紧扎住阴囊基部，越紧越好，断绝血液循环。20 ~ 30 d后阴囊及睾丸干枯脱落。简单易行，效果较好，是比较实用的去势方法。

②睾丸摘除法。一人固定住羔羊的四肢，使羔羊腹部向外，另一人将阴囊上的毛剪掉，局部洗净，用3%来苏儿溶液消毒，擦干并涂碘酒。握住阴囊上方，不让睾丸缩回，用消毒过的手术刀将阴囊下方切一长口，挤出睾丸，慢慢剥离拉断血管和精索，再用同样方法切除另一侧睾丸，伤口上涂上碘酒，阴囊内撒上消炎粉。术后的羔羊圈养在铺有干燥、清洁垫草的小圈内观察。羔羊去势后要注射破伤风类疫苗，避免感染死亡。

③无血去势法。用特制去势器在睾丸上部精索处左右各夹一下，将精索组织夹断，被夹处皮肤上有一条血印，涂抹碘酒消毒，日久睾丸萎缩。一个月后检查精索是否断裂，防止去势不彻底。

6. 断尾

为便于母羊配种，减少尾脂囤积，提高肥育效果，通常会对绵羊羔羊进行断尾。

(1)断尾时间　一般在出生后2~5 d进行，体弱的羔羊应适当延后时间。

(2)断尾方法　常用方法有结扎法和热断法。

①结扎法。用橡皮筋套在羔羊尾巴第3~4尾椎关节处(距尾根4~5 cm)。由于结扎处以下尾巴血液循环断绝，一般经过10 d左右尾端干萎脱落。尾巴脱落如有化脓要及时涂碘酒。操作简便，不造成新创伤面，一般不易感染化脓，效果较好。

②热断法。用断尾铲进行断尾。母羊断尾后的长度以能够覆盖外阴部为宜，公羊断尾长度与母羊保持一致。准备一块中间留有圆孔的木板，将尾巴套进，盖住肛门，将断尾铲烧至暗红色，在羔羊尾巴第3~4节尾椎间慢慢切断。如断尾后仍有出血，应再用热铲烫一下止血，最后用碘酒消毒。断尾后羔羊单独圈2~3 h再放回母羊群，以免羔羊哺乳时摇动尾巴、与母羊接触引起伤口出血；断尾当日有出血羔羊时，可用细绳在其尾根紧紧扎住，半日后解除细绳，使血流正常，便于伤口愈合。其优点是速度快，失血少、对羔羊的影响小；缺点是伤口愈合慢。

对于留种的母羊，可在6~7尾椎关节处断尾，以便成年时尾巴能够盖住外阴部。

三、育成羊的饲养管理

育成羊根据骨骼和器官的生长发育特点分为两个生理阶段，即育成前期(4~8月龄)和育成后期(9~18月龄)。育成前期是羔羊生长发育最快的时期，尤其是断奶不久的羔羊，瘤胃容积有限且机能不完善，对粗饲料的利用能力较弱，其饲养水平将直接影响成年后的生产性能和整个羊群的品质。育成后期羊的瘤胃消化机能基本完善，可以采食大量的牧草和农作物秸秆，但身体仍处于发育之中。

1. 育成羊的饲养

育成羊4~6月龄是培育最关键的时期，生长发育快速，对营养需求水平较高，日粮应以精饲料为主，优质青干草为辅，延续1个月。之后缓慢更换饲粮类型，先在3~5 d内替换1/3，再在3 d内替换2/3，然后全部替换。8~12月龄时限制饲养，促进体格发育，避免因过于肥胖影响繁殖机能。8月龄以后能量水平不宜过高，否则会导致早熟；蛋白质质量好，限制性氨基酸、维生素、微量元素等供应充足，保证机体特别是生殖系统的正常发育需要。

饲喂日粮在育成前期精饲料与粗饲料比为50∶50，育成后期精饲料与粗饲料比40∶60。

粗蛋白13.0%,代谢能12.5 MJ/kg。日喂精料0.4~0.6 kg。

2. 育成羊的管理

分群管理,防止偷配早配。自断奶之日起,公、母羊分群,单独管理。同性别的羊再按其年龄、体格大小重新组群、分别管理,避免群体发育不均衡,影响整体水平。

定期测定体重、体尺等生产性能指标,做好记录,一般每月1次。达到适宜月龄和体重时参加配种,一般育成母羊体重达到成年体重的70%以上时方可配种。

严格淘汰制度。育成羊需在6月龄、12月龄和18月龄进行体型外貌鉴定,发现发育不良、达不到标准的及时淘汰。配种前后育成母羊的选留数以占现有能繁母羊总数的25%~30%为宜。

四、成年羊的饲养管理

(一)种公羊的饲养管理

在实际生产中,种公羊除配种季节进行本交、人工授精完成繁殖任务外,许多地区还在非配种季节进行冻精生产,以充分利用优良种公羊。种公羊对改良羊群和提高品质具有重要作用,饲养管理上必须细致周到。种公羊单独饲养,常年保持中上等膘情,体格健壮、精力充沛、性欲旺盛、精液品质好。根据配种利用情况,种公羊的饲养管理分为配种期和非配种期两个阶段。

1. 种公羊的饲养

(1)配种期饲养　分为配种预备期(配种前1~1.5个月)与配种期两个饲养阶段。配种预备期在一般饲养基础上增加精料量,按配种期喂量的60%~70%给予,逐渐增加到配种期的饲喂量。配种期种公羊增加日粮中动物性蛋白质含量,人工授精精液采集密集期每天补饲鸡蛋,日粮中尤其要保证微量元素和维生素A、维生素D和维生素E的足量供应。

(2)非配种期饲养　种公羊在非配种期的饲养以恢复和保持其良好的种用体况为目的。配种结束后,种公羊体况有不同程度的下降,为使体况尽快恢复,配种刚结束的1~2个月内日粮与配种期一致,但日粮组成可适当调整,加大优质青干草或青绿多汁饲料的比例,根据体况恢复情况逐渐转为非配种期日粮。在冬季,种公羊的饲养要保持较高的营养水平,既有利于体况恢复,又能保证其安全越冬度春。

配合饲料推荐配方为玉米54%,豆类16%(配种期增加到30%),饼粕12%,麸皮15%,食盐2%,石粉1%。

2. 种公羊的管理

(1)单独组群　种公羊要单独组群饲养,设单圈饲养并由专人管理,并保证有足够的运动量。种公羊数量太少可与试情公羊、后备公羊或育成公羊合群饲养。种公羊好斗性强、组群数量不宜过大,以每群不超过30只为宜。

(2)采精　正确的采精方法、合理的采精强度是保证种公羊健康的重要措施。在配种前一个月开始采精,检查精液品质。工作人员技术要熟练,相对稳定,不随意更换。开始采精时,1周采精1次,随后1周2次,以后2天1次。到配种时,每天采精1~2次,成年公羊每日采精最多可达3~4次。注意不要连续采精,多次采精的公羊,两次采精间隔时间至少为2 h。对精子密度较低的公羊,可增加蛋白质饲料和胡萝卜的喂量;对精子活力较差的公羊,需增加运动量。

(3)配种方法　目前主要有自然交配、人工辅助交配和人工授精三种配种方法。

①自然交配。即本交,在配种季节,将公羊放入母羊群,混群饲养,公母羊自由交配。优点是简单易行,母羊受胎率较高,适于分散的小群体;缺点是公羊消耗太大,后代血统不明,易造成近交,无法确定预产期。可在非配种季节将公、母羊分开饲养,每一配种季节有计划地调换种公羊以克服上述缺点。自然交配公母比例以1∶25为宜。

②人工辅助交配。发情母羊与公羊有计划地交配。人工辅助交配不仅有利于提高公羊的利用率,合理地选种选配,而且能够确知预产期。为确保受胎,可重复交配或双重交配,即在一个情期内进行2次配种或两只公羊同时配种。

③人工授精。将公羊精液采出,经品质检查、稀释等处理后,再通过输精器械将精液输入到发情母羊生殖道内。人工授精可提高优秀种公羊的利用率;防止疾病传播,提高母羊受胎率;减少种公羊饲养量,降低饲养成本;便于组织生产,促进改良育种工作的发展。

(二)种母羊的饲养管理

种母羊是羊群生产的基础,其生产性能直接决定羊群的生产水平。母羊一年内发情次数与生理状态、品种和饲养水平有关。目前从国外引进人工培育的肉羊专用品种可常年发情,产羔率140%~160%。一般在气候温暖的南方、以农区舍饲为主的地方品种绵羊大都常年发情,一年二产或两年三产,一产多胎,如湖羊、小尾寒羊等;在气候寒冷的北方及放牧为主的绵羊多有明显的季节性,存在繁殖和非繁殖季节之分,要抓住发情配种季节,提高母羊配种受孕率。繁殖母羊要常年保持良好的饲养管理条件,以完成配种、妊娠、哺乳和提高生产性能等任务。依据种母羊生理特点,将饲养管理分为空怀期、妊娠期和泌乳期三个阶段。

1. 种母羊的饲养

(1)空怀期的饲养　空怀期是指母羊泌乳结束到配种受胎前的一段时间,是产后母羊体况和繁殖能力恢复的时期。季节性发情母羊空怀期较长,一般为4~5个月;非季节性繁殖母羊空怀期较短,一般为1~2个月。由于各地产羔季节安排不同,母羊的空怀期长短各异,如在年产羔一次的情况下,母羊的空怀期一般为5~7月。空怀期母羊的营养直接影响其发情、排卵及受孕,可通过加强饲料营养供给,提高母羊的发情及受胎。在配种前1~1.5个月按饲养标准配制日粮进行短期优饲,对体况较差、营养不良的羊加强营养供应,改善体况,促使母羊尽早发情;对于体况过肥的母羊采用限饲的办法,饲料供给以粗饲料为主,提高受胎率。日粮推荐配方为玉米32%,豆粕7%,胡麻饼2%,麸皮6%,预混料1%,玉米秸秆33%,苜蓿2%,玉米青贮36%。或者同妊娠前期日粮供应,体况差的母羊可延用哺乳期日粮。

(2)妊娠期的饲养　母羊妊娠期一般分为妊娠前期(3个月)和妊娠后期(2个月)。妊娠前期胎儿发育较慢,胎儿重量仅占羔羊初生重的10%,此期母羊所需营养水平和空怀期基本相近或者稍高于空怀期,满足体重继续增长的需要,保证饲料质量、营养均衡,舍饲情况下尽量补喂一定量的优质蛋白质饲料。日粮推荐配方为玉米23%,豆粕2%,胡麻饼2%,麸皮3%,预混料2%,玉米秸秆28%,苜蓿4%,玉米青贮36%。妊娠后期时胎儿生长发育快,所增重量占羔羊初生重的90%,营养物质的需要量明显增加,要加强补饲,满足胚胎的生长发育需要;增加饲料供给量,保证营养物质的供应;注意供给优质、全价营养、体积较小的饲草料;产前15 d左右增加饲喂一些多汁饲料和精料,促进乳腺分泌;产前1周适当减少精料用量,避免胎儿过大造成难产;注意蛋白质、钙、磷等的补充,能量水平不宜过高;一般日补饲精料0.5~0.8 kg、优质干草1.5~2.0 kg、青贮饲料1.0~2.0 kg,严禁饲喂发霉变质、冰冻饲料和饮用冰碴水等。日粮推荐配方为玉米25%,豆粕3%,胡麻饼3%,麸皮3%,预混料2%,玉米秸秆28%,苜蓿4%,玉米青贮32%。

(3)哺乳期的饲养　母羊泌乳期一般为3~4个月,分为泌乳前期(0~1.5个月)和泌乳后期(1.5~2个月)。泌乳前期的泌乳量占整个泌乳期泌乳量的60%~70%,是泌乳上升及高峰维持期,也是羔羊依赖母乳快速发育的关键时期,必须保证母羊全价营养,提高产乳量。根据母羊体况及哺乳羔羊数量,相应调整日粮中精料比例。产羔后3 d开始对母羊补饲精料,随着时间推移酌情逐渐增加。母羊的粗饲料宜多喂优质青干草、多汁饲料、青贮饲料,饮水充足。泌乳后期母羊泌乳力下降,日粮中多汁饲料、青贮饲料和精料比例较泌乳前期相应减少,精料饲喂量适当降低。哺乳期的日粮推荐配方为玉米33%,豆粕3.5%,胡麻饼3.5%,麸皮6%,预混料2%,玉米秸秆28%,苜蓿4%,玉米青贮20%。

2.种母羊的管理

(1)空怀期的管理　做好分群管理,将空怀羊与泌乳羊分圈饲养,为生产工作安排与开展提供方便;做好母羊免疫和驱虫,按照免疫程序接种疫苗,同时驱除体内和体外寄生虫;注意圈舍小气候,夏季天气炎热时防暑降温,保持采光与通风良好;加强运动,尽快恢复母羊体质。对有繁殖障碍的母羊尽快治疗,使其恢复繁殖机能,避免失配。

(2)妊娠期的管理　在妊娠前期禁止公羊入群,尽量避免羊受到惊吓、猛跑,配种后35 d内不得长途运输或迁徙。在妊娠后期,禁忌驱赶过急,要慢走、不追打,不惊吓,出入圈舍不拥挤,不宜进行疫苗预防注射(四联苗的预防注射除外)。对于可能产双羔的母羊及初产母羊要格外加强管理,为顺利分娩奠定基础。

做好母羊的预产期准备工作,通过配种记录推算预产期。预产期=(配种日期+150)/30,自然配种无准确记录时间时,可根据母羊的外部表现进行估计。母羊临产前10~15 d,腹部下沉、外突明显,肷窝下陷、脊背凹陷;行动迟缓,外阴部湿润红肿,乳房圆胀可挤出乳汁,有的甚至自然滴乳。母羊分娩前乳房肿大,乳头挺立饱满;阴门肿胀潮红,有时流出浓稠黏液,尤其以临产前2~3 h最明显;行动困难,排尿次数增多;起卧不安,不时回顾腹部,或喜卧墙角,卧下时两后肢向后伸直。遇到母羊难产时,应及时助产,保证母羊与胎儿平安。

(3)哺乳期的管理　母羊产羔前后1 h饮温水,产羔后第1次饮水不宜过多。母羊分娩后在产房单栏管理1~2周后再转入母羊舍。母羊产羔12 h后未排出胎衣时,兽医人员妥善处理。冬季产羔时注意保暖,保持圈舍干燥。羔羊定时哺乳,母性较差的母羊及产多羔的母羊,应辅助羔羊哺乳。经常检查乳房,发现异常情况及时采取相应处理措施,如有乳汁过剩,可适当减少精料和多汁饲料,预防乳房炎发生。

五、育肥羊的饲养管理

育肥羊分为羔羊育肥和成年羊育肥。

(一)育肥羊的饲养

1. 育肥羔羊的饲养(短期育肥)

羔羊肥育是肉羊养殖生产的主要方式。断奶后羔羊除小部分选留到后备群外,其余全部肥育。羔羊早期生长发育快、脂肪沉积少、瘤胃利用精料的能力强,故早期育肥能够获得较高屠宰率,得到最大的饲料报酬。

(1)营养需要量　肥育羔羊增重包括羔羊的生长过程和肥育过程,生长是肌肉组织和骨骼的增加,肥育是脂肪的沉积。日粮营养需要主要参考中国《肉羊营养需要量》(NY/T 816—2021)或NRC(2007)的标准。

(2)饲粮类型　常用日粮类型有干草型、青贮饲料型和全价颗粒饲料型。

干草型日粮应以苜蓿等豆科牧草为主,蛋白含量不低于14%。以黑麦草等禾本科牧草为主时,需提高精饲料中蛋白饲料的比例。

青贮饲料以玉米青贮为主,可占到日粮的65%~75%,通常用于育肥70 d以上的小羔羊,但不适用于育肥初期和短期肥育羔羊。

全价颗粒饲料是集约化舍饲羔羊肥育生产的主要模式。制粒过程中经过短时高温、高压综合作用,饲料中的淀粉糊化和降解、蛋白质变性、饲料中抗营养因子钝化,提高了饲料的消化率。同时便于运输、贮存和饲喂,饲草料浪费减少,降低饲养成本,提高育肥效益。

(3)分阶段育肥　通常采用三阶段法。

肥育前期(0~30 d,过渡期)。羔羊进入育肥舍后,先喂少量饲草,3~4 h后适当饮水;次日饲喂易消化的干草或草粉,搭配少量精饲料。每日饲喂量,精饲料由100 g逐渐增加到500 g(每周增加100 g左右),粗饲料400 g左右。

肥育中期(31~90 d)。每日饲喂精饲料量由500 g逐渐增加到1 200 g,粗饲料400 g左右。观察羊群的采食和健康状况,防止瘤胃积食和酸中毒,防止蹄病和肠毒血症的发生。

肥育后期(90 d至出栏)。每日饲喂的精饲料由1 200 g逐渐增加到1 500 g,粗饲料300 g左右。观察羊群采食量和健康状况,防止蹄病和尿结石的发生。若延迟出栏,适当降低精饲料喂量、增加粗饲料喂量,减缓肥育羔羊的日增重速度,延长肥育期。

(4)日粮推荐配方　玉米28%,豆粕12%,胡麻饼8%,麸皮3%,饲料盐0.4%,小苏打0.6%,预混料2%,秸秆26%,苜蓿20%。日喂量依配方不同而有差异,以饲槽内不剩余为宜,每日分早晚2次饲喂。

2. 成年育肥羊的饲养

通常是对淘汰繁殖母羊和种公羊的短期育肥。日粮以颗粒料效果较好,采用TMR日粮,精料比例为45%~60%。日粮推荐配方为玉米40%,豆粕6%,胡麻饼8%,麸皮5%,预混料2%,秸秆23%,苜蓿16%;或者玉米40%,豆粕4%,胡麻饼10%,麸皮3%,预混料2%,秸秆16%,青贮25%。日喂量依配方不同而有差异,基本以饲槽内不剩余饲料为宜,每日分早晚2次饲喂。

(二)育肥羊的管理

自繁自养时,品种、年龄、防疫情况清楚,风险较小,入圈育肥前称重、分群、驱虫。对于购进的羊,由于免疫背景不清楚,疫病风险较大,且经过长途运输,极易引发疾病,需要加强管理。

1. 做好引进前的检疫

引进前进行临床检疫和实验室检测,如布鲁氏菌病、小反刍兽疫,有条件时抽检粪便,检测虫卵,以便确定驱虫方案。育肥羊入舍后先进行一次体表和体内驱虫。

2. 做好隔离观察

由于短期育肥羊采取的是全进全出的育肥方式,在羊群入场后要及时观察,发现有临床症状的羊进行隔离、诊断、治疗,不能将发病羊和整群混养,以免造成疫情传播。

3. 做好疫苗接种

引入的羊免疫背景不明确,在隔离饲养正常后,及时纳入羊场免疫程序,防止漏免。

4. 圈舍干净卫生

保持羊舍干燥、通风、安静和卫生,圈内设置水槽,保证饮水。羔羊断奶后应与断奶前饲喂方法相同,逐步过渡,以便适应从哺乳转变为饲料为主导的采食习惯。

5. 及时出栏

根据市场行情,及时决定出栏时间,提高养殖经济效益。

不论是肥育羔羊还是成年羊,所提供的营养物质必须超过其本身维持营养所需的营养量,才能在体内蓄积肌肉和脂肪。成年羊体重的增加主要是脂肪的增加,羔羊生长主要是肌肉,因而肥育羔羊比成年羊需要更多的蛋白质。羔羊增重较成年羊快,肥育羔羊较成年羊效益更好。

第三节　奶羊的饲养管理

一、奶羊的营养需要

营养是用来维持奶羊生命、生长、发育、泌乳、繁殖等所需要的物质。奶羊所需要的主要营养物质有6种,即蛋白质、碳水化合物、脂肪、矿物质、维生素和水。除水外,其他营养物质均须由饲料供给。

(一)营养物质的生理作用

蛋白质是组成家畜各种器官的基本物质,具有修补肌体损伤和更新衰老细胞的作用。

蛋白质缺乏时导致羔羊和青年羊消瘦，发育受阻；蛋白质缺乏也可引起成年母羊产奶量下降，繁殖力降低，胎儿发育不良和贫血，容易生产死胎和畸形胎；公羊性欲低下，精液品质差，与配母羊受胎率降低。碳水化合物是供给羊热能和机械能的主要来源，同时参与机体内器官构成、合成必需氨基酸以及乳糖和乳脂。脂肪和碳水化合物一样，主要是为机体提供热能，也是羊乳的主要成分之一。矿物质是组成机体和细胞的必需元素，如果奶羊体内缺乏矿物质，就会食欲减退、生长停滞、异食、消瘦等。维生素对机体神经调节、能量转化和组织代谢作用很大。奶羊缺乏维生素 A 时生长发育停滞，繁殖力下降；维生素 D 缺乏时则影响钙磷的吸收，引起佝偻病。水对动物机体具有调节体温、运输养分、排泄废物、帮助消化吸收、缓解关节摩擦、促进新陈代谢等功能。奶羊以产奶为主，除机体生理过程中需要水分外，生产羊奶也需要大量的水分，因而对奶羊提供充足的饮水十分重要。

（二）干物质采食量

干物质是奶羊对所有固形物质养分需要的总称。干物质采食量决定维持奶羊健康和生产所需养分的数量，在奶羊营养需要中极为重要，可以防止供给养分的不足或过剩，以及促进养分的有效利用。养分供应不足时限制奶羊的生产性能，并影响健康；养分供应过剩时增加饲料成本和排放到环境中的养分量，对环境和人类健康造成负面影响。奶山羊干物质采食量占其体重的 3%~5%，最高 8%。一般空怀不泌乳奶羊干物质采食量占体重的 2.5%~3.0%；在生长期或产奶期，干物质采食量可占体重的 3%~5%。每产 1 kg 标准奶（乳脂率 4%）约需 0.4 kg 干物质。

奶羊的干物质采食量在一定生理和生产时期保持相对稳定。采食量取决于奶羊的个体特点（如年龄、生理阶段、体重、生产水平、健康状况）、饲料的适口性、营养浓度、饲喂方式及外界气候条件（如温度、通风）等。通常生产性能高、饲料适口性好，干物质的采食量就越大。干物质的采食量与饲料的水分含量、中性洗涤纤维（NDF）含量、饲料的精粗搭配比例有一定关系。消化率较低的饲料应限制干物质采食量，因其在瘤胃中被清除的速度和通过消化道的速度慢。

干物质采食量是奶羊主要的饲料营养指标，饲喂奶羊应严格综合考虑干物质的供给量，日粮中干物质采食量不足，会引起奶羊躁动不安；日粮营养浓度过低，养分摄入量不能满足需要，会影响奶羊生产性能的发挥。因此，在配置奶羊饲料时，不仅要考虑各种营养物质的平衡供给，还要考虑奶羊对于营养物质的需求，合理协调饲料的营养浓度。

（三）维持需要

奶羊维持正常生命活动所需的营养需要称为维持需要。如虽然空怀母羊不生产，但必须维持其正常的消化、呼吸、循环以及维持体温等生命活动，故需从饲料中吸收碳水化合物等营养物质，经代谢作用产生热能，以维持最低的消耗和需要。奶羊需要的热能与其活动程度有密切关系，舍饲条件下消耗的热能往往比放牧奶羊少 50%~100%。

在维持营养中，蛋白质的作用举足轻重。按体重计算，每千克活重每天若排出内源氮 0.03 g，即每千克活重每天必须从饲料中采食可消化氮 0.05~0.06 g。如 50 kg 体重的成年母羊，每天约需可消化粗蛋白质 60 g。此外，维生素 A、D 及钙、磷等矿物质必须满足。

一般50 kg空怀成年母羊每天需要维生素A约4 500 IU(相当于胡萝卜素10 mg)、维生素D 600 IU,另外还需要从饲料中吸收5.6 g钙和3 g磷。

(四)生长发育需要

羔羊从出生到配种,经历哺乳阶段和育成阶段,新陈代谢旺盛,对营养要求较高。羔羊哺乳期通常为2~4个月,哺乳前期主要靠母乳,后期靠部分母乳和饲料提供营养。哺乳期羔羊平均日增重150~200 g,应补充高蛋白质饲料,以加快羔羊生长发育。进入育成期的羔羊主要从饲料中摄取营养物质,一定要保证优质蛋白质饲料、钙、磷和维生素A、D等的供应,满足体躯发育和骨骼迅速生长的需要。

奶羊生长发育阶段的营养充足与否,直接影响其乳用体型和体重。奶羊体躯各部位生长发育强度不一致,如头部、四肢及皮肤等的发育较早,胸腔、骨盆、腰部、肌肉组织等的生长比较长久,发育较晚。育成阶段的奶羊营养供应宜先高后低,以促进早期发育组织的生长,抑制晚期发育的组织和部位。一般四肢长而胸腔窄浅的成年母羊因羔羊哺乳期营养好、育成期营养差所造成,这种体型一旦形成将会影响其生产性能,即使以后再加强营养也无法补偿。

(五)妊娠需要

妊娠母羊需要足够的营养供应,一方面供给胎儿的生长发育,另一方面为母羊的泌乳期贮备营养物质。妊娠母羊营养不足会造成早期流产或胎儿被吸收。胚胎在妊娠前期发育较慢,为初生重的10%左右,妊娠后期发育很快,营养物质的需要量也很大。营养物质不足时引起胎儿畸形或发育不良,且在羔羊出生后很难纠正过来。妊娠奶羊和胎儿的总增重可达6~9 kg,双羔或三羔的增重达到12~15 kg。胎儿发育过程中需要的蛋白质较多,纯蛋白质总量达1.5~2.2 kg,其中80%在妊娠后期积蓄。母羊妊娠后期热能需要量比空怀母羊高15%~20%,应提供一定量的能量物质;钙、磷的需要量也较大,体重50 kg的妊娠母羊需要钙9 g、磷4~5 g;维生素A和D不能缺乏,否则会出现所产羔羊体质差,抵抗力差,母羊瘦弱等现象。

(六)产奶需要

奶羊产奶的营养需要取决于泌乳量和乳成分。羊奶中脂肪含量与热能密切相关,泌乳期的母羊需要大量的能量,需要量仅次于水,主要来自于饲料中的各种营养物质,特别是碳水化合物饲料。如果饲喂量不足,营养不全,能量供应低于产奶需要,产奶羊会将自身的营养转化为能量来维持泌乳需要,表现为母羊的体况和产奶量急剧下降,严重时导致疾病发生。

在产奶母羊日粮中,饲喂蛋白质的数量过多或过少都会影响其产奶量。日粮中缺少蛋白质,母羊食欲不振,体况下降,产奶量降低,抗病力下降;日粮中蛋白质过剩会造成蛋白质的浪费,同时也使母羊肾脏负担过重、尿氨量增加、健康受损、利用年限缩短。产奶母羊的日粮中能量和蛋白质之间存在一定的关系,称为“蛋能比”。日粮中的“蛋能比”失去平衡时,奶羊产奶量降低,体况变差。

高产母羊从乳中排出的矿物质量大。虽然产奶羊日粮中矿物质饲料所占比重很小，但对机体正常代谢的作用很大。奶羊骨骼和奶的形成均需要钙、磷等矿物质元素。日粮中钙、磷配合比例不当，会使母羊在泌乳期出现钙的负平衡，引起机体代谢失调，造成肢蹄等代谢障碍性疾病，给生产带来严重损失。日粮中食盐供应不足时，母羊食欲减退，产奶量减少，体重下降，并出现啃土舔墙等异食现象。另外，应注意硒、碘、铜等矿物质元素和维生素等的供应。

二、羔羊的饲养管理

（一）羔羊的饲养

羔羊阶段是羊一生中生长发育最快的时期，饲养水平关系到羊的体型结构发育和生产性能的发挥。饲养的关键是提高羔羊成活率，培育出发育良好的羔羊。羔羊饲养必须严把“三关”。

1. 出生关

羔羊出生后15～30 min会站起来找奶吃，应尽快让羔羊吃到初乳。初乳营养丰富，含有大量的蛋白质、脂肪、维生素和矿物质。初乳中的免疫球蛋白能被新生羔羊的肠黏膜吸收利用，具有抑制和杀灭多种病原微生物的功能；初乳中含有丰富的盐类，其中镁盐含量比常乳高1倍以上，具有刺激胃肠道产生轻泻作用，有利于胎粪的排出；初乳的酸度一般比常乳高2倍以上，进入胃肠道内可抑制有害微生物繁殖；初乳可覆盖在胃肠内壁上，降低胃肠道通透性，阻止细菌进入血液，提高对疾病的抵抗力。给羔羊喂初乳时，先用40℃热毛巾把母羊乳房擦洗干净，并剪掉乳房上的长毛，挤出并弃掉乳头内最初的几滴奶，然后再喂。

2. 哺乳关

哺乳期羔羊生长发育很快，3个月的体重是出生体重的6～8倍。0～45 d是羔羊体尺增长最快的时期，45～75 d是羔羊体重增长最快的时期。因此，30日龄内的羔羊每天喂奶次数以4～6次为宜，31～60日龄以3～4次为宜。随着日龄的增加，羔羊对营养的需求越来越多，依靠鲜奶难以满足生长发育要求，因而羔羊在出生15 d后可在补饲槽内加少量优质苜蓿干草，让其自由采食，以促进瘤胃发育。20 d以后增加一些适口性好、易消化的精饲料或颗粒饲料（饲料配方为玉米50%，麸皮20%，菜粕5%，炒大豆15%，骨粉2%，食盐1%，鱼粉4%，白糖2%，复合微量元素1%），满足羔羊的生长发育需要。

羔羊出生后，生长发育和营养供应方式发生了很大变化。健康羔羊经常昂头、挺胸、摆尾，毛顺腿粗，活泼好动；如果被毛蓬松粗乱，肚子扁，经常无精打采、弓腰、鸣叫，就是没有吃好奶的表现，要及时补足奶量。羔羊获取乳汁有两种方式，一是随母哺乳，羔羊与母羊饲养在一起，自己寻找母羊乳头吸乳；二是人工哺乳，羔羊与母羊分开，饲养员代替母羊通过饲喂工具给羔羊喂奶，必须做好“四定”，即定量、定时、定温、定质，奶量要按照哺乳方案执行，防止饲喂过量而引起消化不良，每天喂奶的次数和时间要固定下来，以便羔羊形成条件反射，利于消化和便于生产管理。羔羊喂奶前一定要把鲜奶进行过滤，清理掉奶里的杂质，把经过巴氏消毒的羊奶控制奶温到40～42℃时饲喂。鲜奶不干净或温度过低，羔羊饮用后容易发病。羊奶温度过高容易烫伤羔羊嘴黏膜和肠黏膜。羔羊喂奶用的器具要定期消毒，每次喂完奶后要把奶碗洗干净，然后用开水烫一下，再用自来水冲洗1次。

3. 断奶关

羔羊哺乳到80～90 d或可采食0.25～0.4 kg配合饲料时要尽快断奶。羔羊适时断奶有利于自身生长发育，可节省羊奶消耗而用于销售。羔羊断奶有两种方法，一是直接断奶法，羔羊到了断奶时间直接停止喂奶；二是逐渐断奶法，将羔羊吃奶次数逐渐减少，直到断奶。一般采用逐渐断奶法，有利于羔羊逐渐适应新的生活方式，促进胃肠机能正常发育。羔羊断奶后对饲料的消化吸收能力不强，饲喂大量鲜嫩青草或多汁饲料会引起腹泻等疾病，所以青干草与青绿多汁饲料应各占一半。精饲料必须满足供给，但如果饲喂量过多可引起消化不良或导致酸中毒。因此，实际生产中，要给断奶羔羊提供优质饲料，并保证营养全价。

（二）羔羊的管理

1. 初生羔羊的黏液清理

羔羊出生后，首先用毛巾将羔羊口、鼻中的黏液擦拭干净，以防羔羊呼吸时把黏液吸入气管引起异物性肺炎。如果天气寒冷，要尽快把羔羊身上的黏液擦干或放在红外线烤灯下烘干。

2. 初生羔羊的断脐

新生羔羊脐带为0.6～1.2 cm粗的中空管。羔羊出生时，脐带一般会自己扯断，如果没有扯断，就要人为断掉脐带。断脐的方法有两种：第一，用手捏住脐带将脐带中的血液朝羔羊肚脐方向捋数次，在距腹部肚脐10 cm处拧断，然后用5%碘酒涂在断端进行消毒，防止出血感染。待脐带微干后在脐孔下3 cm处用消毒剪刀剪断脐带，挤出脐带中的黏液，在断端用5%碘酊涂擦或浸泡消毒；第二，羔羊出生后脐部创口用3%双氧水清洗，并用消过毒的剪刀断脐，离脐带5 cm处用消过毒的线扎紧，脐端涂上3%碘酊消毒，以防病菌感染。

3. 羔羊的去角

奶山羊长角打斗时容易相互受伤，给生产管理带来不便。通常情况下，羔羊在出生后7～10 d去角。去角有两种方法，即化学去角法和烧烙去角法。

化学去角法是用苛性钾（钠）棒给羔羊取角，首先将角蕾部分的毛剪掉，周围涂上凡士林，防止苛性钾（钠）溶液流出而损伤皮肤和眼睛，准备工作做好后，取苛性钾（钠）一支，一端用纸包好，防止烧伤手指，另一端在角蕾部分旋转摩擦，使之微量出血为止。摩擦时由内到外，由小到大，反复进行，但摩擦时间不能过长，摩擦部位要准确，磨面要大于角基部。去角后，擦净磨面上的药水和污染物并注意观察，防止抓破或烧伤其他皮肤。

烧烙去角法是用烙铁给羔羊去角，烙铁在火上烧红或通电后，在羔羊角蕾部位旋转烧烙，时间不能过长，烧烙的部位要稍大于角基部位，烙平即可。此法速度快、出血少、安全方便。

4. 饲养环境管理

初生羔羊对外界环境较为敏感，容易受到圈舍小气候的影响，需要加强圈舍环境管理。羔羊舍温度最好保持在15～25℃，温度过低时羔羊容易冻伤，过高时体内水分蒸发明显，容易失水，可通过红外灯、暖气或煤炉增加圈舍温度；羔羊舍四周封严，舍内空气流动的风速不超过0.2 m/s，同时防止舍外冷风进入，避免空气异常流动造成羔羊感冒等。此外，要做好羔羊舍卫生消毒，及时更换垫料，清除羊床粪污并消毒，保持饲养环境干燥卫生。

5. 断奶后管理

断奶对羔羊具有较大的应激，其表现是生长速度下降或生长停止，有时甚至出现体重减轻的现象。这是羔羊过渡到青年时期的关键，如果饲养管理跟不上，羔羊生长发育将受到阻碍，影响后期的培育工作。因此，断奶后对羔羊的管理工作要注意以下五点：

(1)断奶羔羊大小分开，方便管理；公母分开，防止断奶羔羊过早偷配。

(2)定时、定量、定人喂羊，减少断奶羔羊应激。

(3)断奶羔羊应饲养于原羊圈内，1周内仍然饲喂以前相同的饲料，之后逐渐改换饲料，不可突然变化草料种类，否则会引起消化不良等病症。

(4)做好防疫驱虫工作，同时防止羔羊肺炎、大肠杆菌病、肠痉挛和肠毒血症等发生，减少寄生虫和传染病对断奶羔羊的危害。

(5)冬季断奶羔羊要控制饮水。通过饮水控制，限制断奶羔羊的排尿次数，使羊舍干燥，减少断奶羔羊的疾病。控制饮水要根据饲草水分合理安排，且必须饮用温水。

三、青年羊的饲养管理

(一)青年羊的饲养

1. 日粮供应

在育成前期，日粮应以精饲料为主，配合优质苜蓿、青干草和青绿多汁饲料。日粮粗纤维含量不高于17%，粗饲料占比不超过50%。每天饲喂两次，每次八成饱，饲喂后1 h不能剧烈运动。在青草期充分利用青绿饲料，促进青年羊消化器官的发育。

在育成后期，粗劣秸秆在日粮中比例不能超过20%，使用前尽量进行合理的加工调制。公羊一般生长发育快，需要营养多，所以公羊要比母羊适当多喂些精饲料，同时应注意补饲矿物质如钙、磷、盐及维生素A、维生素D等。

2. 饲料配方

在育成前期，精饲料推荐配方为玉米68%，花生饼12%，豆饼7%，麦麸10%，磷酸氢钙1%，添加剂1%，食盐1%。日粮组成为精饲料0.4 kg，苜蓿0.6 kg，玉米秸秆0.2 kg。

在育成后期，精饲料推荐配方为玉米80%，花生饼8%，麦麸10%，添加剂1%，食盐1%。日粮组成为精饲料0.4 kg，苜蓿0.5 kg，玉米秸秆1 kg。

（二）青年羊的管理

1. 加强运动

每天驱赶运动 2 h 以上，分上午和下午两次运动。充足的运动可使育成羊胸部宽深、心肺发达、四肢健壮、消化机能旺盛、抗病力强。

2. 做好配种工作

按性别单独组群饲养，防止早配。一般育成母羊在 8 ~ 10 月龄时，体重达到 35 kg 或达到成年体重 65% 以上时配种。育成羊的发情表现不如成年母羊明显和规律，要加强发情鉴定，避免漏配。育成种公羊须在体重达到 40 kg 以上参加配种。

四、妊娠母羊的饲养管理

（一）妊娠母羊的饲养

妊娠母羊的营养供给与胎儿的生长发育和羔羊的初生重、生活力及未来生产力等都有密切的相关性。因此，要根据母羊及胎儿各阶段的生长发育特点，合理搭配饲料，特别是蛋白质、维生素和矿物质类饲料，力争做到全价、适口性好。根据胎儿的生长发育规律，将妊娠母羊的饲养分为两个时期，即妊娠前期和妊娠后期，便于做好饲养管理。

1. 妊娠前期的饲养

妊娠前期是母羊妊娠后的前 3 个月，母羊对营养要求不高，原则上尽量不要改变日粮配方和饲喂方式。母羊配种后至 30 d 内，适当降低饲养标准，关键是提高受胎率，增加产羔数。母羊妊娠 31 ~ 90 d 时，可适当增加喂料，但胎儿生长缓慢，母羊仍以干草为主，每天饲喂 0.3 ~ 0.8 kg 精饲料。同时注意，母羊怀孕后 30 d 内禁止日粮频繁变化，忌喂霉烂变质饲料；忌饮冰碴水，防止羊受寒。

2. 妊娠后期的饲养

妊娠后期是母羊产羔前的 2 个月，胎儿生长发育很快，供给母羊的饲料不仅营养要全而且量要足。日粮营养水平比空怀期提高 20% 左右，蛋白质提高 40% 左右，钙磷增加 1 ~ 2 倍，维生素增加 2 倍。根据母羊膘情，适当增加精饲料，但要防止饲喂过早过急导致一些高产羊出现乳房水肿或全身浮肿。每天饲喂精饲料 0.5 ~ 0.8 kg，钙粉 10 g，青干草自由采食，防止胎儿软骨症和母羊产后瘫痪情况的发生。在实际生产中，注意饲料和饮水的清洁卫生，忌喂冰冻的饲草、饮水以及发霉、腐败、变质的饲草料。

（二）妊娠母羊的管理

1. 避免早期流产

母羊妊娠初期的 20 ~ 30 d 内，应尽量减少运动，避免惊吓刺激，否则易发生流产。要格外注意周围环境，不要随意调换圈舍，避免大声喧哗，谢绝一切参观和生人进入圈舍。对有过流产记录的母羊进行细致观察，发现有流产征兆时，应投给适量保胎药物，如保胎丸、保胎灵胶囊、黄体酮等药物，可以起到保胎作用。

2. 搞好卫生防疫工作

圈舍要经常打扫,保持干燥卫生,定期消毒;发现病羊应及时隔离治疗,防止病原体在群体中传播。在产羔前1个月,把母羊分娩舍和羔羊舍打扫干净,羊舍墙壁和地面用2%烧碱或2%~3%来苏儿水消毒,无论是喷洒地面或墙壁,均要做到仔细、彻底,特别是羔羊的补饲栏和喂奶用的器具,要彻底刷洗、消毒。

3. 做好冬季防寒保暖

在冬季寒冷季节,提前堵住圈舍风眼;及时消除运动场积雪,垫草要勤换厚垫;饮温水,适当供给热能饲料。

4. 适时合理分群

妊娠母羊与空怀母羊分开饲养,健壮孕羊与体弱母羊分开饲养,对患病母羊隔离饲养,治疗时避免使用对保胎不利的药物。

5. 适量运动

适当加大运动场地并人为驱赶母羊适量运动。母羊妊娠后期,为避免相互挤撞受伤而引起机械性流产,产羔母羊圈舍应适当加大;为避免母羊发生难产,控制好母羊膘情,加强运动以确保母羊正常分娩。

6. 做好产前母羊准备工作

母羊临近产羔时,腹围增大、行动不便,羊舍要保持宽敞,干净卫生,在出圈或运动时防止拥挤,不可急追猛赶,对一些腹围过大、行动不便的母羊要特殊照顾,精心护理;临产前母羊做好乳房保健,保持乳房的清洁卫生,分娩前给母羊洗净乳房,挤掉乳塞,擦净后躯,对乳房和后躯进行消毒。此外,做好母羊接产准备工作。

五、泌乳母羊的饲养管理

(一)泌乳母羊的饲养

母羊泌乳期一般分为泌乳初期、泌乳盛期、泌乳中期和泌乳末期,各阶段泌乳特性不同,其饲养方式也不同。泌乳初期是产羔后6~20 d,母羊处于身体恢复期;泌乳盛期是产羔后21~120 d,母羊处于产奶旺盛期;泌乳中期是产羔后121~210 d,母羊处于产奶量下降期;泌乳末期是产羔后211~300 d,母羊处于产奶量急剧下降而停止的时期。

1. 泌乳初期的母羊饲养

母羊产羔后由于体力消耗较大,体质虚弱,消化机能较差,生殖器官尚未复原,乳腺及血液循环系统机能没有恢复正常,一部分经产母羊四肢及腹下水肿还未消失,因而产羔后母羊的饲养应以恢复体力为主。

母羊产羔后30 min之内,胃肠空虚,要及时给母羊饮用热水(35~40℃),可饮用温麸皮盐水汤(麸皮1 000 g,食盐25 g,碳酸氢钠25 g,40~50℃温水1 000~2 000 mL)、益母红糖汤(益母草粉3 g,红糖60 g,水1 000 mL,煎汤),以恢复体力、排净恶露。产羔后第1次饮水不宜太多,以0.5~1 kg为宜。产羔后2 d内饲喂优质干草,任其自由采食,不要饲喂精饲料,产羔后3 d可适当饲喂青贮饲料和少量精饲料;第5天视母羊体况、乳房膨胀程度、食欲表现、粪便形状和气味，灵活掌握精饲料和多汁饲料（包括青草、青贮料和块根、块茎类）的喂量；第14天后按饲养标准喂给日粮，把精饲料增加到正常喂量，每日每只0.5~0.7 kg，即干物质采食量达到体重的3%~4%（每天饲喂青干草1 kg、青贮3 kg、配合饲料0.6 kg）。

2. 泌乳盛期的母羊饲养

泌乳盛期的母羊体力恢复，乳腺活动旺盛，消化正常，奶量上升。在饲喂过程中，保证优质饲草料，以高蛋白、青绿、多汁、易消化的饲料为宜。为预防瘤胃积食和瘤胃酸中毒，可在高精饲料日粮中添加小苏打。科学调整精饲料量，按照奶料比3∶1逐步增加配合饲料喂量，优质干草每天1 kg、青贮3 kg。

在加料过程中，要坚持前面看食欲、中间看乳房、后面看羊粪的基本原则。如果羊的食欲旺盛，奶量继续上升，粪便正常无异味，可继续增加精饲料和多汁饲料的喂量；若母羊食欲不振，拉软粪、拉稀、有特殊气味的粪便，不能急于催奶。催奶开始时，在原来精饲料喂量（0.5~0.7 kg）的基础上，每天增加50~80 g，只要奶量不断上升，就继续增加，当精饲料增加到每产1 kg奶给精饲料0.35~0.40 kg、饲槽有剩草剩料时，奶量不再上升，就要停止增加，并维持5~7 d，然后按泌乳羊饲养标准供给。乳量上升停止以后，可将超标准的促产饲料减去，在奶量稳定期尽量避免饲料、饲养方法及工作日程的改变，尽一切能力使最高泌乳量较稳定地保持较长时间。

3. 泌乳中期的母羊饲养

泌乳中期奶羊产奶量开始下降，而采食量增大，这一阶段是开始恢复泌乳高峰期用于产奶而失去的体重，饲草和精饲料的比例以65∶35为好。玉米青贮可作为恢复体况的主要饲草来源。

4. 泌乳末期的母羊饲养

泌乳末期时，奶羊进一步恢复在泌乳高峰期中失去的体重。饲草和精饲料仍然按照65∶35的比例，饲草中以豆科牧草为主（50%），并搭配青草或青贮料。视营养状况逐渐减少精饲料量，精饲料减之过急，常会造成泌乳量迅速下降，但也要防止已经复膘的奶羊在干乳期变得过肥。

5. 干奶期的母羊饲养

经过一个泌乳周期，母羊营养消耗很大，为保证体况恢复和胎儿对营养物质的需要，同时使乳腺细胞得到充分休息和修整，使母羊体内储存一定量的营养物质，为下个泌乳期做好准备，要进行干奶。干奶期的长短应根据母羊的产奶水平、妊娠时间、体质状况综合确定，一般为60~80 d。

干奶期母羊停止产奶，但这时体内的胎儿生长发育很快，即又处于母羊的妊娠后期，对营养需求高，除满足营养外，不能饲喂发霉、变质的饲料和冰冻的青贮饲料及饮水，注意钙磷和维生素的供给，让羊自由舔食骨粉、食盐，每天补饲一些红萝卜、南瓜之类的维生素饲料。

6. 其他饲养注意事项

（1）增加青饲料喂量　羊是反刍动物，粗饲料不足，瘤胃中发酵产物乙酸、丙酸减少，反会引起泌乳量减少，乳脂率下降。青饲料（鲜草或瓜果）粗纤维含量25%，粗蛋白含量20%，还含有丰富的氨基酸和维生素；青饲料柔软多汁，适口性好，消化率高，含水量高，水分含量75%~90%,饲喂时补充一些粗饲料、精饲料,做到青、粗、精合理搭配;严禁饲喂劣质、有毒的青饲料。

(2)提高日粮中蛋白质水平　泌乳羊每产1 kg奶需要粗蛋白质70~90 g,所以产奶羊每天需要大量的蛋白质,而蛋白质必须从饲料中获得。饲喂富含蛋白质的饲料,对提高母羊产奶量作用非常显著。

(3)提供足量的饮水　一只奶山羊每日需水量约占体重的10%~12%。一般的饮水量可按日泌乳量3~5倍推算,例如日产2.5 kg奶的羊,每天需要饮水7.5~10 kg;盆饮时增加饮水次数,每日4次;饮用温水,可加入适量食盐,有增加产奶量的效果。

(二)泌乳母羊的管理

1. 产羔后母羊适量挤奶

母羊产羔后第1天,将挤奶量控制在够羔羊饮用即可,第2天挤日产奶量的1/2以下,第3天挤日产奶量的2/3以下,第4天挤日产奶量的3/4以下,第5天可将奶全部挤净。对于乳房水肿的高产母羊,在产羔后5 d以后要注意运动并且在每次挤奶前用热毛巾热敷乳房和按摩乳房,每次3~5 min,同时适当减少精料,以促进水肿尽快消退。

2. 增加挤奶次数和乳房按摩

乳汁分泌与乳房内压呈负相关关系,乳房空则泌乳快。在母羊产奶高峰期增加挤奶次数,一般为2次,为了提高产奶量可每天挤奶3~4次,以加快乳房产乳和排乳的新陈代谢过程,防止乳汁聚集引发乳房炎;按摩乳房具有刺激泌乳的作用,挤奶前先用40~50℃的热毛巾对羊乳房擦洗2~3遍,擦干后手握乳房前半部按摩,每日按摩乳房2~3次,每次按摩时间持续0.5~1.0 min,有利于提高产奶量。

3. 加强运动

如果有放牧条件时可每日放牧5~6 h。运动不仅能够增强羊的体质,还可促进血液循环,帮助消化,增进食欲,特别是高产羊在泌乳高峰期适当运动可以防止心脏病的发生,所以坚持运动也是提高产奶量的重要措施。

4. 增加自然光照

光照能够影响产奶量、采食量和乳脂率。光照有利于维生素D的合成,不仅对羊的健康有利,而且能够提高血液中催乳素浓度,增加产奶量。

5. 做好干奶

若干奶期母羊干奶效果不佳,其乳房易受到细菌感染而影响产奶量。人工干奶分逐渐干奶法和快速干奶法两种。逐渐干奶法就是逐渐减少挤奶次数,打乱挤奶时间,停止按摩乳房,适当减少精饲料喂量,控制多汁饲料,使羊在2周之内逐渐干奶。快速干奶法就是在预定干奶的时间里,一次挤净乳房里的羊奶,7 d以后再挤一次,以达到快速干奶的目的。不管采用什么方法干奶,都要经常检查乳房,保证彻底干奶,防止乳房炎的发生。

6. 正确挤奶

最好采用机器挤奶。挤奶时,注意挤奶前准备,用40~50℃热毛巾洗乳房,先后按摩3次,上下、左右按摩,不仅便于挤奶,而且能够提高产奶量。此外,由于奶中的脂肪比重轻,漂浮在乳汁上面,彻底挤干净能够提高乳脂率。如果挤不干净,不仅影响产奶量、乳脂率,还易引起细菌感染，发生乳房炎。

六、种公羊的饲养管理

（一）种公羊的饲养

种公羊的饲养管理分为非配种期饲养管理和配种期饲养管理。

1. 非配种期种公羊的饲养

非配种期的公羊在饲养上以恢复体力、增强体质为主。种公羊在配种期体力消耗很大，体况和精神状态明显降低，此时饲料中可消化粗蛋白含量应保持在18%左右。每次饲喂时，先喂粗饲料后喂精饲料，并做到定时定量。春季天气逐渐变暖时，羊的食欲不断增强，要抓住时机养好公羊。种公羊在配种前1.5个月，逐渐增加营养，以保证配种任务的顺利完成。

2. 配种期种公羊的饲养

配种期的种公羊一般要求体质健壮，精力充沛，性欲旺盛，精液品质好。但配种期公羊的脾气暴躁，易受环境的影响，采食极不稳定，且易神经兴奋，所以在管理上要做到单独饲喂，远离母羊，避免过频交配。饲养员要早起、晚睡，抓住早、晚天气凉爽、公羊性情稳定的时间段精心饲喂。饲草要适口性好、营养丰富、体积小、种类多、易消化，以优质豆科干草为主，同时补饲红萝卜、青苜蓿，每日可补羊奶0.5～1.0 kg或鸡蛋2～3个。

（二）种公羊的管理

1. 单独组群

种公羊的非配种期是基础，配种期是关键。大小分群，单独组群，专人管理，远离母羊，环境安静。种公羊好斗性强，组群数量不宜过大，以每群不超过30只为宜。

2. 坚持运动

运动对提高精子活力起到重要作用。舍饲条件下，羊每日要坚持运动1.5～2.5 h，保证3～5 km的运动行程。配种前每日要做到“三定”，即定时间、定距离、定强度。

3. 选好适宜配种时期

奶羊性成熟较早，公羔3月龄时生殖器官基本发育成熟，开始出现性行为。为防止早配，在羔羊2月龄时将公、母羊分开饲养。羔羊断奶后即进入青年羊阶段，一般公羊8月龄以上且体重不低于40 kg时即可配种。

在自然交配情况下，1只种公羊在一个配种期内只能承担30～60只母羊的本交配种任务，每日需配种3～5次；利用人工授精方法，一只种公羊可承担300～600只甚至更多母羊的配种任务，并且能够预防生殖道疾病的发生和交叉感染，有利于选种选配，防止近亲繁殖。配种前必须检查精液品质，不合格者严禁使用。

4. 正确采精

采精用的公羊年龄应为1.5～6岁，体质结实，生产性能良好，生殖器官发育正常，性欲旺盛，精液品质优良。种公羊在配种前3周开始排精，第1周可隔3 d排精1次，第2周隔

2 d 排精 1 次，第 3 周隔 1 日排精 1 次，以提高种公羊的性欲和精液品质。对于初次用于配种的种公羊，须经调教，使其习惯于假阴道采精。

在采精之前，用干净的湿毛巾将种公羊阴茎包皮周围擦拭干净。采精人员蹲于台羊右侧，右手持假阴道与地面成 35°~40°角，紧靠于台羊尻部，当种公羊爬跨于台羊背上并伸出阴茎时，采精人员迅速用左手轻托阴茎包皮，将阴茎导入到假阴道内。公羊射精后，立即将假阴道竖起，排出空气，取下集精杯，盖上集精杯盖，挂上公羊牌号待检。种公羊每次采精后应做好采精记录，标明采精的日期和时间、射精量、精子活力、颜色、密度，以及稀释液种类、稀释倍数等。

5. 做好日常管理工作

定期称重，测量体尺，及时记录；经常刷试，和善待羊，防止形成恶癖；圈舍保持干燥、清洁，定期防疫、消毒，经常修蹄，防止发生蹄病。

第四节　绒毛羊的饲养管理

一、绒毛羊的营养需要

能量、蛋白质、粗纤维、矿物质和维生素是绒（毛）羊所必需的营养物质，满足绒（毛）羊对营养物质的需求量是提高其生产性能的基础。绒（毛）用羊受到皮肤组织中毛囊周期性活动的影响，绒（毛）生长具有明显的周期性，在一个生长周期中，按照绒（毛）生长情况通常划分为生长前期、生长旺盛期、生长缓慢期和生长停止期等四个时期。在实际生产过程中，要依据绒（毛）羊的生长周期和规律对饲料进行调整，绒山羊的营养需要量可参考国家农业行业标准《绒山羊营养需要量》NY/T 4048—2021 和陕西省地方标准《陕北白绒山羊营养需要量》DB 61/T/1601—2022。

（一）能量需要

饲粮的能量水平是影响绒毛羊生产力的重要因素之一。能量不足，会导致幼龄羊生长缓慢，母羊繁殖率下降，泌乳期缩短，羊毛生长缓慢、毛纤维直径变细等；能量过高，对生产和健康同样不利。因此，要给绒（毛）羊提供最佳的日粮能量水平。绒（毛）生长需要很少能量，占总需要能量的比例很小，一般不单独列入需要量。但绒（毛）生长期时绒（毛）羊需要一定能量，如绒生长旺盛期的内蒙古白绒山羊维持代谢能需要量为 426.55 KJ/kg $W^{0.75}$。实际生产中，能量用于不同的生产目的其利用效率不同，能量利用率的高低顺序为维持 > 产奶 > 生长、育肥 > 妊娠和产毛（绒）。

（二）蛋白质营养需要

蛋白质具有重要的营养作用，是动物建造组织和体细胞的基本原料，由于绒（毛）主要由角质蛋白构成，因而绒（毛）羊日粮中需要丰富的蛋白质供绒（毛）生长。日粮中蛋白质不足时,绒毛羊生长发育缓慢,产毛量下降。适量的蛋白质摄入有利于次级毛囊对营养物质的利用,促进绒(毛)的生长。但是,过量的蛋白质摄入不能够增加绒(毛)的长度,并且会使绒(毛)增粗,影响绒(毛)的细度。因此,绒(毛)羊日粮中蛋白质需要严格控制,日粮中10%的蛋白添加水平有利于促进绒(毛)生长,并且不会对绒(毛)的细度产生显著影响。

(三)粗纤维营养需要

绒(毛)羊的饲料中必须含有一定量的粗纤维饲料。如果饲料中粗纤维的含量太低,会使反刍受阻甚至停止反刍、唾液分泌减少、瘤胃乳酸累积,甚至出现真胃移位等病症。在饲养过程中要重视饲料中精料和粗料的比例,适当饲喂一定量的粗料,主要是青干草等。目前绒(毛)羊的饲养方式正逐步由放牧向舍饲、半舍饲养殖方式转变,其日粮适宜NDF水平为52%,精粗料比例为20~30:80~70。

(四)矿物质营养需要

矿物质是羊体组织(骨、牙、角、蹄等)、体液(血液、淋巴液)等不可缺少的重要组成部分,并作为体内许多酶的激活剂而影响羊体内碳水化合物、蛋白质和脂肪代谢,调节体内酸碱平衡等。矿物质营养缺乏或过量都会影响羊的生长发育、繁殖和生产性能,严重时导致死亡。硫(S)是产毛动物的必需元素之一,其代谢与氮代谢密切相关,适宜的氮硫比例是瘤胃合成微生物蛋白的必要条件,提高反刍动物纤维素消化率。日粮中硫含量为0.23%时可以显著提高绒(毛)的生长速度,并且对绒(毛)的细度没有显著影响。如在山羊绒生长旺盛期(9~12月),日粮适宜硫水平为0.225%,氮硫比为7.10:1较为合适;而山羊绒生长缓慢期(1~2月),日粮适宜硫水平为0.213%,氮硫比为7.80:1。

(五)维生素需要

维生素是绒(毛)羊生长发育、繁殖后代和维持生命所必需的重要营养物质,主要以辅酶和催化剂的形式广泛参与体内生化反应。如果维生素缺乏,机体代谢会发生紊乱,影响机体健康和生产性能。由于瘤胃微生物可以合成B族维生素以及维生素K供机体使用,且通常情况下机体可以合成足量的维生素C,绒(毛)羊并不缺乏维生素。但是,微生物以及羊本身无法合成维生素A,且瘤胃微生物对维生素A有一定的破坏作用,日粮中应该添加适量的维生素A。维生素A缺乏时,羊食欲减退,采食量下降,生长缓慢,出现夜盲症;严重缺乏时上皮组织增生、角质化,抗病力降低,严重影响绒(毛)的产量和品质。

二、羔羊的饲养管理

(一)羔羊的饲养

1.羔羊消化生理特点

初生羔羊的前三个胃不发达,瘤胃没有发育完全,瘤胃微生物区系尚未形成,不能采食和利用粗饲料。此阶段起主要消化作用的是皱胃,因而母乳成为羔羊主要的营养来源,出生后 20 d 内几乎全部营养均由母乳供给。羔羊初生后 2 周左右，就能模仿母羊采食，逐渐采食一些优质饲草料，可刺激瘤胃发育。随日龄增长和采食植物性饲料的增加，前三个胃的体积逐渐增大。羔羊大约在 30 日龄开始出现反刍活动，此后皱胃凝乳酶的分泌逐渐减少，其他消化酶分泌逐渐增多，对草料的消化分解能力加强，瘤胃发育及其机能逐渐完善。

2. 营养物质的供应

羔羊出生后 2 周内，主要依靠母乳生长，是管理的关键时期。必须保证初生羔羊吃到初乳，与母羊同住 7 ~ 10 d，以便随时吃到母乳。如果母羊泌乳量足，羔羊生后 2 周体重可达初生重的 1 倍以上，如果达不到这个标准，则代表母羊泌乳量不足，要及时改善母羊饲养，提高泌乳能力。

培育羔羊要做到早开饲，羔羊出生后 10 余天就有采食行为。把优质青干草放在草架上，训练羔羊自由采食；把大豆或玉米炒成八分熟，磨成玉米渣，放在饲槽内让羊自由舔食。训练羔羊早吃料，可以促进瘤胃、网胃和瓣胃迅速生长发育，增加胃容量。

羔羊 30 日龄以上时生长迅速，需要大量的营养物质来满足，仅靠母乳已经不能满足羔羊每天的营养需求，必须补喂饲料。如母羊放牧，羔羊留在圈舍，母羊放牧时间不要过长，中午需给羔羊喂奶。晚上收牧后，将母子混群，任羔羊自由吮乳。在圈舍安放饲槽，每天饲喂 3 ~ 4 次，让羔羊自由采食。随着羔羊成长，消化器官和消化功能逐渐健全，采食量提高，要逐渐增加饲料量和饲喂次数，避免超量造成消化不良和胃肠炎。

(二)羔羊的管理

羔羊管理的大部分工作类同于肉羊、奶羊的羔羊。此外，要做好羔羊组群，方便生产管理。羔羊在哺乳期生长发育很快，经过 50 ~ 60 d 的培育，羔羊体重可达到 10 kg 以上。由于产羔时间、采食能力和生长速度等不同，羔羊大小参差不齐。在羔羊数量较多的种羊场或饲养户，要将羔羊重新组群，按照分娩时间或体格大小、体质情况分群，实行分圈饲养，每群数量根据圈舍条件而定，一般不超过 80 只。

三、育成羊的饲养管理

育成羊是羔羊断乳后到 18 月龄的羊，是补充羊群、提高群体质量的基础。绒(毛)羊的育成羊饲养管理的好坏，直接影响到羊的终身体格以及绒(毛)的产量及品质，必须要高度重视育成羊的饲养管理。

(一)育成羊的饲养

1. 断乳转群后的饲养

羔羊断乳后要根据体格大小、质量高低和断乳日龄，按公、母羊分别组群。新组群的育成羊正处在早期发育阶段，生活环境突然发生了变化，由原来靠母乳生活变成独立生活，合群性差、不安心吃草、鸣叫、东奔西跑。此时，不能立刻断料，日粮仍以精饲料为主，优质青干草为辅，延续一个月。之后缓慢更换饲粮类型，先在 3 ~ 5 d 内替换 1/3，再在 7 ~ 10 d 内替换 2/3，然后再全部替换。保证平均日增重不低于 100 ~ 150 g。5 ~ 10 月龄是育成羊发育最快的时期,正常饲养情况下,细毛羊育成羊应增加体重 20 kg 以上,绒(毛)羊的育成羊体重应增加 15 kg 以上。

2. 越冬期的饲养

10 月下旬至翌年 4 月,属于越冬期,这个阶段天气寒冷、水凉草枯,除需要大量能量消耗来抵御外界寒冷气候外,育成羊又正处于快速生长发育时期,需要补充大量营养物质来满足生长需要。因此,越冬期饲养管理是培育育成羊的关键时期。进入越冬舍饲期时以舍饲为主、放牧为辅,每天每只羊补喂混合精料 0.2 ~0.5 kg,公羊应多于母羊的饲养定额。在气候最冷的 1 ~3 月,饲喂优质的豆科牧草、青干草、青贮料等。放牧羊的补饲分早、晚两次。舍饲羊每天饲喂 3 次,少给勤添。

(二)育成羊的管理

做好分群管理、生产性能测定和鉴定选留等工作。放牧时采用拢群放牧法逐步训练,选择幼嫩、低矮草或条件好的牧场,不能走得太远,防止羊疲劳。天气炎热时,羊好聚堆,应采用上午早出早归、下午晚出晚归、中午多休息的方法。控制好羊群,不要让羊养成好游走,挑草吃的不良习惯。舍饲时选用适口性好的优质饲草料,防止羊随意窜圈,使其尽快适应新环境。另外,加强羊的驱虫,防止寄生虫感染。绒、毛生长除受遗传因素影响外,环境因素(主要是光照)也具有重要的作用,在实际生产中通过在不同季节给予绒(毛)羊合适的光照时间,可有效提高绒(毛)的生长。进入越冬期时,要加强羊舍的防寒保温,减少热能消耗。

四、成年羊的饲养管理

(一)种公羊

1. 种公羊的饲养

绒、毛生长是一个极其复杂的生理过程,绒毛生长特征主要由遗传因素所决定。遗传上的差异主要是基因不同造成,而种公羊是绒(毛)羊生产的重要种质基础,对提高羊群生产水平和质量具有重要作用。随着现代养羊业的发展,特别是人工授精技术的应用和普及,对种公羊质量要求越来越高,因而培育好种公羊,提高生产性能和种性特点尤为重要。种公羊的饲养分为非配种期和配种期两个阶段。

(1)非配种期饲养　常年放牧时自然交配,非配种期时间较长,一般近 10 个月;春、秋两季配种的种公羊非配种期时间为 7 ~8 个月。虽然非配种期没有配种任务,但饲养管理好与坏直接影响到种公羊全年的膘情、配种能力和精液品质。非配种期饲养分 3 个阶段:第一阶段为体力恢复期,配种结束后,种公羊体况有不同程度下降,同时正值严冬季节,水凉草枯,采食量下降,能量消耗增多,此时要减少种公羊的运动量,并逐渐减少精料喂量;第二阶段为增膘复壮期,这个时期相对长,约 7 个月,跨越冬季、春季和夏季,在此期间除供给足够能量饲料外,还应保证蛋白质、维生素和矿物质的供给,保持种公羊中、上等体况;第三阶段为配种准备期,即配种前 1 个月,此时天气凉爽,各种植物的籽粒逐渐成熟,是抓膘增重、为配种期蓄积营养的良好时期,此期间精料的喂量按配种期标准的70%补喂,逐渐增加到配种期的标准。

(2)配种期饲养　秋季配种期时间为2个月左右,此期的饲养尤为重要,不仅关系到受胎率和繁殖率的高低,更重要的是影响到群体数量和养羊效益。种公羊在配种期要消耗大量的养分和体力。种公羊每生成1 mL精液,需要可消化蛋白质50 g。因此,配种期的日粮一定要全价和多样化,应含有足够的蛋白质、维生素和矿物质。当饲喂质好量足的蛋白质饲料时,种公羊性欲旺盛,射精量多,精子密度大,母羊受胎率高,因而特别要补喂优质苜蓿草、青刈大豆等。

2. 种公羊的管理

绒(毛)用羊的种公羊饲养,在营养需求以及在日常饲养管理上与其他品种羊基本相同,要求常年保持结实健壮的体质和中等以上的种用体况,以具有旺盛性欲、充沛体力、良好配种能力和生产品质优良精液为目标。因此,除了做好种公羊饲养外,还应注意生产管理工作。

(1)组群管理　种公羊单独组群,数量少时可与其他公羊合群饲养;组群数量不宜过大,控制在30只以下为宜。

(2)加强运动　运动对提高精子活力起到重要作用。放牧条件下,冬、春季节羊每日坚持6~8 h放牧,夏、秋季节坚持10 h以上。舍饲条件下,羊每日要坚持运动2~3 h,保证3~5 km的运动里程。

(3)适时剪毛抓绒　我国一般在春季剪毛抓绒一次,具体时间依当地气候变化而定。过早和过迟对羊机体都不利,过早羊易遭受冻害,过迟阻碍羊散发热量,有的羊还会出现羊毛(绒)自行脱落。我国西北牧区一般在5月下旬至6月上旬剪毛抓绒,青藏高寒牧区在6月下旬至7月上旬,农区在4月中旬至5月上旬。

(4)做好生殖保健　种公羊的卫生状况关系到所采精液的质量,并影响到母羊受胎率。因此,要做好种公羊卫生。对种公羊的被毛特别是腹下的被毛,要定期进行清洗和修剪。正常情况下每月清洗一次,每20 d对腹下毛特别是公羊阴茎周围的毛进行清洗和修剪。同时,每周用青霉素水溶液对种公羊阴茎包皮清洗一次,每500 mL生理盐水兑青霉素160万IU,每次用溶液量为50 mL。每次采精前30 min,将保定好的母台羊后躯用75%的酒精进行喷雾消毒,待酒精挥发干净后再进行采精。

(5)做好采精工作　正确采精方法、合理采精强度是保证种公羊健康、延长使用寿命的重要措施。采精人员要做到人羊亲和,经常给种公羊喂草、喂料和饮水,刷拭种公羊被毛、修蹄,不鞭打和呵斥种公羊,不要给种公羊制造痛感。采精人员不能穿着色彩艳丽的服装、不要制造刺激性的声响,要使种公羊逐渐熟悉采精环境、采精工具和采精人员,减少紧张感。对于胆小的种公羊,可用熟悉的采精环境、结伴接受培训、本交观摩等方法激发其性欲。

采精时适宜的假阴道温度可保证采精顺利进行,又不会对种公羊造成伤害和形成恶癖。对于成年公羊,假阴道的水温控制在40~42℃内,最高不要超过43℃;对于未参加过采精的后备公羊,采精时将假阴道内的水温控制38~40℃内,以后随着采精的进行,水温可逐步提高,但必须保持先低后高的原则。成年公羊每周采精5~6次,每周有1~2 d的休息时间。18月龄的后备公羊，每天采精1~2次，采精1 d休息1 d，不要连续采精。根据公羊采精阶段的体质情况可灵活确定采精强度。

(6)健康检疫　为保证种公羊的健康，必须认真做好疾病的预防工作，定期进行各种疾病的检疫和预防接种，做好体内外寄生虫病的防治工作。同时，做好公羊舍的清洁和定期消毒工作，春、秋每半月消毒1次，冬季每月1次，夏季每10 d一次。

(二)种母羊

1.种母羊的饲养

(1)空怀期母羊的饲养　空怀期母羊的主要饲养任务是恢复体况，为配种做好准备，日粮营养水平略高于维持即可。中等以上体况的母羊情期受胎率可达80%~85%，而体况差的只有65%~75%。为增加配种期母羊营养，应实行短期优饲。

(2)妊娠期母羊的饲养　羊的妊娠期为150 d，根据妊娠期胎儿在母体发育的不同生理阶段，又可分为妊娠前期和妊娠后期两个阶段。母羊妊娠期前3个月为妊娠前期，对粗饲料的消化力较强，并且经过夏、秋抓膘，体壮膘肥，在正常的饲养条件下，保证饲料质量、营养均衡即可。母羊妊娠期后2个月为妊娠后期，妊娠后期母羊除了维持本身所需营养外，还需供给胎儿生长。妊娠第4个月，胎儿日增重40~50 g，妊娠第5个月，胎儿日增重高达120~150 g，且骨骼已有大量钙、磷沉积。母羊妊娠的最后1/3时期，对营养物质需要在维持基础上，增加40%~60%，钙、磷需要增加1~2倍，并注意补充维生素饲料。此期的饲养管理，对胎儿毛囊形成、羔羊生长发育和生产性能均有重要影响。因此，在日粮中不但应注重数量，更应考虑质量。注意供给优质、全价营养、体积较小的饲料饲草。

(3)哺乳期的饲养　羔羊的哺乳期为3~4个月。根据羔羊生长发育、母羊泌乳能力，哺乳期可分为哺乳前期和哺乳后期。哺乳期的前1.5~2个月为哺乳前期，哺乳期的后1.5~2个月为哺乳后期，母羊补饲的重点应在哺乳前期。

哺乳前期是母羊饲养管理的关键时期，保证哺乳前期饲料中各种营养成分能够满足母羊需求。产羔后3 d开始对母羊补饲精料，并逐渐增加。泌乳前期母羊生理代谢旺盛，营养需求量大，应根据母羊的体况及所哺乳羔羊的数量，适当调整日粮中精料比例，并供应优质粗饲料，如多喂优质青干草、多汁饲料、青贮饲料等，保持饮水充足。生产实践证明，大豆磨成粉后加水煮成豆浆或豆饼泡水饮羊，是提高羊奶产量的有效办法。

哺乳后期母羊泌乳量下降，羔羊已具有采食能力，已不再完全依靠母乳，母羊的饲养标准应较前期降低20%左右。对乳汁过剩的母羊，可适当减少精饲料和多汁饲料的喂量，防止乳房疾病的发生。对体质瘦弱、乳汁分泌少或哺乳双羔的母羊应增加精料、优质豆科牧草、多汁饲料并多饮豆饼水。

2.种母羊的管理

(1)加强生产管理　绒山羊配种大多数集中在10~12月，少部分在5~6月配种。空怀期饲养管理的重点是恢复体况，为配种期做准备。妊娠期母羊以保胎为主，禁忌粗暴对羊，优化生产管理。哺乳期母羊以产乳为主，必须加强饲养管理，改善母羊泌乳性能，并且保证羊毛正常生长，防止脱绒掉毛现象发生；哺乳期过后，适时进行剪毛抓绒。

(2)适时分群　根据母羊的不同生理阶段，将羊群整体划分并隔开，组建空怀群、妊娠群以及哺乳母羊群，分养在不同的圈舍中；禁止将空怀羊随意放入公羊圈，影响空怀羊机体恢复或打乱羊群配种计划。

(3)加强运动　运动对提高羊群健康具有重要作用。通过放牧或舍内驱赶，增加活动量，保证羊有充足的运动时间。

(4)做好健康管理　适时进行羊群免疫和驱虫，预防传染病与寄生虫病发生；对发生疾病的母羊酌情处理，但不能严重影响生产活动，提高羊群的健康水平。

第九章 鸡的饲养管理技术

我国鸡豢养历史悠久,鸡饲养已成为我国畜牧生产的重要组成部分,生产的产品主要包括鸡肉和鸡蛋。改革开放以来,我国鸡养殖业取得了飞速发展,鸡饲养量、鸡蛋产量已连续多年保持世界第一、鸡肉产量世界第二。

鸡养殖业是我国农村经济发展的支柱产业之一,促进其高质量发展对稳定农民增收、优化居民膳食营养组成和构建环境友好型社会具有重要意义。鸡肉和鸡蛋制品是质优价廉的动物源蛋白,是人们膳食中重要的动物产品之一。鸡肉肉质细嫩,滋味鲜美,含有维生素 C 和 E,蛋白质和氨基酸含量较高,具有温中益气、保护心血管的作用。鸡蛋中磷脂、卵黄素、不饱和脂肪酸含量较高,能增强机体新陈代谢,提高免疫力,促进神经系统、大脑和视网膜的发育。随着社会经济的发展以及科学技术的不断进步,我国鸡产业链日渐完善,上游主要为育种、饲料、兽药等行业,下游为鸡肉加工、鸡蛋加工以及终端消费者。目前鸡产业已进入转型升级的关键时期,逐步向优势区域集中,规模化、智能化、全产业链协同发展成为新趋势。

第一节 产业概况与生物学特性

一、鸡的产业概况

(一)蛋鸡产业概况

世界上生产性能领先、市场占有率高的蛋鸡品种主要来源于国外,如海兰、罗曼、伊莎等。我国培育的品种主要有京系列(京红 1 号、京粉 6 号等)、大午金凤、农大 3 号、新杨黑等,目前我国已形成国内培育品种与引进品种同步发展的格局。2021 年全球蛋鸡行业处于去产能状态,蛋鸡存栏处于近年低位,平均存栏量约为 11.83 亿羽,同比 2020 年 12.99 亿羽下降 8.9%。全球鸡蛋产量呈现持续增长趋势,2021 年产量增至 8 806 万吨,鸡蛋供给水平趋于稳定,增速放缓。我国生产和消费全球鸡蛋产量的 40% 以上,2021 年蛋鸡存栏量约为 13.4 亿只,鸡蛋产量达到 3 409 万吨,蛋品市场规模达 3 000 亿元。

我国现代化蛋鸡产业起步于 20 世纪 70 年代,80 年代开始迎来高速发展。改革开放 40 多年来,我国蛋鸡产业得到了长足发展,1985 年我国鸡蛋产量超越美国,成为全球第一大鸡蛋生产国与消费国。随着信息技术发展,国民健康意识日渐提升,蛋品加工化和品牌化水平提升空间大,促进了商品蛋鸡行业集中持续提升。随着消费者对食物口感追求的不断提高,鸡蛋食用方式日益多元化,有着各种标签和功能的品牌鸡蛋逐渐成为消费者的选择,例如可生食鸡蛋、有机富硒蛋等,品牌鸡蛋的发展迎来黄金发展期。目前,我国的蛋鸡产业已经具备了较强的生产供给能力,建立了现代化生产体系、产业体系,为实现高质量发展奠定了基础。我国蛋鸡产业的下一步发展目标是满足多样化需求,实现产业振兴。高质量发展主要集中表现在育种、品牌和模式三个方面。为了推进蛋鸡产业高质量发展,需要切实加大科研投入,保障种源安全;通过精深加工,延长产业链,加强鸡蛋品牌建设;构建高效共赢的生产模式,齐创共享保障产业顺利发展。近十年来,我国商品代蛋鸡产业迅速转型发展,大量小规模蛋鸡养殖场户退出,同时新增了一批大规模现代化蛋鸡生产一体化企业,呈现出规模化、标准化养殖趋势。此外,人工智能、大数据、区块链等现代科技的深度渗入为蛋鸡产业环节科技赋能,智能化成为未来蛋鸡产业的发展方向。

(二)肉鸡产业概况

2021 年全球肉鸡产量延续了长期的增长趋势,全球肉鸡产量达到 9 910.3 万吨。2021 年四大肉鸡主产国(地区)肉鸡产量增速高于全球平均水平,占全球肉鸡总产量的比重持续回增,达到 6 042.8 万吨。我国鸡肉对全国肉类总产量的贡献达 20%,是仅次于猪肉的第二大肉类产品。我国鸡肉主要来自白羽肉鸡、黄羽肉鸡和淘汰蛋鸡,分别占我国鸡肉产量的 66%、28% 和 6% 左右。以 2021 年为例,我国白羽肉鸡出栏量增至 58 亿羽,黄羽肉鸡出栏量稍有下滑降至 44 亿羽,肉鸡产量 1 470 万吨,市场规模达到 975 亿元。肉鸡产业是一个由若干密切相关,以纵向血缘关系为纽带的多元代际畜禽产业,从曾祖代肉种鸡、祖代肉种鸡、父母代肉种鸡、商品代肉鸡到鸡肉产品是一个完整、系统的代次繁育流程。

我国白羽肉鸡的祖代大多数从国外引进,属于快大型肉鸡,生长速度快、产肉量多,适合工业化生产,作为肉鸡屠宰加工企业的主要原料,白羽肉鸡是我国肉鸡主导品种。目前我国白羽肉鸡主要包括艾拔益加(AA +)、艾维茵(Avian)、罗斯 308、科宝(Cobb)、海波罗(Hybro)和哈伯德(Hubbard)等,年商品肉鸡出栏数量约占整个肉鸡产量的 80%。当前我国肉鸡新品种配套系培育取得突破(2021 年通过审定"广明 2 号""圣泽 901""沃德 188" 3 个快大型白羽肉鸡品种),地方鸡种质资源保存和评价体系初步建立、肉鸡高效育繁推体系日趋完善。但与已有 100 多年的国际白羽肉鸡育种相比,我国白羽肉鸡种业较国际先进水平还存在一定差距。我国本土黄羽肉鸡遗传资源丰富,但资源利用程度低、技术指标缺乏等问题突出,黄羽肉鸡逐渐停止活禽销售,转为生鲜上市趋于必然,对屠宰加工型黄羽肉鸡新品种的培育提出更加迫切的要求。此外,"817 肉杂鸡""小优鸡"等小型白羽肉鸡品种发展较快,市场占有量快速上升。

在"双碳"以及粮食安全仍面临巨大挑战的背景下,肉鸡产业因具有低排放、低耗能等低碳优势,受到高度关注。但我国肉鸡养殖行业的格局整体来说相对分散,集中度有待进一步提升,肉鸡养殖还将继续朝规模化发展。此外,禽肉制品标准化程度不断提升,冰鲜类肉鸡产品或将成为行业未来的发展趋势,同时对冷链技术要求亦将提升,使行业竞争格局进一步优化。

二、鸡的生物学特性

1. 粗纤维消化率低

鸡的消化道短，长度为体长的6倍，腺胃消化能力差，少部分粗纤维在盲肠消化。

2. 繁殖潜力大

虽然鸡仅有左侧卵巢和输卵管发育正常，但其繁殖能力强。肉眼观察鸡卵巢能够发现约2 500个卵泡，显微镜下能观察到超过10 000个卵泡，每一个卵泡含有一个生殖细胞，高产蛋鸡年产蛋达300枚以上。种公鸡精子在母鸡输卵管中存活5～10 d，个别可存活30 d以上，有利于精卵结合进而提高繁殖性能。

3. 抗应激能力差

无论是商品蛋鸡、肉仔鸡还是种鸡，对外来刺激都很敏感。奇怪的声响、突然的亮光、移动的阴影或异常颜色等，均能引起鸡群骚动和混乱，轻者影响鸡的生长、产蛋，重者导致大批鸡猝死。产蛋鸡生产强度大，生理负担重，对外界环境变化较为敏感。一旦发生应激，鸡的耗料量增加，死亡率上升，产蛋量急剧下降且较难恢复。

4. 新陈代谢旺盛

一般情况下鸡体温维持在41.5℃左右，心跳维持在200～350次/min，均高于猪、羊、牛等。鸡呼吸频率在22～110次/min，与品种、性别和环境条件有关。

5. 抗病力较弱

鸡的肺较小，连接很多气囊，且遍布体躯各个部位，甚至通入骨腔，经空气传播的病原体沿着呼吸道进入肺和气囊，进而进入体腔、肌肉和骨骼中；鸡的生殖孔和排泄孔都开口于泄殖腔，产出的蛋经过泄殖腔而容易受到污染；鸡没有横膈膜，无胸腔与腹腔之分，因而细菌、病毒侵入任何脏器都容易发生连锁性内脏病变；鸡没有淋巴结，只有淋巴管与血管直接相接，等于缺少阻止病原体在机体内通行的关卡。

第二节　蛋鸡的饲养管理

一、蛋鸡的营养需要

(一)能量需要

蛋鸡的生理过程(运动、呼吸、采食、体温调节及产蛋等)与能量密切相关，科学合理提供能量以满足蛋鸡生产需要十分重要。日粮中的碳水化合物是蛋鸡主要的能量来源，蛋白质和油脂也可提供能量。蛋鸡能够根据日粮能量浓度调节采食量，能量供应充足时，可促进下丘脑－垂体－性腺轴生殖激素合成和卵泡发育，从而提高生产性能。日粮能量浓度过高时会使蛋鸡采食量下降,进而影响其他营养素的摄取和吸收,最终降低产蛋性能及蛋品质;能量供应过低时则难以满足蛋鸡增重、维持及产蛋的能量需要,亦会损害蛋鸡产蛋性能及蛋品质,导致发生代谢疾病甚至死亡。蛋鸡开产前代谢能水平推荐维持在11.91~11.50 MJ/kg,开产至高峰期为11.29 MJ/kg,高峰至淘汰为10.87 MJ/kg。

(二)蛋白质及氨基酸需要

蛋白质是构成蛋鸡机体及鸡蛋的组成部分,在机体代谢及免疫过程中发挥重要作用,是蛋鸡生长和生产的物质基础。日粮必需氨基酸比例和组成与蛋鸡需要量差异较大时会影响机体蛋白质合成,以及影响饲粮蛋白质转化效率。

日粮中蛋白质仅40%左右可被蛋鸡有效利用,其余蛋白质以粪氮和尿氮形式排出体外。日粮蛋白质水平过高不仅不会被蛋鸡吸收利用,还会在代谢过程中增加能量消耗以及产生过多的氨,进而影响机体健康及正常生产。蛋鸡日粮氨基酸组成及比例由蛋鸡机体生理和生产所需氨基酸需要量决定。当饲粮中氨基酸比例和组成与机体需要一致时,蛋鸡可最大程度利用蛋白质即为理想蛋白质,这种氨基酸比例也被称为理想氨基酸模式,包括必需氨基酸与非必需氨基酸(以必需与非必需氨基酸之间比值表示)以及各种必需氨基酸(通常以各种氨基酸与赖氨酸相比的百分数表示)的最佳比例关系。表9-1列出了蛋鸡氨基酸需要量。

表9-1 蛋鸡氨基酸需要量

氨基酸(%)	生长期营养需要量			产蛋鸡营养需要量		
	0~8 w	9~18 w	19 w至开产	开产(5%)至高峰(>85%)	高峰后(<85%)	种鸡
精氨酸	1.18	0.98	1.02	0.76	0.69	0.76
甘氨酸+丝氨酸	0.82	0.68	0.71	0.57	0.48	0.57
组氨酸	0.31	0.26	0.27	0.25	0.23	0.25
异亮氨酸	0.71	0.59	0.60	0.72	0.66	0.72
亮氨酸	1.27	1.01	1.07	1.02	0.98	1.02
赖氨酸	1.00	0.68	0.70	0.75	0.70	0.75
蛋氨酸	0.37	0.27	0.34	0.4	0.32	0.34
蛋氨酸+胱氨酸	0.74	0.55	0.64	0.65	0.56	0.65
苯丙氨酸	0.64	0.53	0.54	0.58	0.52	0.58
苯丙氨酸+酪氨酸	1.18	0.98	1.00	1.08	1.06	1.08
苏氨酸	0.66	0.55	0.62	0.55	0.50	0.55
色氨酸	0.20	0.18	0.19	0.16	0.15	0.16
缬氨酸	0.73	0.60	0.62	0.59	0.54	0.59
脯氨酸	0.50	0.34	0.44			

备注:w表示周。

（三）矿物质需要

矿物质钙、磷、锰、锌等常量元素不仅是蛋鸡骨骼及蛋壳的构成成分，还参与机体免疫代谢过程，对蛋鸡生长及生产具有重要作用。

钙是蛋鸡骨骼和蛋壳形成的主要成分，参与多种生理活动，是蛋鸡代谢及生产过程中的重要矿物质元素。蛋鸡生长及生产需要的钙元素主要来源于饲粮。饲粮钙元素由肠道（主要为十二指肠）吸收经血液转运至靶部位。通过骨吸收沉积部分钙元素供机体利用（髓质骨提供1/3蛋壳钙元素），肾脏通过钙离子重吸收留存部分钙离子。蛋鸡缺钙会导致骨质疏松、产蛋量下降、蛋壳变薄、软壳或无壳。生长期蛋鸡钙需要量逐渐增加，0～8周龄推荐量为0.90%，9～18周龄为0.80%，19周龄至开产为2.00%，产蛋期蛋鸡饲粮钙水平进一步提升至3.50%。

磷不仅参与遗传信息储存和传递，还是骨骼的重要结构物质以及鸡蛋中重要的矿物质元素。日粮中磷元素主要在蛋鸡小肠后端被吸收。日粮磷水平低时造成产蛋量下降、蛋壳变薄以及骨强度降低，甚至诱发骨质疏松；过多的磷以磷酸钙的形式排出体外，且干扰小肠对钙的吸收，降低机体钙含量，损害蛋鸡骨质发育及生产。日粮钙水平2.5%～4.5%时与植酸磷表观利用率呈负相关；日粮有效磷在0.1%～0.4%时添加植酸酶能增加钙的表观存留率。因此，蛋鸡日粮钙和磷水平存在一定的平衡关系，若满足蛋鸡生产需求增加饲粮钙含量，则同时要相应提高磷水平。生长期蛋鸡磷需要量维持在0.55%～0.70%，产蛋期为0.60%。

锰是蛋鸡发育、骨骼生长及繁殖不可或缺的微量元素之一。日粮锰含量不足时，会引起促卵泡激素分泌减少，导致产蛋率降低，破软蛋率增加，严重损害蛋鸡生产效益。日粮中添加锰可调控蛋鸡蛋壳腺内聚糖合成与代谢，调节蛋壳乳突的形成及乳突密度，巩固蛋壳超微结构强度，进而提高蛋壳品质。《鸡饲养标准》（NY/T 33—2004）推荐日粮锰含量为60 mg/kg，蛋鸡饲粮中锰水平不宜超过200 mg/kg。

锌通过激活生物酶活性调控蛋壳碳酸钙沉积和矿化晶体结构的形成，进而影响蛋壳力学特性。锌不足时蛋鸡骨骼矿化不完全，碳酸酐酶活性降低，蛋壳品质下降。《鸡营养标准》推荐饲粮锌含量为80 mg/kg。实践证明，在52～61周龄蛋鸡饲粮锌水平为24.1 mg/kg基础上，以硫酸锌的形式补充75～115 mg/kg锌时可改善蛋壳品质；在49～59周龄蛋鸡饲粮锌水平为24.04 mg/kg基础上，添加60～80 mg/kg蛋氨酸锌可提高机体免疫和抗氧化性能，降低蛋壳乳突宽度，提高蛋壳厚度和强度。

（四）维生素需要

蛋鸡生产主要依靠肝脏及其他组织中维生素A的储备。日粮缺乏维生素A时，1周后蛋鸡会表现出免疫力、抗氧化性能以及产蛋率严重降低。我国蛋鸡饲养标准推荐蛋鸡维生素A添加量为8 000 IU/kg。

维生素D是蛋鸡生产中重要的营养素。日粮维生素D不能满足蛋鸡生产需要时，产蛋量急剧下降，骨骼强度降低，蛋壳质量变差；维生素D过量亦引起钙沉积过量导致组织钙化严重，损害机体健康。生长期蛋鸡维生素D需要量为800 IU/kg，产蛋期升至

1 600 IU/kg。

维生素 E 通过调节促性腺激素分泌而促进卵巢发育以及排卵，对蛋鸡产蛋具有重要作用。《鸡营养标准》建议蛋鸡维生素 E 添加量为 4 ~ 6 IU/kg。实践表明，30 周龄蛋鸡玉米－豆粕饲粮中添加 15 IU/kg 维生素 E 时，生产性能、蛋品质和抗氧化性明显提高。在热应激状态下饲粮维生素 E 添加为 200 ~ 250 IU/kg 时，能够改善蛋鸡健康状态，提高生产性能。

胆碱（β－羟乙基三甲胺）是卵磷脂和神经鞘磷脂的组成成分，能够维持细胞膜通透性和细胞结构完整性。胆碱不能满足蛋鸡需要时易出现脂肪代谢障碍，输卵管运动障碍以及蛋滞留等。《鸡营养标准》推荐饲粮胆碱含量为 500 mg/kg。实践表明，24 ~ 64 周龄蛋鸡饲粮胆碱含量在 1 000 ~ 1 500 mg/kg 时，蛋鸡产蛋性能（产蛋量、料蛋比）和蛋品质（蛋黄颜色、哈氏单位）显著提高；40 ~ 50 周龄蛋鸡饲粮胆碱含量为1 500 mg/kg 时，产蛋量最高。

（五）饮水需要

水为机体重要组分（占 51.9% ~ 67.8%），参与多种生理代谢活动，如消化、体温调节、营养物质运输等。鸡的饮水一般要求无色、透明、无异味，总硬度（以 $CaCO_3$ 计）一般要求小于 1 500 mg/L，pH 6.5 ~ 8.5，大肠杆菌低于 0.1 个/mL。水中的微量有害毒物及杂质主要包括氟化物（≤2.0 mg/L）、氰化物（≤0.05 mg/L），砷（≤0.20 mg/L），镉（≤0.01 mg/L），铬（≤0.05 mg/L），铅（≤0.10 mg/L），汞（≤0.001 mg/L）。若长期饮用超出限度的水，容易引起家禽生长停滞或中毒。因此，生产中要建立健全家禽饮水净化消毒设备，保证水源安全，水质良好。一般情况下每只蛋鸡每天饮水需要量为：冬季 110 mL，夏季 280 mL，春、秋季 200 mL。

二、雏鸡的饲养管理

（一）雏鸡的饲养

1. 饮水

初生雏鸡接入育雏室后的第 1 次饮水称为初饮。饮水是育雏的关键，雏鸡出壳后，12 ~ 24 h 开始初饮，此时不予饲喂。初饮过晚会造成雏鸡体内水分消耗过多，不利于生长。水中可加入葡萄糖或复合维生素，减少早期雏鸡的死亡。炎热季节时尽可能给雏鸡提供干净凉水，而寒冷冬季时提供不低于 20℃ 的温水。

饮水器数量充足且分布均匀，保证每只雏鸡有 1.5 ~ 2.0 cm 宽的饮水位。在空舍期对水线和饮水器进行彻底消毒，雏鸡入舍前冲洗干净，避免残留药物损害机体。育雏时若水线内的水流速度缓慢，造成病原微生物大量繁殖，极易形成生物膜。因此，需要定期抽查水质情况，且在育雏前 2 d 每隔 2 h 冲洗 1 次水线，每天至少换水 2 次。

为使所有雏鸡及时进行初饮，饲养员应加以诱导，即用手轻握雏鸡身体，食指轻按头顶，使喙浸入水中，注意不要让水淹没鼻孔，稍停片刻，即可松开食指，雏鸡仰头将水咽下。

记录鸡群每日的饮水量,蛋用雏鸡的饮水量见表9－2。

表9－2　每日每只雏鸡的饮水量

周龄	1	2	3	4	5	6
饮水量/mL	12～25	25～40	40～50	45～60	55～70	65～80

2. 饲喂

雏鸡进入育雏室后第1次喂料称为开食。雏鸡出壳后,卵黄囊内仍然保留部分未吸收的卵黄,若雏鸡过早摄入饲料,会影响其对卵黄的继续吸收,继而影响雏鸡的消化能力,造成雏鸡生长发育不良。如果开食太晚,雏鸡长时间空腹运动,消耗体力,影响生长发育。一般在初饮后1～2 h开食。开食料选择新鲜、颗粒大小适中、易于雏鸡啄食、营养丰富且易消化的饲料,常用的有碎玉米、碎米、碎小麦等。经1～3 d后改喂配合日粮,也可直接使用专用的雏鸡配合料。开食料中添加抗应激物质,缓解由于高密度免疫接种对鸡群造成的应激。为了便于雏鸡采食,将开食料放在浅料盘上,或直接撒于塑料布或纸上,以后再逐渐过渡为饲槽或料桶。

开食料饲喂2～3 d后,逐步改用雏鸡配合料进行正常饲喂。饲喂按照"少给勤添八成饱"的原则,每次喂食在20～30 min内吃完。一般15 d前每3 h饲喂1次,以后每3.5～4.0 h饲喂1次。每次饲喂的饲料量不宜过多,避免在高温条件下残剩料变味、变质。喂料时间相对稳定,从2周龄开始,饲料中开始拌入1%砂砾,砂砾直径随着雏鸡日龄的增加而适度增大。

(二)雏鸡的管理

1. 育雏方式

育雏方式分为地面育雏、网上育雏和笼养育雏,其中地面育雏和网上育雏又称为平面育雏,笼养育雏又称为立体育雏。

(1)地面育雏　选择干燥、通风良好的房舍,地面铺上5 cm左右的垫料,垫料要求新鲜、干燥、松软、透气、无毒、灰尘少、透气性强,秸秆、刨花、木屑等材料均可作为垫料(图9－1)。为保证舍内卫生,需更换垫料。室内设置喂食器、饮水器及保暖设备。地面育雏的优点是成本低廉,简单易行;缺点是空间利用率低,管理不方便,鸡舍易出现潮湿和空气污浊,雏鸡患病概率大,受惊后容易扎堆致死。

(2)网上育雏　把雏鸡饲养在铁丝网或特制的塑料网上,要求稳固、耐用、易于拆洗。网眼孔径可选12 mm或20～100 mm规格。用网眼直径15～20 mm的竹竿网面能够适应鸡的生活习性,减少鸡腿病和胸囊肿的发生率。在每层网床下面安装集粪装置,材料为木(塑料)板、铁皮、塑料薄膜、编织袋等(图9－2)。网上育雏节省垫料,鸡粪直接落于网下,雏鸡不接触鸡粪和地面,减少了各种疾病的传播机会,育雏成活率较高。相比于地面育雏,网上育雏成本较高,但其饲养密度可增加50%～70%。

图9－1　地面育雏

图9－2　网上育雏

(3)立体育雏　立体育雏即用分层育雏笼来培育雏鸡,分层育雏笼一般为3～5层,采用层叠式排列(图9－3)。热源可用电热丝、热水管、电灯泡等,或者通过煤炉或地下烟道等设施来提高室温。立体育雏的成本较高,且由于笼养鸡活动量有限,饲养密度较大,饲养管理不当时容易造成营养缺乏症、笼养疲劳症、啄癖等各种疾病,故立体育雏对营养、通风换气等要求较为严格。但是相比于平面育雏,立体育雏更加经济有效地利用了鸡舍的空间和热能,自动化程度高,拆装方便,投料、饮水、清粪、湿帘降温均可集中管理,雏鸡发育充分、整齐,提高劳动生产效率。立体育雏是目前大中型养鸡场普遍采用的一种育雏方式。

图9-3 立体育雏

2. 环境控制

(1)温度 适宜的温度是保证雏鸡健康和成活的首要条件。刚孵出的雏鸡体温比成鸡低大约2.7℃,体温调节机能较差。如果育雏舍温度低,会降低鸡群的免疫力,进而诱发感染疾病,导致雏鸡的死淘率增加;舍内温度过高会造成严重的脱水应激。因此,在雏鸡的体温调节系统发育完全前,应特别注意保持育雏舍温度的恒定。初生雏鸡需要的温度较高,一般要求第1周舍内温度控制在33~35℃,以后每周降低2℃,6周龄时雏鸡基本能够适应自然环境的温度。

育雏温度的控制,除温度计外,还需通过观察雏鸡的行为表现正确判断育雏温度。当育雏温度合适时,雏鸡在育雏室内均匀分布,活泼好动,采食、饮水正常,羽毛光滑整齐,安静而伸脖休息,无异常状态或不安的叫声;当育雏温度过高时,雏鸡会远离热源,同时会张口喘气和发出噪声来散发体内热量,严重时表现出脱水现象,食欲减弱,体质变弱,生长发育缓慢,还容易引发呼吸道疾病和啄癖等;育雏温度过低时,雏鸡会寻找热源,在育雏伞下聚集,羽毛蓬松,身体发抖,不时发出尖锐、短促的叫声,粪便稀软糊肛。

(2)湿度 湿度对雏鸡的健康和生长有较大影响。育雏室内湿度过高时,有害气体增加,有利于病原微生物的生存和寄生虫卵的发育,诱发球虫病、曲霉菌病等疾病。育雏室内湿度过低时,雏鸡体内水分随着呼吸而大量散发,则腹中剩余卵黄吸收不良,同时饮水过多会引起雏鸡下痢。育雏前10 d,需要保持舍内相对湿度在60%~70%;10 d后,由于雏鸡呼吸量、排泄量增多,鸡舍容易潮湿,舍内相对湿度以40%~55%为宜。

湿度适宜时,人进入育雏室有湿热感,雏鸡的脚爪润泽、细嫩,精神状态良好,鸡群振翅时基本无尘土飞扬。如果人进入育雏室感觉鼻干口燥、鸡群大量饮水,鸡群骚动时尘灰四起,说明育雏室内湿度偏低。反之,雏鸡羽毛潮湿,舍内设施设备上有一层水珠,说明湿度过高。

(3)通风 雏鸡体温高,代谢快,呼吸频率高,如不能及时排出有害气体,影响其生长发育。通风换气的目的是保证鸡舍的空气质量良好,降低舍内温度和相对湿度,排出粉尘和有害气体(CO_2、H_2S和NH_3等)。育雏舍必须在维持正常的鸡舍温度的前提下进行通风,

1 周龄雏鸡排泄量较少，育雏要点是保温，气温较高时开窗适当通风即可。随着雏鸡的生长，要延长通风时间，提高换气强度。适宜的通风控制是保证育雏舍内环境相对稳定的根本。雏鸡舍的进气口与排气口设置要合理，保证气流均匀通过全舍。育雏舍空气质量要求见表 9－3。

表 9－3　育雏舍空气质量要求

项目	标准限值
O_2	$>19.5\%$
CO_2	$<1\ 500\ mg/m^3$
NH_3	$<10\ mg/m^3$
总悬浮颗粒	$<8\ mg/m^3$
H_2S	$<2\ mg/m^3$

（4）光照　合理的光照不仅能够增加雏鸡的活动及采食量，还能够促进鸡的新陈代谢和骨骼发育，保证雏鸡健康生长。初生雏鸡的视力水平不佳，觅食能力较差。因此，2 d 内的雏鸡要保持 24 h 的光照，且光照强度在 20～30 lx 之间。之后根据雏鸡的健康与生长发育情况对光照进行调整，以每周减少 2 h 的光照为宜，直至不再需要额外补充人工光源。

（5）饲养密度　饲养密度是指育雏室内每平方米地面或笼底面积所容纳的雏鸡数，它是保证鸡群生长发育和均匀度的重要因素。饲养密度过大时，育雏室内空气污浊，鸡与鸡之间接触频率增加，容易导致传染性疾病；雏鸡采食和饮水空间不足时，生长发育不均匀；若室温偏高容易引起雏鸡互啄。为了保证雏鸡足够的活动空间，应根据雏鸡周龄的增长而调整育雏栏的大小。不同饲养方式下雏鸡的适宜密度见表 9－4。

表 9－4　不同饲养方式下雏鸡的适宜密度

周龄	地面平养/（只/m^2）	网上平养/（只/m^2）	立体笼养/（只/m^2）
1～2	30	40	60
3～4	25	30	40
5～6	20	25	30

此外，饲养密度还与品种、季节、雏鸡体况和鸡舍结构有关。轻型品种的饲养密度比中型品种略大，每平方米多养 3～5 只；冬天和早春的饲养密度相比夏秋季高一些。

3. 疾病预防

幼雏抗病力弱，育雏前对育雏舍进行彻底清洗并消毒。育雏过程中，保持育雏舍、设备、用具的清洁卫生，使幼雏健康生长。育雏结束后，鸡舍彻底消毒并空舍 2～3 周。为了减少疾病的发生，一般采用全进全出制。

鸡群的母源抗体随着日龄的增长而逐渐消失，当机体抵抗力低时，容易引发各种传染病。因此，做好育雏鸡的免疫接种工作。根据当地鸡病流行特点、雏鸡的抗体水平与健康状况等制定免疫程序。育雏期参考免疫程序见表 9－5。

表 9-5 育雏期参考免疫程序

日龄	免疫项目	方法
1	鸡马立克氏病	颈部皮下注射
4	鸡传染性支气管炎 H_{120}	点眼、滴鼻、饮水
10	鸡新城疫Ⅱ系、Ⅳ系	点眼、滴鼻、饮水
18	鸡法氏囊病	饮水
30	鸡痘	翼下刺种
35	鸡新城疫Ⅱ系、Ⅳ系	点眼、滴鼻、饮水
40	鸡传染性支气管炎 H_{52}	点眼、滴鼻、饮水

4. 适时断喙

在蛋鸡生产中，若饲养管理不当，会出现啄癖现象，表现为啄肛、啄羽、啄趾和啄蛋等。啄癖会在育雏期和产蛋前期造成较高的死淘率，给蛋鸡生产带来较大的经济损失。适时断喙是减少啄癖危害的主要措施，还可避免鸡采食时勾刨饲料，减少饲料浪费。

雏鸡断喙的方法主要有热刀断喙（也称电烙铁断喙）和红外线断喙两种方式。热刀断喙是我国常用的传统断喙方式。理想的断喙效果为上喙切去 1/2，下喙切去 1/3，断喙后雏鸡的下喙略长于上喙。断喙前后各 2 d 在饲料中添加维生素 K（2 mg/kg）以减少断喙后的出血，同时添加适量的复合维生素来缓解应激。近年来红外线断喙设备在国内逐渐推广使用。相较于热刀断喙，红外线断喙的优势在于鸡不出血，不会造成细菌感染；操作简便，避免了断喙人员进入鸡舍，生物安全风险低；断喙均匀性好。断喙时间一般选择在 1 日龄（出壳后）红外断喙 1 次或 7~10 日龄精确热刀断喙 1 次，并在 6 周龄或 12~14 周龄修喙。

三、育成鸡的饲养管理

（一）育成鸡的饲养

1. 限制饲喂

自由采食状态下，育成鸡采食容易过量，不仅增加了养殖成本，还会造成脂肪蓄积过多，影响卵子的产出，导致开产后生产能力下降。限制饲喂使蛋鸡适时开产，淘汰病弱鸡，并可节省 10% 左右的饲料。因此，育成蛋鸡应根据实际需要进行限饲。

限制饲喂分为限质饲喂和限量饲喂。限制饲喂即控制日粮中营养水平，如降低能量、蛋白质、氨基酸的水平；限量饲喂是在保证饲料质量的前提下，严格控制饲喂量，一般将饲喂量控制在自由采食量的 85%~90%。

2. 日粮过渡

蛋鸡日粮从育雏期到育成期的过渡，需要逐步进行，避免陡然更换饲料，引起应激。雏鸡料和育成鸡料在营养成分和适口性上都有较大差别。新转至育成舍的雏鸡，继续饲喂 1 周雏鸡料，再把育成鸡料按照 1/3、1/2、2/3 的比例进行更换，直至全部换为育成鸡料。

3. 添喂砂砾

饲喂时添加砂砾主要是为了提高饲料的消化利用效率，降低食糜在胃肠内的腐蚀性。笼养育成鸡每 10 d 左右补喂 1 次不溶性砂砾，每次添加量按 4 ~ 6 g/只计。砂粒保持中等粒度，直径 3 mm 左右，洗净晾干后撒在料槽中鸡自由采食。

(二)育成鸡的管理

1. 环境控制

(1)鸡舍温度和湿度　雏鸡生长到 4 ~ 6 周龄以后新羽基本长出，体温调节能力增强，体感温度下降，此时可逐步降低舍温。早春育雏 6 周龄脱温，而晚春或者是初夏育雏 3 ~ 4 周龄脱温。虽然育成期的鸡体温调节能力逐渐完善，但是依然不能完全适应温度和湿度的骤变，故正常情况下日温差的变化应控制在 5℃ 以内。育成期鸡舍的最佳温度为 18 ~ 27℃，防暑降温是夏季饲养管理的一项重要工作，以鸡群不张口喘息为宜；冬季做好保温，以鸡群不扎堆为宜。育成舍内湿度保持在 55% ~ 60% 为宜。地面平养时保持地面干燥。

(2)鸡舍通风　良好的鸡舍通风管理要求适宜的温度和湿度，通风不当会造成鸡群生长发育不均匀，体重均匀度降低，同时影响采食、增重。育成期的通风管理要综合考虑，实现环境条件的适宜、均匀、稳定。通风时要求气流在舍内均匀通过，避免气流死角或形成贼风。因此对进风口的风速有严格的要求，空气以 4 m/s 的速度进入比较合适，否则空气将提前降至地面，无法到达鸡舍中部，造成不均匀。另外，鸡舍两侧的进气口必须对称、均匀、一致开启，避免进入舍内的气流直接吹到鸡体。

(3)鸡舍光照　光照对蛋鸡性成熟至关重要。若育成期光照时间过长，引起蛋鸡性成熟提前，导致早产早衰。育成期光照时间过短，引起性成熟延迟，导致蛋鸡肥胖，开产时蛋重大。因此，要严格控制育成鸡光照时间，以 8 h/d 为宜，最多不能超过 11 h/d。另外，蛋鸡育成期的光照强度适当降低，6 ~ 13 周龄时以 5 ~ 15 lx 为宜，14 ~ 17 周龄时以 20 ~ 25 lx 为宜。

(4)饲养密度　育成期间适宜的饲养密度能够保证鸡群健康生长和均匀发育。饲养密度标准为平养 10 ~ 12 只/m^2，笼养 20 ~ 25 只/m^2。夏季根据气温降低饲养密度，便于散热防暑，冬季可适当增加饲养密度维持鸡舍温度。饲养密度不宜过大，避免影响鸡的正常采食和饮水，严重时造成圈舍内空气质量大幅下降，有害气体增多，诱发疾病甚至死亡。

2. 疾病预防

由于育成阶段采取限制饲喂，鸡群免疫力较低，且蛋鸡的育成阶段在 3 个月左右，时间较长，因而要格外注意环境卫生的管理控制。做好疾病防控工作，及时淘汰病弱的鸡。在蛋鸡开产前，完成疫苗接种，通过观测鸡群的均衡性或抗体滴度评估免疫效果，当免疫失败时应再次补免。

3. 均匀度控制

均匀度又称整齐度，包括体重整齐度、胫长整齐度及开产整齐度等。实际生产中常用体重整齐度来表示。体重整齐度是指在平均体重 ±10% 范围内的鸡数占抽测鸡数的百分比。均匀度代表了鸡群的生长发育情况，均匀度高说明鸡群生长发育一致。育成期定期监测体重，要求均匀度在80%以上。

为了确保均匀度符合要求，在育雏转入育成鸡时，按大、中、小分群。每7 d或每14 d抽测1次体重，作为喂料量的依据。抽测体重时要具有代表性，一般1万只以上抽测1%，1万只以下抽测5%，但不能少于50只，坚持随机抽样。控制饲养密度，保证每只鸡有足够的饲养面积，并提供充足的采食、饮水用具。对于笼养蛋鸡，食槽内加料要均匀，每次喂完后匀料4~5次，保证鸡采食均匀。

四、产蛋鸡的饲养管理

蛋鸡从开产到淘汰，体内激素较多且水平不同，对周围环境变化敏感度较高，温度、湿度、光照等均会影响蛋鸡生长发育和产蛋。不同产蛋阶段对饲料营养物质的需求量不同，饲料营养物质配比和饲喂量要与蛋鸡需求量保持一致，确保产蛋率和蛋重。

(一)产蛋鸡的饲养

1. 饲喂

(1)科学饲喂　产蛋鸡食物在消化道中4 h排空一次，产前和熄灯前喂足料。一般早晨5~7点喂料。晚间熄灯前补喂1.0~1.5 h料，为夜间储备充足的营养。整个产蛋期每次喂料不宜过多，日喂2次，12:00~14:00空槽，保证采食前10 min饲料充足，蛋鸡进食充分，补充机体生长发育所需要的营养成分，减少饲料浪费。

(2)日粮过渡　日粮营养均衡是确保蛋鸡顺利开产的基础。随着鸡龄增大，营养物质需求降低，钙需求增加，根据产蛋水平和母鸡营养需求调整饲料配方。在开产前短期饲喂产前料，钙含量为2.0%~2.5%，在鸡群产蛋率达到5%时全部换成产蛋鸡饲料。蛋鸡在开产前2周骨钙的沉积能力最强，因而日粮中钙的水平从17周龄开始提高到2.5%，在产蛋率达到30%时日粮中含钙量达到3.5%。

(3)阶段饲养　根据鸡群产蛋率和周龄将产蛋期分阶段，并根据环境温度饲喂不同营养水平的日粮，满足营养需要，减少饲料浪费。阶段饲养分为三阶段饲养法和两阶段饲养法。三阶段饲养法，即产蛋前期、中期、后期，或产蛋率80%以上、70%~80%、70%以下三个阶段。两阶段饲养法，即从开产至45周龄为前期，45周龄以后为后期。

三阶段饲养法，第一阶段是产蛋率80%以上的时期(一般是从开产到40周龄)。在育成阶段发育良好，均匀度较高，光照适宜，一般20周龄开产，26~28周龄达产蛋高峰，产蛋率达95%左右。到40周龄时产蛋率维持在80%以上，蛋重由开始的40 g增加至56 g以上。产蛋率50%的日龄以160~170 d为宜，此阶段蛋重较大，蛋重上升快，高峰期峰值高，持续时间长。通过控制光照、限饲等使鸡群同步开产。开产后饲喂高能量、高蛋白且富含矿物质和维生素的日粮，在满足自身体重增加的基础上，使产蛋率迅速达到高峰，维持较长的时间；第二阶段和第三阶段的产蛋率分别为70%~80%(40~60周龄)和70%以下

(66 周龄以后)。母鸡体重几乎不再增加,产蛋率开始下降,仅有蛋重持续增加,饲养管理的关键是延缓产蛋率降低趋势,适时降低日粮的营养水平,粗蛋白质采食量控制在 16 ~ 17 g 和 15 ~ 16 g。只要日粮中各种氨基酸平衡,粗蛋白质降低 1% 对鸡的产蛋性能没有影响。

两阶段饲养法,前期从 20 ~ 45 周龄是关键时期,鸡蛋产量从零增加到峰值(90% ~ 96% 的产蛋率),蛋鸡的体重也逐渐增加,必须保证蛋鸡的营养需要量;后期从 46 周龄开始,当蛋鸡生产能力下降到 90% 左右时,蛋白质和氨基酸水平根据生产水平而改变,降低生产成本。蛋白质水平的适当降低取决于季节(温度对采食量的影响)、蛋鸡日龄、产蛋量和日粮能量水平。分阶段饲喂时要防止老龄蛋鸡的蛋壳质量下降,有效磷含量从产量峰值时的 0.4% 降至产期结束时的 0.3% 以下。

2. 饮水

饮水量和采食量密切相关。当饮水量降低时,采食量也随之降低,同时导致产蛋性能迅速下降。一般情况下,健康蛋鸡饮水量为采食量的 1.5 ~ 2.0 倍,且随周围环境温度的升高而增加。在产蛋及熄灯前各有一次饮水高峰,给蛋鸡提供的水源保证冬暖夏凉,pH 5 ~ 7。注意加强水塔、水箱中水的循环,定期对水槽进行洗刷清洁。每天早晨在开灯之后去除饮水槽中的隔夜水,或者直接采用水线饮水并定期检测水质。记录鸡群饮水量,饮水量下降往往是疾病发生和产蛋量下降的重要表征。

(二)产蛋鸡的管理

1. 产蛋前的准备

(1)产蛋舍的准备　产蛋鸡达到性成熟时从育成鸡舍转到产蛋舍,提前做好产蛋舍的准备工作,包括鸡舍及舍内设备设施的准备。在鸡舍最后一次消毒前,对供水、供料、供电、集蛋、刮粪系统等进行检查并试运行,工作状态正常后进行消毒。

(2)转群　蛋鸡由育成鸡舍转入产蛋鸡舍称为转群。转群工作要合理安排,有序进行。转群时间按照生产计划而定,一般在 18 ~ 20 周龄开始,最迟不超过 21 周龄。过早转群对鸡生长发育不利,且易出现提前开产的现象,使开产后的蛋重、高峰期的产蛋率受到影响。晚于 21 周龄转群,由于部分鸡已经临近开产或已开产,此时转群会影响正常产蛋,不能按时达到应有的产蛋高峰;由于抓鸡和运输造成应激,使已开产的母鸡中途停产,造成卵黄落入母鸡腹腔而导致卵黄性腹膜炎,使死淘率增加,整个产蛋期的产蛋量也会受到影响。转群时间选择在气温适宜的天气进行,避开阴雨天气。炎热季节转群最好在夜间进行,夜间易捕捉,避免惊群。

在转群前两天内,为减少应激反应,在饲料或饮水中添加适量的电解多维。转群当天保持 24 h 光照,保证蛋鸡充足的采食和饮水,转群前 4 ~ 6 h 停止喂料供水。刚转群时观察鸡群的动态,且转群后立即给予饮水,逐渐增加饲喂量。当鸡群经过 1 周左右的适应期后,进行修喙、免疫接种、换料、补充光照等。

(3)控制体重　现代蛋鸡具有早熟的特点,如果早熟蛋鸡开产时体重过小,则会影响其终生的产蛋性能发挥,必须要做好产蛋鸡开产前的体重控制工作。

①控制开产体重。蛋鸡在18周龄、产蛋率达到20%、产蛋率达到50%以及在产蛋高峰时的体重指标非常重要,以上阶段做好鸡群体重的测定工作,并且与标准体重进行对照,及时调整日粮配方和饲养管理。

②提高日粮能量水平。蛋鸡开产前的日粮易出现能量不足,尤其是15周龄以后,如果蛋鸡日粮中的能量水平达不到标准会影响到蛋鸡适时开产,因而在配制开产前蛋鸡日粮时,在日粮中添加油脂,提高日粮的能量水平。

③科学限饲。限饲是控制产蛋鸡体重的重要措施,避免蛋鸡在开产前体况过肥而影响正常开产和开产后的产蛋率。限饲技术不能盲目使用,在饲养早熟品种蛋鸡时,由于在产蛋前期易出现能量不足,如果此时采用限制饲喂,则母鸡的体重无法达到标准要求,因而限饲要根据日粮的营养水平和蛋鸡的体重来确定。

(4)确保光照时间和强度 光照对鸡的繁殖机能影响较大,增加光照时间和强度可刺激性激素分泌,促进蛋鸡性成熟和产蛋;而缩短光照会抑制性激素分泌,从而抑制蛋鸡排卵和产蛋。通过合理控制产蛋鸡光照可以刺激。体重符合要求或稍大于标准体重的鸡群,在17周龄时逐步增加光照时间到13 h,以后每周增加0.5~1.0 h,直至光照时间达到16 h;而体重较小的鸡群则在20周龄时开始补充光照。在补充光照时注意逐渐增加,如突然增加则易引发一系列不良反应,如脱肛、啄癖等,光照强度一般以15 lx为宜。

家禽对545~575 nm波段的光最为敏感,蓝绿光所处的波段正好与该波段接近。长波长光(如红光)在提高蛋鸡繁殖性能方面优于短波长光(如蓝光或绿光)。红光能刺激下丘脑和松果体,进而通过下丘脑-垂体-性腺轴调节蛋鸡的繁殖活动,促进性腺发育使开产时间提前,并提高产蛋量。

2. 产蛋期管理

(1)日常管理

①观察鸡群。根据光照制度安排,在早晨开灯后观察鸡群的精神状态、采食情况、粪便情况。如发现精神萎靡、羽毛不整、冠脚干瘪、粪便发绿(稀白或带血的鸡只),需挑出隔离饲养,或治疗或淘汰,避免对健康鸡群产生不良影响;夜间关灯后仔细倾听鸡群动静,当发现有咳嗽、气喘、甩鼻和打喷嚏的鸡只,及时取出进行隔离或淘汰,防止感染蔓延;观察有无啄癖鸡,一旦发现及时挑出并处理;观察环境温度变化情况,尤其是冬(特别是晚上)夏季节经常查看温度记录,以及通风系统、光照系统和供水系统,发现问题及时解决。

②减少应激。蛋鸡对环境变化非常敏感,尤其是轻型蛋鸡更为明显,任何环境条件的变化都能够引起应激反应。如抓鸡、免疫、断喙、换料、停水、停光等,都会引起鸡群的惊恐而发生应激反应,影响鸡的采食量、产蛋率以至健康状况,严重时导致鸡群发病死亡。因此,要经常注意鸡舍的环境变化,使光照、温度、通风、供水、供料、集蛋等符合要求并力求相对稳定。

③做好生产记录。生产记录内容很多,基本生产记录必须包括日期、鸡龄、存栏数、产蛋量、存活数、死亡数、淘汰数、耗料、蛋重和体重等。管理人员必须经常检查鸡群的实际生产记录,并对标该品种(系)鸡的性能指标以确保达标,及时发现并解决饲养管理中存在的问题。

(2)环境控制

①温度。产蛋期母鸡对于温度较为敏感,最适宜的温度为18~21℃,温度过高或者过低对产蛋均不利。如果蛋鸡长期处于高温环境下,会明显降低鸡群采食量,致使鸡体实际摄入的能量和蛋白不足,造成产蛋率下降,蛋重减轻,蛋壳质量下降;如果产蛋期温度过低,鸡群通过增加采食量来抵御外界低温,并且用于维持需要的营养增加,用于生产需要的营养将会减少,从而导致产蛋率和饲料利用率均降低,造成饲料浪费。夏季要完善鸡舍的降温设施,加大风速来排出鸡体产生的热量,减少热应激引起的产蛋率下降;冬季增加供暖设备,提高鸡舍温度,避免冷应激引起的生产性能的降低和发病率增加。

②湿度。蛋鸡产蛋期保持舍内湿度50%~60%为宜。如果湿度过高,病菌繁殖速度增加,鸡群容易发生肠道炎症和呼吸道疾病,并且夏季会降低湿帘降温效果,冬季加大鸡群的寒冷效应,造成产蛋率降低。反之湿度过低,舍内粉尘飞扬,鸡体容易发生呼吸道疾病,影响鸡体健康和生产水平。因此,鸡舍最好建设在背风向阳、地势高燥的地方,使用防潮材料,加强通风换气。

③光照。光照影响产蛋鸡性成熟的时间,适宜的光照有利于蛋鸡尽快达到性成熟,一般17~18周龄的青年母鸡在转入产蛋舍后逐渐增加人工光照,一直到进入产蛋高峰期后光照时间达到16~17 h,光照强度6~12 lx。保持灯泡洁净,防止减弱光照强度,要防止出现由于灯泡间距过大或者灯泡损坏造成的黑暗区域。

夜间将午夜喂料与光照程序结合,午夜喂料在产蛋鸡或后备鸡群需要提高采食量时使用,每只鸡每天增加2~5 g采食量,同时在晚上蛋壳形成的时候增加钙质的吸收。午夜喂料作为新的程序,在黑暗阶段加1~2 h光照,在开灯前填满料槽,午夜喂料前后必须保持至少3 h黑暗,提供的光照时间是在常规光照时间之外(如16 h+午夜喂料)。如果要去掉午夜喂料,以每周减少15 min光照的速度去掉光照时间。

④通风。集约化养殖模式下,鸡群饲养密度大,容易导致舍内空气质量差,氨气、硫化氢、二氧化碳、甲烷等有害气体浓度高,需要加强通风换气工作,同时通过合理的通风调节舍内温度和湿度,确保饲养环境有利于鸡群正常生长发育和维持健康水平。因此,根据存栏量、外界环境等具体情况,科学通风换气,在排出舍内刺激性气味的同时,避免鸡群受到冷应激。

开放式鸡舍采取自然通风,简单易行,成本低,受外界影响大。密闭式鸡舍一般采取负压机械通风,包括纵向通风、横向通风、混合过渡通风,根据鸡群存栏、日龄、体重、外界气候变化设置鸡舍通风参数。鸡舍内截面风速根据季节设置,冬季0.1~0.3 m/s,春秋换季0.5~1 m/s,夏季1~3 m/s。鸡正常换气量是每小时3 m^3/kg,最大换气量为每小时7~8 m^3/kg,最小换气量为每小时0.3 m^3/kg。

(3)消毒与免疫　保持鸡舍清洁与卫生,做好定期消毒工作。通过物理和化学消毒方法,将内、外环境中的病原微生物杀灭,控制在不引起鸡群发病的范围内。同时,依据鸡场情况制定合理的免疫程序,免疫采用注射、饮水和气雾等方法进行。

(4)福利养殖　福利化养殖提高蛋鸡自身抵抗力和健康状况,同时通过绿色高效环境净化技术改善舍内养殖环境,切断病原微生物传播途径,为蛋鸡健康、安全、高效生产提供重要途径。

①装配型鸡笼。装配型鸡笼也称为富集型鸡笼，是将传统笼具与福利设施结合起来，既有笼养的基本特征，又提供了与散养条件下类似的一些福利设施。根据饲养量大小，装配型鸡笼分为小型装配笼（饲养 15 只以下）、中型装配笼（饲养 15～30 只）、大型装配笼（饲养 30 只以上）。相比于传统笼具，装配型鸡笼类似于“单元房”，为鸡提供更充足、更丰富的活动空间。为了便于鸡活动，装配型鸡笼按照规定必须为鸡提供 750 cm^2/只以上的地面面积，笼中装配产蛋区、栖息区、刨食区，每个分区有相应的设施如产蛋箱、栖杆、沙浴槽或磨爪垫供鸡使用。

②舍内散养系统。舍内散养系统分为单层散养系统和多层散养系统。

单层散养系统一般称为平养系统，投资比笼养低，特点是在舍内地面或架高的地面、网面上铺设垫料，鸡饲养于垫料之上。在平养系统中，鸡活动空间较大。目前较为常用的方法是将鸡舍地面全部或部分设置为垫料地面，另一部分为漏粪地板，漏粪地板底部设有积粪池。为了防止污染、湿润垫料，漏粪地板之上布置料线和水线，与垫料分开。

多层散养系统特点是具有多层采食、栖息平台，与平养相比，饲养密度大，建筑成本低，但设备成本较高。多层平顶部设有多根栖杆，便于鸡栖息于高处。采食平台由铁丝网构成，一般设计一定坡度，有助于窝外蛋的收集。多层采食平台的设置有利于鸡在多层采食平台进行采食、饮水。通常每层采食平台下部设有粪污传送带，确保鸡在上层采食平台活动时不会将粪污掉落到下层鸡身上。为了满足鸡觅食、沙浴的习性，部分鸡舍地面铺设垫料。有些系统完全开放，鸡可以 24 h 自由在舍内活动；有些系统定时开放，鸡大部分时间被关在较大的笼具中，每天有 10 h 左右的时间到笼外沙浴区进行自由活动。

③舍外自由散养系统。舍外自由散养系统在我国较为常见，如林下散养、山地散养等。鸡的自由活动空间广泛，享受自然光照，充分接触自然环境。通常将舍内饲养与舍外放养相结合，不仅保证了鸡群在舍外的觅食和活动，而且遮风挡雨。与其他饲养模式相比，由于环境的复杂度大大增加且可控性差，生产效率最低，管理难度最大，散养模式难以大范围推广。

④栖架立体散养系统。采用网上立体散养形式，同时在每层采食平台和底网下方均设有清粪传送带，保证粪便自动分离，这种饲养方式有利于降低舍内粉尘浓度和保持良好的空气质量。T 型栖杆结构根据鸡生理和行为特点设置，适合横向抓握与纵向行走，栖杆组合形成饲养平台，提高了饲养空间利用率；栖架立体散养系统有不同功能区域，包括采食区、饮水区、产蛋区、栖息区等，鸡在不同区位自由活动，能够有效满足鸡福利需求。此外，在每层采食平台增设活动笼门和爬梯，有助于育成鸡转群适应新的饲养空间。

五、蛋种鸡的饲养管理

（一）蛋种鸡的饲养

1. 饲喂

（1）提高营养素含量　蛋种鸡所需营养素含量与商品鸡不同，需要额外提高种鸡日粮中的核黄素、泛酸和维生素 B_{12} 等，对提高孵化率特别重要。繁殖期种公鸡的维生素用量为每千克饲粮中维生素 A 10 000～20 000 IU、维生素 D_3 2 000～3 850 IU、维生素 E 20～40 mg、维生素 C 0.05～0.15 g。注意营养素的添加量，避免影响产蛋前、后期体重正常水平，造成鸡体过肥或过瘦而影响产蛋。

（2）适时更换种鸡料　蛋种鸡从育成日粮换成产蛋期日粮的方案与商品蛋鸡相同。蛋种鸡日粮营养可确保高受精率和高孵化率的实现。20 周龄左右改用种鸡日粮，为开产母鸡提供足够时间使蛋黄存积足量的维生素和其他营养成分，确保第一批种蛋有较好的孵化效果。

2. 饮水

饮水不足可加剧蛋种鸡的热应激反应，导致其生产性能大幅度下降。在实际生产中，采用水槽供水时，一定要保证全天常流水不间断；采用乳头式饮水器供水时，要经常对所有乳头式饮水器认真检查。在保证饮水充足的同时还要确保水质新鲜、卫生，定期轻刷饮水器，并经常更换清洁饮水。

3. 饲养方式和密度

蛋种鸡大多采用笼养，其中育雏期（0～6 周龄）采用四层重叠式育雏笼，育成期（7～20 周龄）采用三层或两层育成笼，产蛋种鸡采用两层或三层蛋鸡笼饲养，便于人工授精。也可采用本交笼饲养。种鸡育雏育成期的饲养密度一般要求比商品鸡小 15%～20%。

（二）蛋种鸡的管理

1. 后备期的管理

（1）做好分群管理　种鸡不同品种（系）的遗传特点、生理特点、发育指标有一定差异。自然交配时，在育成末期（18 周龄前后），将公鸡先于母鸡 7～10 d 转入成年鸡舍，在夜晚将母鸡转入。

（2）选择淘汰　母鸡的选择可与转群相结合，第 1 次为 6 周龄前后，第 2 次在 18 周龄前后，淘汰畸形、伤残、病弱、毛色杂、体重过大或过小的个体。公鸡的选择分 3 次进行，前两次与母鸡一样，但对毛色和体格要求高；第 3 次在自然交配前或人工授精训练期间进行，选择第二性征优秀、精液品质良好的公鸡。

（3）提高整齐度　公、母鸡的体重要求每周均在标准体重 ±10% 的范围内，且整齐度均在 80% 以上。

（4）公、母比例适当　平养模式中，中型鸡为自然交配 1∶10～1∶12、人工授精 1∶25～1∶30；轻型鸡为自然交配 1∶12～1∶15、人工授精 1∶25～1∶35。笼养模式中，留种比例为 1∶1～1∶30，使用比例为1∶35～1∶40。

（5）光照管理　蛋种鸡后备期的光照管理详见表 9－6、表 9－7。

表 9－6　密闭式鸡舍光照管理

周龄/w	0～3	4～19	20	21	22	23	24	25	26	27～64	65～72
光照时间/h	24	8～9	9	10	11	12	13	14	15	16	17

表9－7　开放式鸡舍光照管理

周龄/w	每天光照时间/h
0～3	24
4～7	自然光照
8～19	自然光照或按日照最长时间恒定
20～64	每周增加1 h，直到16 h
65～72	17

2. 产蛋期的管理

（1）适时转群和合群　转群时间安排在18～19周龄，平养时在产蛋前2～3周合群，注意转群时人员、环境以及鸡的状态，避免造成应激。

（2）控制蛋重　为了减少产蛋初期的小蛋数量，种鸡开产日龄比商品鸡晚1周左右，提高初产蛋重。可通过营养途径调控蛋重，提高蛋氨酸、牛磺酸、亚油酸或蛋白质水平使蛋重增加。

（3）强化免疫　除执行蛋鸡正常的免疫程序外，为提高后代的母源抗体水平，开产前免疫ND－IB－EDS－76油苗及IBD油苗，必要时免疫AE，且产蛋后每隔3个月加强免疫ND及IBD，并做好消毒工作。

3. 种公鸡的选择与培育

（1）种公鸡的选择　一般要进行多次选择，最终达到既符合品种特征又具有良好繁殖力的目的。

①第一次选择。6～8周龄时选留个体发育良好、冠髯大而鲜红的个体；淘汰外貌有缺陷的个体，如胸、腿、喙弯曲，嗉囊大而下垂，胸部有囊肿等。笼养公、母选留比例为1∶10，自然交配公、母比例为1∶8。

②第二次选择。在母鸡转群时进行，一般在17～18周龄时开始选留体型、体重符合标准以及外貌符合本品种要求的公鸡。用于人工授精的公鸡，主要选择性反射功能良好的公鸡。笼养公、母比例为1∶15～1∶20，自然交配公、母比例为1∶9。

③第三次选择。在21～22周龄根据精液品质选择。选择精液颜色为乳白色、精液量多、精子密度大、活力强的公鸡。

（2）种公鸡的培育　从雏鸡开始，公、母鸡实施分饲、平养与笼养均可，饲养密度适当降低。在17周龄以前严格按照各品系的鸡种要求进行饲养管理，如测量体重、度量跖长、调整均匀度等。光照方案按照种母鸡的方案进行。到17～18周龄时转入单体笼内饲养（人工授精），光照时间以每周增加0.5 h幅度递增，直到每日光照达到16 h为宜。

用于人工授精的公鸡需要断喙。为了防止公鸡在采精过程中抓伤人或在自然交配时抓伤母鸡，往往要进行断趾，即在内趾和后趾第一关节处断掉。

第三节　肉鸡的饲养管理

一、肉鸡的营养需要

（一）能量需要

能量是肉鸡重要的营养素之一，与肉鸡生长发育密切相关。随着肉鸡周龄和体重的增加，能量需要量相应增加，肉鸡日粮代谢能水平亦随周龄相应提高。一定范围内日粮代谢能水平与肉鸡生长性能、腹脂沉积以及饲料转化效率呈正相关关系。美国 NRC（1994）推荐0～3 周龄肉仔鸡饲粮代谢能为12.56 MJ/kg，4～6 周龄为12.98 MJ/kg。肉鸡能量需要与品种、性别及健康状况等因素都有关系。

（二）蛋白质及氨基酸需要

肉鸡生长迅速，肌肉发育和机体代谢快，在一定范围内肉鸡体增重和胴体蛋白质含量与饲粮蛋白质水平呈正相关。肉鸡对饲粮蛋白质的需求本质上是对氨基酸的营养需要，通过添加单体氨基酸满足肉鸡对氨基酸的需求，适当降低饲粮粗蛋白质水平，进而提高饲粮氨基酸和蛋白质的利用率。表9－8 列出了肉鸡氨基酸需要量。

表9－8　肉鸡氨基酸需要量（%）

氨基酸	肉鸡周龄		
	0～3 w	4～6 w	7 w 以上
精氨酸	1.20	1.12	1.01
甘氨酸＋丝氨酸	1.24	1.10	0.96
组氨酸	0.35	0.32	0.27
异亮氨酸	0.81	0.75	0.63
亮氨酸	1.26	1.05	0.94
赖氨酸	1.15	1.00	0.87
蛋氨酸	0.50	0.40	0.34
蛋氨酸＋胱氨酸	0.91	0.76	0.65
苯丙氨酸	0.71	0.66	0.58
苯丙氨酸＋酪氨酸	1.27	1.15	1.00
脯氨酸	0.58	0.54	0.47
苏氨酸	0.81	0.72	0.68
色氨酸	0.21	0.18	0.17
缬氨酸	0.85	0.74	0.64

注：w 代表周。

(三)矿物质需要

肉鸡需要的矿物质元素有钙、磷、锌、锰等。钙是肉鸡生长发育重要的矿物质元素，也是骨骼含量最高的矿物元素，肉鸡机体 90% 钙积累于骨骼。日粮钙含量较低，肉鸡基础代谢率提高，血清和骨骼钙含量降低，易引起软骨病发生；钙含量较高时易导致肉鸡生长及骨骼发育受阻。《鸡营养标准》推荐 0 ~ 21 日龄肉仔鸡日粮中钙含量为 1.0% ,22 ~ 42 日龄肉仔鸡日粮中钙含量为 0.9%。

磷参与肉鸡机体能量代谢、营养物质吸收以及遗传信息传递等生物过程，也是骨骼的重要组分。日粮中磷缺乏或钙磷比例不当易导致肉鸡精神萎靡、生长性能下降、骨骼发育异常以及骨质疏松。肉鸡钙磷比不宜过高，一般保持在(1 ~ 2.2)∶1为宜。日粮中添加 8 000 FTU/kg 植酸酶来分解植酸磷以增加肉鸡对饲粮中磷的利用，进而抵消饲粮总磷和非植酸磷降低对肉鸡生长性能产生的不利影响。

肉鸡生长周期较短、代谢速度快，对锌和锰的需求量大。日粮锌含量不足时易引起肉鸡生长发育迟缓，羽毛发育不良以及皮肤炎症，甚至导致死亡。肉鸡对日粮锌的最低需要量为 40 mg/kg，但往往不能满足需要，通过外源添加 $ZnSO_4 \cdot 7H_2O$ 至饲粮锌含量为 90 mg/kg，对 0 ~ 21 日龄肉鸡生长发育和免疫机能的效果更好。日粮锌含量过高(>1 500 mg/kg)会与钙和磷元素产生抑制作用，进而影响钙和磷在骨骼中的沉积，阻碍骨骼正常发育。此外，相比于无机锌，氨基螯合锌更易被肉鸡吸收利用，生产效益更好。

肉鸡对锰的吸收率较低。日粮中锰含量不足时，易引起肉鸡饲料利用效率降低，死亡率提高。肉鸡对日粮中锰的最低需要为 50 ~ 60 mg/kg，其基础日粮中锰含量一般为 20 ~ 25 mg/kg。日粮添加适量锰能促进肉鸡生长发育，提高肉鸡增重以及饲料转化效率。当日粮中锰含量为 96 mg/kg 时，肉鸡增重效果较好。外源添加的锰分为无机锰和有机锰两种形式，无机锰一般为氧化锰和一水硫酸锰，在体内易被植酸、单宁或纤维等吸附成大分子物质，而后迅速降解并排出体外，进而降低锰的利用率；有机锰稳定性好，不易被纤维素和植酸等吸附成复合体，且更易被消化吸收，生物效价较无机锰高。

(四)维生素需要

维生素是肉鸡生长发育和维持必需的微量营养元素。维生素 A 和维生素 E 调节免疫和抗氧化机能；维生素 D 通过调节钙的吸收利用参与骨骼和肌肉发育；胆碱作为机体甲基供体之一，参与蛋白质合成和氨基酸再构等生物过程。

维生素 A 不仅通过调节胸腺和法氏囊发育以及巨噬细胞活性参与免疫反应，通过调控生长激素分泌促进组织细胞分化和机体生长，还以辅酶形式在骨骼和肌肉发育过程中发挥重要调节作用。日粮中维生素 A 不足时导致肉鸡软骨上皮的破骨细胞活性受到抑制，进而影响骨骼正常发育；维生素 A 缺乏会降低肉鸡肌肉抗氧化能力。肉鸡日粮中添加 6 000 IU/kg 维生素 A 时，饲料转化效率、系水力、消化道酶活性以及肠道组织形态均最优；但当维生素 A 添加量大于 30 000 IU/kg 时产生毒性，对肉鸡肠道消化酶活性等造成不利影响。

维生素 D 在肉鸡生长发育中发挥重要作用。日粮中维生素 D 含量不足时，则通过影响钙磷吸收进而抑制肉鸡生长,甚至引发跛行。当饲粮中维生素 D_3 水平为 804～1 131 IU/kg 时,白羽肉鸡生长性能较优。日粮中维生素 D_3 水平为 464 IU/kg 时,能够满足黄羽肉鸡对维生素 D 的需求。同时,饲粮中添加 500 IU/kg 维生素 D_3 时能够通过调节肌肉钙离子浓度,一定程度促进肌原纤维水解,提高肌肉红度值,进而改善黄羽肉鸡的肌肉品质。

维生素 E 不仅参与肉鸡蛋白质合成和代谢,还能够调节机体抗氧化以及免疫机能。《鸡营养标准》建议 0～3 周龄肉鸡日粮中维生素 E 水平为 20 IU/kg,4～6 周龄肉鸡日粮中维生素 E 水平为 10 IU/kg。日粮中维生素 E 含量为 15～75 IU/kg 时,肉鸡生长性能无显著差异,但 30 IU/kg 维生素 E 时肉鸡抗氧化机能最优,75 IU/kg 维生素 E 时肉鸡免疫机能最优。因此,当维生素 E 水平满足肉鸡生长最低需要后,一定程度提高维生素 E 含量不会提高免疫、抗氧化机能和改善肉鸡生长性能。在同等维生素添加水平下,纳米化维生素 E 的吸收速率和分散均匀性更好,对肉鸡生长性能的改善作用更强。

胆碱在肝脏中少量合成,不能满足肉鸡生长发育和维持需要。肉鸡缺乏胆碱易引起肝脏脂蛋白合成减少,进而限制脂肪由肝脏转运至血液,最终导致肝脏脂肪过度积累,引发脂肪肝等代谢疾病。《鸡营养标准》推荐 1～21 日龄肉鸡日粮中胆碱水平为 1 300 mg/kg,22～42 日龄肉鸡日粮中胆碱水平为 1 000 mg/kg。

(五)水需要

肉鸡对水的需求量为采食量的 2～2.4 倍,饮用水标准和卫生要求与蛋鸡相同。

二、快大型肉仔鸡的饲养管理

(一)快大型肉仔鸡的饲养

1. 饲养方式

快大型肉鸡也称白羽肉鸡,具有生长速度快,生长周期短,饲料转化效率高等特点。养殖方式一般采用平养、笼养、笼养与平养结合等方式。

(1)平养　平养分为地面平养和网上平养,地面平养是较为传统的饲养方式,具有操作性强,投资少等优点。但肉鸡与粪污直接接触,易导致肉鸡感染病原体,并且大量的垫料与粪便混合发酵,使得鸡舍空气质量差,从而影响肉鸡生产性能;网上平养主要是指将肉鸡饲养在用网架、栅栏等搭建而成的室内网床上,肉鸡饲养不受季节、气候、生态环境的影响,一年四季均可饲养。同时,网上平养具有便于管理,环境污染小等特点,提高了肉鸡的饲养效益,也有利于卫生防疫。

(2)笼养　笼养是快大型肉鸡养殖的主要方式,通过饲料输送带、水线等,给肉鸡提供饲料及饮水。肉鸡运动量减少,降低了能量消耗,而且通过笼养极大地提高了养殖密度,可充分利用鸡舍空间,大大降低养殖成本。但笼养肉鸡的饲养密度较大,极易发生应激,对鸡舍通风及饲养管理的要求较高。

(3)笼养与平养结合　笼养与平养结合的饲养方式主要是指在前 3 周采用笼养,后

3 周采用地面平养。采用这种饲养方式肉鸡不易发生胸部囊肿，饲养效果较好；增加了肉鸡的运动空间，最大限度地保证了肉鸡福利。但笼养与平养结合的模式需要人工转群，增加了工作量，且转群过程易引起鸡群应激，影响生长速度。

2. 饲粮

常用的配合饲料原料有谷物、饼粕、氨基酸、矿物质及维生素等。肉鸡日粮主要有三种形态，分别为粉料、破碎料以及颗粒料，粉料一般为前两周雏鸡使用。破碎料全期使用，但一般会在 3 周龄后换用颗粒料。颗粒料一般为 2 ~ 3 周龄之后使用，有利于减少饲料浪费，提高饲料转化率。换料逐步更换，避免换料应激。

3. 饮水

在肉鸡饲养过程中，环境温度、饮水温度、水线管理、日粮组成以及水质等均会影响肉鸡的饮水量，进而影响其机体健康及生产性能。当环境温度升高时，肉鸡机体水分流失加快，饮水量也相应增加，但这种温度突然变化引起的饮水量增加是暂时的，在肉鸡适应后会逐步恢复正常。水的温度影响肉鸡饮水量，育雏的前 3 d 水温保持在 26 ~ 28℃，之后饮水温度通常保持在 10 ~ 14℃。除此之外，在日常的管理过程中注意水线运行情况，定期检测水质，记录肉鸡饮水量，及时发现问题并做出调整。

（二）快大型肉仔鸡的管理

1. 饲养密度

饲养密度的不同直接影响禽舍的温度、湿度、空气等环境因素，间接对其生产性能与健康产生影响。高密度导致鸡平均占有的饮食空间变小，营养摄入量不足，极大降低了出栏体重。地面平养出场时每平方米承载量可达 35 kg 活重，出场体重以 2.5 kg 为例，每平方可容纳鸡 14 只；笼养条件下每平方米可容纳 20 只。

2. 环境条件

快大型肉鸡环境管理直接影响肉鸡生产性能，在肉鸡饲养的全阶段要勤于观察环境变化，保持湿度、温度、光照以及通风等稳定。根据肉鸡生长需求，科学调整环境条件。

（1）湿度　在雏鸡 3 日龄前，鸡舍相对湿度保持在 60% ~ 70%，适宜的湿度使得雏鸡不易脱水。3 日龄后的相对湿度保持在 50% ~ 70%，如果雏鸡第 1 周处在湿度低于 50% 的环境中时，容易发生脱水，甚至患呼吸道疾病。从 18 日龄开始，高于 70% 的环境相对湿度容易导致鸡舍潮湿。

（2）温度　雏鸡在 12 ~ 14 日龄后体温调节机能不完善，入舍前进行预热，使环境温度稳定在适宜值。肉鸡的体感温度取决于环境湿度和温度的平衡，相对湿度高时会使蒸发散热减少，从而使肉鸡在特定温度下的体感温度上升，反之使体感温度降低。因此，调节鸡舍温度时，综合考虑湿度与温度的变化。开始育雏时保温伞适宜温度为 34 ~ 35℃，第 2 周开始每周降低 2 ~ 3℃，6 周降至 20 ~ 21℃，且后续保持这一水平。

（3）光照　肉鸡最初 7 d 所需的光照强度较高，需要提供 23 h、30 ~ 40 lx 强度的光照以及 1 h 的黑暗。长时间高强度的光照促进饲料和水的摄入量，保证雏鸡的营养需求，而 1 h 的黑暗环境则锻炼雏鸡逐步适应黑暗，避免突然断电导致应激。7 d 之后，光照强度逐渐降低到 5 ~ 10 lx，具体光照时间根据肉鸡的生长状况进行适时调整。

（4）通风　在养殖过程中，鸡舍空气中粉尘、氨气、二氧化碳、一氧化碳等含量会逐渐升高，持续累积会引起肉鸡呼吸道损伤、降低呼吸效率、引发腹水或慢性呼吸道疾病等，使其生产性能降低，因而鸡舍通风十分重要。通风方式主要有两种，一种为自然通风，通过操控窗帘或挡板，让空气自然对流，给鸡舍提供新鲜空气；另一种为负压通风，将密闭鸡舍中原有的空气抽离，使鸡舍产生部分真空，当鸡舍内部压强低于外部压强时，外部空气通过通风口进入鸡舍。

3. 饮水及饲喂系统

随着集约化养殖的发展，肉鸡养殖逐步实现了自动化，尤其是在饮水系统以及饲喂系统方面依赖水线、饮水器、料塔、螺旋饲料输送机等，极大节约了人工成本，提高了养殖效率。

（1）饮水系统　快大型肉鸡主要通过水线进行饮水，为了保证鸡群顺利饮水，不造成应激，应注意控制水压及水线高度等。饮水器保持垂直向下的状态，经常检查饮水器运行情况，保持水压及供水稳定。随着肉鸡日龄增长，及时调整水线以及饮水器高度，确保鸡以最舒适的姿势饮水。

饮水卫生安全是影响鸡群健康以及生产性能的关键因素。水线经长时间使用后，管道内壁会产生一层薄的生物膜。一方面生物膜脱落会导致饮水器堵塞，出现饮水器不出水或漏水等情况；另一方面生物膜的组成或吸附能力对鸡群造成危害，生物膜对水中的药物、疫苗、维生素等具有较强的吸附能力，严重影响鸡群正常免疫及营养供给。同时生物膜吸附能力还会导致脂溶性维生素、氨基酸、葡萄糖等的蓄积，从而滋生各种有害微生物，严重威胁鸡群健康。

（2）喂料系统　随着快大型肉鸡规模化养殖的发展，肉鸡的饲喂已经逐渐实现了自动化。快大型肉鸡的自动化饲喂系统主要包括料塔、饲料输送管、行车或料链。行车是层叠式鸡笼配备的可移动式饲料添加装置，饲料通过输送管道进入行车以后，移动装置带动行车缓慢匀速运动，确保饲料均匀通过行车下方的出口进入料槽。而料链则是利用链条的运动将位于链条上的饲料均匀运输到料槽指定部位。两种方法均通过微电脑程序控制，实现自动化饲喂，极大降低人工成本，同时减少人工喂料导致的鸡群应激。

4. 消毒与免疫

快大型肉鸡养殖时间短，养殖密度大，鸡群产生的大量湿垃圾极易导致鸡舍内病原微生物滋生。因此，适时对鸡舍进行彻底消毒以及养殖过程中实行带鸡消毒，有助于养殖场生物安全防控。鸡舍的消毒程序大同小异，具体可参考蛋鸡舍的消毒措施。

由于快大型肉鸡较快的出栏速度，免疫程序与其他鸡品种的养殖存在一定差异。一般来说，肉鸡的免疫接种方法有滴鼻、点眼、滴口、饮水、皮下注射、肌肉注射等。对大部分地区来说，1 日龄时进行马立克氏病疫苗接种，7 日龄和 21 日龄时进行新城疫 - 传染性支气管炎二联苗接种，10 日龄时进行禽流感灭活疫苗接种，14 日龄和 28 日龄时进行法氏囊疫苗接种。实际免疫程序在此基础上根据当地流行病学调查做以调整。

三、白羽肉种鸡的饲养管理

（一）白羽肉种鸡饲养

1. 育雏期饲养

育雏期多采用公、母分开饲养。鸡舍按照饲养密度要求及自身生产计划划分区域，设置育雏栏、育雏伞、料盘、饮水器等，划分区域便于对育雏期体重的检测和控制，有利于提高成活率和产蛋率。雏鸡到场立即提供饮水，饮水后 1～2 h 提供饲料。母鸡第 1～2 周自由采食，提供充足饲料，少给勤添，及时清除剩料，使母鸡在育雏期达到体重标准。育雏饲料的选择以大小均匀、颗粒度适宜、营养全价的破碎颗粒料为主。

2. 育成期饲养

肉种鸡采食能力很强，生长发育较快，如果不控制其体重易出现体重超标，进而导致产蛋期产蛋率大幅度降低，种蛋的合格率也有所下降，容易导致肉种鸡腿部疾患。

限制饲喂有利于肉种鸡的骨骼和内脏器官早期充分发育，保持适宜的体重，推迟肉种鸡性成熟期，使其性成熟和体成熟同步化。开产日龄集中，开产适时，产蛋率上升快，产蛋高峰期持续时间长，种蛋合格率高，保证均匀度的同时减少日粮的消耗，减少肉种鸡腹部脂肪的沉积，降低开产后脱肛、难产的发生率。

限制饲喂是否达到目标要求，通过评估鸡群的平均体重和均匀度来判断。体重均匀度是衡量品种质量以及各阶段饲养管理效果的重要综合指标。鸡群均匀度是指体重在鸡群平均体重 ±10% 范围内的个体所占的比例。均匀度差的鸡群会出现体型大的鸡抢夺饲料导致过肥的情况，影响后期产蛋率和种蛋质量，降低经济效益。鸡群定时抽样称重，与相应阶段标准体重数据进行比较，判断鸡群的生长发育是否符合标准。

从 1 日龄开始每周实施抽样称重，1 日龄、1 周龄和 2 周龄分别以 10～20 只鸡为群体单位，采取群体称重。对早期生长曲线与标准生长曲线不符的鸡群，增加称重次数并及时调整。整个种母鸡抽样称重的数量不少于鸡群的 1%，种公鸡不少于 3%。从第 3 周龄（21 日龄）开始，随机抽样进行鸡个体称重。种鸡在每周同一天的同一时间段进行称重，最好是在限饲日或喂料 4～6 h 后进行。

鸡群在 2～4 周龄时实施限饲，限饲方式的转换应循序渐进，主要有六种限饲方法。

（1）每日限饲　将 1 d 的饲料量一次性投喂，减少肉种鸡应激，但是对于饲料分配均匀度、投料速度以及料槽要求较高，喂料时保证每只鸡的采食，否则容易导致体重均匀度差。

（2）隔日饲喂　将鸡 2 日的饲料量 1 日喂给，每隔 1 日喂 1 次料，适用于 3～8 周龄鸡群，鸡群采食时间增长，保证了每只鸡采食量，但是鸡群应激增大。

（3）喂四限三（4/3）　将 7 d 的饲料量分喂 4 d，适用于 3～12 周龄鸡群，应激小于隔日饲喂。

（4）喂五限二（5/2）　将 7 d 的饲料量分喂 5 d（停料日不可连续进行），适用于 8～16

周龄鸡群。

(5)喂六限一(6/1)　将7 d的饲料量分喂6 d,适用于14～18周龄鸡群。

(6)喂二限一(2/1)　将3 d的饲料量分喂2 d,在6周龄以后作为隔日饲喂或者5/2饲喂的过渡方法。

育成期严格控制料量,有利于保持良好的均匀度。延长采食时间,减少鸡群内部采食不均的问题,增加鸡平等的采食机率,饲料形态选择粉料或颗粒料,颗粒均匀,粒度2～4 mm。鸡群均匀度较差时,通过全群个体称重,及时调整鸡群,分栏管理,以各个栏为单位,记录鸡群体重和均匀度变化顺序,及时调整各栏饲料量。

投料量对于肉种鸡体重影响需要2～3周的时间才能够出现变化,体重变化不能反应过度,缓慢均匀增加料量,体重才能均匀递增,不至于出现较大波动。

5～14周龄是鸡群生长较快的阶段,采用限饲来使鸡群有较大的骨架,较长的胫长,适当的脂肪沉积,合适平缓的体增重,为后期性发育提供物质条件。因育雏期饲料与育成期饲料营养浓度差异较大,适当增加5～8周育成前期饲料量以减缓因原料、营养浓度变化带来的应激,但育成前期饲料饲喂周龄不得超过8周。15～20周龄鸡发育以生殖系统为主,若此阶段给料量增幅过小或维持几周料量不变,母鸡摄取营养不足,卵巢和输卵管容易出现发育不全或萎缩,造成低产。若给料量过大,摄取能量和粗蛋白过多,体重增加过快、体脂形成过多,卵巢及输卵管周围包裹过多脂肪造成受精率较低,开产时难产或产蛋率低。故此阶段严格把控给料量。

3. 产蛋期饲养

鸡群开产以后要考虑以下4个因素确定投料量。

(1)产蛋率　种母鸡开产后尽早提高喂料量,因为鸡生殖系统的发育以及卵黄营养物质的积累都需要大量的能量和营养物质。产蛋率达到80%以上,但是出现连续几天不增长的情况时,尝试增加喂料量3～4 d,如果产蛋率出现增加则保持该喂料量,若未增加则应立即调回原本喂料量。产蛋率低于80%时不能采用该方法,否则易导致鸡脂肪沉积,影响产蛋性能。

(2)采食时间　采食时间是评定喂料量是否得当的重要指标之一。每日记录鸡群采食时间,一般肉种鸡采食时间为2～4 h。若供料量过高造成其采食时间延长,根据情况减少供料量,反之则增大。采食时间除了与供料量有关外,也受到其他因素的影响,包括鸡群日龄、鸡舍温湿度、饲料选择、饲料营养水平等。

(3)蛋重　蛋重会随着肉种鸡日龄增加而增大,每日蛋重的变化趋势作为判断总营养摄入量是否平衡的指标。根据实际蛋重偏离标准蛋重的程度来调整饲喂量。蛋重采样随机抽样整体称重,连续4 d出现蛋重无增长或有下降趋势时及时增加喂料量,否则容易影响产蛋水平。

(4)体重　开产后根据体重及时调整鸡群,种母鸡在产蛋初期必须增重,才能最大限度地发挥其产蛋性能和孵化性能。产蛋期肉种鸡称重抽样比例不少于3%,晚间称重减少鸡应激,且需考虑带料带水对称重的影响。在产蛋率达到5%以后,开始使用产蛋料,保证高能量高蛋白,满足产蛋前期生长和生产需要。饲喂时间控制在3～4 h,选用颗粒料,保证营养物质均衡摄入。

4. 产蛋高峰期后饲养

肉种鸡在产蛋高峰后，产蛋率下降，此时控制体重至关重要，要合理减料防止肉种鸡过肥导致的产蛋率、受精率和种蛋孵化率降低。减料的具体时间取决于多种因素，包括体重、产蛋率及产蛋量、蛋重和蛋重增长趋势、采食时间、环境温度等。产蛋率连续1～2周不上升，产蛋期间采食时间延长即可考虑高峰减料。第一次减料根据鸡群产蛋高峰水平、体重、周增重、蛋重及采食时间，评估鸡群高峰料量来决定减料水平，减料后仔细观察鸡群产蛋率，如产蛋率下降幅度过大，大于正常幅度，同时排除其他因素如温度等影响，则恢复原始饲喂量。在第一次减料后，每周减料根据实际情况而定。当鸡群出现负增重或者出现较大应激情况时不减料，如果明显偏离目标体重时，需要调整喂料量。

5. 白羽肉种鸡的饮水

雏鸡入舍前要对整个饮水系统进行检查，确保系统工作正常，并进行微生物相关卫生指标检测，保证饮水安全。雏鸡入场后饮用3%～5%的葡萄糖水，也可添加维生素C等，雏鸡饮水前3 d每2～4 h更换一次饮水，确保饮水安全。育成期及产蛋期饮水要保证有足够的饮水位，同时适当控制供水时间以防垫料潮湿滋生病原菌。喂料前和整个采食过程中要保证充足饮水，每隔2～3 h供水20～30 min，在高温炎热天气时供水不限。

（二）白羽肉种鸡的管理

1. 环境控制

（1）温度管理　雏鸡体温调节中枢发育不成熟，对环境温度要求较高，育雏期第1周温度以32～35℃为宜，之后每周温度降低2～3℃，直到环境温度保持在20～22℃。育成鸡及产蛋期温度在18～25℃。一般悬挂温度计，以鸡背高度为宜。伞下温度检测时，将温度计挂在育雏伞下远离加热板的鸡背高度测量。整个鸡舍内的温度控制感应器安装在鸡体高以上处，便于鸡舍温控系统更合理地调节温度。育雏人员每天检查并记录育雏温度，根据季节气候以及雏鸡表现来调整育雏温度，做到“看鸡施温”。

（2）湿度管理　用干湿球湿度计测定，10日龄前相对湿度保持在55%～60%。10日龄后逐渐降低湿度，防止垫料霉菌繁殖。育雏期以及产蛋期鸡舍相对湿度保持在45%～50%为宜，低于40%或高于60%均不利于鸡群健康。球虫疫苗免疫结束后，垫料湿度适中，防止过干或过湿。

（3）通风管理　通风对雏鸡的气管、肺脏、气囊发育至关重要，在传染病的防控方面也具有重要意义，采用间断式通风，排除多余湿气。进雏后随着排泄物增多，室内空气变差，及时通风换气，保证有充足氧气。

育成期鸡群密度增大，有害气体和粉尘增多，通风不适时容易诱发疾病。鸡舍温度、垫料湿度、鸡舍内空气新鲜程度等都与通风情况相关。在宽度等于或小于10 m的鸡舍，两侧墙壁上都安置进气口，以利于空气流通。进气口大小可调节，同时风向导板能完全闭合。气流在鸡舍内流动方向适宜，且风速足够。温度低时影响鸡群生长发育或生产性能，通风不畅时容易发生呼吸道疾病，影响鸡群健康。因此，鸡舍保温和通风要协调得当。

(4)光照管理　肉种鸡从育雏期开始,整个生长期严格控制光照时间和光照强度。对于产蛋期母鸡,增加光照使母鸡获得充足的采食饮水和休息时间,促使母鸡正常排卵产蛋,提高生产效率。正确运用光照管理和限饲措施,是保证肉种鸡饲养成功的关键。光照刺激对肉种鸡性成熟至关重要,20 周龄以前不需要有太长的光照刺激。育雏鸡第 1 周或转群后保持较长时间的光照,以后光照时间逐渐减少至最低水平。育成期不能随意改变光照时间和光照强度,每天光照时间保持恒定或根据情况逐渐减少,切勿增加,避免造成光照刺激使鸡早熟。产蛋期光照时间逐渐增加到一定时间后保持恒定,切勿减少。

2. 消毒

空舍清理与冲刷鸡舍是生物安全的首要环节,清理冲刷可除去鸡舍中 90% 的有机物,消毒可除去 6%~7% 的有机物,熏蒸可除去 1%~2% 的有机物,严格彻底的清理冲刷工作是消毒成功与否的关键性因素。

鼠、虫、鸟等是疾病传播的主要生物媒介,对其防杀可极大程度避免疾病传播,同时保证鸡场的日常消毒效果。在种鸡淘汰前 2 周或者种鸡淘汰完毕趁温度还没降下来之前,使用安全有效的杀虫剂效果较好。定期灭鼠,在鸡场每个房舍的入口处设置挡鼠板。空舍期的彻底消杀也很关键,鸡舍熏蒸消毒之前要进行第二次处理。鸡场如有蓄水池每月定期清洗消毒,水源每年要外检理化指标、每月要自检生化指标、每周要自检饮水消毒效果。湿帘和喷雾系统无论在空舍还是生产过程中均使用双硝酸消毒剂清洗。种鸡场需要评估冲洗和消毒效果,常以活菌总数作为评估指标。

3. 产蛋期管理

(1)公、母混群　公、母混群应在 20~23 周龄,混群方法、公母比例以及相关设备的管理,关系到整个产蛋期种公鸡与种母鸡的繁殖能力。通常情况下,种公鸡和种母鸡在 20~23 周龄时达到混群的要求。混群时鸡舍前中后均匀放入公鸡,混群后刚开始不能通栏,如果要通栏饲养,最好等公、母鸡适应后再进行。

(2)产蛋箱　干净的种蛋是关系种蛋孵化率的重要因素,脏蛋和污染蛋远远比不上自然干净蛋的孵化潜力。产蛋箱设计合理,在满足母鸡自然产蛋习性下,母鸡容易接受和使用产蛋箱。产蛋箱需高度适宜,不会被垫料污染。开产前训练母鸡使用产蛋箱。在培育期使用栖架有助于母鸡习惯使用产蛋箱。

产蛋箱的垫料必须干净和干燥,保证种蛋清洁,垫料充分杀菌去除寄生虫后再使用,两天补充一次产蛋箱内的垫料,每个月彻底更换一次。地面垫料干净和干燥,保证母鸡在进入产蛋箱时不会污染产蛋箱内垫料。最底层产蛋箱的进出踏板距离垫料不能过高。

(3)种蛋收集管理　工作人员收集蛋前、后清洗消毒双手,每天至少收集种蛋 4 次,在产蛋高峰期增加次数。处在产蛋窝中的种蛋,特别是在高温季节与孵化器中温度相当,要及时收集种蛋,让种蛋冷却到合适的储存温度,避免过早孵化和胚胎发育,减少早期死胎和提高孵化率。

收集种蛋的过程中对合格种蛋、小型蛋、双黄蛋、脏蛋和裂损蛋进行分类。分别收集并单独摆放,不得与清洁的种蛋混放。清理脏蛋时远离干净的种蛋,防止其产生交叉污染。干净种蛋和经清洗处理过的脏蛋分别存放并分别使用不同的孵化器。种蛋必须明显区分大小头,蛋表面洁净,无明显的鸡粪、蛋内容物和钙盐附着,无裂纹或破损处,种蛋标记正确。种蛋在正常室温下蛋壳表面的细菌和霉菌会迅速繁殖,穿过蛋壳表面进入蛋内,所以种蛋检出后要及时消毒。种蛋最好在7 d之内入孵,以不超过14 d为宜,时间过长会因胚胎细胞的死亡、蛋清质量下降造成孵化率下降。

4.种公鸡管理

种公鸡1~4周内自由采食,以体重达标为首要原则,第4周结束后根据体重进行分群管理,确保每栏的均匀度。第5周开始限饲,保证每周体重达标。

(1)选种标准　体态体重均匀,胸肌丰满而不过肥,不存在外观缺陷,如冠色苍白、喙弯曲不正常、眼睛浑浊、发育不良、颈部弯曲无法自由活动、驼背、脊柱弯曲、龙骨短小或弯曲、羽毛脏乱、腿部畸形、掌部肿胀、脚垫炎症等。

(2)选种方法　育雏结束后进行种公鸡第一次选种,以体型结构为主,选择腿胫较长的个体,淘汰体重过小、质量性状不合格的鸡。第二次选种在20~22周转群时进行,除了体重符合标准外,还要根据鸡的活力以及外观形态进行选种。选择身材高大,肌肉结实,腿长,眼睛大而有神,鸡冠肉髯结实发亮,羽毛丰满有光泽的种公鸡,根据种母鸡数来决定种公鸡数量,比例控制在12%~15%。

(3)提高配种能力　控制种公鸡体重,防止过肥或者过瘦,及时淘汰配种力低的种公鸡,补充健康种公鸡,保证鸡群中公母比例适宜。

四、优质黄羽肉鸡的饲养管理

优质黄羽肉鸡主要是利用我国地方品种资源培育而成,具有肉味鲜美、肉质细嫩滑软、皮薄、肌间脂肪适量、味香诱人等特点,适合消费者的传统饮食习惯。由于优质黄羽肉鸡生长快,饲料报酬高,肉质好,且具有地方黄羽土鸡"三黄"(羽毛黄、喙黄、胫黄)特点,目前已成为发展肉鸡生产的一个重要方向。

(一)优质黄羽肉鸡的饲养

1.饲养方式

优质黄羽肉鸡的饲养周期一般为60~120 d,生长速度慢且体重小,适应能力强,可选择笼养、地面散养以及自由放牧等饲养方式。优质黄羽肉鸡很少发生胸囊肿现象,在后期肥育阶段采用笼养时,肥育效果明显。

2.日粮

优质黄羽肉鸡的日粮与快大型肉鸡类似,但优质黄羽肉鸡饲养周期较长,对日粮养分含量的要求低于快大型肉鸡。不同优质黄羽肉鸡品种生长速度差异较大,饲养标准难以统一,因此配制饲料时根据具体的生长状况进行调整。

根据生长速度不同,优质黄羽肉鸡的饲养分为两阶段或三阶段饲养法,两阶段以35日龄为分界线,0~35日龄与35日龄以后两个阶段;三阶段指0~30日龄为第一阶段,31~50日龄为第二阶段,50日龄之后为第三阶段。生产中使用较多的是三阶段饲养法,每个阶段通过调节饲料的能量、蛋白质含量等，通过供应不同的饲料达到相应阶段的饲养目的。同时，在放养模式下鸡外出运动时，饲喂一些青菜、青草等青绿饲料。

（二）优质黄羽肉鸡的管理

1. 鸡舍环境管理

优质黄羽肉鸡的适应性比快大型肉鸡强，鸡舍结构建设相对简单。由于黄羽肉鸡较长的饲养周期，黄羽肉鸡的环境管理与其他肉鸡品种存在一定差异。

（1）温度　雏鸡温度调节系统发育不成熟，对温度要求较为严格，一般3日龄之前舍内温度保持在33～35℃，较低温度时容易导致肉鸡均匀度下降，甚至导致肉鸡死亡。随着肉鸡日龄增长，舍内温度逐渐降低，保持每周2～3℃的下降幅度。到第35日龄时，舍内温度保持在20～23℃，之后的鸡舍温度保持在18℃之上，以此保证优质黄羽肉鸡的生产性能。注意天气变化对鸡群的影响，环境要相对稳定，减少高温和寒冷季节造成的不良影响。

（2）湿度　育雏阶段鸡舍温度较高，会导致相对湿度逐渐下降。当鸡舍相对湿度过低时，雏鸡脱水，均匀度下降，甚至诱发呼吸道疾病。所以在育雏期，及时增加鸡舍湿度，尤其在10日龄之前，保持鸡舍相对湿度在60%～70%，10日龄之后保持相对湿度在50%～60%。

在不同湿度状态下，雏鸡体感温度存在差异，因此湿度和温度的调节需综合考虑。

（3）光照　对于优质黄羽肉鸡，市场需要其体重小、面红、冠大，所以优质黄羽肉鸡的光照制度需要兼顾体成熟和性成熟。在3日龄之前，雏鸡视力较弱，采用20 lx强度的光源进行24 h光照，使雏鸡更容易找到饲料与饮水，增强鸡群的均匀度。3日龄之后将光照调整为23 h，1 h黑暗，光照强度调整为5～10 lx。

（4）通风　雏鸡生长发育较快，代谢旺盛，在鸡舍内会产生大量的二氧化碳。育雏阶段雏鸡密度大，合理加强鸡舍的通风，降低舍内有害气体。通风换气的方式有自然通风以及负压通风等。

2. 饲养密度

优质黄羽肉鸡的饲养密度由品种、日龄以及饲养方式等决定。具体的饲养密度如表9－9所示。

表9－9　慢速生长型黄羽肉鸡及快速生长型黄羽肉鸡各日龄段饲养密度表

类型	日龄段/d	地面平养/（只/m²）	网上平养/（只/m²）	笼养/（只/m²）
慢速生长型黄羽肉鸡	0～30	20	25	35
	31～60	15	18	26
	61～120	10	12	15
快速生长型黄羽肉鸡	0～20	20	25	35
	21～35	15	18	26
	36～60	10	12	15

3. 饮水及饲喂系统

黄羽肉鸡的饮水及饲喂系统与快大型肉鸡较为相似，均可利用水线以及饲料传输带进行，相关管理可参考快大型肉鸡进行安排。在福利养殖中，优质黄羽肉鸡受到外界天气影响较大，特别是夏季天气炎热时易引起热应激，在运动场中增设一定数量的饮水器，并通过将输水管道埋入地下、蓄水池遮阳保护等方式做好水源水质以及温度的保护措施。

4. 消毒与免疫

及时科学地处理死鸡且定期清理放养场地的鸡粪等各种污染物，适时利用烧碱或石灰粉对场地进行集中消杀，保证鸡舍及放养场地卫生。遵守全进全出制度，在鸡群全部出栏以后，彻底清理场地后再进行下一批鸡的养殖工作，防止上一批鸡群留下的病原菌等对本批次鸡群产生威胁。优质黄羽肉鸡饲养周期较长，除正常免疫程序以外，根据各品种黄羽肉鸡的生长周期以及各地疾病流行情况因地制宜地进行防控，防止大量发病带来的经济损失。

第十章　水禽的饲养管理技术

水禽是我国禽类的一大分支，因其畜产品营养丰富，饲养量大，养殖效益显著，已经成为我国禽类养殖的重要经济动物。依据我国农业农村部发布的新一轮畜禽遗传改良计划，从2021年到2035年水禽产业将建立比较完善的商业化育种体系，显著提升种禽生产性能和品质水平。目前，由我国自主培育的水禽品种得到广泛认可，基本实现了保护与开发利用的协调发展。随着农业产业高质量发展，水禽产业必须进行战略性调整，保障产业稳定健康发展。

第一节　产业概况与生物学特性

一、鸭、鹅的产业概况

（一）鸭产业概况

鸭肉在世界肉禽业中的位置仅次于鸡肉，我国不但是世界上肉鸭第一生产大国，同时也是世界肉鸭第一消费大国。据农业农村部信息中心提供的数据显示，目前我国鸭产品的年产值已突破380亿元，产品远销欧盟、东南亚、日本、韩国等国家和地区，养鸭业已经成为我国农村增加经济收入的支柱性产业之一。据联合国粮农组织（FAO）数据表明，2019年中国鸭出栏量44亿只，年出栏量占世界总出栏量的76.03%。肉鸭饲养已经成为许多地区畜牧业生产的重要组成部分。近年来，肉鸭生产由传统的零星饲养逐步向集约化、规模化、专业化的饲养方式转变，极大地促进了肉鸭生产性能的发挥，取得了良好的经济效益和社会效益。

蛋鸭养殖是我国优势特色产业，养殖数量稳定在3亿羽左右，饲养量占全球90%以上，我国也是世界蛋鸭生产和消费第一大国。我国蛋鸭品种（系）多达20多个，绍兴鸭、金定鸭、山麻鸭、缙云麻鸭等4个品种及其配套系饲养量占全国90%以上，其中绍兴鸭及其配套系占60%以上。经过多年的发展，我国蛋鸭产业布局与发展呈现区域性特色鲜明的产业特征，根据自然资源优势、技术优势等形成区域性集中分布模式。福建、浙江等地区则形成以核心品种种鸭孵化为中心，带动其他省份蛋鸭产业链条发展模式。

2019年4月，农业农村部发布的《全国水禽遗传改良计划（2020—2035）》中指出，“到

2035年,我国将持续选育或育成4个以上肉鸭品种;持续选育或育成2个以上地方特色高产蛋鸭新品种或配套系。自主培育的肉鸭品种市场占有率达到80%以上,蛋鸭稳定在90%以上”,将极大促进鸭产业的高质量发展。

(二)鹅产业概况

我国是世界上家鹅的起源地之一,养鹅历史悠久,饲养量超过其他各国的总和。同时,我国还是世界上鹅品种资源最丰富的国家。据国家畜禽遗传资源委员会办公室公布的《国家畜禽遗传资源品种名录(2021年版)》,我国地方鹅品种有30个,培育鹅品种及配套系3个,引进的鹅品种及配套系6个。在地方鹅品种资源中,鹅地方资源一般沿江河水域一带分布,而在我国西北一带没有鹅地方资源分布(除来自灰雁起源的伊利鹅)。另外,不同品种之间饲养量差异较大,马岗鹅、狮头鹅、浙东白鹅的年饲养量超过了500万只,而阳江鹅、雁鹅等少数鹅品种年饲养量不足1万只。2022年我国肉鹅年出栏量约6亿只,占全世界90%以上,总产值超过400亿元。

法国、匈牙利、苏联、意大利和保加利亚等国家培育的专门化品系主要有肥肝专用型、肉用仔鹅专用品系和烤鹅专用品系,已在鹅产业中广泛推广,并大量进入我国市场。目前世界鹅肥肝总产量约3 000吨,主要来自于匈牙利、中国、法国和以色列等国。朗德鹅是世界公认的鹅肥肝专用鹅种,山东省临朐县是我国鹅肥肝最大产区,国内40%以上鹅肥肝来自临朐。2022年临朐县产鹅肥肝2 750吨,同时也带动了一批具有先进示范引领作用的鹅肥肝加工企业,从而形成了一条完整的鹅肥肝生产产业链。

鹅是采食青草等粗饲料的家禽,是健康安全肉食品和高档羽绒等原料的重要来源。养鹅可以和种植业、渔业、林果业等结合进行,形成众多高效、生态、循环的种养模式,被誉为“朝阳产业”,前景非常广阔。

二、鸭的生物学特性

(一)鸭的生活习性

鸭属水禽,喜欢在水中觅食、嬉戏和求偶交配。鸭性情温和驯良,合群性很强,食性很广,属杂食性禽类,适合于大群放牧饲养和圈养。鸭对气候的适应强,耐寒、怕热、听觉灵敏、警觉性高;具有较好的反应能力,比较容易接受训练和调教。

(二)鸭的生产特性

鸭生长快,屠宰性能高,肉、蛋品质好。鸭的屠体比鸡的同类产品含有较多的脂肪,能够加工成独特的食品,如用鸭蛋制作的松花蛋、咸蛋和糟蛋等,质量优、重量大。鸭的肥肝性强,肥肝是鸭的特有产品,用高能量饲料强制填饲鸭,使大量脂肪短期内在鸭肝脏中沉积而形成的脂肪肝。肥肝中脂肪含量达60%,是珍贵的高热能食品,且肥肝中不饱和脂肪酸含量高达60%以上。羽毛是鸭的重要产品之一,是加工羽绒的主要原料。鸭是繁殖能力强的大型家禽，蛋用鸭在4月龄开始产蛋，年产蛋250～300枚，以平均蛋重70 g计，总重量达19.6～21.0 kg，约为蛋鸭体重的10倍。

（三）鸭的消化特性

鸭口腔内无齿且唾液腺不发达，因而采食时常常饮水，湿润食物，以利于吞咽。鸭食道很长，从咽开始沿颈部进入胸腔，到达腹腔左侧，与胃相接，食道下端呈纺锤形的膨大部分用于储存食物并将其润滑和软化。正常情况下，食物在此停留3～4 h，然后被有节律地推送至胃中。食物先在腺胃中被胃液中的蛋白酶和盐酸消化分解后，再经贲门进入肌胃。肌胃又称鸭肫，壁厚，表面覆有腱质，收缩力强，主要用于磨碎食物。鸭和鸡一样，都需要经常采食一定量的沙砾，以增加肌胃的磨碎作用。磨碎的食物随着肌胃的收缩经幽门被推入小肠，继续被消化。

三、鹅的生物学特性

（一）鹅的生活习性

鹅是最聪明的鸟类之一，具有很好的记忆力，彼此之间以及与其他动物能够和谐共处，具有很好的群居性。鹅的体躯比其他家禽长而宽，紧凑坚实，外形似船。不同品种、年龄、性别的鹅，体型大小不同。

鹅虽为水禽，但第一次到河边却不敢下水，群鹅呈长线状站立于河边。鹅学会游泳之后，每次补饲精料后会自动下河饮水、洗澡和游泳，当采食不足且水面有浮游植物时，鹅则在水中游动采食。鹅的睡眠分为白昼睡眠和夜晚睡眠。鹅群在圈舍内采食精料、饮水后，在公鹅的带领下寻找干燥的地段休憩。夜晚时，强壮个体居于睡眠区中间，弱小个体居于外周。2%～3%的鹅站立承担放哨任务，俗称"哨鹅"。哨鹅常发出响亮尖厉嘶鸣，这是民间养鹅防盗的主要缘由。

雏鹅具有较强的探索、仿效行为。在雏鹅探索、模仿行为时，及时调教雏鹅开食、饮水，使之尽快形成固定行为。雏鹅易受惊吓，非常容易引起鹅的意外死亡，因而育雏时必须为雏鹅提供相对稳定、安静及舒适的生活环境。鹅是杂食性禽类，主要以水生和陆生植物为食。配制饲料时必须添加适量的动物性原料，有助于改善鹅的健康和生产性能。

鹅喜爱干净，如果缺水不能洗浴会使羽毛脏污，不仅影响羽绒质量，也可能影响种鹅的交配活动。鹅的祖先在野生状态下群居生活和成群结队飞翔，这种本性在驯化过程中仍然保留下来，因而鹅具有良好的合群性。鹅经过训练之后，在放牧条件下可成群远行数里而不乱，生产中可大群饲养。相对于其他家禽来说，鹅胆量较大，一旦有陌生人接近鹅群时群内的公鹅会颈部前伸、靠近地面，鸣叫着向人攻击。鹅的尾脂腺很发达，着生在尾根两侧，分泌脂肪、卵磷脂和高级醇。鹅在梳理羽毛时，常用喙挤压尾脂腺，挤出油脂并用喙涂布于全身羽毛上，保持羽绒光滑、润泽、有弹性，不仅有防止被水浸湿的作用，同时也有保温效果。鹅没有耳叶，耳孔被羽毛覆盖，当鹅在水中活动时防止水进入耳中。

(二)鹅的繁殖特性

在性成熟期和繁殖季节到来时,公鹅游泳除了采食、洗澡和饮水外,常取悦母鹅。此时,公鹅游泳的花样增多,侧泳、仰泳、侧洗和翻洗,频频潜水,延长潜水距离,在深水区站立展翅,甚至以贴水面飞翔等方式吸引母鹅。公鹅追逐母鹅有交配要求,最早见于120日龄(豁眼鹅),大多数鹅种见于180日龄前后。一般情况下,鹅的交配在水中完成。在没有水域的情况下,鹅也能完成交配。我国的大多数鹅种都保持了抱窝的习性,有些鹅种的抱窝性很强,如浙东白鹅,每年有4个产蛋期。鹅有"一夫一妻"的特性,且随着驯化有所加强。

(三)鹅的产蛋特性

母鹅喜欢在安静、阴暗及干燥处筑巢产蛋,并且有固定窝位产蛋的习惯。生产实践中,按最集中产蛋时间鹅的数量准备足够的产蛋窝,避免母鹅争窝和窝外产蛋。在并群和繁殖季节,鹅经常会发生打斗行为。

(四)鹅的产绒特性

从外表来看,鹅体由一种羽毛覆盖,但实际上是由正羽、绒羽、纤羽、粉羽等组成。内层绒羽着生紧密,有很好的保温效果,是羽绒制品的最佳原料。鹅的皮肤营养和代谢状况对羽绒生长发育影响极大,营养良好、代谢旺盛,羽绒生长发育较好。鹅的皮肤颜色一般有白色、灰色和黄色之分,是品种特征的表现。

第二节　鸭的饲养管理

一、肉鸭的饲养管理

(一)肉鸭的营养需要

1. 能量

肉鸭正常的生长发育、繁殖、维持体温和一切活动都离不开能量供应。能量主要从饲料中获得,肉鸭采食饲料所获的能量并不全部用于生长,其中一部分能量随粪尿等排出而未被利用,另有少部分由于体内代谢被消耗掉。肉鸭能够根据日粮的能量浓度调节和控制其采食量,相对其他家禽而言,肉鸭能够适应更广的日粮能量浓度范围,例如北京鸭为10.03~13.38 MJ/kg,土番鸭为10.87~12.75 MJ/kg。在配制肉鸭日粮时,必须注意能量和蛋白质的比例。合理的能蛋比能够提高饲料转化率,降低饲料成本。饲料中的能量成分中,碳水化合物是主要的供能物质,而脂肪和蛋白质作为补充物质。

2. 脂质

脂质是肉鸭机体的组成成分之一，在肉鸭机体代谢和生命活动中具有重要作用：①鸭体组织的重要组成，如机体组织的细胞膜都是由蛋白质和脂肪按一定比例构成；②能量储备与能量来源，当能量不能满足需要时，体内脂肪分解产生能量来满足需要；③脂溶性维生素的重要溶剂，维生素是鸭机体不可或缺的微量活性因子，亲脂性维生素溶于脂肪及脂肪剂，与脂类共存而发挥各自功能；④脂肪贮存于肉鸭皮下、肌肉、肠系膜、肾脏周围，起到保护内脏器官、防止肉鸭体热散发的作用；⑤必需脂肪酸的来源，在饲料中添加油脂可起到加快肉鸭生长、提高饲料适口性、减少加工粉尘等作用。

3. 蛋白质

蛋白质构成肉鸭体肌肉、羽毛、皮肤、神经、血液、蛋、内脏以及体内酶、激素、抗体、色素等的基本成分。蛋白质由20种氨基酸构成，氨基酸分为必需氨基酸和非必需氨基酸。必需氨基酸在肉鸭体内不能合成或只能少量合成，不能满足肉鸭需要，必须由饲料提供。必需氨基酸有13种，肉鸭的饲料中蛋白质不仅要在数量上满足需要，而且各种必需氨基酸的比例与肉鸭的需要必须相符，否则蛋白质的营养价值低，利用效率差。通过不同饲料的混合搭配，必需氨基酸得到相互补充，氨基酸利用率相应得到提高。为了获得最大增重和最佳饲料报酬，推荐1～2周龄肉仔鸭的粗蛋白需要量为17%～21%，2～7周龄肉鸭的粗蛋白需要量为13%～18%。

4. 矿物质

矿物质是肉鸭正常生长发育等生命活动中不可缺少的一类无机营养物质，占肉鸭体重的3%～5%。如供给量不当或利用过程紊乱，则易出现中毒症现象。根据矿物质元素在肉鸭体内的含量分为常量元素和微量元素两大类。常量矿物元素指占肉鸭体重的0.01%以上的元素，如钙、磷、镁、硫、钠、钾等元素；微量矿物元素指占肉鸭体重0.01%以下的元素，如铁、铜、锌、锰、碘、硒等元素。

5. 维生素

维生素是维持肉鸭的生命和生长发育等必需的一类特殊的营养物质，需要量很少，但作用很大，具有调节肉鸭体内各种生理机能的正常进行、参与体内各种物质代谢的作用以及抗病、免疫等作用。肉鸭需要的脂溶性维生素主要有维生素A、维生素D、维生素E，水溶性维生素有维生素B族、胆碱、叶酸和生物素（维生素H）等。

6. 水

鸭体内水分含量高达60%，容易被忽略，但缺水比缺食危害更大。肉鸭饲养中必须保证饮水，根据季节气候、生产目的、鸭群日龄和健康状况等对供水量进行调节。

（二）肉鸭的饲养标准与日粮配制

根据肉鸭的营养需要配制饲料，提高饲料利用率、降低饲料成本，但不同品种、不同地区的饲养标准并不相同，需要依据生产目标、鸭群状况、饲养环境等灵活运用、因地制宜。表10－1为北京鸭的饲养标准。

表 10－1　北京鸭的饲养标准

营养指标	育雏期	生长期	育肥期 36～49 日龄	
	1～14 日龄	15～35 日龄	自由采食	填饲
鸭表观代谢能 AME，MJ/kg	12.14	12.14	12.35	12.56
鸭酶水解物总能 EHGE，MJ/kg	12.56	12.56	12.77	12.98
粗蛋白质 CP，%	20	17.5	16	13
钙 Ca，%	0.90	0.85	0.80	0.80
总磷，%	0.65	0.60	0.55	0.55
非植酸磷，%	0.42	0.40	0.35	0.30
钠 Na，%	0.15	0.15	0.15	0.15
氯 Cl，%	0.12	0.12	0.12	0.12
赖氨酸，%	1.10	0.85	0.70	0.60
蛋氨酸，%	0.45	0.40	0.35	0.30
蛋氨酸＋胱氨酸，%	0.82	0.72	0.65	0.55
苏氨酸，%	0.75	0.60	0.55	0.50
色氨酸，%	0.20	0.18	0.16	0.15
精氨酸，%	1.00	0.85	0.70	0.70
异亮氨酸，%	0.72	0.57	0.45	0.42
维生素 A，IU/kg	4 000	3 000	2 500	2 500
维生素 D_3，IU/kg	2 000	2 000	2 000	2 000
维生素 E，IU/kg	20	10	10	10
维生素 K_3，mg/kg	2.00	2.00	2.00	2.00
维生素 B_1，mg/kg	2.00	1.50	1.50	1.50
维生素 B_2，mg/kg	10	10	10	10
烟酸，mg/kg	50	50	50	50
泛酸，mg/kg	11	11	11	11
维生素 B_6，mg/kg	4	3	3	3
维生素 B_{12}，mg/kg	0.02	0.02	0.02	0.02
生物素，mg/kg	0.20	0.15	0.15	0.15
叶酸，mg/kg	1	1	1	1
胆碱，mg/kg	1 000	1000	1 000	1000
铜 Cu，mg/kg	8	8	8	8
铁 Fe，mg/kg	60	60	60	60
锰 Mn，mg/kg	100	80	80	80
锌 Zn，mg/kg	60	60	60	60
硒 Se，mg/kg	0.30	0.30	0.20	0.20
碘 I，mg/kg	0.30	0.30	0.30	0.30

注：营养需要量数据以饲料干物质含量 87% 计。

饲料的配制参考饲养标准和不同饲料的营养成分含量进行计算配比，同时从饲料成本、安全性、适口性等多方面考虑，选择合适的饲料原料进行配制。

（三）肉仔鸭的饲养管理

1. 肉仔鸭的饲养

肉鸭从孵化出壳到 2～3 周龄为育雏期，育雏期是肉鸭生产过程中最重要的基础阶段。因此，雏鸭饲养尤为关键，喂养效果将直接影响养殖效益。

（1）尽早开食　雏鸭出壳 12～24 h，或雏鸭群中有 1/3 的雏鸭开始寻觅食物时就可以开食。选取颗粒或粉末状饲料，保证雏鸭采食顺利；减少喂食量，增加喂食次数，防止雏鸭饱腹过度；饲槽内保证稍有余料，避免饲料变质；在饲料中添加少量维生素、氨基酸、矿物质等满足雏鸭的营养需求，增强雏鸭免疫力。

（2）尽早饮水　遵循“早饮水、早开食、先饮水、后开食”的原则，保证雏鸭尽早饮水。雏鸭经过出雏和运输过程会散发和消耗掉体内部分水分，要及时补充水分，一方面促进新陈代谢和卵黄吸收，另一方面促使胎粪排泄并有利于开食和生长发育。初饮时保证全部雏鸭都能喝到水，对不能自主饮水的雏鸭进行人工引导，另外可在水中加入适量的维生素、矿物质和葡萄糖等，有助于雏鸭健康生长。

2. 肉仔鸭的管理

（1）温度和湿度　雏鸭调节自身体温的能力较差，依赖环境温度维持体温，温度过高或过低都不利于雏鸭生长。刚出生 1～2 d 的雏鸭，环境温度保持在 33℃，随后逐渐降低，直至调整至 20℃。调节育雏温度时，根据鸭龄大小循序下降，每 2 d 降低 1℃，调节幅度过大易导致雏鸭应激反应。雏鸭从相对湿度 70%～75% 的出雏机取出后，通过运输会失去一部分水分，加之育雏前期舍内温度较高、水分蒸发快，此时更要保证育雏舍的适宜湿度。湿度过低时雏鸭易出现精神不振等轻度脱水症状，影响健康和生长。湿度过高时对育雏更为不利，不仅会使雏鸭的体热散发受阻，致使食欲减退，精神不佳，并且造成环境中霉菌等病原微生物的繁殖，增加雏鸭的患病风险。育雏舍的适宜湿度为 1～7 d 时 70%～60%，8～14 d 时 60%～50%。随着雏鸭日龄的增大湿度逐渐下降。当舍内的湿度达不到标准时，在地面上洒水或使用湿帘来提高舍内空气湿度。

（2）通风　通风不仅降温排湿，而且还能排除舍内有害气体，保持鸭舍内空气清新。雏鸭代谢速度快，每日产出的排泄物较多，易产生较多的有害气体如氨气、硫化氢等，不仅对雏鸭生长发育不利，而且浓度高时会出现眼结膜充血、流泪等不良反应，刺激呼吸道黏膜引起呼吸道疾病。因此，根据气候情况适时通风换气，有效排出雏鸭舍内的有害气体。通风时注意，在保证舍内温度的前提下进行通风，如果舍外温度较低，将舍内温度升高 1～2℃ 再通风，冬季舍内外温差大，条件允许时最好使用暖风或改变风向，让冷空气进入鸭舍先经暖空气缓冲后再接触鸭群，同时注意舍内的风量均匀适中，避免产生“贼风”。

（3）光照　适宜的光照时间和光照强度能够有效提高雏鸭成活率。雏鸭视力较弱，育雏期光照应稍强，在出雏 1 周龄内保持 24 h 全天光照，随鸭龄增长逐渐减少，至 4 周龄时维持 12 h 左右。充分的光照对肉鸭的生长、性成熟等方面非常重要。

（4）密度　雏鸭集群性强，密度过大容易出现“挤堆”现象，造成通风效果变差，导致舍内有害气体含量增多、细菌滋生，引发雏鸭呼吸系统疾病，同时增加应激反应的发生，因此要保证鸭舍饲养密度的科学性与合理性。饲养密度随雏鸭生长逐渐递减，提供适当的活动空间，保持雏鸭舍的空气清新，减少雏鸭感染疾病的可能性。10 日龄之内，每平方米饲养 40 只雏鸭，至雏鸭出栏前，每平方米饲养 6 只雏鸭。

(5)分群　为便于管理，需要依据种类或年龄对雏鸭分群饲养，比如出壳时间、健康状况、体型大小等因素。对体质较差的雏鸭，需要将其放到室内温度较高的区域养殖，提升雏鸭成活率。第一次分群主要依据雏鸭的体质差异，二次分群依据饲养密度、采食量、抗病性能、生长速度和水源质量等。

(四)育肥鸭的饲养管理

1. 育肥鸭的饲养

肉鸭的育肥期为 4 ~ 8 周龄，也称为生长育肥期。育肥就是加强肉鸭的采食和消化力、增强对营养物质的吸收、减少运动与热能消耗、积累脂肪的过程。育肥期间的肉鸭羽毛已基本覆盖全身，体温调节趋于完善，抗寒能力强，除寒冷季节外一般不需要额外使用加热设备；肌肉和骨骼的生长发育处于旺盛期，绝对增重处于最高峰阶段，消化机能健全，采食量迅速增加，体重增加快。根据上述生长发育特点进行科学饲养，使其在短期内迅速生长，达到上市体重出售。

(1)饲料供给　饲料中蛋白质、脂肪、能量等营养物质充足，确保饲料原料的营养指标和卫生指标均达标，饲料营养全面且搭配平衡，如使用新鲜玉米和豆粕，使用棉粕、菜粕前进行脱毒处理。在营养供应上，日粮粗蛋白水平比雏鸭稍低，一般为 16% ~ 18%，育肥期肉鸭的消化机能完善，采食量大，能够满足营养需要。日粮的代谢能水平与雏鸭相同，一般不会降低饲料的代谢能。

(2)换料　肉鸭生长速度快、生长周期短，而雏鸭饲料和育肥鸭饲料在营养水平、颗粒度大小等方面存在很大差异，由雏鸭饲料更换为育肥鸭饲料时采取循序渐进的方法，不能突然更换饲料，否则容易造成消化系统障碍，影响肉鸭的正常生长。实际生产中，换料第 1 天，饲喂雏鸭料内混入 30% 育肥鸭饲料，换料第 2 天将育肥鸭饲料的比例加大到 60%，第 3 天将育肥鸭饲料的比例加大到 80%，第 4 天全部饲喂育肥鸭饲料。

2. 育肥鸭的管理

(1)适时脱温转群　在 14 ~ 21 日龄后，如果外界环境温度适合雏鸭脱温转群，将雏鸭及时转入大鸭舍；如果环境温度不允许，适当推迟脱温转群。在转群前断料 2 ~ 3 h，同时根据雏鸭的体重、大小、强弱等进行合理分群，及时淘汰体质弱的肉鸭。将适量的维生素、电解质等加入到鸭饲料中，以防止转群发生应激。

(2)调整饲养密度　育肥鸭生长迅速，随着体型增大鸭的活动空间越来越小，需及时调整饲养密度，否则容易出现“挤堆”现象。不同的饲养方式对饲养密度的要求不同，地面垫料平养时每平方米饲养 3 ~ 4 只，网上平养时每平方米饲养 7 ~ 8 只，如果要从网上平养更改为地面平养时必须关注鸭的行为，因为育肥鸭容易发生扭伤，调整饲养密度宜循序渐进，逐渐减少。

(3)育肥方式　肉鸭的育肥方式主要有自由采食和填饲两种，也有少数散户养殖采用放牧饲养的育肥方式。根据不同的品种、生产目标选择合适的育肥方式尤为重要，自由采食是较常见的育肥方式,定时投喂饲料,工作量小,管理方便;填饲的鸭群均匀度高,生长快,肉质好,但会增加鸭群伤病率。另外,农户可在稻田放牧饲养肉鸭,让鸭群采食田中昆虫,既能保证鸭肉鲜美,又能减少养殖污染,增加农作物产量,但生长慢,经济效益相对低。

二、蛋鸭的饲养管理

(一)蛋雏鸭饲养管理

蛋雏鸭是指0~4周的鸭,雏鸭孵化出壳后机体生理机能弱,适应环境能力差;调节体温能力差;消化器官未发育完全,机能不健全;代谢机能旺盛,生长速度快;抗病机能尚不完善,抵抗力差,因而需要做好育雏工作。

1. 育雏前准备工作

(1)育雏时间的选择　每年3~5月出壳的雏鸭为春雏,气候变暖,饲料资源丰富,雏鸭生长快;6~7月出壳的雏鸭为夏雏,气温高,管理难度增大,但可尽早下水和进行放牧,开产早,饲养成本低;8~10月出壳的雏鸭为秋雏,气温逐渐下降,适合雏鸭生长的温度需要,但要做好入冬的准备工作。

(2)育雏室和育雏设备准备　在进雏前对育雏室进行彻底打扫、冲洗、检修设备以及熏蒸消毒,保证温度适宜,空气流通,光度适宜,室内干燥。彻底冲洗并消毒笼网以及地面。准备照明、喂料、饮水、供暖等育雏设备,清洗消毒供料设备、料盘、供水设备、饮水器、料桶等工具,检修育雏室照明系统、通风系统、供暖以及湿帘等设备。根据饲养规模和饲养方式配备保温设备、垫料、围栏、料槽、水槽、清洁工具等。

(3)制定工作计划和准备投入品　根据具体情况制定育雏计划、免疫接种防疫计划、物资供应计划以及育雏技术指标,准备育雏饲料、兽药、疫苗等。

(4)育雏室试温和预热　根据季节气候状况选择正确时间对育雏室内进行预升温。寒冷季节时,育雏室在进雏前2~3 d进行室内升温,进雏时达到适宜的室内育雏温度(33~35℃);温暖季节在进雏前24 h内预加热到适宜温度。

2. 蛋雏鸭的饲养

蛋用雏鸭和肉雏鸭饲养技术基本一致,在出壳后14~24 h内饮水,做到先饮水后开食。供水1~2 h后开食,保证在出壳后24 h内进行。1~3日龄饲喂雏鸭碎料,之后饲喂颗粒料。一般到雏鸭5日龄时即可开荤,即饲喂小鱼、小虾、蚯蚓、泥鳅等新鲜荤食。规模化养殖雏鸭时饲喂全价颗粒料,无须再饲喂青饲料和荤食。

蛋用雏鸭前4周自由采食,开食当天按照2.5 g/(只·日),之后按2.5 g/(只·日)的幅度递增,直至50日龄后,稳定在125 g/(只·日)。实际供料时按照雏鸭采食情况和活动进行适度调整。同时,制定科学的免疫接种程序,严格按照免疫程序接种疫苗,做好疾病预防工作。

3. 蛋雏鸭的管理

(1)养殖方式

①地面平养。雏鸭饲养在铺有垫料的地面,优点是设备简单,成本低,生长速度快,缺

点是雏鸭直接接触粪污，卫生条件差，不利于防病，需要常换垫料。垫料选择麦秸、稻壳、木屑和锯末，保证干燥，无霉，吸水性好且无异味；另外要定时消毒，保持良好通风和适宜的饲养密度。

②网上平养。雏鸭饲养在离地面 40～50 cm 由金属、塑料以及竹板制成的网上。此方式饲养密度大，方便管理，不接触粪便，防病，生长速度较地面平养慢，饲料浪费大。网孔大小要适宜，避免雏鸭腿部卡住。

③笼养。雏鸭笼养不直接接触粪便，卫生条件好，劳动效率高，防病，但要注意饲养密度，一次性投资大。

(2)温度要求　温度是保障育雏的首要条件。高温时雏鸭饮水量增加，呼吸加快，采食量和运动量减少；低温时雏鸭活动量减少，扎堆拥挤，造成挤压死亡。观察温度是否适宜，通过温度计显示数值或雏鸭表现适时调整。第 1 周龄时室温维持在 31～33℃，之后每周温度降低 2～3℃，到第 4 周龄时室温达到 18～22℃。第 4 周龄后开始训练脱温，根据日龄、天气情况以及雏鸭生长状况等，在白天、晴天以及雏鸭生长状况良好时脱温。

(3)湿度要求　湿度高时雏鸭羽毛潮湿，食欲不振，大量微生物繁殖，易患病；湿度低时雏鸭失水，腹内卵黄吸收不良，鸭舍灰尘增多，易患呼吸道疾病；高温高湿时散热困难，闷热，雏鸭食欲下降，生长缓慢，体质虚弱，抗病力下降，需要通风换气。低温高湿时，散热多，寒冷，育雏室潮湿，雏鸭易患感冒和胃肠道疾病，需要升温和加大通风量。育雏湿度必须遵循前期高后期低的原则，适宜环境湿度为前 10 d 为 60%～70%，后期降为 55%～60%。加湿时采用喷水、放水盆或水桶蒸发水分等方式。降低湿度时，通常加大通风量，减少养殖密度。

(4)光照要求　第 1 周采用 23 h 光照或全天光照，白天用自然光照或灯光，晚上采食时提供光照强度 10～20 lx，也可采用白炽灯泡，光照强度为 5～10 lx。

(5)饲养密度　饲养密度大会降低空气质量，影响采食，引起发育不良，鸭群均匀度降低，易发啄癖等；密度小会导致鸭舍利用率低，成本过高。饲养密度一般随鸭日龄大小、饲养方式、饲养条件以及季节进行调整。

(二)育成蛋鸭饲养管理

1. 育成蛋鸭的饲养

育成蛋鸭是 5～16 周龄开产前的鸭，也叫青年鸭。育成蛋鸭体重增长快，羽毛生长迅速，适应力和合群性强，食量大、食性广，机体器官发育快，基本趋于成熟。

(1)营养需要　育成蛋鸭处于生长发育与骨架发育阶段，不宜肥胖。育成期提供的蛋白质和能量宜低不宜高，饲料中代谢能为 11.0～11.5 MJ/kg、蛋白质 15%～18%、钙 0.8%～1.0%、磷 0.45%～0.50%。日粮以糠麸为主，动物性饲料不宜过多。全舍饲的鸭群在日粮中添加 5% 的沙砾，增强肠胃功能，提高消化能力。用青绿饲料部分代替精料和维生素添加剂，青绿饲料占饲料的 30%～50%。

(2)饲料更换　育雏期结束后，根据鸭群体重更换为育成期蛋鸭料，若 4 周龄体重未达到标准则需要延长雏鸭料饲喂。若体重达到标准，换料前则需要过渡期，让鸭适应新饲料，减少应激的发生。通常使用 5 d 过渡期方法，第 1 天时 4/5 雏鸭料、1/5 育成期蛋鸭料，第 2

天时3/5雏鸭料、2/5育成期蛋鸭料，第3天时2/5雏鸭料、3/5育成期蛋鸭料，第4天时1/5雏鸭料、4/5育成期蛋鸭料，第5天全部饲喂育成期蛋鸭料。

(3)饲喂量和饲喂次数　投喂全价配合颗粒饲料或用混合均匀的粉料。5周龄时平均每天饲喂80 g/只，每周增加10 g，直至第7周龄；8～14周龄时每天饲喂105 g/只，平均每周增加5 g；15～18周龄恒定饲喂每天140 g/只。早中晚各1次，共3次，定时定量。

(4)限制饲喂　为防止育成蛋鸭性腺过早成熟，沉积过多脂肪，影响产蛋性能和种用性能，保证集中开产，育成期饲养时需要限制饲喂，特别是活动量相对较少的全舍饲和半舍饲方式。限制饲喂一般从第8周龄开始，到16～18周龄结束。限制饲喂有限量法和限质法两种。限量法是按照育成鸭正常日粮的70%供给。采用限质法时，饲喂代谢能为9.6～10 MJ/kg、粗蛋白为14%左右的低能量日粮，或者饲喂代谢能为10.8 MJ/kg、粗蛋白为8%～10%的低蛋白日粮。另外，可适当增大饲料中富含粗纤维的麸皮、草粉、糠麸类等的比重，促进消化器官的发育。

2. 育成蛋鸭的管理

(1)温度　育成蛋鸭对温度的适应性较强，一般不设供暖设备，而是借助通风调节温度，也要准备一些保温措施，避免遇到寒冷天气。夏天注意防暑降温，冬天注意保温。

(2)湿度　鸭舍保持干燥，相对湿度控制在40%～72%，通风良好时不会超过这一标准，过湿环境会影响育成蛋鸭的健康生长。

(3)饲养密度　适宜的饲养密度是育成蛋鸭健康、生长均匀良好以及产蛋的基本条件。5～8周龄养殖密度为12～18只/m^2，9～12周龄养殖密度为10～13只/m^2，13～16周龄养殖密度为8～10只/m^2。饲养密度根据品种、周龄、体重大小、季节和气温的变化而调整。冬季气温低时，每平方米多养2～3只，夏季气温高时，每平方米少养2～3只。

(4)分群管理　合理分群使鸭群生长发育一致，便于管理。育成蛋鸭按照体重大小、体质强弱和性别分群饲养。对体重小、生长缓慢，体质差的弱鸭加强管理，集中喂养，使其正常生长发育。

(5)光照　光照是控制性成熟的方法之一，对采食和饮水等活动也有显著影响。育成期蛋鸭的光照时间不宜过长，且不能使用强光照，避免早产，影响鸭产蛋性能；不宜过短和使用过弱光照，导致开产推迟，影响产蛋期和产蛋量。每天光照时间最好控制在8～10 h，光照强度为5 lx。夜晚鸭舍需通宵弱光照明，防止兽害。

(三)成年蛋鸭饲养管理

母鸭从开产到淘汰为产蛋期，一般是17～68周龄，此阶段的母鸭称为产蛋鸭或成年鸭。成年鸭的特点是代谢旺盛，饲养要求高，性情温顺，不宜受惊。通常第1个产蛋年产蛋量最高，之后逐年下降，一般利用年限为1.5～2.0年。此阶段目的是提高产蛋数和蛋重，减少蛋破损和污染，降低饲料消耗，提高饲料报酬，降低鸭群死淘率。

1. 成年蛋鸭的饲养

成年蛋鸭主要以产蛋为主，产蛋期按照生理特点和产蛋量划分为4个时期，依次是产蛋初期(150～200日龄)、产蛋前期(201～300日龄)、产蛋中期(301～400日龄)和产蛋后期(401～500日龄)，必须按照产蛋特点分阶段加强营养供应，科学合理地提供饲料与饮水,以满足产蛋时的营养需要。

(1)产蛋初期和产蛋前期

①营养需要。低产蛋率时在日粮中逐渐添加鱼粉等蛋白质饲料,添加量从少变多,直至产蛋率达到90%以上后稳定添加量,适当增喂青绿饲料和颗粒型钙质饲料。

②及时更换饲料。19周龄后,鸭群体重达标,逐渐更换产蛋鸭饲料,蛋白质含量17%左右,代谢能11.7 MJ/kg,每天早中晚各一次。产蛋期饲料更换要有一个过渡时间,减少应激。

(2)产蛋中期 鸭群已经进入产蛋高峰期并持续100 d左右,是最难饲养的阶段。

①营养需要。营养水平在前期的基础上适当提高。粗蛋白19.5%~20%,在日粮中添加1%~2%的颗粒状贝壳粉,适量饲喂青绿饲料或添加维生素。每天饲喂3~4次,定时定量。

②产蛋鸭及时补钙。要保证蛋鸭的产蛋率和蛋品质量,补钙是重要环节。通常在开产前2周补钙,15周龄是补钙的最佳时期。钙源一般为石灰石、贝壳、蛋壳、骨粉。颗粒状钙和钙粉是补钙时常有的形状,颗粒钙在肠道停留时间长,溶解慢,在夜间形成蛋壳时将钙质释放到血液中被有效利用。补钙的同时注意其他营养素的补充,产蛋鸭钙磷比例为4:1或5:1;维生素D、维生素C分别有促进小肠对钙的吸收和增加甲状腺活动机能的作用,也能分解骨髓中的钙,增加血液钙含量。

(3)产蛋后期 产蛋鸭经长时间产蛋后产蛋率持续下降,饲养目标是减缓鸭产蛋率的下降幅度。如果饲养管理科学得当,鸭群平均产蛋率能维持在80%。按照鸭群体重和产蛋率变化调整日粮营养水平和饲喂量。鸭群体重增加时,适当降低日粮的能量水平,增加青绿饲料,或者控制采食量;产蛋率下降到60%及以下时尽快淘汰。

2.成年蛋鸭的管理

(1)养殖方式

①笼养。一般采用双列3、4层笼养方式,占地面积小,能够充分利用空间,提高鸭舍利用率,便于机械化、集约化饲养,适用于大规模化养殖。笼养的优点是节约饲料,有利于预防和控制疾病,提高蛋品质,提高繁殖力和经济效益;缺点是投资大,日粮配制要求高,易产生热应激等。

②放牧饲养。利用湖泊、农田、河塘等自然牧地放牧,充分利用自然资源,节省饲料,降低成本。但需要加强补料,满足产蛋营养需要。这种饲养方式不利于防病、回收蛋和集中管理,易造成经济损失,适用于农村小规模养殖。

③半舍饲。目前采用最普遍的饲养方式。设有鸭舍,鸭舍采用地面垫料平养或网上平养,舍内有产蛋箱、饮水器、喂料器等;鸭舍外有运动场和河塘等设施。

④全舍饲。整个饲养过程始终在鸭舍内进行,多采用地面垫料饲养或网上饲养。鸭舍内设置饮水、排水、通风系统。小群或中等群鸭采用地面垫料饲养方式,垫料要厚,定期更换,疏松、翻晒垫料,保持舍内环境干燥。大群鸭采用网上平养,离地面40 cm左右,可使用塑料垫网,网眼大小2.0~3.5 cm。

(2)温湿度 成年蛋鸭适宜的温度为5~27℃。鸭没有汗腺,环境温度超过30℃时,影响其产蛋性能和生理机能。产蛋鸭最适环境温度为13~20℃,此时产蛋率和饲料利用率最高。成年蛋鸭舍内相对湿度保持在60%左右。

(3)光照　产蛋期逐步增加光照时间,提高光照强度,促使性器官发育,到达产蛋高峰期时,稳定光照时间和光照强度,保持正常产蛋行为。光照采用自然光照和人工光照。17～19周龄时开始,每天光照时间均匀递增0.5～1.0 h,直至22周龄后达到16～17 h,23周龄后稳定在16 h,临淘汰前4周增加1～2 h。17周龄后夜晚暗光照明,强度为5 lx,即灯泡离地面2 m,25 W灯泡照明。

(4)环境卫生管理　保持鸭舍内良好通风,排出有害气体;饲养时勤换垫料,定期消毒、驱虫;清扫鸭舍,冲洗地面,清洗工具;保持环境的安静与稳定,减少应激。

(5)适时调整鸭群

①产蛋前期加强性刺激。在蛋鸭群内放入2%～3%公鸭,通过交配活动刺激母鸭性功能。

②分群管理。18周龄末对鸭群进行复选,淘汰病、弱、残鸭,并按照体重大小分群,分开管理。体重不达标的鸭加强饲养管理,促进生长;体重达标的鸭更换饲料,延长光照,准备产蛋期饲养。

③适当活动。尽量减少肥胖鸭的出现,增加运动量,保持体重适宜,减少体内脂肪沉积。

3.成年蛋鸭饲养管理注意事项

(1)强制换羽　强制换羽是指蛋鸭完成一个产蛋周期后,需要停产时采取人工方法强制脱换羽毛的过程。此过程可缩短蛋鸭换羽时间,产蛋鸭完成一个产蛋年后,一般在每年的夏秋季换羽,换羽时通常停止产蛋。自然换羽一般持续3～4个月,换羽时间不一致,下一个产蛋期不整齐。人工强制换羽一般只要2个月左右,且产蛋整齐,饲养管理方便。人工换羽可节省饲料,延长蛋鸭利用年限;停食和限制饲喂,减少饲料开支;提高蛋重,改善蛋壳质量。

①选鸭。选择健康的蛋鸭个体进行强制换羽,淘汰病鸭、弱鸭、残次鸭和体重过低的产蛋鸭。实际生产中一般是在停产期和鸭群平均产蛋率下降到30%时进行。

②方法。一般多采用饥饿法,减少或停止喂料8～12 d,切忌停料不停水,光照缩短至8 h。饲喂量逐步减少,从第1天开始降低,喂料2次,给料量降低到80%,逐渐降至第7天给料量到30%,到第8天停料只供饮水。

③人工脱羽。一般在停料5～7 d羽轴和毛囊脱离时开始人工脱羽,先换小羽,后换大羽。脱羽前先进行试拔,若不易拔下,可以适当增加停料时间1～3 d,不可硬脱。若轻松拔出羽毛,尽可能一次性完成脱羽,先主翼羽后副翼羽,最后拔尾羽。脱羽后1周内不下水放牧,给料30%,供饮水,减少外界环境因素干扰。

④恢复。逐渐恢复采食与光照,经过7～8 d恢复到正常饲养水平。进入恢复期后,新羽毛一般会在拔羽后25 d左右长齐,30～35 d开始产蛋,45 d左右就会进入产蛋高峰期。

(2)密切观察鸭群状态及产蛋性能

①蛋重变化。保持稳定或稍有增长趋势,若蛋重变轻,及时查明原因并采取措施。

②蛋壳变化。正常的蛋壳厚实光滑,色泽鲜明。若蛋壳变薄、软壳、沙壳,蛋形变长,说明饲料中矿物质不足,钙磷比例不当或钙质代谢障碍。及时补充钙、维生素D或调整钙磷

比例。

③产蛋时间。正常产蛋时间集中在凌晨。若推迟到早上或白天，产蛋减少。

④鸭群状态。经常观察鸭群食欲、羽毛色泽、粪便颜色、蛋形、蛋壳等。

（四）种鸭的饲养管理

1. 种鸭育雏期的饲养管理

为了控制好公鸭的体重，一般在42或49日龄以前将公鸭和母鸭分群饲养。公、母鸭合群时间不能太晚，否则影响产蛋期间种蛋受精率，合群后公母鸭按比例混群饲养。

（1）饲养方法　为了防止超重和过量的脂肪沉积，必须对后备鸭限制饲喂。限制饲喂时，每只鸭有15 cm长的食槽，保证每只鸭都能吃到自己定量的饲料。每次喂料要固定时间，使鸭群建立良好的条件反射。同时每次进食时间限制在30～40 min，吃完后撤走料盘。

（2）称重　从4周龄开始，每周1次，定期、定时称重，直至开产为止，称重时要求在喂前4 h空腹进行。称重时随机抽样，比例为鸭群的5%～7%。每次称重后，将公、母鸭体重平均数与所制定的各阶段标准体重进行比较，如果实际体重与标准体重差异较大，就需要调整饲喂次数和料量。通过调整饲喂次数和料量以及每只鸭所占的料槽面积，如体重差异仍较大，则可按体重大小暂时分群饲喂，对体小者适当增加饲喂次数和数量；对体重超标者进一步限制，待体重接近一致时，再混群饲养。

（3）光照和管理　在整个后备期管理上，夜间不给人工灯光，利用自然光；禁止经常洗浴，可以依据发育情况和羽毛洁净情况，每周下水1次即可。不论采用何种饲喂方式，一定要保证不间断供应充足干净的饮水。保持舍内和运动场的清洁卫生，每天清扫圈舍，清除粪污。

2. 种鸭产蛋期的饲养管理

（1）喂料与喂水　当产蛋率达到5%时，逐日增加饲喂量，直至自由采食。在日采食量达250 g左右时，分成2次饲喂，早上和下午各1次。喂料量原则是食槽内余料不能过多，第1次喂料量以第2次喂料时食槽基本吃干净为准，第3次的喂料量以晚上关灯前食槽基本吃干净为准。产蛋鸭可以喂粉料，也可以喂颗粒料。若饲喂粉料，在饲喂前用少量水把干粉料润潮。经常刷洗饲槽，常备清洁的饮水，水槽内水深必须没过鸭鼻孔，供鸭洗涤鼻孔。

（2）加强运动　运动分舍内、舍外两种。舍外运动又分水、陆两种形式。冬天在日光照满运动场时放鸭出舍，傍晚日光从运动场完全消失前收鸭入舍。为了把粪便排在舍外，在收鸭前驱赶运动数分钟，每天驱赶运动40～50 min，分6～8次进行。驱赶运动时切忌速度过快。雨、雪天不放鸭出舍。夏天无雨夜可露宿于有足够灯光的运动场上，但鸭出入的小门要敞开。舍内开灯任鸭出入。白天下雨时收鸭入舍。提防秋雨，一般秋雨对鸭影响大。每天早饲后，任鸭自由出舍或由运动场去水上运动场洗浴，自由回舍，可保持良好的食欲和消化机能，保证母鸭正常产蛋。

（3）种蛋收集　及时将产蛋箱外的蛋收走，不要长时间留在箱外，污染的蛋不宜作种蛋用。鸭习惯于凌晨产蛋，早晨尽早收集种蛋，对于初产母鸭在早上5点拣蛋。饲养管理正常，通常母鸭在7点以前产完蛋，而产蛋后期的产蛋时间可能集中在早上6～8点。根据不同的产蛋时间固定每天早晨收集种蛋的时间。保持蛋壳清洁，蛋壳脏污的蛋不得与清洁蛋混集在一起，单拣单放。炎热季节种蛋放凉后再入库。种蛋必须当天入库，凡不合格蛋不得入库。鸭蛋的破损率不得大于1.5%。

3. 提高种蛋质量的措施

(1)提高箱内产蛋率　种鸭22周龄时在舍内安装产蛋箱，最迟不得晚于24周龄；每4只母鸭配备一个产蛋箱；产蛋箱的位置固定，不能随意搬动；初产时，在产蛋箱内设置一个"引蛋"；及时把舍内和运动场的窝外蛋拣走；随时保持产蛋箱内垫料新鲜、干燥、松软。

(2)提高种鸭受精率　供给种鸭专用全价饲料，种鸭饲料中如缺乏维生素和微量元素等营养物质时，会大大降低种蛋的受精率及孵化率，微量元素超标也会导致受精率、孵化率下降；保持舍内场地干燥，光照管理稳定；饲养密度不要超过标准；选择体质健壮、体型符合品种特征的公鸭配种，在产蛋前对公鸭的性反射强弱进行选择；在大群饲养条件下，公、母比为1∶5～6；场地环境卫生良好，否则会影响孵化效果。

(3)及时拣蛋　每天至少拣3次蛋，天亮后1 h开始拣第1次，3～5 h后进行第2次，第3次在下午进行。

(4)洗蛋　用5%新洁尔灭洗蛋，并用毛刷轻轻刷掉蛋壳上的粪便等污物，但不能破坏蛋壳胶膜。

(5)种蛋贮存　种蛋存放在13～15℃的环境中，存放时蛋小头向下。如存放时间较长，则须翻蛋。

4. 种鸭的选择

种鸭饲养管理的主要目标就是获得尽可能多的合格种蛋，孵化出品质优良的雏鸭。我国蛋鸭产区一般从秋鸭(8月下旬至9月孵出的雏鸭)中选留种鸭。秋鸭留种正好满足次年春孵旺季对种蛋的需要。同时在产蛋盛期的气温和日照等环境条件最有利于稳产、高产。由于市场需求和生产方式的改变，普遍采用常年留种常年饲养的方式。

留种公鸭须经过育雏期、育成期和性成熟初期三个阶段的连续选择，保证用于配种的公鸭生长发育良好，体格健壮，性器官发育健全，精液品质优良。在育成期公、母鸭最好分群饲养，公鸭采用以放牧为主的饲养方式，让其多活动，多锻炼，在配种前20 d放入母鸭群中。公鸭比母鸭性成熟晚，为了提高种蛋的受精率，种公鸭要早于母鸭1～2个月孵出，种公鸭利用一年后淘汰。

第三节　鹅的饲养管理

一、鹅的营养需要

与肉鸭和蛋鸭类似，鹅的营养需要包括能量、蛋白质、矿物质、维生素和水五个方面。

(一)能量需要

能量是鹅一切生理活动的物质基础。鹅的呼吸、循环、消化、吸收、排泄、体温调节、运动、生产产品等都需要能量。碳水化合物、脂肪以及来源于体内的蛋白质分解产生的能量是鹅维持生命和生产产品所需的主要能量来源。

(二)蛋白质需要

蛋白质是由氨基酸通过肽键结合而成的具有一定结构和功能的复杂的有机化合物,在鹅营养中占有重要的地位,是碳水化合物和脂肪不可替代的营养需要,必须由饲料提供。蛋白质维持正常代谢、生长、繁殖等,是鹅体内的一切组织和器官如肌肉、神经、皮肤、血液、内脏甚至骨骼以及各种产品如羽毛、皮等的主要成分。在鹅的生命活动中,各种组织需要不断地利用蛋白质来增长、修补和更新。

(三)矿物质需要

矿物质不仅是构成鹅骨骼、羽毛等体组织的主要组成成分,而且对调节鹅体内渗透压、维持酸碱平衡和神经肌肉正常兴奋具有重要作用。另外,矿物质也是蛋壳等产品的重要原料。现已证明,在鹅体内具有营养生理功能的必需矿物质元素有22种。按各种矿物质在鹅体内的含量不同,可分为常量元素和微量元素。常量元素包括钙、磷、镁、钠、钾、氯和硫;微量元素包括铁、锌、铜、锰、碘、硒、氟等,其中氟元素在鹅体内含量极少,主要存在于骨骼中,促进骨骼钙化和增强骨硬度。鹅对微量元素的需要量极微,实际生产中基本上不出现缺乏症。但是,如果微量元素缺乏或不足,将导致鹅严重的物质代谢障碍,生产力降低,甚至导致死亡;过多则会引起机体代谢紊乱,甚至出现中毒和死亡。

(四)维生素需要

维生素是鹅维持正常生理活动和生长、产蛋、繁殖所必需的营养物质,具有调节和控制机体代谢的作用。多数维生素在鹅体内不能合成,必须由饲料供给。脂溶性维生素可在体内蓄积,短时间内饲料中缺乏时不会造成缺乏症。而水溶性维生素在鹅体内不能贮存,需要经常由饲料提供,否则容易引起缺乏症。

(五)水的需要

水是鹅体及鹅产品的主要构成成分,鹅体内营养物质的消化、吸收、运输、利用、废物排出以及体温调节都依赖于水的作用。对鹅来说,缺水比缺食危害更大。

二、鹅的饲养管理

(一)雏鹅的饲养管理

1. 雏鹅的饲养

(1)日粮配合　根据雏鹅的生理特点,选用雏鹅专用饲料,不仅能够满足雏鹅的生长需要，而且利于提高育雏成活率。雏鹅的营养需要包括维持其正常生命活动的维持需要以及供给生长发育的营养需要，采用全价配合日粮饲喂雏鹅，最好使用颗粒饲料，直径2.5 mm，增重效果好，且比饲喂粉料节约饲料。随着雏鹅日龄的增长，逐渐增加优质青饲料的补给量，并延长放牧时间。优质青饲料选用鲜嫩黑麦草、苦荚菜、莴笋叶等多汁青绿饲料，切碎后供雏鹅自由采食，育雏期精料和牧草的比例为1:2左右。

(2)清洁饮水　保证水质清洁卫生，育雏前3 d可用凉开水。在水盘中加入含有5%的葡萄糖、0.03%高锰酸钾和1%复合维生素的水溶液。为缓解运输过程中带来的应激，在水中加入抗生素、恩诺沙星等。雏鹅进舍后1~2 h内先饮水，不会饮水的进行人工驯饮。最好使用小型饮水器，水深度不超过1 cm，以不湿雏鹅绒毛为原则。

(3)尽早开食　雏鹅出壳后12~24 h开始采食，有利于提高成活率。前1~2 d饲喂时可将饲料撒在浅食盘或塑料布上，让其啄食。如用颗粒料开食，将粒料磨破，便于雏鹅采食。雏鹅消化道容积小，喂料量做到少喂勤添，随着日龄的增长，逐渐增加青绿饲料的饲喂量。

(4)饲喂方法　雏鹅的消化系统发育未完善，从进食到排出需经过2 h左右，饲喂雏鹅要实行多餐制。1周龄前每天喂8~10次，其中晚上喂2~3次，是提高育雏成活率的关键。2周龄时每天喂6~8次，晚上喂1~2次；3周龄时每天饲喂5~6次。另外，在育雏栏内放入沙盘，保健沙砾以绿豆大小为宜。喂料时可把精饲料和青饲料分开，先喂精饲料后喂青饲料，防止雏鹅专挑青饲料，而少吃精饲料，满足雏鹅的营养需要。

2.雏鹅的管理

(1)分群饲养　刚出壳的雏鹅，按其体质强弱分群饲养。如发现食欲不振、行动迟缓、瘦弱的雏鹅，及时剔出，单独饲喂。随着鹅体增大，逐渐减小密度。对中小型鹅而言，1周龄后每平方米饲养20只，2周龄后每平方米饲养15只；如天气温暖，2周龄后放到舍外大圈饲养，但每群最好不超过200只。

(2)温度适宜　在育雏期间注意检查温度。如育雏温度过低，雏鹅扎堆时及时驱散，尽快将温度升到适宜范围；温度过高时及时降温。随着雏鹅日龄的增长，逐渐降低育雏温度。在早春或冬季气温较低时，14日龄后逐渐降低育雏温度，21~28日龄达到完全脱温；夏秋季节7~10日龄时完全脱温，具体的脱温时间视气温的变化灵活掌握。

(3)通风换气　保温的同时也要注意防潮。雏鹅饮水时往往会弄湿饮水器或周围的垫料，加上排出的粪便，会导致舍内湿度、氨气和硫化氢等有害气体浓度升高，因而要注意舍内通风换气，及时排出有害气体，防止引发疾病。

(4)加强免疫与环境消毒　严格按照雏鹅的免疫程序进行疫苗接种，能够有效防止各种传染性疾病的发生。注意观察鹅群健康情况，若发现个别雏鹅在采食、饮水、精神和行动上表现异常，则要单独挑出仔细观察。如果出现病鹅时立即隔离治疗，不能治愈的病鹅、死鹅要及时采用焚烧、深埋等措施处理，防止病原扩散。

(二)育成期鹅的饲养管理

1.育成期鹅的饲养

育成期饲养主要有3种方式，即完全放牧饲养、放牧与补饲结合、完全舍饲饲养。种鹅场多数采用放牧加补饲的方式饲养,所用饲料与工时最少,经济效益好。如果放牧地面积较小,采取放牧加补饲方式。如果放牧地面积较大或牧草质量较好,可采取完全放牧形式。完全舍饲主要适于集约化饲养,东北地区在寒冷季节饲养种鹅多采用完全舍饲。

育成鹅饲养的关键是抓好放牧,放牧场地要有足够数量的青饲料,对草质要求比雏鹅放牧的标准低些。有条件的种鹅场可实行分区轮牧制,第 1 天开始在一块草地,间隔 15 d 移至另一块草地,把草地的利用和保护结合起来。放牧时间尽量延长,早出晚归或早放晚宿。一般每天放牧 9 h 左右,以适应鹅多吃快拉的特点。放牧鹅常呈狭长方形队阵,出牧和收牧时赶鹅速度宜慢不宜快。当放牧面积较小、草料较多时,鹅群要靠紧些,反之放散些,让其充分自由采食。育成鹅的游泳要充足,除每次吃饱后游泳以外,天气较热时及时增加游泳次数。如果放牧鹅能吃饱,可以不补饲;如吃不饱,或者正在换羽,应及时给予适当补饲,时间通常安排在傍晚。如果采取全舍饲,则采用全价配合饲料。另外,补饲时需要饲喂一定量粗饲料,如青贮玉米补饲 50 g 左右,黄贮玉米补饲 100 ~ 150 g,优质牧草补饲 200 g 左右。

2. 育成期鹅的管理

(1)做好防疫工作　采用放牧方式的育成鹅,及时注射禽流感、禽霍乱等疫苗。在放牧中如发现邻区或上游放牧的鹅群或分散养鹅户饲养的鹅发生传染病时,立即转移鹅群到安全地点放牧,防止传染病发生。不要到工业排放污水的沟渠放牧;对喷洒过农药、施过化肥的草地、果园、农田,经过 10 ~ 15 d 后再放牧,防止中毒。每天清洗食槽和水槽,定期更换垫草,并搞好舍内外和场区的清洁卫生。

(2)公、母分群,限制饲养　公鹅和母鹅在 90 ~ 180 日龄时分开饲养,这样既适应各自不同的饲养管理要求,还能防止早熟的种鹅交配。育成鹅实行限制饲养,只给维持饲料,这样既控制后备种鹅产蛋过早,开产期比较一致,又能锻炼其耐粗饲能力,降低饲料成本。限制饲养要控制母鹅在换羽结束至开始产蛋前 12 个月。

(3)后期防疫接种,恢复饲养　育成后期是从 180 d 左右起到开产,历时约 1.5 个月。重要工作之一是防疫接种,注射禽流感疫苗和小鹅瘟疫苗,适用于种鹅,一般在产蛋前注射。一次注射后,整个产蛋季节都有效。在饲养上要逐步由粗变精,让鹅恢复体力,促进生殖器官的发育。恢复饲养只定时不定量,做到饲料多样化,青饲料充足,增喂矿物质饲料。临产母鹅全身羽毛紧贴,光泽鲜明,尤其颈羽显得光滑紧凑,尾羽与背羽平伸,后腹下垂,耻骨开张达 3 指以上,肛门平整呈菊花状,行动迟缓,食欲增加,喜食矿物质饲料,有求偶表现,想窝念巢。后备种公鹅尽早进行精料补饲,促进其提早换羽,便于在母鹅开产前具有充沛的体力、旺盛的食欲。

(三)产蛋期鹅的饲养管理

1. 产蛋期鹅的饲养

通常舍饲产蛋母鹅采用定时不定量的自由采食饲喂法。要求饲料多样化,谷实类与粗糠的比例为 2∶1,每天晚上多加些精料。大型鹅每只每天喂精料(谷实类)0.2 ~ 0.25 kg,小型鹅为 0.15 ~ 0.2 kg。饲喂时,先喂精料,后喂青饲料,然后休息。第 1 次在早晨 5 ~ 7 点时开始喂混合料,然后喂青饲料;第 2 次中午 10 ~ 11 点,第 3 次下午 5 ~ 6 点。在产蛋高峰时，保证鹅吃好吃饱，同时供给充足、清洁的饮水。在产蛋后期时，保证产蛋的营养需要，否则易造成产蛋停止而开始换羽。因此，饲养管理中可增加喂饲次数，每天加喂 1～2 次夜食，或任产蛋母鹅自由采食。产蛋母鹅要饲喂适量的青绿多汁饲料，母鹅饲喂青绿多汁饲料和优质干草粉利于提高母鹅的繁殖性能。

2. 产蛋期鹅的管理

(1) 适宜温度　鹅的羽绒丰满，皮下有脂肪而无皮脂腺，耐寒而不耐热，对高温反应敏感。夏季温度高时，母鹅就会停产，公鹅精子活力下降；每年春节过后气温比较寒冷时，鹅陆续开产，公鹅精子活力较强，种蛋受精率较高。母鹅产蛋的适宜温度是 8～25℃，公鹅生产优质精液的适宜温度是 10～25℃，管理产蛋鹅时要特别注意环境温度的变化。

(2) 适宜光照　鹅对光照反应敏感，产蛋鹅的适宜光照时间一般为 12～14 h。在适宜的环境温度条件下，给鹅增加光照可提高产蛋量。舍饲产蛋鹅在日光不足时补充电灯光源，光源强度 2～3 W/m^2 较为适宜，20 m^2 面积安装 1 只 40～60 W 灯泡，灯与地面距离 1.75 m 左右为宜。补充光照在开产前一个月开始，由少到多，直至达到适宜光照时间。但不同品种在不同季节所需光照不同，如我国南方的四季鹅每个季度都产蛋，所以在每季所需光照不一样。

(3) 通风换气　鹅群长期生活在舍内，会使舍内空气污染、氧气减少，既影响鹅的健康，又可使产蛋量下降。为保持鹅舍内空气新鲜，一方面保持适宜的饲养密度（舍饲 1.3～1.6 只/m^2，放牧条件下 2 只/m^2），另一方面鹅舍要及时通风换气，经常打开门窗，保持舍内空气新鲜。同时及时清除粪便和垫草。

(4) 种蛋收集　大约有 60% 母鹅习惯于在窝外地面产蛋。当母鹅临产前半个月左右，在舍内墙周围安放产蛋箱。产蛋箱的规格是宽 40 cm、长 60 cm、高 50 cm，门槛高 8 cm，箱底铺垫柔软的垫草。每 2～3 只母鹅设一产蛋箱。母鹅一般是定窝产蛋，第 1 次在那个窝里产蛋，以后就一直在那个窝里产蛋。产蛋前母鹅一般不爱活动，东张西望，不断鸣叫。如果发现这样的母鹅，将其捉入产蛋箱内产蛋，以后鹅便会自动找窝产蛋。

母鹅产蛋大多在后半夜至次日早 8 时左右。有些品种鹅在 9～17 点时仍有 20%～30% 的母鹅产蛋。因此，从凌晨 2 点以后，可隔 1 h 用蓝色灯光（因鹅的眼睛看不清蓝光）照明收集种蛋一次，这样既可防止种蛋被弄脏，又可在冬季防止种蛋受冻而降低孵化率。

(5) 卫生管理　舍内垫草需勤换，饮水器和垫草隔开，保持垫草卫生状况良好。经常清除污染的垫草和粪便。舍内定期消毒，特别是春、秋两季结合免疫接种，将饲槽、饮水器和积粪场围栏、墙壁等鹅经常接触的场内环境进行一次大消毒，预防疾病的发生。

（四）休产期鹅的饲养管理

1. 休产期鹅的饲养

休产鹅以粗饲料为主，目的是使母鹅消耗体内的脂肪，促使羽毛干枯、脱落。母鹅日平均饲料用量一般比生长阶段减少 50%～60%，饲料以粗料为主，如青草、青贮玉米秸、糠等。有放牧条件且牧草质量好时，不喂或少喂精料，若放牧条件差，每天补料 2 次。无论补饲次数多少，补料时间必须在放牧前 2 h 左右，防止鹅因放牧前已饱食而不再采食粗饲料。

在停喂精料期间，保证鹅有充足的饮水。经过 12～13 d 后，鹅体消瘦，体重减轻，主翼羽和主尾羽出现干枯现象时恢复喂料。待体重逐渐回升，大约放牧饲养1个月后，进行人工拔羽。

2.休产期鹅的管理

(1)调整鹅群　首先，淘汰生产性能较差的种鹅。母鹅停产后淘汰换羽的公、母鹅、伤残个体以及产蛋性能低、体型小及耻骨间隙在3指以下的母鹅，同时淘汰多余的公鹅。其次，组配新群。在淘汰部分种鹅的同时按比例补充后备种鹅，使鹅群保持旺盛的生产能力。一般母鹅群的年龄结构为1岁种鹅占30%、2岁鹅25%、3岁鹅20%、4岁鹅15%、5岁以上的鹅10%。新组配的鹅群大型鹅公母比例为1:(2.5～3)，中型鹅为1:(3～3.5)，小型鹅为1:(4～4.5)。

(2)人工强制换羽　在自然条件下，母鹅从开始脱羽到新羽长齐需较长时间。为了缩短换羽的时间，确保换羽后产蛋比较整齐，宜采用人工强制换羽。人工强制换羽是通过改变种鹅的饲养管理条件，促使其换羽。首先停止人工光照，停料2～3 d，只提供少量的青饲料，保证充足的饮水；第4天开始饲喂由青饲料加糠麸糟渣等组成的青粗饲料，第10天左右试拔主翼羽和副翼羽，如果试拔不费劲，羽根干枯，则逐根拔除。否则隔3～5 d后再拔1次，最后拔掉主尾羽。拔羽当天禁止鹅下水，同时防止雨淋和烈日暴晒，将鹅圈养在运动场内，防止细菌感染引起发炎等。

第十一章　畜禽疾病防控

畜禽养殖业的持续健康发展受到多种因素的制约，其中疾病的发生严重影响畜禽的生长发育和生产性能，阻碍畜禽的生长发育，甚至造成大规模死亡，给养殖场和养殖户造成重大的经济损失。同时，人兽共患病原通过畜禽或其原材料、产品等传播，威胁人的健康和生命。因此，做好畜禽疾病防控工作，将疾病的危害和影响降到最低，对保障畜禽健康、提升养殖经济效益、保障食品安全和公共卫生安全等具有重大意义。

第一节　畜禽疾病的病因

在畜禽养殖过程中，明确致病原因是畜禽疾病有效防控的前提。畜禽养殖中出现疾病的原因复杂，包括感染性因素和非感染性因素。通过对疾病原因进行分析，针对具体的病因提出科学防控策略，能够有效防止畜禽疾病发生，及时控制疾病传播，防止疾病扩散蔓延。

一、感染性因素

（一）病毒感染

病毒是一类只能在活细胞内增殖的非细胞形态的微生物，极其微小，测量单位用纳米（nm）表示，用电子显微镜（电镜）才能观察到。病毒一般以病毒颗粒或病毒子的形式存在，具有一定的形态、结构及感染性。

感染动物的病毒种类繁多。根据2020年国际病毒分类委员会（International committee on taxonomy of viruses，ICTV）发布的病毒分类报告，目前已知病毒分为55个目、168个科、103个亚科及1 421个属，兽医学重要的病毒目至少23个。病毒感染危害大，影响畜禽的健康和生产性能，某些病毒（如禽流感）感染引起的死亡率很高，造成极大的经济损失；某些病毒（如圆环病毒）感染会引起畜禽免疫抑制，造成机体免疫力下降，易继发其他病原感染和多器官系统衰竭综合征；某些病毒（如轮状病毒）为多种动物共患病原，在多种动物中传播，引起多种动物感染发病；某些病毒（如禽流感）是人兽共患病原，不仅给畜禽养殖业造成巨大的经济损失，还会严重危害人的健康和生命。

（二）细菌感染

细菌是一大类单细胞微生物，其个体微小，形态和结构简单，经染色后在光学显微镜下才能观察到。广义的细菌除一般的细菌外，还包括立克次体、衣原体、支原体、螺旋体及放线菌等。一定种类的病原菌在一定条件下，能够在宿主体内引起感染的能力称为致病性（pathogenicity）。存在于畜禽体内的细菌种类繁多，但并不是所有的细菌对畜禽均有致病性。细菌的致病性是针对宿主而言，同种病原菌对不同的宿主可能有不同的致病性，而不同的病原菌对同一宿主可引起不同的疾病。病原菌致病力的强弱程度称为毒力（virulence），同一细菌的不同菌株的毒力不同，因而毒力是菌株的特征。

细菌致病性的经典依据是科赫法则（Koch's postulates），其要点包括：特殊的病原菌在同一疾病中查见，在健康者体内不存在；此病原菌能被分离培养而得到纯种；此纯培养物接种易感动物能够导致同样病症；自实验感染的动物体内能够重新获得该病原菌的纯培养。随着分子生物学技术的发展，出现了"基因水平的科赫法则"（Koch's postulates for genes），取得的共识包括：在致病菌株中检出某些基因或其产物，而在无毒力菌株中无法检出；如有毒力菌株的某个基因被破坏，则菌株的毒力减弱或消除，或将此基因克隆到无毒菌株中，后者成为有毒力菌株；将细菌接种动物时，该基因在感染过程中表达；在接种动物体检测到该基因产物的抗体，或产生免疫保护。"基因水平的科赫法则"也适用于细菌以外的微生物，如病毒等。

（三）寄生虫感染

一种动物暂时或永久地生活在另一种畜禽的体内或体表获得营养，并给后者带来不同程度的损害，甚至导致后者死亡，前者称为寄生虫（parasite），后者称为宿主（host）。寄生于宿主内部组织器官的寄生虫称为内寄生虫（endoparasite），包括原虫（如弓形虫、隐孢子虫、犬新孢子虫、鸡球虫、巴贝斯虫等）、吸虫（如肝片形吸虫等）、绦虫/绦虫蚴（如莫尼茨绦虫、棘球蚴等）、线虫（如猪蛔虫、捻转血矛线虫等）和棘头虫；寄生于宿主体表的寄生虫称为外寄生虫（ectoparasite），主要是节肢动物，如蜱、螨、虱等。

根据寄生虫的发育特性以及宿主在寄生虫生活史中所起的作用，将宿主分为不同的类型。寄生虫的成虫或有性繁殖阶段所寄生的宿主称为终末宿主（final host，definitive host）；寄生虫幼虫或无性繁殖阶段所寄生的宿主称为中间宿主（intermediate host），具有两个中间宿主时，依寄生虫发育阶段的先后称为第一中间宿主和第二中间宿主，后者又称为补充宿主（complementary host）。

寄生虫可经口、皮肤、胎盘、节肢动物、接触、自身感染等方式感染宿主，以夺取宿主营养、机械性损伤、毒素作用、继发感染等方式对宿主造成危害。暴发性寄生虫病直接引起畜禽大批死亡，慢性寄生虫病引起畜禽生长发育受阻、生产性能降低和饲料报酬下降等。此外，某些寄生虫不仅寄生于畜禽，还可寄生于人，把在脊椎动物与人之间自然传播的寄生虫病称为人兽共患寄生虫病（parasitic zoonoses）。人兽共患寄生虫病除危害畜禽健康外，还对公共卫生、人类健康与社会安全构成严重威胁。

（四）其他病原感染

除上述感染性病原外，常见的引起畜禽疾病的感染性因素还有真菌感染。真菌是一类真核微生物，有复杂的分类系统，一般从形态上分为酵母菌、霉菌及担子菌，前二者对动物有致病性。根据致病作用将病原真菌分为感染性和中毒性两大类，少数真菌在感染动物组织的同时也能产生毒素。感染性病原真菌隶属于组织胞浆菌属、念珠菌属、隐球菌属、肺孢菌属、皮肤癣菌属、丝囊霉菌属、壶菌属等，中毒性病原真菌隶属于青霉菌属、镰刀菌属、葡萄穗霉菌属等。此外，某些曲霉菌属真菌能感染动物，也在寄生的饲料、粮食中产生毒素，畜禽采食后发生中毒。

二、非感染性因素

（一）人为因素

在畜禽生产中，人为因素常常是许多疾病发生的重要因素。首先是饲养人员，其养殖活动直接影响畜禽健康，包括饲养人员的专业技能水平、饲喂饲料的种类和用量、水源的干净和及时供给程度、畜禽发生疾病时的处理方式、药物使用情况等。如在畜禽饲养时投喂过量饲料或饲料质量不佳时，容易导致畜禽出现消化系统疾病；若养殖人员缺乏对畜禽生长状态的实时观察，忽略畜禽在疾病初期的异常表现，或是未能对已经感染或发病的畜禽进行有效隔离治疗、消毒处理等会导致疾病迅速扩散，增加畜禽的患病率及死亡率。此外，养殖场的基础建设、工作管理等也对畜禽疾病的防控工作有极大影响。如在建设养殖场时，没有处理好畜禽舍的通风，或养殖场的排污设施不到位、安装不合理等，均会导致畜禽发生感染或疾病。

（二）畜禽自身因素

幼畜出生时发育缺陷、弱仔，母体孕期营养缺乏造成幼畜发生疾病，或者母体携带的某些病原通过胎盘、哺乳等传给仔畜等。

（三）环境因素

养殖场的环境对畜禽的健康生长具有决定性因素。良好的养殖条件和饲养管理能够有效减少病原数量，抑制病原的繁衍传播，也有利于畜禽生长、繁育以及免疫力的保持和提高，保障畜禽健康成长，提高养殖质量和养殖效率，给养殖户带来预期的经济效益，为养殖企业可持续发展目标的实现创造良好条件。此外，温度、湿度、通风、采光等条件对畜禽养殖影响很大。当气温骤降或骤升时，巨大温差容易导致畜禽发生感冒、中暑等疾病。

第二节　畜禽疾病防控的药物与用药原则

兽药是指用于预防、治疗、诊断畜禽疾病或者有目的地调节畜禽生理机能，并规定作用、用途、用法、用量的物质（含药物饲料添加剂），包括血清制品、疫苗、诊断制品、中药材、中成药、化学药品、抗生素、生化药品、放射性药品及外用杀虫剂、消毒剂等，本节所介绍的药物不包括血清制品、疫苗和诊断制品。正确使用兽药可有效预防和治疗畜禽疾病，减少发病和死亡，而用药不科学不仅影响药物效果，还可能影响畜禽产品的质量和公共卫生安全。因此，实际生产中要科学、规范地使用兽药。

一、影响药物作用的因素

（一）药物方面

1. 药物的化学结构

药物对某一器官组织的选择性与药物的化学结构及组织生化过程的特性有关。药物只有具备与之相适应的化学结构特性，才能参与组织生化过程并改变其机能活动。对药物药理作用有影响的化学结构有药物的基本结构、官能团及光学异构体等。

2. 药物的剂量

当给药时，对机体发生一定反应的药量称为剂量。临床中，剂量一般指防治疾病的常用量。药物要有一定的剂量，在机体吸收后达到一定的药物浓度才能出现药物的作用。有些药物或效应在一定的剂量范围内随着剂量的增加而增强，如中枢镇静剂巴比妥类药物，小剂量产生催眠作用，增加剂量具有镇静、抗惊厥作用，大剂量表现出麻醉作用。有少数药物随剂量或浓度的不同，作用的性质会发生变化，如人工盐，小剂量时健胃，大剂量则表现为下泻作用。需要注意的是，药物剂量过小，达不到有效浓度，不能发挥药物作用；如果剂量过大，超过一定的限度时，会对机体产生毒性。因此，临床需要发挥药物的作用而又要避免其不良反应，必须掌握药物的剂量范围，按照标签或使用说明书合理用药。

3. 药物的剂型

药物剂型是指为了适应治疗或预防的需要而制备的药物应用形式，简称剂型。兽医常用剂型有注射剂、水溶液、散剂、片剂等。剂型是影响药物体内吸收的一个重要因素，包括内服剂型的脂溶性、离解度，内服及注射剂型溶解速度等，与胃肠道及血管的生物膜转运有关。因此，药物剂型在很大程度上决定体内的吸收，影响药物在血液中的浓度及维持时间，进而影响药物的作用，同时新剂型（如缓释、控释、靶向等）也会改进或提高药物的疗效、减少毒副作用、方便临床给药等。

4. 给药方案

给药方案是指包括给药剂型、剂量、途径、时间间隔和持续时间的给药方法。给药途径主要影响生物利用度和药效出现的快慢，静脉注射几乎立即出现药物作用，其他途径依次为肌内注射、皮下注射和内服。疾病治疗选择给药途径时考虑畜禽群体数量，如集约化养殖数量大，注射给药耗费人力、物力，也易引起应激，以多量混饲或混饮的群体给药为宜。此外，大多数药物需要重复给药，给药间隔需要考虑药物的半衰期和消除速度。有些药物给药一次即可奏效，如解热镇痛药、皮质激素类药物等，但大多数药物必须根据一定的剂量和时间多次给药，才能达到治疗效果，称为疗程。

5.药物的相互作用

在临床实践中,常有两种及以上药物合并使用,称为联合用药。联合用药主要是为了增加药物的疗效或为了减轻药物的毒副作用。但是,联合用药有时也可能产生相反的结果。同时使用两种以上药物,它们在机体内的器官、组织或作用部位均可发生相互作用;在使用药物过程中和生产复方制剂时也可发生药物的体外相互作用。此时,临床要考虑药物之间或先后的影响。

(二)畜禽方面

1.种属差异

畜禽品种繁多,解剖、生理特点各异,不同种属畜禽对同一药物的药动学和药效学往往有很大的差异。多数情况下,不同物种表现为量的差异,即作用的强弱和维持时间的长短不同。如牛对赛拉嗪最敏感,其达到化学保定作用的剂量仅为马、犬、猫的1/10;而猪最不敏感,临床化学保定使用剂量是牛的20~30倍。

2.生理因素

不同年龄、性别、妊娠或哺乳的畜禽对同一药物的反应往往有一定的差异,这与机体器官组织的功能状态,尤其与肝药物代谢酶系统有密切关系。老龄畜禽肝肾功能减退,对药物较为敏感,幼龄畜禽及孕畜也较敏感,临床用药时应根据具体情况适当调整剂量。除了作用于生殖系统的药物外,一般药物对不同性别的畜禽作用无差异,只是怀孕动物对拟胆碱药、泻药及能够引起子宫收缩加强的药物较敏感,可能造成流产,临床用药需慎重。哺乳家畜则因大多数药物可从乳汁排泄,造成乳中的药物残留,应严格执行休药期规定。

3.病理因素

药物的药理作用一般是在健康畜禽试验中观察得到的,在病理状态下畜禽对药物的反应性存在一定程度的差异。不同病理因素均能够改变药物在健康机体的转运与转化,影响药物浓度,从而影响药物效应。大多数药物主要通过与靶细胞受体结合发挥作用,不同病理因素可能使药物受体的类型、数目和活性发生变化而影响药物的作用。

4.个体差异

同种畜禽在基本条件相同的情况下,有少数个体对药物特别敏感,称为高敏性;另有少数个体则特别不敏感,称为耐受性。这种个体差异,在最敏感和最不敏感之间的差异约为10倍。药物作用的个体差异还表现在生物转化过程的差异,产生个体差异的主要原因是畜禽对药物的吸收、分布、生物转化和排泄的差异,其中生物转化是最重要的因素。药物代谢酶类(尤其是细胞色素P450)的多态性是影响药物作用个体差异最重要的因素之一,不同个体间的酶活性可能存在很大差异,从而造成药物代谢速率上的差异。此外,个体差异不仅表现为量的差异,有的还表现为质的不同。有些畜禽应用某些药物后产生变态反应,称为过敏反应,如某些马、犬等动物对青霉素过敏。

(三)其他因素

1.饲养管理

畜禽机体的功能状态与药物的作用有密切关系,机体的健康状态对药物的效应产生直接或间接影响，而健康情况主要取决于饲养和管理水平。饲养管理条件的好坏、日粮配合是否合理均影响药物的作用，且许多药物的治疗作用依赖于畜禽机体的抵抗力。如磺胺类药物治疗感染性疾病时，病原体的最后清除依靠机体的防御系统。此外，营养不良、体质衰弱的家畜对药物的敏感性增高，容易出现不良反应，如缺钙的牛羊使用四氯化碳驱除体内肝片形吸虫时容易引起中毒。

2. 环境因素

环境生态条件对药物的作用产生直接或间接影响。环境条件、畜禽饲养密度、通风情况、圈舍温湿度、光照等影响药物的效应和不良反应。如不同季节、温度和湿度影响消毒药、抗寄生虫药的疗效；环境中存在大量有机物时会大大减弱消毒药的作用；通风不良、空气污染（如高浓度的氨气）时增加畜禽的应激反应，加重疾病过程，影响药效。

二、畜禽疾病防控常用药物的种类

1. 抗微生物药

抗微生物药即抗感染药物，是指对细菌、真菌、支原体、立克次体、衣原体、螺旋体和病毒等微生物具有选择性抑制或杀灭作用的化学物质，包括化学合成抗菌药和抗生素，不包括抗寄生虫药。一种或一类抗生素（或抗菌药物）所能抑制（或杀灭）微生物的类、属、种范围称为抗菌谱。仅作用于革兰氏阳性菌或革兰氏阴性菌的药物称为窄谱抗菌药，如青霉素、链霉素、红霉素等。不仅能够抑制细菌，还能够抑制支原体、立克次体和衣原体等抗菌范围广泛的药物称为广谱抗菌药，如四环素类、氟苯尼考、氟喹诺酮类等。抗菌谱是临床合理选用抗菌药物的基础。

（1）化学合成抗菌药　化学合成药物包括磺胺类药物（如磺胺噻唑、磺胺嘧啶、磺胺二甲嘧啶、磺胺甲恶唑、磺胺对甲氧嘧啶、磺胺间甲氧嘧啶、磺胺喹恶啉、磺胺氯吡嗪、磺胺脒等）及其增效剂（如甲氧苄啶、二甲氧苄啶）、喹诺酮类（如氟甲喹、恩诺沙星、环丙沙星、达氟沙星、二氟沙星、沙拉沙星、马波沙星等）、喹恶啉类（如乙酰甲喹，即痢菌净）、硝基咪唑类（如地美硝唑）。

磺胺类药物具有独特优点，包括抗菌谱广、性质稳定、使用方便、价格低廉、国内能大量生产等，特别是甲氧苄啶和二甲氧苄啶等抗菌增效剂的发现，磺胺药与抗菌增效剂联合使用使抗菌作用大大增强，疗效显著提高。因此，磺胺类药物至今仍为畜禽抗感染治疗中的重要药物之一。这类药物的缺点是较易产生耐药性，尤其是对大肠埃希氏菌、金黄色葡萄球菌等。

喹诺酮类药物是人工合成的具有4－喹诺酮环结构的药物，其6位氟取代称为氟喹诺酮类药物。这类药物的特点包括：抗菌谱广，对革兰氏阴性菌、革兰氏阳性菌、支原体等均有作用；杀菌力强，在体外很低的药物浓度即可显示高度的抗菌活性；吸收快、体内分布广泛、组织药物浓度高，可治疗各个系统或组织的感染性疾病；抗菌作用机理独特，与其他抗菌药无交叉耐药性；使用方便，不良反应小等。

喹恶啉类药物乙酰甲喹具有广谱抗菌作用，对革兰氏阳性菌的作用强于革兰氏阴性菌，对猪痢疾密螺旋体的作用尤为突出。但是，高剂量或长时间应用会引起畜禽的不良反应，甚至死亡，家禽较为敏感。需要注意的是，该药只能用作治疗用药，不能用作促生长剂。

硝基咪唑类药物是一类具有抗原虫和抗菌活性的药物，同时具有很强的抗厌氧菌作用。由于本类药物具有致癌作用，许多国家禁止本类药物用于食品动物，我国规定不能用作食品动物的促生长剂。

(2)抗生素　抗生素是细菌、真菌、放线菌等微生物在生长繁殖过程中产生的代谢产物，是在很低浓度下即能够抑制或杀灭其他微生物的化学物质。根据抗生素的化学结构，可将抗生素分为β－内酰胺类、氨基糖苷类、四环素类、酰胺醇类、大环内酯类、林可胺类、截短侧耳素类、多肽类、多烯类、多糖类以及其他类(如赛地卡霉素等)。

β－内酰胺类抗生素是指化学结构中含有β－内酰胺环的一类抗生素，抗菌活性强、毒性低、品种多、适应症广，其抗菌机制主要是抑制细菌细胞壁的合成。兽医临床常用的主要包括青霉素类和头孢菌素类，青霉素类药物包括青霉素、普鲁卡因青霉素、苄星青霉素、氨苄西林、阿莫西林、苯唑西林、氯唑西林等；头孢菌素类又名先锋霉素类，是一类广谱半合成抗生素，包括头孢洛宁、头孢氨苄、头孢噻呋、头孢维星、头孢喹肟等。

氨基糖苷类抗生素的化学结构含有氨基糖分子和非糖部分的糖原结合而成的苷，是由链霉菌或小单孢菌产生或经半合成制得的一类碱性抗生素，前者包括链霉素、新霉素、卡那霉素等，后者包括庆大霉素、小诺霉素等。本类药物的共同特征包括：均为有机碱，与酸结合后形成盐；内服吸收很少，几乎完全从粪便排出，利于肠道感染用药；属杀菌性抗生素，抗菌谱较广，对需氧革兰氏阴性杆菌的作用强，对厌氧菌无效，对革兰氏阳性球菌的作用较弱，但对金黄色葡萄球菌包括耐药菌株较敏感；不良反应主要是损害第八对脑神经(听神经)、肾脏毒性及对神经肌肉有阻断作用。该类药物主要抑制蛋白质合成的全过程(起始、延伸、终止)，为静止期杀菌药。我国批准用于兽医临床的该类药物有链霉素、双氢链霉素、卡那霉素、庆大霉素、新霉素、大观霉素、安普霉素等。

四环素类抗生素为一类具有共同多环并四苯羧基酰胺母核的衍生物，抗菌谱很广，对革兰氏阳性菌和阴性菌、螺旋体、立克次体、支原体、原虫(如球虫、阿米巴虫等)均可产生抑制作用，故称为广谱抗生素，该类药物的作用机制为干扰细菌蛋白质的合成。四环素类抗生素分为天然品和半合成品，前者从不同的链霉菌的培养液中提取获得，如四环素、土霉素、金霉素、地美环素等；后者为半合成衍生物，如多西环素、美他环素、米诺霉素等。天然的四环素类存在交叉耐药性，但天然的四环素类与半合成的四环素类交叉耐药性不明显。我国批准用于兽医临床的本类药物有四环素、土霉素、金霉素、多西环素，其抗菌活性大小依次为多西环素＞金霉素＞四环素＞土霉素。

酰胺醇类抗生素又称氯霉素类，属广谱抗生素，对革兰氏阴性菌和阳性菌均有作用，但对阴性菌的作用较阳性菌强，对肠杆菌尤其伤寒杆菌、副伤寒杆菌高度敏感。氯霉素是第一个人工合成的抗生素，但其严重干扰畜禽造血功能，引起粒细胞及血小板生成减少，导致再生障碍性贫血等，世界各国几乎都禁止氯霉素用于所有食品动物。目前，兽医临床应用的本类药物有氟苯尼考和甲砜霉素。细菌对本类药物可产生耐药性，但发展较缓慢，耐药菌以大肠埃希氏菌为多见；甲砜霉素、氟苯尼考存在完全交叉耐药。

大环内酯类抗生素是由链霉素产生或半合成的一类弱碱性抗生素，具有14～16元环内酯基本化学结构。我国农业农村部批准兽医临床应用的本类抗生素有红霉素、吉他霉素、替米考星、泰万菌素、泰拉菌素、加米霉素等，国外已上市的品种还有格米霉素和泰地罗新。大环内酯类抗生素的抗菌谱和抗菌活性基本相似，主要对多数革兰氏阳性菌、少数革兰氏阴性菌、支原体等有良好作用，其作用机制是影响细菌蛋白质的合成。

林可胺类（林可酰胺类）抗生素对革兰氏阳性菌和支原体具有较强的抗菌活性，对厌氧菌也有一定的作用，但对大多数需氧革兰氏阴性菌不敏感。我国批准用于兽医临床的仅有林可霉素（又称洁霉素）。

截短侧耳素类是由侧耳菌产生的一类广谱的二萜烯类抗生素，是截短侧耳素类半合成衍生物的前体。这类药物具有较好的抗菌活性，能够有效抑制大部分革兰氏阳性菌和部分革兰氏阴性菌。目前，用于兽医临床的本类药物有泰妙菌素和沃尼妙林。

多肽类抗生素是一类具有多肽结构的化学物质。目前我国农业农村部批准用于兽医临床的药物主要有黏菌素、杆菌肽、维吉尼霉素和恩拉霉素。黏菌素又称黏菌素 E、抗敌素，对革兰氏阴性杆菌的抗菌活性强，禁止用于畜禽的促生长。杆菌肽的抗菌谱和抗菌机理与青霉素相似，对革兰氏阳性菌有杀菌作用，包括耐药金黄色葡萄球菌、肠球菌、链球菌，对螺旋体和放线菌也有效，但对革兰氏阴性杆菌无效。

多糖类及其他抗生素主要包括阿维拉菌素、黄霉素和赛地卡霉素。阿维拉菌素主要对葡萄球菌、链球菌、肠道球菌及肺炎球菌等革兰氏阳性菌有效，对革兰氏阴性菌的作用较差，临床可用于预防由产气荚膜梭菌引起的肉鸡坏死性肠炎。

（3）抗真菌药　真菌是真核类微生物，种类繁多，分布广泛，感染后会引起畜禽不同的临床症状。根据感染部位分为两类，即浅表真菌感染和深部真菌感染。前者致病菌为各种癣菌，常侵犯皮肤、羽毛、趾甲、鸡冠、肉髯等，有的在人和畜禽间传播。后者主要侵犯机体的深部组织及内脏器官，引起如念珠菌病、牛真菌性子宫炎和雏鸡曲霉菌性肺炎等。兽医临床应用的抗真菌药有水杨酸、两性霉素 B、制霉菌素、灰黄霉素、酮康唑、克霉唑、氟康唑等。

（4）抗病毒药　病毒感染的发病率和传播速度均超过其他病原体所引起的疾病，严重危害畜禽的健康和生命，影响养殖业生产。病毒病主要依靠疫苗预防，目前临床尚缺乏对病毒作用可靠、疗效确实的药物。兽医临床不主张食品动物使用抗病毒药，主要基于食品动物的大量使用可能导致病毒产生耐药性，使人类的病毒病治疗失去有限的药物资源。在宠物临床上可使用金刚烷胺、吗啉胍、利巴韦林、干扰素等。

2. 抗寄生虫药物

抗寄生虫药是用于驱除和杀灭畜禽体内外寄生虫，以降低或消除其危害的药物，分为抗蠕虫药、抗原虫药和杀虫药。抗蠕虫药又称驱虫药，根据蠕虫种类分为驱线虫药、驱绦虫药和驱吸虫药；抗原虫药根据原虫种类，分为抗球虫药、抗锥虫药、抗焦虫药（抗梨形虫药）和抗滴虫药。杀虫药又分为杀昆虫药和杀蜱螨药。抗寄生虫药物的机制有：抑制虫体内的某些酶和感染虫体的代谢、作用于虫体的神经肌肉系统、干扰虫体内离子的平衡或转运等。在临床驱虫或杀虫时，要合理使用抗寄生虫药物，进行驱虫试验、轮换用药，注意药物残留和休药期等。

驱线虫药主要包括抗生素类（如伊维菌素、阿维菌素、多拉菌素、莫西菌素等）、苯并咪唑类（如阿苯达唑、甲苯达唑、芬苯达唑等）、咪唑并噻唑类（如左旋咪唑、四咪唑等）、四氢嘧啶类(如噻嘧啶、甲噻嘧啶、羟嘧啶等)、有机磷化合物(如敌百虫、敌敌畏、蝇毒灵等)以及其他驱线虫药(如乙胺嗪、碘噻青胺和硫砷胺钠等),驱绦虫药主要有吡喹酮、氯硝柳胺、阿苯达唑、依西太尔、硫双二氯酚等,驱吸虫药主要有三氯苯达唑、硝氯酚、碘醚柳胺、硫双二氯酚、硝碘酚腈、六氯对二甲苯等。

抗球虫药包括聚醚类离子载体抗生素和化学合成抗球虫药。聚醚类离子载体抗生素包括莫能菌素、盐霉素、拉沙洛西、马度米星、赛杜霉素、甲基盐霉素等,化学合成抗球虫药包括地克珠利、妥曲珠利、常山酮、二硝托胺、尼卡巴嗪、氨丙啉、氯羟吡啶、磺胺喹恶啉、磺胺氯吡嗪钠、乙氧酰胺苯甲酯等。一般而言,离子载体类、喹啉类、氯羟吡啶对球虫子孢子和滋养体起作用,尼卡巴嗪、氨丙啉、常山酮、磺胺类主要对后期阶段起作用,地克珠利对艾美耳球虫多数阶段起作用,但对巨型艾美耳球虫仅在有性生殖阶段起作用,氨丙啉和磺胺类对实验室虫株的有性生殖阶段也起作用。

抗锥虫药主要是用于马、牛、骆驼的伊氏锥虫病和马媾疫的防治,主要包括三氮脒(贝尼尔)、喹嘧啶、萘磺苯酰脲(苏拉明)、沙莫林(锥灭定)。应用这类药物时注意:剂量充足,防止过早使役,同时使用两种以上药物 1 ~ 2 年内轮换用药,防止耐药虫株产生。

抗梨形虫药主要用于防控畜禽的巴贝斯虫病和泰勒虫病,主要有三氮脒、青蒿琥酯、硫酸喹啉脲(阿卡普林)、双咪苯脲、间脒苯脲等。抗滴虫药主要用于防控畜禽的毛滴虫病和组织滴虫病,主要有地美硝唑。

杀虫药主要用于杀灭蜱、螨、虱、蚤、蚋、库蠓、蚊、蝇、蝇蛆等外寄生虫,包括有机磷化合物(如蝇毒磷、马拉硫磷、辛硫磷、巴胺磷、二嗪农、敌敌畏等)、拟除虫菊酯类(氰戊菊酯、溴氰菊酯、氟氰胺菊酯、氟氯苯氰菊酯等),以及其他杀虫药(如双甲脒、升华硫、环丙氨嗪、非泼罗尼、氯苯甲醚等)。

3. 消毒防腐药

消毒防腐药是杀灭病原微生物或抑制其生长繁殖的一类药物。消毒药是指能够杀灭病原微生物的药物,主要用于环境、圈舍、畜禽排泄物、用具和器械等非生物表面的消毒。防腐药是指能够抑制病原微生物生长繁殖的药物,主要用于抑制局部皮肤、黏膜和创伤等生物体表的生物感染,也用于食品及生物制品等的防腐。但是,消毒药和防腐药无严格界限,低浓度的消毒药只有抑菌作用,而有的防腐药高浓度时也有杀菌作用。兽医临床将消毒防腐药分为酚类、醛类、醇类、卤素类、季铵盐类(或表面活性剂)、氧化剂、酸类、碱类、染料类等。

环境消毒药主要用于周围环境、圈舍、畜禽排泄物、手术器械等的消毒,常用的药物有苯酚、复合酚、甲醛、戊二醛、氢氧化钠(烧碱)、氧化钙、含氯石灰、二氯异氰尿酸钠(优氯净)、三氯异氰尿酸、二氧化氯、过氧乙酸等。

皮肤、黏膜消毒防腐药主要用于畜禽体表,如皮肤、黏膜、创伤等抗微生物感染,也用于食品及生物制品的防腐。常用于皮肤、黏膜的药物有乙醇、苯扎溴铵、醋酸氯己定(醋酸洗必泰)、癸甲溴铵(百毒杀)、辛安乙苷酸、碘酊、聚维酮碘、过氧化氢、高锰酸钾等。

三、科学用药的基本原则和注意事项

科学用药就是要求最大限度地发挥药物的预防、治疗的有益作用,同时使药物的有害作用(如对靶动物的不良反应、对畜禽食品消费者的危害、对药品使用人员及环境的危害等)降低到最低程度。使用药物的目的是使畜禽机体由病理状态恢复到正常状态,或抑制、杀灭病原体,从而保护机体的正常功能。因此,临床用药时对畜禽、疾病、药物三者均需具有全面系统的知识。畜禽的种属、年龄、性别、疾病的类型和病理学过程、药物的剂型、剂量和给药途径等因素均影响药动学和药效学结果。

1. 坚持预防为主、治疗为辅的原则

畜禽疾病的防控贯彻"防重于治"的原则,一旦发生疾病,经济损失在所难免。此外,有些疾病无法治疗,只能预防。

2. 正确诊断、对症下药

对畜禽所患疾病进行准确诊断,确诊后选用高效低毒的药物是合理用药的依据。畜禽患病时要进行全面系统的检查,有条件的养殖场户到兽医检验单位化验或进行药敏试验,根据诊断结果和畜禽临床表现对症下药。每种药物都有其适应症和禁忌症,切勿乱用和滥用药物,避免造成不良影响。

3. 根据药物性质正确选择药物

使用药物前熟悉药物的药理作用、用法、用量、适应症、不良反应、禁忌症、配伍禁忌等,根据患病畜禽情况和疾病性质正确选择药物,确定剂量、用药途径及合理的配伍,防止和减少不良反应的发生。

4. 选择适宜的给药方法

药物或制剂不同,要求的给药方法各异,有些药物需特定的给药方法效果最佳,如青霉素不宜饮水给药,肌注效果好。此外,疾病不同,给药方法也不同,如危重病例宜采用静脉注射,治疗肠道疾病或肠道驱虫时宜内服给药。

5. 选择合适的剂量、给药时间和次数

临床用药时做到剂量准确,疗程充足,达到预防或治疗疾病的目的,尽可能减少不良反应。

6. 根据畜禽情况用药

临床用药时充分考虑畜禽的种类、性别、年龄与个体差异,根据实际情况调整药物及其用药方案。

7. 合理联合用药、注意配伍禁忌

临床中常将两种或两种以上药物联合应用,发挥协同作用。但是,如果配合不当不仅影响药效,还可能产生拮抗和毒副作用。因此,配伍使用药物时必须清楚配伍禁忌。

8. 注意药物残留问题

兽药残留已成为危害公共食品安全的原因之一。用药前不仅要注意药物的休药期,还要注意在饲料和饮水中不添加激素类药品和禁用药品。

9. 注意病原体的耐药性

药物使用不科学,尤其是当药物剂量不足、疗程不够或长时间使用同一种药物时,病原体易产生耐药性。因此,临床用药时进行联合用药、穿梭用药或轮换用药,延缓同一种药物的长期连续使用产生的病原体耐药性。联合用药即根据不同兽药的作用机理予以配伍,通过药物间的协同作用,合并使用两种或两种以上的兽药以达到治疗复杂疾病的目的。穿梭用药即在畜禽不同生长阶段使用化学结构不同的兽药,如在雏鸡1~21日龄时使用抗生素类抗球虫药,到中期阶段换用化学合成类抗球虫药。轮换用药即一种药物连续使用一定时间后,改换另一种化学结构不同的兽药,如预防鸡球虫病一般以3个月至半年为期限进行轮换。

第三节　畜禽疾病的免疫预防

在畜禽养殖中,对于疾病应贯彻"防重于治"的防控理念,因而免疫预防在畜禽疾病的防控中意义重大。免疫预防的主要措施是接种疫苗。凡接种后使畜禽机体对相应疾病产生免疫力的各种类型的生物制剂统称为疫苗。

一、疫苗的种类

第一代传统疫苗包括灭活疫苗、减毒活疫苗和类毒素,第二代疫苗包括由微生物的天然成分及其产物制成的亚单位疫苗和能激发免疫应答的成分基因重组而产生的重组蛋白疫苗,第三代疫苗的代表是基因疫苗。

(一)灭活疫苗

灭活疫苗又称死疫苗,是选用免疫原性强的病原体,经人工大量培养后用理化方法灭活而制备的疫苗。该疫苗不能在畜禽体内繁殖,比较安全,无毒力返祖现象,有利于制备多价或多联等混合疫苗。但是,灭活疫苗主要诱导产生特异性抗体,为维持血清抗体水平需要多次免疫接种。另外,该疫苗不能诱导细胞毒性T淋巴细胞(CTL)的产生,免疫效果有一定的局限性。

(二)弱毒疫苗

弱毒疫苗又称减毒活疫苗,是由微生物自然毒株通过物理(温度、射线等)、化学(醋酸铊、吖啶黄等)或生物(非敏感畜禽、细胞、鸡胚等)处理,并经连续传代和筛选而培养成的对原宿主致病力丧失或减弱,但仍保留良好免疫原性和遗传特性的毒株;或从自然界筛选的具有良好免疫原性的自然弱毒株经培养增殖后制备的疫苗。此类疫苗类似隐性感染或轻症感染,免疫效果良好、持久,除诱导体液免疫效应外,还产生细胞免疫,经自然感染途径接种还可形成黏膜免疫。但是,该疫苗存在回复突变的风险。

(三)提纯的大分子疫苗

1. 多糖蛋白结合疫苗

该疫苗是将多糖与蛋白载体结合制成的疫苗。许多蛋白质可作为糖类抗原的载体,如破伤风类毒素(TT)、白喉类毒素(DT)、外膜蛋白(OMP)等。结合疫苗能够引起T、B细胞的联合识别,B细胞产生IgG类抗体,显著提高免疫效果。

2. 类毒素疫苗

该疫苗是将细菌外毒素经0.3%～0.4%甲醛脱毒，使其失去致病性而保留免疫原性的制剂，如破伤风类毒素、白喉类毒素、肉毒类毒素等。此外，一些病原微生物的代谢产物（如致病性大肠埃希氏菌肠毒素等）也可制成代谢产物疫苗。

3. 亚单位疫苗

该疫苗是除去核酸等与激发保护性免疫无关成分，从细菌或病毒抗原中分离出蛋白质等免疫有效成分而制成的疫苗。此类疫苗只含有病毒蛋白质，无核酸，使用安全，效果良好，但其成本较高。

（四）基因工程疫苗

1. 基因工程重组亚单位疫苗

利用DNA重组技术将编码病原微生物保护性抗原的基因导入原核细胞（如大肠埃希氏菌）或真核细胞，使其在受体细胞中高效表达，分泌保护性抗原蛋白，提取表达的重组蛋白质，加入佐剂即制成基因工程重组亚单位疫苗。

2. 重组活载体疫苗

利用基因工程技术将编码保护性抗原的基因（目的基因）与病毒或细菌载体基因组重组，筛选表达目的基因的重组病毒或细菌，制成活载体疫苗。目前有多种理想的病毒或细菌载体，如痘病毒、腺病毒、疱疹病毒、沙门氏菌等均可用于活载体疫苗的构建。

3. 基因缺失疫苗

该疫苗是利用基因工程技术将病毒致病性基因进行缺失，获得弱毒疫苗，其产生的免疫应答很容易与自然毒株的抗体反应区别，因而又称为标记疫苗。安全性好，免疫接种与强毒感染相似，免疫效力高，免疫期长。伪狂犬病病毒基因缺失疫苗是目前应用最广的基因缺失疫苗。

4. 基因/核酸疫苗

基因疫苗是把外源的抗原基因克隆到质粒或病毒载体上，然后将重组的质粒或病毒DNA直接注射到畜禽体内，使外源基因在活体内表达，产生以天然蛋白形式出现的抗原，激活机体的免疫系统并能够持续地引发免疫反应。基因疫苗可在体内存在较长时间，不断表达外源蛋白，并能够刺激产生较强和较持久的免疫应答。因质粒载体没有免疫原性，可反复使用。但是，基因疫苗的安全性及刺激产生的体液免疫应答水平均有待提高。

5. 多肽/表位疫苗

多肽疫苗是用化学合成法或基因工程手段合成病原微生物的保护性多肽或表位，并将其连接到大分子载体上，再加入佐剂制成的疫苗。相对于常规疫苗和基因重组疫苗，多肽/表位疫苗不含有对畜禽构成潜在威胁的病毒基因组信息，不存在发生病毒基因与宿主细胞基因的整合或重组，不会对畜禽或人类构成潜在的威胁，是一种安全疫苗。此外，采用多表位组合可以同时防控几种流行病毒毒株或血清型。但是，该类疫苗制造成本高。目前研制成功的多肽疫苗有口蹄疫、乙型肝炎和疟疾多肽/表位疫苗。

6. 转基因植物可饲疫苗

该类疫苗是把编码病原体保护性抗原基因导入植物细胞内,利用稳定表达或瞬时表达外源基因的植物生产出能使机体获得特异抗病能力的疫苗。目前,用转基因植物已成功表达大肠埃希氏菌热不稳定毒素 B 亚单位、口蹄疫病毒蛋白或肽、狂犬病病毒 G 蛋白等。

7. 抗独特型疫苗

利用抗独特型抗体模拟抗原,刺激机体产生与抗原特异性抗体具有同等免疫效果的抗体,由此制成的疫苗称为抗独特型疫苗,又称为内影像疫苗。

二、疫苗的免疫接种

(一)免疫途径

常用的疫苗免疫途径有滴鼻、点眼、刺种、注射、饮水和气雾免疫等,临床中根据畜禽种类、疫苗类型和疫病的特点及免疫程序等选择合适有效的免疫途径。弱毒疫苗尽量模仿自然感染途径接种,灭活疫苗采取注射(皮下、肌肉)方式,保证获得预期的免疫效果。

1. 家禽常用的免疫途径

(1)饮水免疫　饮水免疫是一种省时省力的群体免疫途径,将配制好的疫苗水溶液加入饮水器中,使饮水器内的疫苗水溶液的深度能够浸润家禽的鼻腔甚至眼睛。饮水免疫适用于高效价的弱毒疫苗,如新城疫弱毒疫苗等。

(2)滴鼻、点眼法　滴鼻、点眼法是一种常见的有效的免疫方法,尤其对预防禽类呼吸道疾病具有较好效果,能够刺激呼吸道局部和眼部哈德氏腺产生高水平的分泌性 IgA、IgM 和 IgG,激活黏膜免疫,提高鸡群抵抗病毒感染的能力。活疫苗可采用此途径,但灭活疫苗不可采用。此途径适用于雏鸡的新城疫Ⅱ系、Ⅳ系疫苗和传染性支气管炎疫苗的接种。

(3)气雾免疫　气雾免疫能够在家禽气管、支气管表面形成局部抗体,有效预防病原体从呼吸道侵入,且能够诱导机体产生早期保护。此途径尤其适用于对呼吸道有亲嗜性的疫苗,如新城疫、传染性支气管炎疫苗等。

(4)刺种免疫　刺种免疫诱导机体产生细胞免疫应答,适用于鸡痘疫苗、鸡脑脊髓炎疫苗等。需要注意的是,灭活疫苗不可用刺种免疫。

(5)涂肛或擦肛免疫　仅用于接种传染性喉气管炎的强毒疫苗。

(6)注射免疫　皮下注射是主要的免疫途径,凡是能够引起全身性广泛性损伤的疾病,应用该途径免疫效果较好。对小型伴侣动物和家禽而言,皮下注射显得尤为方便,通常在其颈部背侧疏松皮肤下注射。

肌内注射操作方便、吸收快,但如果注射部位不当,可引起跛行。禽类实施肌内注射的部位通常在胸部肌肉、翅膀近端关节附近的肌肉或大腿部外侧。肌内注射抗体水平上升快,但鸡的应激反应大,容易造成残鸡,且抗体维持时间短,适用于紧急免疫。

2. 家畜常用的免疫途径

(1)口服免疫　口服疫苗是一种刺激局部免疫的便捷、高效的途径。一般使用连续注射器连接 1.0～1.5 cm 乳胶管,将乳胶管插入口腔注射,或直接饮用。该途径适用于牛、羊、猪的布鲁氏菌病疫苗的免疫。需要注意的是，蛋白质的口服免疫途径可导致免疫无应答或口服免疫耐受，且抗原的反复口服免疫可导致全身性免疫反应下降。

(2)皮下注射　皮下注射可选颈部、肩前、腋下、股内侧或腹下皮肤薄、松弛、易移动的部位，注射正确时可见到皮肤局部隆起。

(3)皮内注射　一种非常高效的免疫途径，接种后抗原极易被捕获并随淋巴流输送到局部淋巴结，少量抗原就可诱导机体产生与肌肉注射相当的免疫应答反应。接种时选择皮肤致密、被毛少的部位，如牛宜在颈侧、尾根、肩胛中央，猪宜在耳根后，羊宜在颈侧或尾根内侧。

(4)肌内注射　肌内注射需注意接种位点的解剖学位置，确保抗原充分递呈并暴露于免疫应答细胞。猪选用左、右耳根后颈部的上 1/3 处或臀部，牛选择颈侧部或后臀部肌肉较厚的部位，羊、兔宜在颈部。

(5)鼻内接种　鼻内接种是黏膜免疫途径的一种，已在兽用疫苗中应用多年，包括牛传染性鼻气管炎和副流感疫苗、猫病毒性鼻气管炎和流感疫苗、犬败血性支气管炎疫苗等的免疫。

3. 其他免疫途径

(1)腹腔接种　腹腔接种是通过浆膜递呈免疫机制发挥免疫作用的途径。腹膜面积大、密布血管和淋巴管，吸收能力特强，其接种效果介于黏膜免疫和肌肉/皮下免疫之间，刺激肠道产生分泌性 IgA。

(2)胚内接种　鸡在孵出之前即具有免疫反应性，抵抗病原的早期感染。目前胚内接种对马立克氏病、传染性支气管炎、传染性法氏囊病、新城疫的预防作用已得到证实。使用半自动接种机进行大规模接种，每周可免疫 50 万个鸡胚。

(3)后海穴注射　后海穴位于尾根与肛门之间的凹陷处，又称地户穴、交巢穴。后海穴注射是一种新的免疫途径，具有疫苗用量少、免疫效果优于常规免疫途径的优点。

(二)免疫程序

免疫程序是指根据当地疫情、畜禽机体状况(主要是指母源及后天获得的抗体消长情况)以及现有疫苗的性能选用适当的疫苗，安排在适当的时间给畜禽进行免疫接种，使畜禽机体获得稳定的免疫力。制定科学、合理的免疫程序，并严格按免疫程序接种，才能更好地发挥疫苗的免疫作用，有效控制疫病的流行。临床中根据畜禽的免疫状态和疫病的流行规律，结合当地疫情和各类疫苗的免疫特性，合理安排免疫疫苗种类、预防接种次数和间隔时间，制定合理的免疫程序。

1. 免疫程序制定的科学依据

(1)流行病学因素　不同国家和地区必须根据疫病流行病学特点，包括畜禽年龄、发病率、死亡率，以及疫病流行的强度、时间、周期性和季节性等，结合本地区具体情况制定适合本地区的免疫程序。

(2)免疫学因素　考虑畜禽机体的免疫反应性、不同年龄畜禽对不同抗原的免疫应答能力，各种疫苗产生最好免疫应答的接种次数和合理的间隔时间，疫苗的免疫原性、免疫持续时间，各种疫苗同时接种机体的反应性和免疫应答，以及母源抗体的消失时间等。

(3)具体实施条件　各地实施条件相差很大,特别是偏远的农村地区,由于交通不便和基层兽医队伍不健全,在制定免疫程序时需作特殊考虑。

2. 免疫程序的制定

(1)首次免疫和二次免疫应答　一般初次免疫后 7 d 可诱导初次免疫应答,产生少量的 IgM 和 IgG;初次免疫后 2 周或更长时间后再次接种同种疫苗,即可产生更快、更高的免疫应答反应,在 2~3 d 内 IgG 抗体水平迅速增加,称为二次免疫应答。因此,使用灭活疫苗进行初次接种后,往往需要于首免后 2~4 周进行再次免疫,以促进机体产生更高效和更长持续期的免疫应答。对于减毒活疫苗而言,病原微生物可在宿主体内复制,从而延长机体的免疫应答时间,一般只需接种一次即可获得有效的保护力。

(2)加强免疫　疫苗接种成功后所产生的免疫保护作用并不是终生有效的,都有一定的期限。在完成基础免疫后,经过一定的时间,体内的保护性抗体会逐渐减弱或消失。通常情况下,已初次免疫的畜禽如果处于感染畜禽群体中,会自然接触病原,其免疫力能够得到加强。但是,在绝大多数情况下,这种天然性免疫加强不稳定。因此,为了使机体继续维持必要的免疫力,需要根据不同疫苗的免疫特性在一定时间内进行疫苗的加强接种。对于大多数灭活疫苗来说,一般建议每年接种一次。虽然减毒活疫苗的免疫持续期较灭活疫苗长,但由于个体差异和缺乏持久性抗原刺激导致免疫力降低,建议一年加强免疫一次。

(3)免疫间隔时间　一般根据免疫后抗体的维持时间决定免疫间隔时间。在抗体滴度很高或很低的情况下免疫,均不能产生理想的免疫效果,尽量在抗体水平接近临界线时进行加强免疫。一般首次免疫主要起到激活免疫系统的作用,产生的抗体水平低且维持时间短,与二次免疫的间隔时间要短一些;二次免疫后产生的抗体水平维持时间长,与三次免疫的间隔时间可以延长。有些需经常维持较高抗体水平的疫病,要根据定期抗体监测的结果,确定加强免疫的最佳时间。需要注意的是,在使用两种以上弱毒疫苗时,应相隔适当的时间,避免因免疫间隔太短,影响后一种疫苗的免疫效果。一般两种疫苗之间有干扰作用且需同时使用时至少间隔 1 周。对于有季节性流行特点的疫病,在流行季节前后缩短或延长接种的间隔时间,如猪流行性腹泻、猪流感等常在冬季流行,秋冬季节间隔时间短一些。

(4)选择合适的疫苗　弱毒疫苗、灭活疫苗、单价苗、多价苗、联苗、基因工程疫苗等不同性质的疫苗和不同厂家不同质量的疫苗,其产生免疫所需时间、免疫期的长短、免疫途径、免疫效果和接种反应等均不相同。因此,临床应根据实际情况选择合理的疫苗类型和合理的免疫途径才能达到理想的免疫效果。一般弱毒疫苗和油佐剂灭活疫苗搭配使用,建立局部免疫和全身免疫,达到综合预防疫病的目的。

三、影响疫苗免疫效果的因素

疫苗的免疫应答受到多种因素的影响,许多内外环境因素都能够影响机体免疫力的产生、维持和终止。免疫接种能否达到预期效果不仅取决于疫苗质量、接种途径和免疫程序等外部条件,还取决于畜禽机体的免疫应答能力。

(一)疫苗因素

1. 疫苗质量欠佳

疫苗的质量是免疫成败的关键。弱毒苗接种后在体内有一个适度繁殖的过程,因而接种的疫苗必须含有足量有活力的微生物,否则影响免疫效果。灭活疫苗接种后在体内没有繁殖过程,必须有足够的抗原量,且理想的佐剂应稳定、具有免疫促进作用,刺激性小,无不良反应,吸收好。此外,疫苗中如出现病毒或细菌的含量不足、冻干或密封不佳、油乳剂疫苗油水分层、佐剂颗粒过粗、疫苗反复冻融减效或失效、油佐剂疫苗被冻结或已超过有效期等,均视为质量不合格。

2. 疫苗运输和保存不当

疫苗的科学运输和正确保存是保证免疫成功的重要环节。每种优质的疫苗均须有良好的运输、保存条件和正确的使用方法,才能产生良好的预防效果。疫苗从出厂到使用要经过许多环节,只要某一环节未按照要求贮藏、运输,或由于停电、日光下暴露、反复冻融使疫苗微生物死亡,疫苗效价就会降低或提前失效。即使按时对畜禽进行免疫或加大剂量,其保护率也会大大降低甚至毫无作用,造成免疫失败。

3. 疫苗变质

药瓶破损、封口不严、疫苗稀释后在高温下长时间放置等都可使疫苗受污染而变质。在保存过程中,微生物会随保存时间延长而死亡增多,因而疫苗过期后大部分病毒或细菌死亡、失效,如使用该疫苗就会导致免疫失败。另外,在饮水免疫时,如果水质差、饮水容器不符合要求、饮服疫苗前停水时间短等使机体不能有效吸收疫苗组分,或稀释疫苗用水过量,畜群不能在短时间内饮完,尤其是高温环境更容易使稀释疫苗变质失效。冻干苗多属于活苗,疫苗中的细菌或病毒在真空环境下处于休眠状态,代谢微弱,能量消耗少,不会因代谢产物而污染自身;但若失去真空,疫苗瓶中进入空气,疫苗中的细菌或病毒代谢加强,自身消耗增加,保护物质被氧化,自身被代谢产物污染,进而使疫苗中的细菌或病毒失去抗原性,造成疫苗失效,使用这种疫苗同样会造成免疫失败。

4. 疫苗选择不当

许多疫病的病原有多个血清型或亚型,且不同血清型或亚型的毒力不同,有些交叉保护力差或无交叉保护力。若免疫接种疫苗的血清型或亚型与该病流行病原的血清型或亚型不一致,免疫效果会显著降低,甚至造成免疫失败。因此,针对多种血清型或亚型病原的疫病,考虑使用多价苗或使用当地流行的血清型。需要注意的是,若首免时选择毒力较强的毒株,有时不但起不到免疫保护作用,接种后还会引起疾病。

5. 疫苗间的干扰作用

同一时间或间隔较短时间内,给畜禽以同一途径或不同途径接种两种或两种以上疫苗,不同疫苗可能会产生干扰作用,易造成畜禽机体对其中一种抗原的免疫应答水平显著降低,从而影响疫苗的免疫效果。

(二)畜禽自身因素

1. 带毒免疫

畜禽在免疫接种前已处于某种疫病的潜伏感染期,此时接种与所感染病原体同种抗原性的活疫苗时，畜禽可能出现对疫苗毒株特异性的临床症状，其感染的过程也将延长。

2. 感染疾病

畜禽在感染免疫抑制性疾病时，病原体感染和破坏机体的免疫器官，产生免疫抑制或免疫干扰，导致免疫功能障碍，使机体对疫苗接种的应答反应降低，造成免疫失败。例如，猪的免疫抑制疾病有猪瘟、猪蓝耳病、猪细小病毒病等，鸡的免疫抑制疾病有马立克氏病、鸡传染性法氏囊病和鸡传染性贫血等。此外，当鸡群患过白痢、球虫病、霉菌病、病毒性关节炎等慢性疾病时，其机体免疫应答力也会降低，接种疫苗后容易造成免疫失败。

3. 遗传

畜禽机体对接种抗原有无免疫应答，在一定程度上受遗传控制。畜禽品种繁多，免疫应答各有差异，即使同一品种的不同个体，对同一疫苗的免疫反应强弱也不一致。有的畜禽甚至有先天性免疫缺陷，从而导致免疫失败。例如，鸡群对马立克氏病毒的易感性差别很大，一般肉用鸡较易感、母鸡较公鸡易感、鸡龄越小越易感。另外，有些鸡患有先天性免疫缺陷综合征，包括体液免疫缺陷、细胞免疫缺陷及混合性免疫缺陷，从而导致免疫失败。

4. 母源抗体干扰

由于畜禽个体免疫应答差异及不同批次畜禽群差异等原因，造成母源抗体水平参差不齐。即使同一畜禽群体中不同个体之间母源抗体程度也不一致，母源抗体干扰疫苗在体内发挥作用。如果所有畜禽固定在同一日龄进行接种，母源抗体过高会干扰后天免疫，达不到应有的免疫应答水平，从而影响免疫效果。

5. 被动免疫残留抗体

畜禽机体免疫接种后的残留抗体对再次接种的影响易被忽视。由于前一次免疫接种后机体产生的相应抗体没有降到一定水平，而过早接种或补种与上次抗原性质相同的疫苗，将会导致部分疫苗被机体内残留的抗体中和，进而致使机体产生的免疫力低下而发生免疫失败。

（三）其他因素

1. 免疫接种

每种疫苗根据其病原本身特性、亲嗜性、易感年龄、感染途径的不同，所采取的免疫方法各异，不同免疫方法对提高机体免疫力有不同的效果。未按规定途径和部位接种疫苗，也会使接种的疫苗起不到应有的免疫效果。肌内注射免疫时，出现“飞针”，疫苗根本没有注射进去或注入的疫苗从注射孔流出，造成疫苗注射量不足。饮水免疫时，饮水器不足；滴鼻、点眼时，因求速度不等吸收立即放鸡，使鸡甩头时疫苗损失或漏防等。免疫接种时不使用一次性注射器，不按要求消毒注射器、针头、刺种针及饮水器，多个畜禽混用同一个注射器等，使免疫接种成了带毒传播，反而引发疫病流行。疫苗稀释剂未经消毒或受到污染而将杂质带进疫苗、随疫苗提供的稀释剂存在质量问题、饮水免疫的饮水器未消毒和清洗、饮水器中含消毒药等都会造成免疫效果不理想或免疫失败。

2. 不合理免疫程序

畜禽免疫后或新生仔畜吮乳后，体内的免疫抗体消长有一定规律，需掌握好首免、二免、再免的时机。免疫次数太多、太少或间隔时间太长、太短，都会造成免疫失败。

3. 药物

使用弱毒活疫（菌）苗前后几天，对机体进行喷雾消毒和饮水消毒，或使用抗菌药物，杀灭或抑制疫（菌）苗的病原活性，会降低畜禽机体的免疫应答能力。另外，四环素类、氨基糖苷类、糖皮质激素类等药物对机体免疫系统有破坏或抑制作用，影响畜禽机体对疫苗的免疫应答反应，从而影响免疫效果，造成免疫失败。如果激素类免疫抑制剂使用不当，也可造成免疫失败。

4. 饲养管理问题

营养是机体正常生长发育的基础，饲料中蛋白质等的供给，机体内蛋白质、氨基酸、维生素及微量元素等的正常代谢，与畜禽机体抗体的产生有重要关系。机体在缺乏营养时，如饲料中蛋白质含量不足、缺乏某种维生素，特别是必需氨基酸、必需脂肪酸及微量元素等，都会影响到机体内各种激素的浓度与抗体的生成，导致机体免疫系统机能下降，临床表现为发病率和死亡率增高、生产性能下降。

如果养殖场忽视养殖环境卫生和消毒，栏舍及周围环境中就会存在大量的病原微生物，畜禽长期生活在不卫生的环境中，随时会遭到病原体的侵袭，机体的防御机能处于疲劳状态，其免疫系统受到抑制，此时接种疫苗不能产生预期的免疫应答，往往达不到最佳的免疫效果。免疫接种后需要一段时间才能产生免疫力，有效抵抗相应病原体的侵袭。畜禽机体处于免疫阴性期（产生良好免疫效力前）或机体尚未完全产生抗体之前，如果环境卫生状况太差，造成其他病原侵入，这时的发病情况有可能比不接种疫苗时还要严重。一些养殖场为追求经济效益，不考虑物质基础和技术条件，畜禽养殖数量超负荷，密度过大，通风不良，空气中有害气体浓度过高，应激频繁，使机体的免疫应答能力降低，造成免疫失败。因此，如果没有采取综合性防治措施，消毒制度不严格，即使有良好的免疫程序，也很容易感染发病，造成免疫失败。

5. 饲料

在高温高湿条件下，尤其是在热带地区，饲料原料容易发生霉变，含有的黄曲霉毒素可造成胸腺、法氏囊萎缩，毒害巨噬细胞使其不能吞噬病原微生物，从而抑制机体免疫。

6. 化学污染

来自工业废水、废物、化肥、除真菌剂、除草剂、鼠药、汽车尾气、油漆中的铅、锡、汞、砷等重金属，农药中的卤化苯以及杀虫剂等，均可损伤畜禽淋巴细胞和巨噬细胞，对畜禽免疫系统有一定抑制作用，从而造成免疫失败。

7. 应激

应激是机体对不同刺激的非特异反应的总和，是处于健康与疾病之间的一种亚健康状态。饲养密度过大、通风不良、过于潮湿、环境温度骤变（炎热或寒冷）、断奶、转群、更换饲料、免疫接种、机械噪声、长途运输等因素都可使畜禽发生应激。畜禽产生应激后，首先刺激脑垂体产生促肾上腺皮质激素释放激素，然后再刺激肾上腺皮质产生肾上腺皮质激素。肾上腺皮质激素能够损伤淋巴细胞、抑制巨噬细胞、增加免疫球蛋白的分解代谢，使淋巴组织发生退行性病变，法氏囊、胸腺、脾脏等主要免疫器官萎缩，从而引起免疫机能衰退，造成免疫失败。

第四节　畜禽疾病的防治

疾病是畜禽机体在一定条件下与致病因素相互作用而发生的损伤与抗损伤的斗争过程，此过程会引起畜禽机体功能、代谢和形态结构的一系列改变，机体内外环境之间的相对平衡状态发生紊乱，出现相关的发病症状，降低畜禽的生产能力和经济价值，甚至危及畜禽生命。因此，在畜禽养殖中应针对疾病的致病因素，制定相应的防治措施，减少和阻断畜禽疾病的发生。

一、畜禽疾病的分类

在畜禽养殖中，疾病的种类繁多，不同畜禽的疾病也有所不同，同一种疾病在不同的畜禽或同一畜禽不同年龄段的表现亦有差异，因此需要对疾病进行分类，便于采取有效的防治措施。

（一）按照疾病经过分类

根据病势缓急和病程长短不同，将疾病分为最急性型、急性型、亚急性型和慢性型。在畜禽养殖实践中，急性型、亚急性型和慢性型间并没有严格的界限，一定条件下可相互转化。

1. 最急性型

病程短促，仅数小时。患病畜禽突然死亡，死前无明显症状，病理变化常不显著，如炭疽、绵羊快疫等。

2. 急性型

病程进展快速，数小时到 2 ~ 3 周不等。患病畜禽常伴有急剧而明显的临床症状（如发热、疼痛、神经症状等），如鸡新城疫、急性猪瘟等。

3. 亚急性型

病程 3 ~ 6 周，临床症状较轻，介于急性型和慢性型之间，如疹块型猪丹毒等。

4. 慢性型

病程迁延较久，进行缓慢，经过时间较长，6 周以上至数年不等。患病畜禽症状常不明显，日渐消瘦，如结核、慢性马传染性贫血等。

(二)按照疾病原因分类

畜禽疾病的病因包括感染性因素和非感染性因素,其中感染性因素中的病毒、细菌和真菌等感染引起畜禽的传染病,而寄生虫感染引起畜禽的寄生虫病,传染病和寄生虫病统称疫病,对畜禽的危害大。

1. 传染病

由致病微生物(病毒、细菌和真菌等)侵入机体并在体内进行生长繁殖而引起的具有传染性的疾病,如口蹄疫、猪瘟、禽流感、鸡新城疫等。

2. 寄生虫病

由各种体内外寄生虫暂时或永久地寄生于畜禽体表或体内所引起的疾病,如球虫病、蛔虫病、疥螨病等。

3. 普通病(非传染性疾病)

由一般致病因素所引起或由某些营养物质缺乏或过剩所引起的疾病,主要包括内科、外科和产科疾病,如中毒、外伤、疝气、奶牛酮病等。

(三)按照患病器官系统分类

为了方便对疾病的分析,普通病常按此方法分类,如心血管系统、血液和造血系统、呼吸系统、消化系统、泌尿生殖系统和神经系统等疾病。

(四)按照同时发病畜禽多少分类

一般可分为群发病和散发病两大类。传染病、寄生虫病多为群发,群发病根据其流行方式又可分为地方性、地方流行性和大流行性疾病。普通病多为散发,但某些中毒病和营养缺乏,特别是微量元素缺乏,常与某一地区饲料和土壤特性有关,常呈地方性流行。

二、动物疫病的种类和防治

(一)动物疫病的种类

根据动物疫病对养殖业和人体健康的危害程度,《中华人民共和国动物防疫法》(中华人民共和国第十三届全国人民代表大会常务委员会第二十五次会议于2021年1月22日修订通过,自2021年5月1日起施行)将动物疫病分为三类:一类疫病,是指对人、动物构成特别严重危害,可能造成重大经济损失和社会影响,需要采取紧急、严厉的强制预防、控制等措施的疫病;二类疫病,是指对人、动物构成严重危害,可能造成较大经济损失和社会影响,需要采取严格预防、控制等措施的疫病;三类疫病,是指常见多发病,对人、动物构成危害,可能造成一定程度的经济损失和社会影响,需要及时预防、控制的疫病。我国一、二、三类动物疫病具体病种名录由国务院农业农村主管部门制定并公布,目前具体病种名录主要依据中华人民共和国农业农村部第573号公告(2022年6月23日),见表11-1。

表 11－1　我国一、二、三类动物疫病具体病种名录

动物疫病分类	病种名称
一类动物疫病	口蹄疫、猪水疱病、非洲猪瘟、尼帕病毒性脑炎、非洲马瘟、牛海绵状脑炎、牛瘟、牛传染性胸膜肺炎、痒病、小反刍兽疫、高致病性禽流感。
二类动物疫病	多种动物共患：狂犬病、布鲁氏菌病、炭疽、蓝舌病、日本脑炎、棘球蚴病、日本血吸虫病。 牛：牛结节性皮肤病、牛传染性鼻气管炎、传染性脓疱外阴阴道炎、牛结核病。 绵羊和山羊：绵羊痘、山羊痘、山羊传染性胸膜肺炎。 马：马传染性贫血、马鼻疽。 猪：猪瘟、猪繁殖与呼吸综合征、猪流行性腹泻。 禽：新城疫、鸭瘟、小鹅瘟。 兔：兔出血症。
三类动物疫病	多种动物共患：伪狂犬病、轮状病毒感染、产气荚膜梭菌病、大肠杆菌病、巴氏杆菌病、沙门氏菌病、李氏杆菌病、链球菌病、溶血性曼氏杆菌病、副结核病、类鼻疽、支原体病、衣原体病、附红细胞体病、Q 热、钩端螺旋体病、东毕吸虫病、华支睾吸虫病、囊尾蚴病、片形吸虫病、旋毛虫病、血矛线虫病、弓形虫病、伊氏锥虫病、隐孢子虫病。 牛：牛病毒性腹泻、牛恶性卡他热、地方流行性牛白血病、牛流行热、牛冠状病毒感染、牛赤羽病、牛生殖道弯曲杆菌病、毛滴虫病、牛梨形虫病、牛无浆体病。 绵羊和山羊：山羊关节炎/脑炎、梅迪－维斯纳病、绵羊肺腺瘤病、羊传染性脓疱皮炎、干酪性淋巴结炎、羊梨形虫病、羊无浆体病。 马：马流行性淋巴管炎、马流感、马腺疫、马鼻肺炎、马病毒性动脉炎、马传染性子宫炎、马媾疫、马梨形虫病。 猪：猪细小病毒感染、猪丹毒、猪传染性胸膜肺炎、猪波氏菌病、猪圆环病毒病、格拉瑟病、猪传染性胃肠炎、猪流感、猪丁型冠状病毒感染、猪塞内卡病毒感染、仔猪红痢、猪痢疾、猪增生性肠炎。 禽：禽传染性喉气管炎、禽传染性支气管炎、禽白血病、传染性法氏囊病、马立克病、禽痘、鸭病毒性肝炎、鸭浆膜炎、鸡球虫病、低致病性禽流感、禽网状内皮组织增殖病、鸡病毒性关节炎、禽传染性脑脊髓炎、鸡传染性鼻炎、禽坦布苏病毒感染、禽腺病毒感染、鸡传染性贫血、禽偏肺病毒感染、鸡红螨病、鸡坏死性肠炎、鸭呼肠孤病毒感染。 兔：兔波氏杆菌病、兔球虫病。

(二)动物疫病的防治

现行的《中华人民共和国动物防疫法》规定，我国动物防疫实行预防为主，预防与控制、净化、消灭相结合的方针。

发生一类动物疫病时，所在地县级以上人民政府农业农村主管部门应当立即派人到现场，划定疫点、疫区、受威胁区，调查疫源，及时报请本级人民政府对疫区实行封锁；县级以上地方人民政府应当立即组织有关部门和单位采取封锁、隔离、扑杀、销毁、消毒、无害化处

理、紧急免疫接种等强制性措施；封锁期间，禁止染疫、疑似染疫和易感染动物、动物产品流出疫区，禁止非疫区的易感染动物进入疫区，并根据需要对出入疫区的人员、运输工具及有关物品采取消毒和其他限制性措施。

发生二类动物疫病时，所在地县级以上地方人民政府农业农村主管部门应当划定疫点、疫区、受威胁区；县级以上地方人民政府根据需要组织有关部门和单位采取隔离、扑杀、销毁、消毒、无害化处理、紧急免疫接种、限制易感染的动物和动物产品及有关物品出入等措施。

经临床诊断、流行病学调查或实验室检测综合研判认定为三类动物疫病的，所在地县级、乡级人民政府应当按照国务院农业农村主管部门的规定组织防治。需要注意的是，三类动物疫病发生率、死亡率、传播速度出现异常升高等情况，或呈暴发性流行时，应当按照动物疫情快报要求进行报告。此外，二、三类动物疫病呈暴发性流行时，需按照一类动物疫病处理。

三、常见人兽共患病的种类和防治

人兽共患病（Zoonoses）是指在脊椎动物与人类之间自然传播的、由共同的病原体引起的、流行病学上又有关联的一类疾病。目前，列入中华人民共和国农业农村部第571号公告（2022年6月23日）名录中的人兽共患病有牛海绵状脑病、高致病性禽流感、狂犬病、炭疽、布鲁氏菌病、弓形虫病、棘球蚴病、钩端螺旋体病、沙门氏菌病、牛结核病、日本血吸虫病、日本脑炎（流行性乙型脑炎）、猪链球菌II型感染、旋毛虫病、囊尾蚴病、马鼻疽、李氏杆菌病、类鼻疽、片形吸虫病、鹦鹉热、Q热、利什曼原虫病、尼帕病毒性脑炎、华支睾吸虫病。

中华人民共和国农业农村部印发的《全国畜间人兽共患病防治规划（2022—2030年）》将人兽共患病分为三类：重点防治病种（8种），即高致病性禽流感、布鲁氏菌病、牛结核病、狂犬病、炭疽、棘球蚴病、日本血吸虫病、马鼻疽；常规防治病种（14种），即弓形虫病、钩端螺旋体病、沙门氏菌病、日本脑炎（流行性乙型脑炎）、猪链球菌II型感染、旋毛虫病、囊尾蚴病、李氏杆菌病、类鼻疽、片形吸虫病、鹦鹉热、Q热、利什曼原虫病、华支睾吸虫病；外来防范病种（2种），即牛海绵状脑病、尼帕病毒性脑炎。

对于重点防治的病种，如高致病性禽流感落实免疫、监测、扑杀等措施，对布鲁氏菌病坚持免疫与净化相结合的综合防治措施，对牛结核病严格落实监测净化、检疫监管、无害化处理等措施，对狂犬病落实强化免疫、监测流调、疫情处置等关键措施，对炭疽要强化监测排查、应急处置、针对性免疫、检疫监管等措施，对棘球蚴病实施以控制传染源为主、中间宿主防治与病人查治相结合的综合策略，对日本血吸虫坚持以控制传染源为主的综合策略，对马鼻疽实施消灭计划。对于常规防治病种，日本脑炎、猪链球菌II型感染和鹦鹉热等具有有效疫苗的病种，在流行区域对易感家畜接种疫苗；对旋毛虫病、囊尾蚴病等以屠宰场为重点，严格宰后检疫检验，做好污染肉品的无害化处理；对其他常规病种，加强饲养管理、消毒、无害化处理、治疗、净化等工作，防止畜禽和人员感染。对于外来防范病种，加强国际畜禽疫情监视，做好传入风险分析和预警；加强联防联控，强化入境检疫和边境监管，提高人兽共患病发现识别和防治能力；在边境、口岸等高风险区域开展应急演练，提高应急处置能力。

第十二章　畜产品质量与安全

第一节　畜产品质量安全概述

世界卫生组织（World Health Organization，WHO）对食品质量安全的定义：按其原定用途进行制作和食用时不会使消费者受害的一种担保，它主要是指在食品的生产和消费过程没有达到危害程度的有毒剂量、有害物质或因素的加入，从而保证人体按正常剂量和以正确方式摄入这种食品时不会受到急性或慢性的危害，这样的危害包括对摄入者本身及其后代的不良影响。畜产品质量安全是指畜产品中不应含有影响人体健康的因素。在畜产品生产加工与市场流通过程中，应针对畜产品的质量问题进行严格管控，保证人们在食用畜产品时的安全性，避免畜产品内部有慢性毒害物质的出现，从而影响到消费者的身体健康。因此，为保障畜产品的质量安全，促进我国社会的稳定发展，应针对影响畜产品质量安全的因素进行分析，并且根据实际情况提出相关保障措施。

畜产品中蛋白质、维生素、矿物质等营养价值较高，要保障人们食用的畜产品的质量安全，就需要选择科学有效的监管措施，保证畜产品加工结构的优化和改善，确保相关工作人员可以对畜产品的质量安全情况进行高效的管控，充分展现管理的作用及效果。围绕影响畜产品质量安全的因素，加大监督监管力度，认真完善畜产品质量安全的保障措施，保证畜产品生产加工各个环节的质量安全，从而满足消费者对畜产品的各项指标需求，保证优质蛋白质等营养素的充足供给。

一、影响畜产品质量安全的因素

（一）畜禽疾病防治

畜禽疾病对畜产品质量与安全的影响不容忽视。近年来，国内外非洲猪瘟、疯牛病、口蹄疫、禽流感等多种动物传染病此起彼伏，对畜产品质量安全和人体健康造成了较大威胁。与畜产品质量安全关系密切的畜禽疾病危害主要包括：新型病毒种类增多，导致传染病流行；药物滥用导致的畜禽营养代谢疾病或中毒性疾病比较突出；抗生素的使用导致细菌产生了耐药性，细菌性传染病越来越难控制等。另外，发病畜禽产品流入市场，造成偶发性寄生虫病等人兽共患病，同样会危害人体健康。

自20世纪90年代初以来，畜牧业规模化、商业化得以长足发展，得益于兽药在畜牧业生产中的广泛运用，降低了畜禽死亡率，缩短了饲养周期，提高了畜产品产量。我国各地的畜禽养殖管理水平层次不同,以家庭养殖为主要模式,畜禽疫病繁多而复杂,兽药的使用对养殖业高速发展起到了关键性作用。畜牧工作者通过在畜禽日粮或饮水中添加各种亚治疗剂量抗微生物药物、激素及其他生长促进剂的方法,达到了降低畜禽死亡率、促进畜禽生长、提高畜禽生产性能、提高饲料转化率以及改善畜禽产品品质等目的。但是,在降低畜禽发病率和死亡率、促进生长、提高产量和改善产品品质的同时,不可避免地造成了畜产品中的药物残留。目前,非法使用违禁药物、任意加大药物剂量、不遵守休药期等滥用药物现象,是造成畜产品中兽药残留超标的主要原因。当人们食用了兽药残留超标的畜产品后,可能会产生过敏、畸形、癌症等不良后果,甚至直接危害人体健康和生命安全。

(二)有毒有害物质污染

在饲养过程中,畜禽会受到外部环境中病原微生物和各种有毒有害物质的污染,这些污染物一旦进入畜禽体内,即使摄入量小,在其产品中的残留或蓄积,既可引起畜产品质量安全问题,也可能引起人体的急性或慢性中毒。

农业污水灌溉时存在许多有害化学物质,如汞、砷、铅、铬、锡等金属毒物和氟化物等非金属毒物,随着污水的排放,水体、大气和土壤等自然环境受到污染,并且间接污染了畜禽饲养环境及饲料原料,进而造成畜产品的污染;有些畜禽养殖场选择不合理,如养殖场建设在工业污染区附近,给畜禽养殖环境带来严重影响,由于畜禽在大量工业污染气体和粉尘等影响下,通过呼吸、进食等途径吸收了大量污染物,一方面有害物质存留在畜禽体内,另一方面体外接触到环境污染物,给畜产品质量安全带来巨大的隐患;有些小规模养殖场相对简陋,缺少基础配套设施,整体养殖环境较差,主要问题是卫生情况不良、生存空间狭窄、圈舍空气不流通等,再加上畜禽舍采光不足、活动空间受限等,因而在养殖环境中很容易滋生病原微生物,引发畜禽上呼吸道疾病或其他流行性疾病等,从而引起大规模畜产品质量安全问题。另外,畜产品质量安全问题集中体现在畜禽粪便等没有科学处理而直接破坏环境,从而间接影响肉、蛋、奶等畜产品质量安全。

在提高畜产品质量安全措施中,畜禽养殖环境的优化是重要内容之一。养殖环境质量直接关系畜产品的质量安全。养殖环境作为决定畜产品质量安全的重要影响因素,应在养殖前科学建设畜禽养殖场,通过净化环境卫生而保证畜产品的质量安全。首先应考虑养殖场地的选择,养殖场地势较高、水质优良充足、通风及采光条件良好,同时远离工业生产区,与铁路、公路等交通要道之间保持一定距离,选址科学合理,有利于标准化建设。

饲料作为养殖必不可少的基础物质,需要保证畜禽饲料的品质安全,提高畜产品质量。我国农业农村部等部门出台了有关的法律法规,对饲料生产和销售的准入门槛进行严格把控,明确规定畜禽饲料中不得使用激素、防腐剂、兴奋剂等违规添加剂,对违法行为制定了严格的处罚措施,同时大力打击欺诈销售行为和非法生产行为。

(三)畜产品贮运与加工

畜产品生产、加工、贮运和销售的环境与加工设备、器械的卫生条件等直接关系到畜产品的质量。例如,小规模屠宰厂环境卫生不达标,屠宰设备、加工条件落后,污水污物等无害化处理设施不健全,则难以保证畜产品的安全卫生。

畜产品在流通过程的各个环节都可能造成微生物污染。由于畜产品具有品种多样且成分复杂、易腐败变质、保鲜不易的自然属性，同时又受小型加工厂生产方式落后、流通方式多样化等因素限制，导致畜产品在流通环节的二次污染是影响畜产品质量安全的重要因素之一。加工场所、加工器械和容器的卫生条件直接关系到畜产品质量。贮藏温度是影响畜产品品质的首要因素，常温保存增加了畜产品污染、腐败、变质的概率。如果贮藏温度不合适，生鲜畜产品会造成致病菌的快速繁殖；不达标的包装材料中含有的有害化学物质也会造成污染；不卫生、不密封的运输工具或运输方式可能造成畜产品污染，在畜产品流通过程中可能出现病原微生物、化工制剂和微生物毒素污染。另外，个别畜产品加工经营者为使动物性食品外观鲜亮好看，在加工贮藏过程中非法过量使用漂白粉或色素等物质；为延长产品货架期，超量添加抗生素等。众所周知，一些化学合成的添加剂具有一定的毒性和致癌性，危害人体健康。例如，防腐剂硼酸引起恶心呕吐、腹疼、血压下降等，工业用漂白剂甲醛、次硫酸钠产生甲醛、亚硫酸等有毒物质。

二、保障畜产品质量安全的措施

（一）控制畜产品中的有害物质

畜产品质量安全事关人民身体健康和生活质量，只有提升畜产品质量安全水平，才能满足消费者吃上“放心肉”、“放心蛋”、喝上“放心奶”的基本要求。近年来，畜产品质量安全面临的形势比较严峻，主要原因包括：微生物引起的食源性疾病，主要为细菌性食物中毒；兽药不合理使用引起的畜产品中有毒有害物质超标；饲料原料和产品加工不合格造成的有害物质残留；畜产品经营和流通环节中，不法商贩违法添加各种添加剂。因此，只有从源头上强化畜产品质量安全管理，才能满足消费者对畜产品质量安全提升的需求。

（二）降低动物源细菌耐药性

细菌耐药性是一个复杂的多因素问题。药物应用时间越长、使用范围越广，细菌的耐药性往往越严重。由于一些养殖户缺乏药物使用的相关知识和安全意识，因而在饲养过程中滥用药物、随意配伍、加大剂量。事实上，有些药物配伍并不会增强药效反而产生拮抗作用，例如磺胺类药与青霉素合用会降低青霉素的使用效果。随意加大药物的治疗剂量不仅会促进细菌产生耐药性，还会导致畜禽出现药物反应，甚至中毒死亡。控制动物源性细菌耐药性涉及多个方面：如相关产业立法和监督、畜禽业合理使用抗生素、动物疾病预防和控制、耐药性环境监测和宣传、新疫苗和抗生素的研发等。目前我国动物源性细菌耐药性已经受到政府、科研院所、养殖场的高度重视，研究成果用于指导养殖和疫病防控，均收到了良好效果。

（三）防控重大疫病的发生

在畜禽养殖过程中，很多养殖户在扩大养殖规模时存在很大的随意性，防控措施不力，导致动物疫病发生后危害较大。如果多种疫病混合感染，危害更加严重，临床症状十分复杂,诊断难度较大。某些特大传染性疾病发生后,不但会造成大量畜禽死亡,导致严重的经济损失,而且一些人兽共患病还会危害人类健康,影响人们的正常生产和生活。另外,由于现代规模化、集约化畜禽养殖集中度较高,物流发达,调运转移十分频繁,人群更容易受到传染性疾病的侵袭。

在动物疫病防控中,疫情的应急处理和传染控制程度反映出一个国家动物防疫发展水平,同时也体现出畜禽产品质量安全控制水平。国内外暴发流行的高致病性人兽共患病,如疯牛病、禽流感等,不仅对畜禽养殖业造成巨大损失,还对人类身心健康造成很大负面影响。针对曾经发生在我国的这类疫病,当地政府果断采取及时隔离、扑杀、消杀、无害化处理等措施,使得疫情得到有效控制,避免了更大经济损失。新时期面对新疫情,应积极做好动物防疫工作,随着畜禽养殖规模不断扩大,防控疫情传播形势也愈加严峻,做好食品安全保护工作,是目前防控畜禽重大疫病的重点工作。

(四)完善畜产品质量监管体系

欧盟、美国、日本等发达国家的畜产品安全监管采取以卫生和农业部门为主,其他相关部门为辅,多部门协调共同管理的体制。在质量安全检验上,均采用强制性与自愿性检验相结合的方法,基本形成了一套相对完整的法律体系。我国可以借鉴发达国家成熟的经验,结合我国对畜产品需求复杂多样的实际情况,形成具有自身特色的法律法规体系。健全畜产品安全生产监管体系,对畜产品生产实施全程有效监控,配置必需的检测设施,成立畜产品安全检测中心,或与第三方检测机构合作,全面提高产地、市场、运输、屠宰检疫覆盖面,加强鲜活畜产品的检疫检验工作;适时进行畜产品安全追溯机制建设,有效控制重大动物疫病的输入和蔓延,促进畜产品安全生产。

第二节　有毒有害物质对畜产品质量安全的影响

一、乳品中常见的有毒有害物质及其影响与控制

(一)有害微生物的影响与控制

在乳品的生产和加工过程中,以微生物污染最为常见,同时也存在机械杂质、不良气味等其他因素的污染。微生物来源广泛,从挤乳、收乳到加工,各个环节中所用的工具及环境、操作人员等都会成为鲜乳中微生物的来源,有时乳池及乳头导管中就已经存在细菌。

乳中存在的微生物主要包括乳酸菌群、丙酸菌、芽孢杆菌、霉菌和酵母菌等,其中耐热芽孢菌残留引起的乳品变质是影响超高温液态乳制品保质期的一个重要因素。例如,枯草芽孢杆菌会利用蛋白质、淀粉及糖类分解色氨酸而形成吲哚;广泛分布于土壤、水、空气中的蜡状芽孢杆菌具有很强的抵抗力,在动物肠道中产生呕吐型和腹泻型两种肠毒素;嗜热脂肪芽孢杆菌的孢子在芽孢杆菌属中最耐热,对营养环境非常敏感,而降低温度可使其营

养细胞失活。另外，普遍存在于自然界中的嗜冷菌主要生存在不干净的水、土壤中，它会在清洗不干净或者消毒不彻底的盛乳容器、滤网、乳品加工设备表面滋生，进而影响乳品质量。一般情况下，原料乳中的嗜冷菌可以通过杀菌处理来杀灭，但其产生的胞外蛋白酶对热有很强的抵抗力，能够抵抗高温短时杀菌（HTST）或超高温瞬时杀菌（UHT）处理。

1. 生产前处理的控制

奶畜的养殖环境是非常重要的一个环节，饲料、水、土壤、垫草以及奶畜的粪便会沾到体表，增加生鲜乳感染嗜热菌的可能。挤奶时前三把奶要弃去，因为其中可能含有大量的细菌，而且要在挤奶前彻底清洗奶畜乳房；定期有针对性地对养殖环境进行消毒，控制环境中的耐热菌；空气中的漂浮物可能含有大量微生物，因而畜舍要保持良好的通风状况。

在保持良好的养殖环境的同时，加强对奶畜乳房炎的检测，禁用患病奶畜的生鲜乳。保持畜体卫生，夏季注意做好相应的灭蚊、灭蝇以及消毒工作。挤奶后将生鲜乳冷却至4℃以下，尽量进行冷链运输。

2. 生产过程的控制

生产车间的空气浮尘中可能含有芽孢杆菌，因而车间的卫生环境要进行严格的消毒管理。在生产加工以及销售场所要安装紫外杀菌灯，定期对空气进行杀菌消毒。耐热芽孢菌可能污染乳品生产管道，贮藏在设备的内部，因而对生产加工设备要进行高频、定期消毒。生鲜乳在饮用前要进行高温瞬时杀菌，杀灭可能萌发的耐热芽孢菌。生鲜乳进行热杀菌后，如果不立即使用，为避免耐热芽孢菌的污染，应立即在0～4℃冷藏保存。

（二）引发乳房炎微生物的影响与控制

奶畜乳房炎以其较高的发病率、较低的治愈率和复杂的发病机制，成为奶业中花费成本最高的疾病。奶畜乳房炎可由多种病原体感染引起，主要病原菌属包括葡萄球菌属、肠杆菌属、链球菌属以及克雷伯氏菌属，其中金黄色葡萄球菌、大肠埃希菌、肺炎克雷伯菌、无乳链球菌和凝固酶阴性葡萄球菌占较大比例。一般动物乳房炎分为传染性乳房炎和环境性乳房炎。传染性乳房炎的病原体主要为金黄色葡萄球菌和无乳链球菌等，大多在奶畜的乳头管中定植和增殖，并通过挤奶工具等直接传播并感染其他健康奶畜。因此，正确维护挤奶设备、挤奶后乳头消毒和干奶期治疗，对预防传染性乳房炎病原体非常重要。环境病原体通常存在于畜群生活的环境中，当奶畜的天然免疫力较弱时，细菌会趁机进入乳头，引起临床乳房炎，例如链球菌属的乳房链球菌、肠杆菌类的大肠埃希菌及假单胞菌属等。因此，环境感染的控制，可通过减少乳头末端暴露于环境中和通过抗生素干预，也可通过接种疫苗提高奶畜对细菌的抵抗力来实现。

奶畜发生乳房炎感染时，机体产生大量的白细胞用于消灭病原菌和修复损伤的组织，由此产生大量的白细胞、菌体和组织物聚集，堵塞部分乳腺导管，影响乳汁排出，使部分乳腺失去泌乳功能，导致泌乳细胞的总量减少，甚至终止产奶，特别是隐性乳房炎容易被忽视。同时，奶畜患有乳房炎会改变乳汁成分，即炎症越严重，乳汁中成分改变也越大。乳汁成分改变主要有两方面原因：一是乳房炎损伤并破坏乳腺的分泌细胞，影响了乳汁中乳糖、酪蛋白和乳脂等的含量；二是由于乳腺组织损伤，使血液和其他组织中的物质易于进入乳汁中。因此，当乳腺组织发生炎症病变时，可引起产奶量降低，乳品质及营养价值降低，最终影响乳制品加工。

(三)亚硝酸盐与硝酸盐的影响与控制

亚硝酸盐和硝酸盐广泛存在于环境中,具有防腐作用,如果人体摄入过量会产生毒害作用。乳中亚硝酸盐的污染残留有两种类型,一是人为污染,即向乳中掺杂亚硝酸盐、硝酸盐等,使乳中亚硝酸盐含量增高;二是农业生产中大量长期使用化肥、各种工业燃料燃烧、人畜废弃物排放等污染,使空气、土壤、水和植物中广泛存在亚硝酸盐和硝酸盐。自然界中广泛存在的亚硝酸盐和硝酸盐通过食物原料进入奶畜体内,也可通过乳制品加工处理及辅料和用水等途径污染乳与乳制品,因而在鲜奶收购中必须监测亚硝酸盐和硝酸盐的含量。对于鲜乳中亚硝酸盐的污染,自然污染的因素相对较小,主要是产乳后的人为污染。

硝酸盐在细菌作用下会还原成危害作用较强的亚硝酸盐,因而控制好亚硝酸盐含量高的异常乳,使乳制品中硝酸盐与亚硝酸盐不超标,是保证乳品质量安全的重要保障措施。同时,加强鲜乳中亚硝酸盐检测,提高鲜乳和乳制品质量,保障食用安全。

二、肉品中常见的有毒有害物质及其影响与控制

(一)胺类物质的影响与控制

肉中含有丰富的营养成分,在鲜肉和肉制品的加工、贮藏、包装、运输和销售等过程中极易受到微生物的污染。微生物污染是肉类产品变质的重要原因之一,微生物的大量繁殖会形成病原体和生物胺,易引起食物中毒,从而严重危害人类健康。生物胺是一类含氮的脂肪族、芳香族或杂环类的低分子量化合物,主要通过氨基酸的脱羧、醛和酮的胺化、转氨基作用形成对应的胺和二氧化碳。不同胺类的生成主要与肉中特定的微生物菌群有关,新鲜肉品、加工肉制品和自然长时间发酵肉制品等的微生物区系不同,肉品中形成生物胺的数量和组成也不相同。

与肉品腐败有关的生物胺及其前体包括:组胺与组氨酸、酪胺与酪氨酸、尸胺与赖氨酸、腐胺与鸟氨酸。如果进食过量组胺会导致头晕、呼吸困难、脸红、心跳加速等症状;一定量的酪胺导致血压升高,并伴随头痛;尸胺和腐胺是产生腐臭味的主要成分,对产品感官品质影响较大。虽然不是所有种类的微生物都具有氨基酸脱羧酶活性,但有此作用的细菌种群很多,可以将氨基酸转化为胺类,例如克雷伯氏菌属、大肠埃希氏菌属、变形菌属、假单胞菌属、沙门氏菌属和乳酸菌中的一些种,均具有对一种或多种氨基酸脱羧的能力,这些微生物的大多数均能在低温肉中很好生长繁殖。

在新鲜的畜禽肉及多种肉制品中,微生物分布的多样性和产品本身的主要成分,以及环境影响因素对生物胺含量都具有很大的影响,并且原料肉中优势微生物的分布会直接影响肉制品中生物胺的积累。因此,在肉与肉制品生产过程中采取严格的卫生管理、执行良好的操作规范,是控制肉品中生物胺含量的重要因素,同时也有利于抑制相关细菌的生长,从而控制有害胺类物质的形成,对于肉品的质量安全具有重要作用。

(二)动物组织中毒素残留的影响与控制

动物组织中毒素来源较多,包括动物本身不适合食用的成分以及外源残留物质,主要包括动物激素、霉菌毒素等。动物源雌性激素未经充分烹饪可能残留,导致儿童早熟和肥胖,严重影响儿童生长发育和身心健康,同时可导致男性性功能退化和女性乳腺或生殖器官癌变。饲料霉变产生的霉菌毒素除严重影响畜禽生产性能外,还可以在动物可食组织中蓄积和残留,进而影响动物源性食品的安全,例如黄曲霉毒素、赭曲霉毒素A、玉米赤霉烯酮、T-2毒素等对人体危害大。饲料中霉菌毒素的污染比较严重,对畜禽的危害要高度重视。

动物组织中毒素残留的控制措施包括:加强基层畜牧兽医相关人员的业务培训,对基层养殖户、管理人员和技术人员进行理论、操作技能和规章制度的培训,包括对兽药、饲料生产、经营和使用人员进行培训;加强对饲料生产的监管与药物残留监测。兽药、饲料是养殖业中最重要的投入品,要对兽药、饲料的生产、经营和使用环节进行全程监管,即"从田间到餐桌"的全程监管;严厉打击生产、经营和使用违禁药品、过期药品和人用药品的违法行为,严格执行兽药休药期制度,加大对违禁者的惩罚力度,切实提高相关从业人员的安全意识,从根本上提升畜产品食用的安全性。

(三)其他有毒有害物质的影响与控制

畜禽产品中有毒有害物质的产生与其疫病有着紧密关联。据统计,动物传染病有200余种,其中半数以上可以传染给人类,另有100种以上的寄生虫病也可感染人类。目前,全球已证实的人兽共患病和寄生虫病有250多种,其中比较严重的约有90种。我国已证实的人兽共患病约90种,最常见的有54种,例如炭疽、结核、布鲁氏菌病、狂犬病、疯牛病、猪链球菌病、禽流感、旋毛虫病、包虫病等。这些寄生虫病或者传染病均有可能通过肉品传染给人,从而影响人体健康,严重时甚至危及生命。

另外,激素、亚硝酸盐等有害物质也会影响肉类的质量安全,例如盐酸克伦特罗(俗称"瘦肉精"),主要残留在动物的肺和肝部,普通的烹饪过程不能去其毒性,对于患有高血压、心脏病的病人有较大危害。亚硝酸盐可用于肉品的护色和防腐,香肠等肉制品中用于控制肉毒梭状芽孢杆菌,在食品中使用时必须严格遵守国家相关限量要求。

三、蛋品中常见的有毒有害物质及其影响与控制

(一)饲料中有毒有害物质对蛋品质量的影响及控制

畜禽饲料中的有毒有害物质可通过机体影响蛋品质量。畜禽饲料成分中可能含有一些天然有毒有害物质,如生物碱、皂甙、棉酚、有毒蛋白、蛋白酶抑制剂、有毒硝基化合物等,有些畜禽饲料中含有组胺、抗硫胺素、肌胃糜烂素(劣质鱼粉)等。如果饲料原料未经脱毒或脱毒不彻底会造成蛋品中含有毒有害物质。如大豆、棉子、胡麻子等原料中含有毒有害成分,作为饲料使用前必须经过脱毒后方可使用,如果使用未经蒸炒的豆类产品替代高价

蛋白原料,可能导致畜禽中毒或死亡。

(二)贮运与加工过程中有毒有害物质对蛋品质量的影响及控制

在蛋产出后的贮存和运输过程中,主要是环境因素对蛋品的质量安全产生影响。在禽蛋的生产、贮存、运输到加工过程中,环境中微生物可通过接触、沉降等方式附着在蛋壳表面,由于蛋壳有细小的孔隙,内部含有丰富的营养物质和水分,长时间存放容易滋生各种微生物,导致其质量下降,甚至腐败变质。因此,要注重禽蛋贮藏的环境条件,对贮存温度、湿度和时间等影响蛋品质的重要参数严格按照标准执行,减缓蛋内营养物质代谢和分解速度,减少蛋品营养成分的损失。生物保鲜技术以安全、可生物降解、无二次污染等优点成为当今蛋类保鲜领域的焦点,与涂膜技术相结合可明显改善禽蛋的保鲜效果。

四、皮毛中常见的有毒有害物质及其影响与控制

毛皮动物养殖业是我国畜牧业发展的重要特色产业之一。经过近20年发展,我国毛皮动物产业国际地位凸现,成为毛皮动物养殖、产品加工和消费大国。毛皮动物养殖业正由传统养殖业向现代养殖业转变,但毛皮动物产业依然存在原种依赖进口、疫病严重、环保压力大等问题。由于当前动物疾病的流行情况复杂,生产运输与销售条件差异较大,导致皮毛携带的有毒有害物质和病原微生物的种类繁多、性质各异。以致病菌为例,主要有布鲁氏菌、副结核分枝杆菌、大肠埃希氏菌、金黄色葡萄球菌、乙型溶血性链球菌、丹毒杆菌、铜绿假单胞杆菌等。因此,了解动物皮毛中病原微生物的种类和特性,研究应用高效快速的检测方法,以应对我国动物皮毛进口不断增长的形势,避免动物皮毛中携带病原微生物的危害,开展皮毛中携带病原微生物的风险分析,对防止外来疾病流行具有重要意义。

第三节　兽药残留对畜产品质量安全的影响

一、乳品中常见的兽药残留物质及其影响与控制

目前,生鲜乳中兽药残留主要包括抗菌类、抗寄生虫类、激素类、消炎镇痛类、农药除虫类、消化系统类和其他类等,而抗菌类是使用最多的兽药,涉及的种类有青霉素类、头孢菌素类、磺胺类、大环内酯类、氨基糖苷类、喹诺酮类、四环素类、多肽类、酰胺醇类等。随着乳中新兽药的出现以及人们对于乳中兽药残留问题的关注,生鲜乳中兽药残留监测的种类与范围正在逐渐扩大,监测方法也越来越方便快捷。

(一)乳品中兽药残留的危害

1. 直接毒性作用

国际食品安全机构和消费者普遍关注长期食用兽药残留超标的食品与人类癌症发生

率等疾病的相关性。奶畜反复使用抗菌药物后，耐药菌株大量繁殖，并可能随着乳品传播给人，给临床治疗带来困难；环境中化学药品通过污染乳品引起人的致畸、致突变、致癌、生殖毒性等特殊毒性作用。氯霉素、大环内酯类药物等残留于乳中，对人体产生有害或不良的生物学改变，导致急性、亚急性或慢性毒性作用；青霉素类及其代谢和降解产物残留于乳中，对人体产生过敏反应或变态反应，引起皮炎、皮肤瘙痒、过敏性休克等。

雌激素类药物，如玉米赤霉烯酮作为饲料添加剂来促进畜禽生长，若蓄积或残留于乳中，具有致癌或降低人类机体功能的副作用，已被禁止在畜禽养殖过程中使用。如果人们食用了此类药物残留超标的乳品，会对人体的激素水平产生很大影响，不仅导致机体功能紊乱，甚至影响生育或导致儿童性早熟。

2. 破坏人体胃肠菌群平衡

在人体健康的情况下，消化道内不同微生物菌群处于平衡的共生状态。长期滥用抗生素或食用兽药残留超标的乳品，消化道内某些菌群受到抑制，耐药性强的菌群增加，打破消化道内微生物菌群的平衡，会影响人体消化道的正常功能，导致各种疾病的发生。如糖尿病的发生与消化道菌群变化有很大关系。肠道菌群长期接触抗生素，耐药性菌变为优势菌，直接导致原来有效的抗生素药效下降甚至无效，必须不断提高剂量才能保证药效。

（二）乳品中常见的兽药残留

1. 抗菌类药物残留及其影响

抗生素的种类较多，主要包括β－内酰胺类、氨基糖苷类、四环素类、氯霉素类、大环内酯类、喹诺酮类和磺胺类等。抗生素在兽医临床和畜牧业生产中均有大量应用，抗生素残留问题已经对乳品安全造成了重大影响。乳中抗生素的来源较多，情况复杂。对奶畜用药不当或不注意休药期是乳中抗生素残留的重要因素，尤其是使用乳房灌注法治疗乳房炎时，易造成乳中抗生素残留；将抗生素作为奶畜饲料添加剂使用，也是乳中抗生素残留的重要原因；使用未经彻底清洗、消毒的挤奶工具和贮奶用具混用等，同样会造成乳中抗生素残留。

人们摄入乳品中的残留抗生素有可能引发毒性反应、过敏反应和慢性感染等不良问题，如皮肤发痒、呕吐、恶心、腹痛、呼吸困难、休克等。低剂量抗生素长期通过乳品进入人体，诱导人体肠道中的细菌产生耐药性，某些抗生素可能产生“三致”作用（致癌、致畸、致突变），对人类的生命安全造成严重威胁。

2. 抗寄生虫类药物残留及其影响

抗寄生虫药物是奶牛场常用药物之一，我国奶牛养殖中使用的抗寄生虫药物有10余种。大多数奶牛场每年至少实施春秋两季驱虫，一些奶牛场根据本场寄生虫病流行情况定期进行驱虫。目前抗寄生虫药物使用传统化学合成类药物居多，在奶畜体内的残留时间较长，驱虫时可间接导致药物在乳中残留。

3. 激素类药物残留及其影响

常见的兽用激素类物质主要包括甾体激素和非甾体类物质。一些生产者为了增加奶产量和提高生产效率，对奶畜使用各种激素类药物，如使用地塞米松作为生长促进剂。激素类药物的脂溶性较大，容易进入乳中，成为直接导致儿童性早熟和性发育异常的重要因素。

4. 消炎镇痛类药物残留及其影响

消炎镇痛类药物的滥用可导致动物可食性组织药物残留蓄积,影响产品深加工,并以残留的方式进入人体,从而造成人体健康的潜在危害。目前在牛奶中常见酮洛芬、卡洛芬、羟基氟尼辛、美洛昔康、双氧芬酸等非甾体消炎药物的残留。

(三)乳品中兽药残留的控制

乳与乳制品中不同类型的兽药残留检测方法不同,寻找快速、简便的兽药残留检测方法是控制乳品中兽药残留的关键。缩短乳品在库房停留的时间,保证乳品的新鲜度;完善疫苗冷藏运输车、冰箱、冰柜和冰瓶等冷链设备,确保乳品安全。

此外,通过兽药信息建立管理地区奶源中可能残留的兽药,完善动物防疫网络建设,让基层畜牧兽医管理人员和技术人员发现问题时,能够及时、准确地按程序上报,形成整体产业链的管控体系,从而保证乳品质量和消费者健康。

二、肉品中常见的兽药残留物质及其影响与控制

现代畜牧业日益趋向于规模化和集约化生产,兽药与饲料添加剂越来越多地被应用于降低动物的发病率与死亡率、提高饲料利用率、促进家畜生长和改善产品品质等,已经成为现代畜牧业生产中不可缺少的物资。如果在畜禽生产实践中不遵守用药标准,误用、滥用兽药,会使部分畜禽肉品药残超标,肉品质受到影响,不但影响肉品的安全性,还会危害人体健康。

(一)肉品中兽药残留的原因

1. 不执行休药期

我国对药物添加剂规定了休药期,是畜禽最后一次用药到该畜禽许可屠宰或其肉品许可上市的间隔时间,但是一部分养殖户(场)使用含药物添加剂的饲料时不按规定施行休药期,从而造成兽药残留。肉用畜禽应用药物均须规定休药期,休药期间,畜禽可通过新陈代谢将大多数残留的药物排出体外,使药物的残留量降低,从而达到安全浓度。

2. 滥用药物和超量用药

为了预防和治疗畜禽疾病,有些养殖户在未确定畜禽病因的情况下,滥用青霉素类、磺胺类和喹诺酮类等抗菌药,且存在随意配伍用药、任意使用复合制剂等情况,造成药物残留。另外,随着细菌耐药性不断增强,常用药物的添加量越来越高,从而造成药物在畜禽体内残留的时间延长,即使按照规定的休药期停药也可能造成药物残留超标,加大了相关检测工作的难度。

(二)肉品中兽药残留的危害

畜禽肉品中兽药残留对人体的主要危害包括急慢性中毒、“三致”作用、产生耐药菌株以及引起胃肠道症状等,甚至形成生态毒性。

1. 急性毒性

食用含有残留兽药的肉类产品，若一次摄入残留药物的量过大，会出现急性中毒反应。如β－兴奋剂（盐酸克伦特罗）能够提高瘦肉率，在动物的肝脏、肺等内脏组织中残留较高，如果食用过量就可出现急性中毒反应，严重影响机体健康。

2. 慢性毒性

长期摄入含兽药残留的畜禽肉品，微量的兽药在人体内蓄积就会导致各种器官的病变，产生慢性中毒。如氯霉素对人的骨髓产生毒性作用，导致严重的再生障碍性贫血；链霉素、庆大霉素等损坏人的前庭耳蜗神经，导致听力损害；四环素类药物能够与骨骼中的钙结合，抑制骨骼和牙齿的发育；磺胺类药物引起肾损害，特别是乙酰化磺胺在酸性尿中溶解度降低，析出结晶后损害肾脏。

（三）肉品中常见兽药残留

1. 抗菌类药物残留及其影响

在畜禽生产及其肉品中，一些药物如果残留超标会严重危害消费者的健康。为规范养殖用药，保障畜禽肉品的安全，我国农业农村部于2019年发布了新版国标《食品安全国家标准食品中兽药最大残留限量》，包含牛羊肉中的残留限量药物种类，其中在牛羊肉生产中较为常用的药物包括抗生素、抗虫药、杀虫药和抗菌药，占兽药种类比例最多，存在残留超标的可能性较大。

2. 抗寄生虫类药物残留及其影响

使用化学药物定期驱虫是畜禽寄生虫病防治的主要手段。常见的化学合成动物抗寄生虫药物有抗蠕虫药、抗原虫药和杀虫药等，主要用于猪、鸡、牛和羊等。蛔虫是生猪养殖过程中危害性最大的寄生虫，常用伊维菌素、左旋咪唑和阿苯达唑等药物驱除。地克珠利是目前活性最高和作用浓度最低的一种治疗鸡球虫的药物，通过影响球虫核酸的合成达到驱虫效果。我国畜产品中兽药残留合格率总体呈上升趋势，畜禽产品兽药残留情况总体良好。

3. 激素类药物残留及其影响

“瘦肉精”是一类能够抑制脂肪沉积，促进骨骼肌蛋白质合成的苯乙醇胺类化合物，属于β－受体激动剂，常用的主要有克伦特罗、莱克多巴胺、沙丁胺醇和氯丙那林。2002年我国农业部门开始禁止β－受体激动剂类药物使用，但由于其能够提高饲料转化率、增加瘦肉率、明显改善胴体品质等，在畜禽肉生产上仍有使用。

4. 消炎镇痛类药物残留及其影响

解热镇痛药种类较多，兽医临床应用广泛，其中大多数还有抗炎、抗风湿、抗血小板聚集的作用。如阿司匹林具有消炎作用，能够降低毛细血管的通透性，食用残留阿司匹林的畜禽肉后对人消化道有刺激作用，剂量大时易导致食欲不振、恶心、呕吐甚至消化道出血。

（四）肉品中兽药残留的控制措施

1. 提高饲养和防疫管理水平

肉中兽药残留的控制应坚持以预防为主，确保畜禽及其肉品健康安全、无残留；一旦畜禽发病应及时淘汰，控制疫病传播；发生传染病时，根据实际情况及时上报相关部门采取隔离、扑杀等措施；使用安全无毒、通过认证的兽药和饲料厂生产的产品；在治疗过程中遵守合理、科学、对症、适度用药的原则，避免产生药物残留或药物中毒等不良反应；加强药物添加剂使用管理，与相关部门联合对饲料厂家生产情况进行检查，禁止将兽药直接加入饲料中。

2. 加强兽药残留监控，完善兽药残留监控体系

加快各级兽药残留检测机构（包括第三方）的建立，完善监控体系，形成从中央到地方系统化的兽药残留检测网络。实施药物残留监控计划，加大政府监控力度，严把检验检疫关，规范肉类企业的生产和经营行为，对超标者给予销毁，加大处罚力度，严防兽药残留超标的肉品进入市场；通过多种方式向广大养殖户（场）推广科学合理使用兽药、遵守休药期的法律法规，以期达到控制肉中兽药残留的目标。

3. 开发饲料添加剂和新型兽药

药物研发机构和生产企业应积极开发高效、低残留新兽药和兽药添加剂，替代残留量大、易诱发抗药菌株的药物，减轻畜禽肉品中药物残留的危害。重视中草药、微生态制剂、功能性多糖等兽药或添加剂的研发和推广应用，杜绝滥用抗生素所带来的耐药性和药物残留问题。

三、蛋品中常见的兽药残留物质及其影响与控制

我国是世界第一养禽大国，市场上大部分鸡蛋由农户和小企业生产供应，由于规模、技术、管理和市场竞争等多方面的限制，出现了蛋品质量问题。个别生产者为追求利润，使用廉价劣质饲料、滥用抗生素降低疫病风险，不仅造成蛋品质下降、营养失衡，还易引起蛋类产品药物残留，其中包括抗生素残留严重超标。药物残留的禽蛋被食用后，人体易产生耐药菌株，失去对某些疫病的抵抗力，或导致人体内蓄积药物而产生有害作用。

（一）蛋品中常见兽药残留

1. 抗菌类药物残留及其影响

大环内酯类药物被广泛用于禽类饲料添加剂及动物疾病治疗，主要包括红霉素、泰乐菌素、螺旋菌素、交沙霉素等。在无公害蛋品的蛋禽养殖中，允许使用这类药物治疗禽类疾病，但是必须遵循严格的用量限制，使用不规范会造成药物在禽蛋中残留，长期食用此类禽蛋对人体产生严重的毒害作用，如急性肝毒性、胃肠道反应、关节炎综合征及肝脏损伤等。中国、欧盟和日本均制定了大环内酯类药物在禽蛋中的最高残留限量。

氯霉素作为一种高效广谱的抗生素，对禽类养殖过程中的各种传染性疾病的控制和治疗起到了重要作用。但人体对氯霉素反应比禽类更敏感，此类药物的残留对人体造血系统产生很大损害作用。其他药物残留也会对人体产生影响，如氟喹诺酮类会导致人体皮肤的过敏反应、中枢神经系统异常以及消化系统的胃肠道反应等症状。

2. 抗寄生虫类药物残留及其影响

一些聚醚类离子载体药物具有抗寄生虫作用，在化学结构上均含有许多醚基和一个一

元有机酸基团,在溶液中由碳链连接形成特殊构型,极性低,脂溶性好。蛋黄中以脂类物质为主,主要为非极性成分,而蛋白中以卵清白蛋白为主,主要为极性成分。因此,常见药物的残留量在蛋黄、蛋清中存在较大差异,如对莫能菌素、盐霉素和甲基盐霉素等三种抗球虫药物而言,莫能菌素的极性稍强,在蛋黄中的残留浓度要远低于盐霉素和甲基盐霉素。

3. 激素类及其他药物残留及其影响

在家禽饲养过程中,多肽类药物及激素类药物常用于治疗和预防疾病,在禽蛋中残留的现象也比较严重,常见药物有睾酮、甲基睾酮、黄体酮、群勃龙、勃地龙、诺龙、美雄酮、司坦唑醇、丙酸诺龙、丙酸睾酮及苯丙酸诺龙等。

(二)蛋品中兽药残留的控制

对蛋品兽药残留的控制措施主要包括加大蛋品卫生管理力度、健全兽药检测标准体系。保证禽蛋安全,涉及政府对养禽业的宏观调控力度,需要有关部门制定和完善切实可行的相关标准,规范生产操作程序,严格资格审批等多方面的管理举措。

顺应时代要求,按照行业标准整合蛋禽养殖场,适度扩大养殖户饲养规模,有利于推进兽药标准化、规范化进程,从而不断提高蛋禽的生产性能和禽蛋质量。

加大禽蛋深加工的研究开发力度,深度发展禽蛋加工业,提高蛋品质量,有效控制兽药残留,增加禽蛋附加值。

第四节　畜禽疾病对畜产品质量安全的影响

一、常见奶畜疾病对乳品的影响与控制

(一)奶畜消化系统疾病对乳品的影响与控制

牛、羊等奶畜是草食性动物,消化器官组成及构造复杂,消化系统疾病最为常见。奶畜最常见的消化系统疾病是口腔炎、食道阻塞、胃黏膜炎、肠炎、食道移位等,每种疾病对奶畜健康及其产奶性能均有不同程度的负面影响。口腔炎严重影响奶畜的进食,进而影响到营养素的消化吸收;食道受阻不仅使食物难以到达胃部,而且引起整个消化系统效率低下,致使奶畜生产性能降低;胃黏膜炎和肠炎属于消化系统疾病,如果治疗不及时,则损伤消化系统,甚至可能导致奶畜死亡。因此,消化系统疾病会引起奶畜营养素摄入减少,严重影响奶畜健康和正常生长发育,致使产奶量降低和乳品质下降,进而影响经济效益。患有消化系统疾病的奶畜生产出的原料奶中微生物数量升高,可能含有金黄色葡萄球菌、溶血性链球菌、志贺氏菌和沙门氏菌为主的消化道致病菌,从根本上影响乳品的质量安全。

奶畜消化系统疾病主要是养殖环境卫生和管理不当造成的,合理的养殖设施、规范的养殖环境和科学的养殖方法会减少奶畜消化系统疾病的发生,保障奶畜维持较高的产奶量

和稳定的乳品质。对患病奶畜做到早发现、早隔离、早诊断、早治疗，密切监测奶畜的养殖、饮水、排便情况和精神状态，促进奶畜生产性能的恢复。

(二)奶畜呼吸系统疾病对乳品的影响与控制

在奶畜养殖中，鼻炎、肺炎和呼吸道感染等呼吸系统疾病时有发生，主要由细菌、病毒和支原体等病原体感染引起，病原微生物通过进入乳腺组织而影响乳品质。奶畜卡他性鼻炎以流鼻涕为主要表现症状，与奶畜吸入有害气体或者受细菌感染有关，影响奶畜的正常呼吸和产奶性能；不同形式肺炎的发病症状不同，对奶畜产奶性能的影响程度各异，发生异物性肺炎时肺部组织坏死，出现咳嗽、狂躁等病状，严重影响奶畜产奶性能，甚至出现呼吸困难和死亡。如果奶畜出现感冒、支气管炎和喉炎等呼吸道感染疾病症状时，需要及时治疗，尽量减少对生产性能的影响。奶畜呼吸系统疾病通常采用青霉素、四环素、链霉素等抗生素治疗，这是乳品中兽药残留的主要来源，会大大降低乳品质量。为保障奶畜的产奶量和乳品质量，要做好呼吸系统疾病的预防和控制。加强管理和改进奶畜养殖技术，做好圈舍的日常清洁及消毒管理工作，合理控制圈舍温度，及时补充奶畜体内所需的营养物质，增强奶畜的抗病能力。减少奶畜与空气中的有害物质的接触，保证圈舍内干燥通风。为预防奶畜上呼吸道发生感染，可通过补充营养或微量元素，增强奶畜的抗病能力，同时加强耐寒锻炼，降低奶畜患感冒的概率。在生鲜奶收购环节，加强生鲜奶中兽药残留的检测，避免兽药残留奶流入市场。

(三)奶畜心血管系统疾病对乳品的影响与控制

奶畜的心血管疾病按照病因分为先天性和后天性两大类。先天性心血管疾病包括心室中隔缺损、主动脉狭窄等，先天性疾病可能与品种相关；后天性心血管疾病较为常见，例如创伤性心包炎和心肌炎。创伤性网胃心包炎由于尖锐异物在网胃内形成的创伤性网胃炎，而心肌炎是由于其他疾病继发感染所产生的毒素作用于心脏引起的。心血管系统疾病导致奶畜体质下降，直接影响奶产量和乳品质，甚至引发奶畜死亡。

为保证良好的奶畜生产性能和稳定的乳品质，要做好奶畜心血管系统疾病的防治。加强奶畜饲养管理，保证饲料质量，严防饲料中混入尖锐异物；加强疾病检测，注意改善奶畜的血液循环，监控奶畜的心率和心律，尽量减少奶畜发生血栓的可能性；严格按照国家规定的药物品种、剂量范围和安全间隔期等使用兽药，降低生鲜乳中的兽药残留。

(四)奶畜泌尿系统疾病对乳品的影响与控制

奶畜被细菌、病毒、真菌等病原体感染后，经血液循环或尿路感染而致病，是泌尿系统首要的发病原因之一，直接影响产奶量和乳品质；奶畜误食有毒饲料、遭受创伤或患有其他疾病时诱发泌尿系统疾病。泌尿系统疾病对奶畜影响特别大，使奶畜丧失繁殖能力，直接影响生产性能，导致养殖户经济损失。奶畜泌尿系统疾病通常采用抗生素类药物治疗，可能会引起乳品抗生素残留，影响乳品的安全性。

由于奶畜泌尿系统疾病发病不明显、难以发现，在奶畜的日常饲养管理中要注意观察，及时发现并对症治疗，保障奶畜健康和正常的产奶性能。在日常饲养管理中，要保证饲料质量，限制高蛋白、酸性饲料，禁止饲喂霉变饲料，并给予足够饮水；做好防寒保暖、防暑降温等工作，增强奶畜体质，提高免疫力。

（五）奶畜其他疾病对乳品的影响与控制

乳房炎是奶畜的一种常见病和多发病，严重危害奶业发展。乳房炎主要由外伤、挤乳不当、环境卫生恶劣引起的，以乳腺组织的炎症为特征。乳房炎发病原因多而复杂，养殖过程中的卫生条件、营养因素、应激刺激、挤奶方式以及奶畜自身疾病等原因引发。乳房炎根据其病理过程的严重程度分为临诊型和隐性型两类。临诊型乳房炎有明显临床症状，乳腺红、肿、热、痛，机能障碍，乳汁结絮，病畜可能出现体温升高，食欲减退，精神委顿等全身症状，易于确诊。隐性型乳房炎无明显临床症状，主要以乳汁体细胞数增多，并伴有乳汁组成和理化性状的潜在性变化为特征。目前，我国奶畜隐性乳房炎较为常见，发病率较高，导致生鲜奶体细胞超标问题突出。

体细胞是乳中的重要组成部分，通常由白细胞和上皮细胞组成，体细胞数常作为衡量乳房是否健康的标志。正常乳中体细胞数量极低，如果奶畜患上乳房炎后体细胞数明显增加，同时导致产奶量和乳品质下降。随着体细胞数量的增加，乳中相关的酶和蛋白含量呈上升趋势，如乳酸脱氢酶、N－乙酰－β－D－氨基葡萄糖苷酶等。乳房炎治疗时常采用抗生素治疗，抗生素残留对乳产品的食品安全和消费者身体健康会带来潜在危害。为保障奶畜健康和乳品质，提倡使用中药预防和治疗乳房炎。在原料乳收购环节，严格控制体细胞数量，达到对原料乳质量的控制。

减少奶畜乳房炎发生最经济有效的方法是预防，主要包括以下三方面措施：

1. 规范挤奶技术

挤奶是最容易对奶畜乳房及周围区域造成损伤的行为，要通过规范挤奶技术实现对乳房炎的有效预防。挤奶人员熟练掌握规范的挤奶技术，挤奶前做好乳房与用具的消毒工作，按照先挤健康奶畜、后挤有问题奶畜的顺序进行操作，避免人为感染。挤奶时保持安静，合理控制力度，减少应激反应，避免对奶畜乳房造成损伤。挤奶后及时对奶畜乳头进行药浴处理，防止乳头破裂、皲裂、晒伤等；及时清洗挤奶机，定期对挤奶机进行消毒、维护，以免因挤奶机污染而导致奶畜患上乳房炎。

2. 加强饲养管理

持续改善饲养环境，合理运用科学的饲养管理方法，是预防乳房炎的基本措施。养殖人员在日常饲养中对畜舍、活动场地等加强清洁和管理，确保光照充足，注意畜舍通风与保暖；经常对畜体乳房及周围皮肤加以擦拭，保持清洁卫生；加强对饲料、饮水的管理，按照奶畜产奶量合理控制饲料供应，确保饲料洁净，保障奶畜机体具有良好生理机能。

3. 定期监测

在日常做好奶畜相关观察工作外，养殖人员要配合地方畜牧兽医部门定期监测奶中体细胞数等指标，及时发现奶畜感染临床型、隐性乳房炎的情况，为相应的防治工作提供依据。

二、常见畜禽疾病对肉品的影响与控制

（一）畜禽消化系统疾病对肉品的影响与控制

畜禽常见的消化系统疾病有口腔炎症、食道阻塞、急性肠胃炎、前胃迟缓、急性胃扩张和瘤胃鼓气等，若治疗不及时会影响畜禽的肉用生产性能。畜禽感染消化系统疾病后常出现采食减少、吞咽困难、饲料消化不充分、腹泻等症状，从而使畜禽机体营养供应不足，身体消瘦，料肉比降低，影响肉品产量。同时，患病畜禽生产的肉品可能会造成兽药残留超标，影响肉品质量安全。

要保障肉品的质量安全，畜禽消化系统疾病的预防和治疗非常关键。首先，要加强饲养管理，严格对畜禽日常饲料原料以及饲料配方进行质和量的控制，合理搭配，加强营养，勤观察，做好消化系统疾病的预防和监控工作。其次，对患病畜禽及时对症治疗，降低消化系统疾病对畜禽健康生长造成的影响。另外，要加强患病畜禽休药期的管理，加强肉品的兽药残留检验，防止兽药残留肉流入市场。

（二）畜禽呼吸系统疾病对肉品的影响与控制

畜禽常见的呼吸系统疾病有鼻炎、鼻窦炎、咽炎、气管炎等，主要由细菌、病毒、支原体等病原微生物感染引起。多数呼吸系统疾病导致畜禽机体无法获得充足氧气，血液中还原性血红蛋白升高，对氧的运输功能减退，引发机体缺氧，导致机能减退，直接影响畜禽的肉用性能。同时，长期的呼吸系统疾病容易引发呼吸道屏障的破坏，造成外源或内源性致病菌的慢性感染，料肉比升高，甚至引起畜禽死亡。另外，抗生素应用于呼吸系统疾病的临床治疗可能导致畜禽肉中抗生素残留，食用后给人体健康带来安全隐患。

畜禽呼吸系统疾病的防控要根据病因、季节性和流行病学特点等实际情况采取相应措施，确保畜禽健康和产肉性能。首先，加强圈舍通风和消毒，减少舍内有害气体的刺激；其次，对畜禽加强营养管理和免疫接种，增强畜禽抵抗力；第三，对于患病畜禽及时隔离，对症治疗，按照用药规范使用兽药，严格执行休药期，控制肉品中的兽药残留。另外，对于病死畜禽根据动物疫情管理相关要求进行无害化处理，防止病原传播；加强肉品的检验检疫环节，防止不合格肉品进入市场流通环节。

（三）畜禽心血管系统疾病对肉品的影响与控制

畜禽的心血管系统疾病有先天性和后天性两大类，其中先天性心血管疾病有心室中隔缺损、主动脉狭窄等，常与遗传因素相关；后天性心血管疾病有慢性瓣膜疾病、扩张性心肌病等。一般后天性比先天性心血管疾病更常见，通常与长期过度劳役、持久重役或机体自身原因有关。家禽心血管系统疾病的病因复杂，通常与遗传、快速生长等紧密关联，例如肉鸡急性死亡症、腹水症、右心室衰竭症、先天性心肌病等，可通过营养强化和精细管理来预防。畜禽的心血管系统疾病均会不同程度影响畜禽的肉品质。

为保障畜禽宰后获得良好的肉品质，预防和控制畜禽心血管系统疾病发生需要采取预

防和治疗相结合的防控方法。首先，选择遗传性良好的品种，遗传性稳定，抗逆性强；其次，对患病个体对症治疗，通过早期科学饲养、强化管理等，改善血液循环系统功能，促进患病畜禽的机体康复，保障畜禽肉品质量。

（四）畜禽泌尿系统疾病对肉品的影响与控制

畜禽泌尿系统疾病常发于雌性个体，病因复杂，其中肾炎和膀胱炎最为常见。泌尿系统疾病的发生会引起患病畜禽的营养不良、食欲不振、身体消瘦，直接影响畜禽屠宰后的肉品质和产量，从而带来严重经济损失。

为保障畜禽宰后的肉品质，畜禽泌尿系统疾病控制的关键在于消除病因和对症治疗。对于患有泌尿系统疾病的畜禽应加强饲养管理，适当给予高蛋白质饲料，补充机体丧失的蛋白质；为防止水肿，适当限制其饮水和食盐用量；采用药物治疗时严格控制休药期，防止肉品中兽药残留。

（五）畜禽其他疾病对肉品的影响与控制

畜禽脑膜炎是一种常见的脑机能障碍疾病，明显影响畜禽的产肉性能，主要由内源或外源感染性因素引起，也可能是有机氟化物中毒、铅中毒、汞中毒、食盐中毒、发霉谷物中毒等因素导致的，受寒、感冒、日光暴晒、长途运输等应激因素也会引发脑膜和脑实质的炎症。脑膜炎发生于各种畜禽，病情发展急剧，多数会出现肌肉麻痹等症状，直接影响畜禽屠宰后的肉品质，严重者在 12 ~ 24 h 内死亡。为降低脑膜炎对畜禽肉品质的影响，应注重日常饲养管理，加强卫生防疫工作，对养殖环境做好消毒工作，防止病原感染与中毒。对患病畜禽及时隔离观察并加强看护，防止疾病的传播，同时及时对症治疗。

此外，畜禽的其他疾病也会不同程度对其肉用性能产生影响，尤其是口蹄疫、非洲猪瘟等恶性传染病直接影响规模化群体养殖，造成养殖场和企业重大经济损失。

三、常见禽类疾病对蛋品的影响与控制

（一）禽类消化系统疾病对蛋品的影响与控制

禽类消化系统疾病发病率高，病因是细菌、霉菌、寄生虫和病毒等病原体感染，直接影响禽类的产蛋性能。禽类机体感染主要由饲养管理不当、抗生素滥用等因素引起，常表现为各种腹泻与代谢紊乱等。消化系统疾病通常引起家禽采食量减少，消化吸收利用率降低，体内脂肪分解增加，病禽无法正常生长发育，禽蛋产量下降等影响。

为保障禽蛋质量和安全，预防蛋禽消化系统疾病，加强饲养管理，注重饲料质量，避免不合理饲喂过程导致的消化疾病发生；注意环境消毒与疾病监控，对患病家禽及时隔离和针对性治疗，科学合理使用兽药，避免产生耐药性或禽蛋药物残留。另外，通过在饲料中添加酵素等能够提高饲料的消化率，降低禽类消化系统疾病发生率，增强禽类免疫力，提高饲料转化率和利用率，从而达到提高蛋产量和改善禽蛋品质的目的。

（二）禽类呼吸系统疾病对蛋品的影响与控制

禽类呼吸系统疾病主要由养殖环境中的致病性物理因素（氨、硫化氢、灰尘等）、病毒（禽传染性支气管炎病毒、新城疫病毒、喉气管炎病毒等）、细菌（禽传染性鼻炎杆菌、大肠埃希氏菌、结核菌等）、曲霉和寄生虫等引起。传染性支气管炎作为家禽常见呼吸系统疾病之一，是由传染性支气管炎病毒引起的一种急性、高度接触性呼吸道和泌尿生殖道疾病，发病后产蛋量下降40%～60%，同时蛋品质量下降（蛋壳变软、蛋色变浅、蛋清变稀等），甚至引起蛋鸡死亡。低日龄蛋鸡感染传染性支气管炎影响其输卵管发育，导致个体成熟时不能产蛋或产畸形蛋。新城疫多发生于180～350日龄产蛋高峰期，随着采食量下降，同时出现产蛋波动和下降，产蛋量下降20%～40%。禽流感多发生于250～400日龄，主要发生于污染严重的地区或鸡场，蛋鸡表现有体温升高、精神沉郁、采食量下降等，一般产蛋率下降50%～70%。

与禽类呼吸系统有关的疾病几乎都会影响蛋壳的颜色和强度。家禽患呼吸系统疾病时体内微量元素吸收减弱，影响蛋壳颜色、厚度、钙沉积，蛋壳亮度降低、蛋壳着色不均匀、蛋壳血斑或血点增多、蛋壳斑驳不美观等，从而影响经济效益。

蛋禽呼吸系统疾病控制对于保障禽蛋品质尤为重要，应加强饲养管理和疫病防控相结合。首先，保持蛋禽养殖环境干净卫生，注意通风消毒，保证营养供应。其次，按规定进行群体免疫接种，控制病原的传播。再次，对于患有传染性呼吸系统疾病的禽类及时隔离，防止交叉传染，且适时淘汰患病蛋禽。最后，对于生产的蛋品，严格按照要求进行检验检疫，保证蛋品安全。

（三）禽类心血管系统疾病对蛋品的影响与控制

禽类心血管系统疾病发生较少，对禽蛋影响不太常见。急性心力衰竭是禽类的心肌收缩性突然发生障碍，心肌收缩力减弱甚至丧失。慢性心力衰竭是以心肌收缩力减弱、心泵代偿功能衰竭、体循环或肺循环充血为病理特征的一种慢性循环衰竭综合征，导致畸形蛋的产生。

蛋禽心血管系统疾病的预防和治疗对于保障蛋品质非常重要，防治措施包括增强禽类心肌收缩力，及时发现心血管系统疾病的早期症状并对症治疗。对于蛋禽的各种器质性心脏病、心包病、肾脏病伴发或继发的慢性心力衰竭，一般治疗价值不大。对患有原发性慢性心力衰竭的蛋禽，尤其珍稀禽类的轻症早期，需加强护理，采用低钠饮食、辅以临床治疗的方法，关键在于减轻禽类的心脏负荷和增强心泵功能。

（四）禽类泌尿系统疾病对蛋品的影响与控制

常见的禽类泌尿系统疾病有肾炎、膀胱炎、尿石症、肾周出血综合症等，这些疾病的发病原因多样，其中尿酸异常生成和排泄障碍是其共同特征。患泌尿系统疾病的禽类常表现精神不佳、拉白色稀粪、贫血和生长发育缓慢等特征，病禽逐渐消瘦、停产甚至死亡。

蛋禽泌尿系统疾病防控的主要方式是加强禽类保健与疾病监控。对患病蛋禽需加强护理，限制饮水，饲喂低盐饲料；对蛋禽饲养环境、圈舍等进行抗菌消杀，控制继发感染，使用药物抑制炎症发展过程。在用药治疗后，严格控制休药期，减少禽蛋中药物残留。

(五)禽类其他疾病对蛋品的影响与控制

禽类产蛋下降综合征由禽腺病毒引起的、以产蛋量下降为特征的传染病，同时出现蛋壳异常(软壳蛋、薄壳蛋)、产畸形蛋和蛋壳颜色变淡等现象。禽类产蛋下降综合征主要发生于24～36周龄，产蛋量突然下降20%左右，有时甚至超过40%，并出现较多的软壳蛋、薄壳蛋，蛋壳外表粗糙，常呈细颗粒状，如砂纸样。禽类产蛋下降综合征没有特效药物，加强饲养管理是防治发病的重要手段。同时，注意气候变化，保证禽舍通风良好，搞好环境卫生，每天坚持用氯制剂消毒，做好环境消毒工作；病死禽和淘汰禽严格进行无害化处理。

禽类寄生虫疾病是影响禽类产蛋性能的主要疾病之一。如绦虫病是一种夏、秋季节常见的寄生虫病，由绦虫寄生于蛋禽肠道内引发，出现产蛋率降低、排稀薄粪便、产畸形蛋、蛋重量变轻、蛋壳颜色变浅等症状。禽类寄生虫疾病的预防措施主要是加强禽舍卫生管理，同时对感染蛋禽进行针对性治疗并加强体质恢复。对于患有绦虫病的蛋禽，针对性治疗驱虫后，促进产蛋率的恢复。

禽类输卵管、子宫炎症等疾病，多发病于开产期和产蛋高峰期，导致产蛋性能下降。蛋壳在输卵管中形成，子宫部是沉积蛋壳的场所，如果输卵管、子宫出现炎症，导致壳腺分泌钙质不足，引起蛋壳沉积不均匀，造成蛋壳质量变差。对于该类疾病加强饲养管理，防暑御寒、严格消毒、接种疫苗等预防工作。坚持预防为主，防治结合的原则，发现患病蛋禽立即采取针对性治疗，使其尽快恢复生产性能。另外，加强蛋品检验检疫，严禁不合格蛋品流入市场。

四、常见畜禽疾病对皮毛的影响与控制

(一)畜禽普通疾病对皮毛的影响与控制

在畜禽饲养管理过程中，不科学的管理方法、饲养模式等会引发各种疾病。消化系统、呼吸系统及其他系统疾病的出现均会不同程度影响畜禽皮毛的质量，其中畜禽内科疾病的发病率较高，例如肠胃炎疾病呈现食欲低迷、精神不振、腹泻等症状，从而影响其正常生长发育，进而影响皮毛的质量。维生素A缺乏导致畜禽皮肤干燥，被毛蓬乱而使毛皮质量下降；维生素B_1等缺乏会引起畜禽心脏功能衰弱，全身被毛脱落；锌不足时会引起畜禽上皮细胞角质化脱毛；微量元素或含硫氨基酸缺乏时会引起畜禽代谢紊乱、食毛症等恶癖，影响皮毛的价值。

为保障畜禽皮毛质量，做好畜禽饲养管理，调整好饲料营养配比，防止营养缺乏症。同时做好畜禽免疫接种工作，对患病畜禽个体进行隔离。针对畜禽普通疾病，及时采取符合标准且科学的治疗方法，使其皮毛尽快恢复正常，防止对皮毛质量造成影响。

(二)畜禽传染性疾病对皮毛的影响与控制

畜禽传染性疾病具有发病快、死亡率高、传染性强等特点，通常由于受到细菌、病毒以

及其他致病微生物的感染所致，病原体在体内大量增殖并释放出有害物质，对畜禽的健康造成严重的损害，直接影响皮毛产量和质量，造成巨大的经济损失。以羊为例，常见的羊传染病有羊口疮、羊痘、口蹄疫等病毒性传染病以及破伤风、羊快疫等，其传播途径复杂，空气、食物、饮水、排泄物等都能造成传播，严重时甚至危及整个羊群的生命安全。

为预防和控制畜禽的传染性疾病，保障畜禽皮毛质量，应加强畜禽的科学管理和防疫。定期进行环境清洁消毒，保证养殖环境干净、干燥和通风；发现患有传染性疾病的畜禽个体立即进行隔离，防止发生群体性传染；定期接种疫苗，提高畜禽群体的免疫力。

（三）畜禽寄生虫疾病对皮毛的影响与控制

畜禽寄生虫疾病主要由体内、外寄生虫的寄生而导致的，严重影响畜禽皮毛质量。畜禽体内的寄生虫，如蛔虫、钩虫等可引起畜禽出现贫血、营养不良、免疫力降低、体弱、消化不良、发育迟缓等症状，同时被毛蓬乱、无光泽、易折断脱落，严重影响经济价值。畜禽体外的寄生虫，如螨虫（疥螨、蠕形螨等）、跳蚤和虱子等，会对畜禽的皮肤产生刺激，导致皮肤掉毛、产生炎症、结痂等症状，严重影响皮毛的质量。例如，从患病羊体上剪取的羊毛称为疥癣毛，纤维细而短、强度低、品质差，羊毛干枯，工艺性能降低，经济价值不高。

为保障畜禽皮毛质量，需重视畜禽寄生虫病的防控。首先，应加强畜禽饲养管理水平，注意养殖场环境卫生，勤通风和消毒，保证圈舍环境干燥卫生，定期进行驱虫防治。其次，应对畜禽开展寄生虫病的定期检验检疫，对患病畜禽个体及时隔离治疗，避免在群体内传播。

第五节 畜产品生产、贮运过程中质量安全控制

一、畜产品生产、贮运过程中质量安全评价

畜产品消费与人们生活质量息息相关，多数畜产品经历生产—收购—加工—包装—贮运—保鲜—流通—销售等环节，这些处理过程中一般会经过相应的质量安全评价。但是，受传统生产方式、管理模式和相关专业知识水平限制，部分养殖基地（场）、畜产品加工企业、经营者对国家标准、地方标准、行业标准等认知程度不高，导致不能根据相关标准执行相应的操作规范，严重影响畜产品质量安全。因此，需要建立健全畜产品质量安全评价体系，对整个产业链中可能出现的问题进行评价与监管。目前我国的畜牧业正逐渐由传统粗放发展方式转向专业化、规模化的现代畜牧业发展方式，虽然在养殖规模上处于世界前列，但畜产品质量安全评价体系仍需要进一步完善。

目前，在生产环节，养殖方式仍以散养和农户小规模养殖为主，养殖的规模化和管理标准化水平需要进一步提高，养殖户对于畜产品质量安全意识和管理措施需要进一步加强。在流通环节，受基层工作设施条件的限制，活畜、活禽的检疫工作不够严格，存在一定的疫情传播风险，需要进一步加强检验检疫中心的检疫和监督。在兽药监管方面，需要增加兽

药检测力度及检测质量等,加强监管力度。在基层防疫人才方面,加强基层防疫人才的培养与引进,稳定基层防疫队伍。在监督体系方面,信息交流共享、企业和消费者参与程度、风险评估等方面存在不足,导致监督和消费脱节,需要进一步完善生产链和服务链。

(一)乳品生产、贮运过程中质量安全评价体系构建

构建乳品产业质量安全评价体系,对乳品安全整体情况做出客观、全面的评价,进而准确地判断当前我国乳业的安全与发展形势,并针对性地提出应对措施。随着乳品市场的不断发展壮大,虽然乳品加工企业自身对原料、生产、包装、运输等方面严格管控,但依然存在一定的食品安全风险。在发生不可控风险之前,要分析乳品加工企业可能存在的潜在风险,提出有效的解决措施,确保乳品行业能够安全地发展壮大,并借助食品安全管理体系管控乳制品目前存在的质量问题。乳品行业生产加工流程复杂、环节众多,只有清楚每一环节可能存在的影响因素,防患于未然,才有可能最大程度地保证乳品质量安全。

以质量管理为基础,构建乳品产业的质量安全评价体系,并进行科学管理与控制。乳品质量安全评价体系一般分为三个方面,即组织评价体系、制度评价体系和过程评价体系,三个评价体系共同作用,相互影响,从而构成完整的乳品质量安全评价体系。

1. 乳品组织评价体系

乳品企业推行质量安全评价体系是一个全员参与的过程,涉及乳品加工、卫生检疫、职业卫生等多个领域,因而企业领导中至少要有一人全面负责质量工作,按照规定的职责权限全面履行职责。同时,企业应设置相应的质量管理和质量体系管理部门,并由质量部总体负责质量活动的计划、组织、协调和控制等工作。质量管理领导小组是经最高管理者任命,并且得到最高管理层的支持和参与,小组的成员由不同岗位上的员工组成,所有员工围绕企业的质量目标以及存在的质量问题,运用各种管理方法和技术手段,以实现改进质量和提高经济效益为目标。小组成员必须具备乳品和食品相关专业知识,具有实施质量安全保证体系的经验,保障质量管理小组有效开展活动,解决企业实际生产中的各种问题。

在乳品质量管理评价小组确定后,遵循 PDCA 循环(计划 Plan、执行 Do、检查 Check 和处理 Act)进行评价。乳品质量管理领导小组需要全组成员的共同参与,整个过程必须严格按照 PDCA 循环的基本原则和要求开展活动。只有将小组活动纳入乳品企业的规章制度,并且及时兑现奖励政策,才能保证在任何情况下质量管理领导小组能够正常、有效地开展活动。

2. 乳品制度评价体系

乳品企业应结合本企业的实际情况,根据《中华人民共和国食品安全法》《乳品质量安全监督管理条例》等法律法规制定本企业的乳品质量安全管理制度,在此基础上编写质量手册,形成纲领性文件,并要求每一位员工严格遵循。乳品质量管理制度的制定主要从原料奶的采购、运输、贮存、检验、销售、退市等方面着手,对企业出现的各种不合格情况及时进行纠正并采取相应的纠正措施。

(1)采购　符合生鲜乳收购标准等制度的规定,各项指标不得超标,不得掺假使杂。

(2)运输　对运输乳品车辆有严格要求,除了达到规定的卫生条件外,对于一些需要冷藏的乳品必须使用专用冷藏车运输,配备必要的保温设备,并在整个运输过程中实时监控

与记录。

(3)贮存　乳品的贮存遵循先进先出的原则,按入库的先后次序和产品的种类存放于不同的货架;根据不同乳品对温度的特殊要求,配备冷藏库房,冷藏温度要符合乳品质量安全的要求。

(4)检验　检验包含原料奶的检验、生产过程检验和出厂检验三个方面。检验时要严格把关,发现不合格的原料奶以及不合格的成品、半成品采取返工或报废措施,只有检验合格的产品才能签发产品合格证。

(5)销售　不得向市场出售存在质量安全的乳制品;产品售出后有义务向消费者提供购货凭证,若消费者反映存在质量问题的乳品,有义务对不合格的乳制品进行更换或者退货。

(6)退市　对于不符合国家标准、危害人体生命健康的乳制品,采取下架和召回措施,并对因产品质量问题而受损的消费者进行不同程度的赔付。

3. 乳品过程评价体系

乳品生产从原料奶的采购到最终的流通销售,整个生产过程是一个完整的供应链,需要运用质量环的模式来保证生产过程的质量安全。质量环是对产品质量的产生、形成和实现过程进行的抽象描述和理论概括,包含硬件和软件两方面。对于乳品来说,由于生产过程比较复杂,构成质量环的环节很多,如采购环节中对原料奶贮藏和运输的要求、员工卫生知识的培训、硬件设施的维护和保养、工艺流程及关键工序的控制等。从乳品生产运作流程的主要中心环节入手,在每一个环节上制定相应的乳品质量规程,便于全面提高乳品质量。

(二)肉品生产、贮运过程中质量安全评价体系构建

1. 实现畜禽标准化规模生产,建立肉品安全生产技术体系

畜禽标准化规模生产必须遵守《无公害食品畜禽饲养兽药使用准则》《无公害食品畜禽饲养兽医防疫准则》《无公害食品畜禽饲养管理准则》等,对产地环境、饲料原料和添加剂等严格加以限定。

(1)畜禽养殖环境标准化　环境对肉品的污染主要为工业“三废”、农药、生活垃圾等,通过空气、水源、土壤、农作物、饲料等方面影响肉品安全。养殖场选址布局要科学合理,建设有防疫隔离设施、生产区、生活区和缓冲区,生产设施和设备满足标准化生产需要。产地环境必须经过具有资质的检测机构检测,畜禽饮用水、大气等符合农业农村部颁布实施的无公害食品产地环境标准要求。

(2)畜禽良种化　品种对促进肉用畜禽生产的作用高达40%以上,是畜牧业发展最重要的物质基础之一。要建立与市场相结合的畜禽良种繁育体系,培育优质、高效、专用畜禽新品种(品系)。

(3)生产管理规范化　制订并实施科学规范的畜禽饲养管理规程,严格遵守饲料、添加剂和兽药使用的有关规定,肉品生产过程实行信息化动态管理。一是人员管理,配备与生产规模相适应的专职技术人员。二是制度管理,包括目标管理、技术操作规程、档案和物品管理、畜禽出入场管理、兽药(疫苗)购进使用管理、肉品加工管理、卫生防疫、消毒、病死畜

禽无害化处理、疫情监测登记报告、传染病控制、环保管理等制度。三是强化过程管理，在生产技术和管理方面均要符合规范，做好各项生产记录，建立生产档案，最大限度地创建能够保持肉品安全生产的环境。

(4)防疫制度化　在畜禽养殖过程中，目前的常见病种类由4～5种增加至10多种，除高致病性猪蓝耳病之外，牛海绵状脑病、禽流感等人兽共患病又加大了饲养畜禽的风险，危害肉品安全。疾病和疫情的复杂和高暴发率加大了疫苗、抗生素等预防和治疗性药物的使用量，增加了肉品中药物残留的概率。要"坚持以防为主，防重于治"的方针，建立科学的生物安全体系。

(5)严格药物使用　在目前使用的药物中，有些可能残留在畜禽体内，其生产的肉类产品被食用后，不利于人类身体健康，如磺胺二甲嘧啶可能诱发人的甲状腺癌，盐酸克仑特罗能够引起人体中毒，磺胺类药物可能破坏人的造血系统。因此，要严格遵守兽药的使用对象、使用期限、使用剂量以及休药期等，禁止使用违禁药物和未被批准的药物，对允许使用的兽药要遵守休药期规定。近年来，农业农村部相继发布了允许使用的添加剂品种目录，禁止诸如镇静剂、己烯雌酚、β－兴奋剂作添加剂使用的规定等，同时建立并完善了我国兽药残留监控体系。

2. 建立畜禽屠宰安全生产技术体系

我国部分小型屠宰场仍然采用传统的手工操作，难以保证肉品安全卫生。因此，要进一步建立畜禽屠宰安全生产技术体系，对畜禽屠宰场所的环境卫生、员工健康状况、贮存场所和设施、运输环节等进行严格管理；在屠宰加工环节，实施全面的质量管理体系，对畜禽来源、隔离、检验、屠宰、加工、贮存、运输、销售等全过程进行质量控制。

(1)屠宰间厂房建设卫生要求　屠宰间建设是肉品卫生的基础条件，是确保肉品卫生、质量、安全的物质基础。为预防畜禽屠宰加工过程的交叉污染，厂房与设施必须结构合理、便于清洗与消毒，并配设防烟雾、灰尘和防虫设施；厂房地面和墙壁防水、防滑、不吸潮、可冲洗、耐腐蚀；墙面贴瓷砖，便于清洗；天花板表面光滑；厂房门窗严密；有完善的下水道系统，排出的污水必须经过净化和无害化处理，达到国家规定标准。

(2)宰前检验与宰后检验　在屠宰前对畜禽进行宰前检验，判定畜禽是否健康和适合食用。宰前检验包括养殖场检验、入场检验和送宰检验等3个环节，养殖场检查按照可追溯性原则，畜禽实行持证养殖和产地检疫检测，经检验合格并出具检疫合格证的畜禽才能上市入场检验。入场检验即畜禽运至屠宰厂后，核对畜禽数量，了解途中病亡情况；送宰检验即对畜禽进行健康状况检查，经检查如果发现一些恶性传染病，立即采取扑杀、深埋或焚烧等紧急防疫措施；对以慢性病原携带者为主的传染源畜禽，主要采取定期检疫或送隔离区酌情处理。在畜禽屠宰以后，对其头、胴体、内脏和其他部分进行检验。宰后检验主要以感官检验为主，常用方法有视检、剖检、触检和嗅检，必要时进行细菌学、血清学、病理学等检验。检验合格后需加盖畜牧兽医部门的检验合格章。

3. 建立肉品加工的质量控制体系

(1)原辅料的卫生要求　原辅材料进厂后要及时检验，严格把关。原料肉检验是否含有违禁物质，检测原料肉中农药残留、兽药残留情况，同时对致病菌进行检测。辅料不仅要检测致病菌，而且必须检测耐热菌，因为对于低温肉制品而言，在生产加工过程中耐热菌有时不能被彻底杀灭。辅料中添加剂应按照国标规定的品种使用，特别是防腐剂禁止超范围、超标准使用。

(2)原料贮存要求　原料的入库和使用应本着"先进先出"的原则，贮藏过程中随时检查，防止风干、氧化、变质。用于原料贮存的冷库、常温库保持清洁、卫生。冻肉、禽类原料贮藏在 -18℃以下的冷冻间内，同一库内不得贮藏相互影响风味的原料。鲜肉吊挂在通风良好、无污染源、室温0～4℃的专用库内。

(3)加工过程质量控制　工厂根据产品特点制定工艺规程、岗位和设备操作责任制以及卫生消毒制度，严格控制可能造成污染的环节和因素。确定加工过程中各环节的温度和加工时间，缩短不必要的肉品滞留时间。在加工过程中，严格按照各岗位工艺规程进行操作，各工序加工好的半成品要及时转移，防止不合格的堆叠和污染，所使用的工具、容器不应给所加工的食品带来污染。各工序的设计遵循防止微生物大量繁殖的原则，保证冷藏肉品的中心温度在0～7℃，冷冻在 -18℃以下，杀菌时中心温度在70℃以上，肉品腌制间的室温控制在2～4℃。

(4)肉品加工过程中有害添加剂的控制　国家对每种食品添加剂都有明确的添加标准，规定了最大使用量及使用范围，但一些食品厂家为了追求肉品的外观、品质、货架期和利润，常常过量使用和滥用保水剂、护色剂、防腐剂、着色剂等食品添加剂，食用后可能干扰人体的正常代谢功能，导致慢性中毒。如亚硝酸盐的加入可起到发色、抑菌作用，并有助于形成腌腊肉制品固有的腊香味，但也可能产生亚硝酸盐中毒等危害。因此，从添加剂的发展趋势看，无毒无害天然添加剂将成为发展主角。

(5)包装及运输要求　在包装肉制品时，对操作间进行清洁、消毒处理，对人员卫生、设备运转情况进行检查。真空包装、充气包装及热缩包装所用的材料符合国家卫生标准和卫生管理办法的规定。选择合适的包装销售方式，如采取小包装冷却肉、低温熟肉制品、旅游休闲等肉食品包装，增强肉品安全性与市场竞争力。运送肉制品必须使用加盖的专用容器，根据成品的特性使用保温车、密封冷藏箱式车辆运输。

4. 建立技术创新体系，保证肉品生产质量安全

(1)食用品质　为了提高肉品生产的安全水平，针对肉类生产过程中各环节对肉品质量的影响进行分析，确定影响肉品质量的关键因素，并通过对主要影响因素进行控制和改善，达到提高肉品质量的目的。类似的危害分析与关键控制点(hazard analysis and critical control point，HACCP)是一项控制肉品生产中的潜在危害的技术体系。目前，我国对屠宰后处理过程中的肉类品质控制技术、速冻与保藏技术以及肉品微生物的生长、存活和死亡预测预报及其安全性评估技术等进行了系统研究，建立了肉品质量保证关键控制点技术体系。

(2)栅栏技术　栅栏技术是通过多种质量卫生安全控制技术的有效协同作用而形成的一种肉品保藏理论，有利于保持肉品的安全、稳定、营养和风味。利用栅栏理论，根据肉品的种类、加工条件的不同，在肉品生产中施加不同的限制因素，通过一系列温和的作用使肉品中微生物指标和稳定性得到保证。栅栏技术在肉品中的应用日渐突出，优质肉鸡屠宰加工流程中HACCP体系及栅栏技术的应用对我国地方家禽种质资源的保护与产业化开发起到巨大的推动作用。冷鲜肉产品中栅栏技术的应用降低了微生物的污染，保障了冷鲜肉

安全。

(3)微生物预报技术　微生物预报技术主要根据腐败微生物和致病微生物的生长、死亡和残存的特征模型,预测其在肉品中的生长繁殖时间,从而在不进行微生物检测的条件下,快速对产品安全性和货架期进行预测,实现从原料、加工到产品贮存、销售等各个环节的计算机智能化管理和监控。

(4)肉品质量跟踪追溯技术　跟踪追溯体系是实现肉品安全质量控制的必要工具,是消费者对肉类产品享有知情权的窗口。肉品质量和安全跟踪追溯技术是通过耳标及信息编码技术,对肉类生产中畜禽饲养、屠宰,产品加工、包装、贮藏、运输、销售等环节进行跟踪与追溯,从而实现肉品质量安全的全程控制。

(三)蛋品生产、贮运过程中质量安全评价体系构建

目前的蛋品加工行业发展呈现出规模化、自动化、绿色化和深加工化的发展趋势。经过初级加工或深加工的半成品、再制品、精制品等不断涌入市场,需要建立安全可靠的从农田到餐桌的蛋品安全控制技术体系。

蛋品质量安全评价体系的构建包括对蛋禽饲料、养殖和管理过程进行规范化生产,制定全面的操作规程与质量控制体系,建立相应的监测保证系统,确保禽蛋生产和原料蛋的质量安全。同时,在蛋品加工生产、包装、运输、销售等环节予以规范化,建立生产、技术、管理规程以及产品的质量监控体系与追踪溯源制度,从而保证各类蛋产品的质量。

1. 制定蛋品标准(规范)

蛋品质量安全标准(规范)的完善和检测技术的改进,有利于促进蛋品质量和安全指标的提升,使生产出的蛋品质量安全有保障,蛋制品才有更好的销路,从而有利于促进蛋制品的深加工,提高蛋制品的附加值。因此,从我国禽蛋生产实际出发,参照国际相关标准体系和主要贸易国的禽蛋标准体系,建立既符合我国国情又能与国际接轨的完整蛋品质量安全标准体系,加快质量安全标准及相应检测方法标准的制定和普及,切实解决药物残留和微生物污染等质量安全问题。

清洁蛋品加工和消费是我国蛋品产业发展的趋势。由于蛋禽养殖过程中受沙门氏菌等细菌污染事件屡见不鲜,积极开展蛋品的清洗、消毒和保鲜等技术研究,有利于蛋品质量和食用安全水平的提高以及清洁蛋品相关标准的建立。

2. 开发蛋制品检测方法与技术

针对蛋品的新鲜度、农药残留、病原病菌、违禁添加物等食品安全检测需要,开展蛋制品高灵敏度、高通量和快速检测技术研究与开发。

3. 建立皮蛋与咸蛋质量安全追溯系统

针对我国各地生产的皮蛋和咸蛋的落后情况,按照国际、国内质量安全标准和要求,通过鲜蛋生产技术规范和产地环境标准,与鲜蛋及蛋制品生产加工企业共同开发“加工企业+养殖场+标准化”的安全生产模式,包括养殖场建筑标准、蛋品营养标准、蛋品保健标准、养殖蛋禽品种、回收鲜蛋标准、检测标准体系、物流标准等。以皮蛋、咸蛋等蛋制品为例,从养殖源头保证蛋品安全,逐步在全国建立蛋制品生产,可追溯到源头的养殖场,应用编码防伪等三个环节相结合的“蛋制品网上质量安全追溯系统”。利用质量安全追溯系统有效预

防禽类疾病传染，提高皮蛋、咸蛋等蛋制品质量安全检测监控水平。

4. 采用国际标准

在原料蛋生产过程中，按照标准要求给家禽配制和使用饲料、饮用水及防病的药物，经常对照标准对最终产品进行自查。一方面根据国际食品法典委员会（CAC）的相关卫生标准制订皮蛋、咸蛋质量安全标准，另一方面按照CAC的相关规定制定产品标准，提高产品的国内、国际市场竞争力。

二、畜产品生产、贮运过程中质量安全控制

畜产品质量控制是指在畜产品生产、贮运过程中，为保证畜产品质量安全，使生产的畜产品在营养、感官、理化和微生物指标等方面符合消费者及相关法律法规要求，通过生产及监管过程实现的畜产品质量目标的活动。控制过程主要考察畜产品质量，消除畜产品供应链上损害质量的因素。随着我国居民生活水平的不断提高，生产者与消费者安全意识明显增强，在畜产品行业改造升级进程中，畜产品质量水平得到了显著提升。畜产品的质量控制必须着眼于畜产品供应链全过程，协调统一供应链内部监管与外部监管，实现畜产品质量控制目标。

目前我国畜产品质量控制体系仍有一些不足之处。首先，畜产品质量安全监测能力较低。畜产品属于农产品，质量安全的监测力量较弱。其次，饲养环节质量管控能力参差不齐。当前国内畜禽的养殖以传统养殖模式为主，畜产品的质量安全水平难以保证，部分防疫效果较差的区域缺乏全面的质量安全意识，一些养殖场和屠宰场更加重视畜产品的产出量和短期的经济效益，忽视畜产品质量安全检测。再次，畜产品流通环节监管难度大。虽然畜产品质量安全监管体系已经基本建立，但畜产品更多时间处于流通环节，流动性大，监管难度较大。最后，生产经营环节存在弊端。我国从事畜牧业的企业多为中小企业，生产规模有限，质量控制技术缺乏，一定程度上影响了畜产品质量。

综上，今后我国应建立健全完善的法律体系、合理的监管体系和科学的可追溯体系及严格的市场准入制度，从而提高我国畜产品质量控制水平。

（一）乳品生产、贮运过程中质量安全控制

1. 奶源质量安全

奶源质量安全是乳品质量安全的生命线，是整个乳品质量把控的首要环节。只有实现对奶源质量安全严格把控，才能从根本上保证乳品的质量安全。目前，奶畜的饲养方式一般分为集中饲养、分散饲养集中挤奶和分散饲养分散挤奶三种。集中饲养主要是针对大型奶畜养殖场而言，拥有规模化、标准化、现代化的养殖模式，能够有效控制在挤奶和生鲜奶收购、贮藏等阶段的再次污染。分散饲养的方式在整个过程中有相应的质量管理措施，对奶的收购条件较为严格，以质论价，优点是避免收到一些不符合要求的原料奶。而对于分散饲养分散挤奶的个体养殖户而言，奶源质量难以保证，主要是因为奶畜饲养水平较为落后，卫生条件不达标，直接影响原料奶质量。

保证奶源的质量安全主要从奶畜的饲养管理、原料奶的贮藏、原料奶的检验等方面入

手。对于拥有自身奶源基地的企业来说,应该做好奶源质量的全程监控。采用互联网技术建立奶源质量全程追溯监管信息平台体系,质量安检员利用无线网络、传感器和智能手持数据处理器,全程监控奶源基地、收奶点的生鲜奶、运奶车、乳品质量检测中心及生产车间的全部过程,做到一罐、一车、一报告的全过程监管,保证奶源和乳品质量。而对于大部分没有奶源基地的企业来说,企业要与大型养殖场、奶畜合作社和个体养殖户建立长期良好的合作关系,在签订长期生鲜乳收购合同的基础上,根据实际情况对收购的数量和价格进行调整,严格把控原料奶的质量,各项指标应符合生鲜乳收购标准的规定。

在原料奶的贮藏和运输方面,养殖场应配备整套的机械化挤奶设备和低温贮奶设备,并尽量缩短运输距离和时间。一些奶站因规模不大和贮存罐体积有限,会将 1 天中第 1 次挤的原料奶在贮存罐内贮存 8 ~ 12 h,再与第 2 次挤的奶一同运输至加工企业。因此,采购原料奶的企业需要对该环节进行管控,保证原料奶的质量。此外,对原料奶的运输环节严格管控,定期对运奶车及运输罐按照管理要求进行检查;企业要对奶车的入厂时间和运输途中的行驶情况,通过 GPS 定位做到全程监管。对于原料奶供应方(养殖场),加工企业通过对养殖场检查评分与资质认定来决定是否采购其原料奶,促进养殖场的标准化建设,从而提高原料奶的品质,避免和减少在后续工序中出现质量问题。

2. 生产加工质量安全

生产工艺的管理是乳品质量安全的前提保证。在乳品生产加工过程中,影响乳品质量安全的因素大致体现在三个方面:一是生产车间清洁卫生操作,二是杀菌操作,三是产品包装操作。

(1)生产车间清洁卫生操作　生产车间的清洁卫生操作主要包含厂区选址、平面布局、设施设备、清洗消毒和人员卫生管理等,这些构成乳品生产的硬件环境或生产条件。

①厂区选址。应选在交通方便、水源充足的地区,厂区附近不应有受污染的河流,且厂区四周不能有烟尘、有害气体、放射性物质等,更不能是虫害潜在的场所。选址操作严格按照良好生产(GMP)规范来执行。

②平面布局。厂区的平面布局合理,各个不同的功能区合理划分,并做好相互隔离措施。车间设置包括生产车间和辅助车间,并且按照生产工艺流程需要和卫生要求,布局整齐有序。

③设施设备。所有机械设备的设计和构造,如贮存、运输及加工系统的设计与制造有利于保证乳品卫生,易于清洗消毒,并容易检查。硬件设备的投入既要保证生产的乳品质量合格,又要保证其应用性和先进性,从而充分保证乳产品质量安全。不同设备的排列既能够保证生产作业的正常进行,又可以避免不同设施设备的相互污染。

④清洗消毒。为了避免二次污染,在乳品生产过程中应对各个设备进行彻底地清洗消毒,同时还要防止清洗剂和消毒剂在管道、加工器具、设备中的残留,因而在设备使用前要严格进行清洗消毒,使用后要进行清洁消毒和保养维护。另外,在清洗消毒作业时,注意防止污染乳品、乳品接触面及内包装材料,避免消毒剂残留。

⑤人员卫生管理。在乳品生产加工过程中,生产人员是质量安全的主体因素。所配备的人员必须经过培训、考核,获得相应资质才能上岗,企业对生产人员要进行卫生培训和检查。

在乳品生产的各个工序上，要求有严格的工艺控制记录，及时发现生产中存在的问题和可能存在的质量隐患，从而保证乳产品质量的稳定。

(2)乳品杀菌操作　通过杀菌杀死乳中的致病菌和大部分细菌，保证乳产品的安全，延长保质期。在乳杀菌操作过程中，常用的方法有巴氏杀菌、高温短时杀菌和超高温瞬时灭菌三种。

(3)产品包装操作　产品包装操作是乳制品生产的最后一道工序，一般从包装工人穿戴要求、产品包装记录表核对、包装工具卫生要求、包装产品准确计量、贴标签、密封堆码、入库等方面进行操作。包装操作环节坚持"三查"和"七对"，"三查"即准备时查、包装时查、包装后查，"七对"即对产品名称、规格、数量、清洁度、完好度、有效期、签名进行核对。

3. 流通环节质量安全

乳产品流通环节的质量安全控制体系与消费环节联系在一起，包括对产品流通后质量造成重要影响的所有环节，一般涉及产品包装入库后成品的贮存、车间到成品库房运输、库房到卖场的运输以及销售等。

(1)乳产品贮存过程　用于贮存刚生产出的成品库房，基于方便贮存和管理的需要，一般紧邻生产车间，要严格按照良好生产规范中的外部环境要求执行，避免造成污染，影响产品质量。而对于销售中转库房，需要方便产品的分销，在选址时尽可能选择交通方便的地区。库房的设置和布局要合理，液体乳制品需要在不同温度冷藏贮存，在设计库房时将这两类库房分离开来，以便对不同类别的乳产品适当保存，保证产品质量的稳定性。同时，在库房布局的过程中要考虑方便，产品按照先进先出的原则进行流通。定期检查仓库中的物品，包括包装材料、半成品、成品、设施设备等，若发现异常及时组织相关人员进行处理，对于检验合格的成品则将其放于成品库中。库内不允许堆放不合格产品。另外，严格记录产品的仓储存量和出货情况，如产品的批号、出货时间、数量等，发现质量问题时迅速收回。

(2)乳产品运输过程　运输车要达到规定的要求，运输途中避免阳光直射和雨淋，避免温、湿度产生较大变化等。运输车的温度与所运输的产品有直接关系，如巴氏杀菌乳产品的交通工具必须具备制冷设施，UHT灭菌乳常温下运输即可，但要避免日晒雨淋。运输工具符合无污染、无虫害、无异味等卫生要求，且所有乳制品在运输环节都不得同有毒、有害、有异味的物品以及其他影响产品质量安全的物品混装、同车运输。对于需要低温冷藏的乳品，一定要保证全过程中冷链的连续性，如原料奶刚挤出后迅速冷却、密封；在生产加工过程中，使用冷库保证其最适宜的贮存温度；利用冷藏车确保运输过程中乳品适宜的温度；在销售网点配置冰箱、冷藏柜等，全过程保证乳品的新鲜。因此，只有从原料奶到流通销售整个过程中的冷链系统，才能保证乳品的高度新鲜，进而让消费者能够喝上当天送达的鲜奶。

(3)乳产品售后服务过程　企业要建立完善的售后服务机制。所有产品在出厂前必须经过检测，对于尚未完成检测的产品不得出厂销售。对于售出的产品，还需建立产品售后管理制度，主要是为顾客提供售后服务，受理顾客的意见和投诉；质量管理部门针对产生的问题进行调查分析并妥善处理，给顾客一个相对满意的交代。若在市场上发现产品质量问题，企业应有相应的成品收回机制，包括收回判定、收回产品的鉴定、收回产品的处理，防止不合格产品再度发生。而对于顾客意见及收回的成品，作好记录，包括收回产品名称、批号及生产日期、数量和收回日期、收回理由、处理日期和最终处理结果等。

(二)肉品生产、贮运过程中质量安全控制

肉品的生产加工历经畜禽养殖、屠宰、加工、运输、销售等环节,建立质量安全控制系统,保证产品在生产加工中的质量、卫生和规范。

1. 畜禽养殖信息关键控制点的选择

首先确定畜禽养殖的工艺流程,以利于对整个养殖过程进行具体分析,从而确定关键信息控制点,引进系统控制方式。畜禽养殖的关键信息必须从养殖环境、饲料使用、添加剂使用、疫苗使用、环境消毒等各个参与畜禽养殖过程的信息中筛选。

2. 屠宰信息关键控制点的选择与处理

(1)入场检疫　畜禽被送入屠宰场时,需出具有效的《动物检疫合格证明》,畜禽标志符合国家规定。入场检疫的主要目的是检验畜禽是否带病。畜禽运输信息要详细留档,并注意在畜禽运输过程中有无异常畜禽个体出现,运输车辆是否消毒,预防交叉感染等。经检疫合格的畜禽入场待宰,不合格的畜禽分情况处理,根据《病害动物和病害动物产品生物安全处理规程》等有关规定进行禁宰、急宰和缓宰等处理。

(2)同步检疫　同步检疫性质与宰前检疫类似,检验范围包括头、蹄、心脏、肺脏、肝脏、脾脏、肠、胃、淋巴结、腰肌、肾脏、旋毛虫等。一旦查出问题,根据《病害动物和病害动物产品生物安全处理规程》等有关规定进行处理。

(3)运输工具消毒　运输工具要定期消毒,特别是载有带病畜禽的运输工具一定要彻底清洗消毒,防止感染其他畜禽。

(4)屠宰场消毒　屠宰场要定期消毒,根据不同车间、工具和不同畜禽部位,采用不同消毒方法,尤其是带病畜禽存放地要严格消毒,防止引起大范围的疾病传播。

3. 销售信息关键控制点的选择与处理

肉品销售信息主要包括肉品的贮藏环境、贮藏卫生、贮藏条件等。一般肉品以冷藏、冷冻的方法贮藏,保证贮藏温度合适,贮藏地方定时消毒;记录好肉品入场时间。对于时间过长没有销售的肉品注意检查其品质,不能将次肉和坏肉混合销售。

(三)蛋品生产、贮运过程中质量安全控制

1. 完善饲料标准化体系,加强饲料安全监管

为了确保蛋品安全,首先必须从饲料源头的标准化体系建设与饲料安全监管抓起。建立健全饲料标签和标识管理办法,保证饲料产品在各个环节的可追溯性;建立饲料安全评价基地和饲料安全监控信息网,完善饲料标准化体系;改善检测条件,加强监控和执法,对饲料原料、生产、经营和使用等环节进行全过程监管,对违禁药品的生产、流通和使用实行重点监控,对违法违纪行为进行严厉打击。

2. 建立无公害蛋禽生产基地

无公害蛋禽生产基地的建立既可由地方政府引导和实施,也可由蛋品加工企业为龙头,采用“公司+农户”的方式,由基地源源不断地为蛋品加工企业提供安全禽蛋。这样不仅能提高养殖企业的经济效益,形成良性循环,还可以解决蛋品的安全性问题,促进畜牧业可持续发展。大力推进无公害蛋禽生产基地建设,提高养殖者技术水平,严禁兽药与添加

剂滥用，完善全程质量管理体系，确保无公害蛋禽生产过程达到标准化的生产技术体系。

3. 加强养殖、贮运、加工和销售集为一体的技术更新与卫生检验

我国蛋品加工企业的现代化设计理念要从蛋品的源头抓起，严把饲料及药物使用关，把种植业与养殖业有机结合起来。除保证水质、空气、粪便处理等环境卫生指标的基本要求外，还需要选用优良品种，严格遵循可持续发展原则，重点推广洁蛋、液蛋、蛋粉等蛋制品的市场份额，应用高新技术加大蛋品深加工力度，高效提取禽蛋中的多种生物活性物质，延伸产业链，同时要解决好蛋品中有害物质残留问题。

4. 加强蛋品生产的科学研究与技术引进

在蛋品生产方面，加强蛋品生产加工与品质安全检测技术研究，通过技术改进和标准完善，不断提升蛋品质量和安全指标，保障蛋制品质量安全，延伸禽蛋加工产业链，提升蛋品附加值，拓展蛋制品销路。

5. 完善蛋品安全生产质量与管理技术体系

目前我国部分禽蛋标准还需要继续完善，以适应新形势下市场的需要。要加快禽蛋标准体系建设及禽蛋标准制定，提高禽蛋安全卫生指标的检测技术水平，建立蛋品质量安全监控体系，提高蛋品总体质量，扩大蛋品的出口贸易量，解决国内禽蛋供大于求的问题。此外，消费者应充分认识和把握蛋品存在的各种风险因素，促使蛋品生产者增强社会服务责任和意识，完善蛋品安全生产质量与管理技术体系。

三、畜产品质量追溯体系构建与管理

畜产品质量可追溯是实现畜产品安全生产与监管的重要手段，构建和完善畜产品质量追溯体系意义重大。质量追溯系统通过对畜产品的原料、生产、加工、贮存、运输及销售等环节中，可能影响畜产品成分与质量安全的相关物质信息进行采集和管理，实现对畜产品各个环节的跟踪与溯源，有利于及时发现不同环节的安全隐患，提高企业质量安全管理水平和畜产品的市场竞争力。

近年来，可追溯体系的建设从最为普遍的二维码标识技术到 RFID 技术及激光灼刻标识技术等，但人们对畜产品可追溯体系了解不够，导致畜产品溯源依然存在追溯不到位、信息不对称等问题，影响了我国畜产品质量可追溯体系的建设。我国目前的畜禽养殖方式已经由传统的农户分散饲养向现代化规模饲养方式转变，相关企业的集约化、标准化水平也有了明显提升，这为我国布设畜产品追溯体系提供了成熟的行业环境。建立全国统一的畜产品可追溯体系平台是未来的发展趋势。

(一)乳品质量追溯体系构建与管理

乳品可追溯体系是乳品质量安全发展到一定阶段的必然产物，无论对企业还是社会均具有重大的意义和价值。自 2008 年“三聚氰胺”事件以来，我国乳业产销发展势头迅猛，乳品的质量与安全水平逐渐提升，乳品生产企业社会责任逐渐加强，各级政府部门对乳品行业的产品标准、行业监管、产品检测等方面尤为重视。

1. 乳品质量可追溯体系的含义与重要性

乳品质量可追溯系统是跟踪乳品供应链，从产到销的各个环节和过程的详细信息并记

录存储的质量保障系统，其目的是在出现乳品质量问题时，能够迅速定位问题乳品的责任环节，针对性采取乳品召回和惩罚等措施，减少问题乳品带来的安全隐患。乳品质量安全的控制是对乳品生产全过程的控制，包括从产到销的供应链全过程的各个环节。

乳品质量安全问题涉及乳品生产加工的各个环节，其中最为关键的环节是生产、贮运、加工、销售和消费等环节。乳品供应链上各个市场主体的内部组织方式、质量安全技术和管理水平，以及外部的政府规章制度和监管水平，都是影响乳品质量安全问题的重要原因。建立乳品安全可追溯体系，在源头上遏制问题乳品的扩散，保障乳品安全。我国作为世界乳品生产和消费的主要国家之一，建立乳品可追溯体系不仅能够为人民群众的饮食健康提供优质安全的乳制品，也是打破国外因食品安全追溯而设置的贸易壁垒，对提高我国乳品在国际市场上的竞争力具有重要作用。

2. 乳品质量可追溯体系的框架建设

一个完整的乳品安全信息体系包括：乳品安全信息收集与分析系统、跟踪系统、风险预警系统、信息发布系统和信息咨询服务系统。可追溯体系采用国际通用的编码体系，配合条码技术完成数据采集，对乳品原料的生产、加工、运输、仓储及零售等供应链环节进行标识，并相互连接后将这些标识用条码以人工可识读方式表示出来的现代食品管理体系。一旦出现卫生安全问题，乳品质量安全追溯系统可以通过这些标识进行追溯，准确地缩小安全问题的范围，查出问题出现的环节，并可追溯到污染的源头。乳业质量可追溯系统全过程自动化，并与国内、国际系统兼容。可追溯系统涉及多个行为主体，建立一个可靠的乳品质量可追溯系统的前提是对数据进行整合，建立信息共享机制和乳品安全信息数据库，实现从原料到最终产品的追踪及反向追踪，以及消费者、企业、政府之间的信息共享。乳品质量可追溯体系的信息平台由基础信息支持系统、数据库系统和用户信息查询平台等三部分组成。

（1）基础信息支持系统　系统主体包括乳品生产企业、各级政府、检验检疫机构、第三方科研咨询机构等部分。作为整个乳品安全监管平台的基础数据提供者，为整个平台提供基础数据。

（2）数据库系统　基础数据信息其实是一个初步的乳品质量数据库。数据库的建设，一是要考虑数据的真实性、准确性；二是为乳品质量追溯提供基础数据；三是为企业、供应商提供产品信息服务。从乳品质量可追溯考虑，数据库的建立应以企业为核心，形成乳品安全信息，通过在超市、批发市场等地点设置专用查询机，以及采用其他如电话、短信、网络查询等方式，向社会公开可追溯信息。乳品可追溯数据库在为消费者提供查询服务的同时，应为乳品生产企业提供管理和监控服务。

（3）用户信息查询平台　用户信息查询平台是消费者、企业以及政府部门用来查询产品质量安全信息的系统，其查询方式包括互联网网站查询、超市终端机器查询、手机 APP 和短信查询等。该系统联结到产品数据库中，根据不同的权限查询到乳品、企业名录、安全标准、认证信息、安全事件等各种信息，增加信息透明度和公开度，最大限度地满足消费者的知情权，提高消费者的信心，在一定程度上能够减弱信息不对称，减少安全事件的发生。该部分由行业协会或者政府相关部门开发维护管理。可追溯信息查询系统作为消费者直接使用的信息检索工具，是构建整个产品可追溯系统的核心之一。

3. 建立乳品质量可追溯体系的管理操作制度

建立乳业质量安全可追溯制度,实际上只是解决了乳品的身份问题。要真正解决乳品的质量安全问题,首先需要发挥政府的主导作用,建立财政投入的长效机制,加强乳品质量安全监管。明确政府在乳品质量可追溯系统中的主导地位,同时考虑建立专门的乳品质量可追溯系统管理部门。由于乳品企业缺乏主动建立可追溯系统的义务和责任,政府应对乳品质量可追溯体系的建立发挥保障作用,先强制一部分企业实施可追溯体系,待市场条件逐渐成熟后再逐渐过渡到所有企业。加大追溯成本的财政投入,保证有足够的经费和人力实施乳品质量的追溯和监管;强化行政执法监督和市场引导,确保依法监督措施到位,有利于做强做大优质乳品企业。同时要加强乳品质量安全关键技术研究,加强乳品质量安全相关信息服务工作。

另外,发展规模经营,实现乳业产业化。建立乳品质量安全可追溯制度,最大的难点在于我国千家万户的小型企业与国际、国内大市场之间如何实现有效对接。要提升乳品的质量安全水平,就要通过企业、农民专业合作组织等把松散的农户组织起来,形成规模经营。只有在规模经营和产业化框架下,乳品质量可追溯才容易执行。

(二)肉品质量追溯体系构建与管理

肉品质量安全可追溯系统的建立包括查询、生产、监管等三个部分。查询部分:能够让消费者查询到产品的全部信息,清楚了解肉品生产的全过程情况,完成系统的可追溯功能;生产部分:养殖场、屠宰场和销售商三方将肉品的生产流通过程信息全部详细记录在档,完成生产信息链,为肉品的追溯信息提供条件;监管部分:要方便质检部门全程监控生产过程,因为关键信息控制点的设立,可有效提高监管效率和监察效果。肉品质量追溯体系主要包含以下四方面内容。

1. 肉品中化学因素和微生物污染的控制

肉类食品中化学因素包括污染物、农药残留、兽药残留、重金属、接触材料的迁移等,我国对上述因素采用标准、法规等形式进行管理。肉类中微生物污染主要包括致病菌、病毒、指示性微生物指标等。肉类中可能含有肉毒杆菌、沙门氏菌、金黄色葡萄球菌等危害人们身体健康的致病菌,我国的《食品中致病菌限量》等规定了肉类中致病菌限量指标。对于肉类中微生物的控制,我国借鉴欧盟、美国等国家的相关做法,并考虑国内肉类食品安全现状,采取生产、加工、经营规范的形式进行管理,对生产过程中的微生物污染进行过程控制。

2. 肉品质量追溯体系的标准化

肉品质量追溯体系主要包括畜禽进场、屠宰、检疫、批发、运输、农贸等环节,而屠宰加工和批发环节的安全风险较高,是肉品质量安全控制的关键环节。在整个肉品流通环节中,有溯源电子秤、肉类流通管理平台、数据库技术、溯源信息的采集、交换、感知以及传输和二维码技术等,部分已有可遵循的技术标准。肉品质量追溯环节质量安全风险的分析、生产经营者存在的安全问题及影响因素、供应链节点间的衔接和协调等,都有相应的标准化管理。肉品质量追溯关键要实现畜禽饲养的标准化管理,肉类生产及预处理的标准化操作,肉产品供应链节点间的标准化衔接和协调管理,肉类追溯系统的标准化建设与管理等。

3. 肉品加工卫生安全与标准化管理

畜禽屠宰、肉类加工卫生安全的标准化管理体系的建立,建议在良好操作规范(GMP)、

HACCP 体系的基础上,强调空气清洁度级别标准,即环境空气中 5 min 落下细菌数以及无菌室标准等指标,同时设置防鼠、防虫设施与卫生设施。

4. 肉类包装贮藏和标签管理

对于生鲜肉制品的包装要求主要是保证肉制品的保鲜,确保肉制品不受微生物的污染,防止肉制品中水分的蒸发。包装材料有适当的气体通透率、透氧率,可维持细胞最低生命活动,同时能够隔绝外界异味的侵入。目前我国食品标签采用产品标准,对于包装食品、食品添加剂和食品包装材料等的标签统一采用标识原则、标识内容、标识条件等方式。

(三)蛋品质量追溯体系构建与管理

为保证蛋和蛋制品质量的安全,做到产品质量安全每一步有据可查,需要规定其质量安全追溯操作和管理。追溯目标主要是已建立追溯体系的蛋和蛋制品,通过追溯码追溯到蛋禽饲养、蛋品加工、流通等环节的质量安全相关信息及责任主体。鲜蛋追溯精度宜以栋舍或批次确定,当追溯精度不能确定为栋舍或批次时,根据生产实际确定生产者。当同一批次鲜蛋加工生产出若干批次产品时,一线蛋批次为追溯精度;当若干批次鲜蛋加工生产出同一批次产品时,以加工批次为追溯精度。蛋品质量追溯体系中信息采集保证真实、及时、规范。信息采集在饲料生产或采购、蛋禽养殖、鲜蛋收购、鲜蛋加工、产品检验、产品包装、产品储运、产品销售等环节设置信息采集点。

蛋品质量追溯体系的信息采集内容主要包括饲料生产和采购、兽药采购、蛋禽养殖、鲜蛋收购、鲜蛋加工、产品检疫、产品包装、产品贮运、产品销售等信息。同时,对于所有信息建立信息管理,主要包括三大方面:信息审核及传输,主要是对上一环节追溯信息审核无误后,及时传输给下一环节;信息存储,主要是纸质记录以及其他形式的记录及时归档,并采用相应的安全措施备份保存,所有信息档案在生产周期结束后至少保存两年;信息查询,主要是建立追溯体系的生产经营主体或纳入相应的追溯信息公共查询平台,信息至少包括生产者、产品、产地、批次(或生产日期)、产品标准、检验等内容。

主要参考文献

[1]丛佩军. 肉鸭的饲养管理技术[J]. 现代畜牧科技，2021(10):48,50.
[2]邓雪娟,于继英,刘晶晶,等. 我国生物发酵饲料研究与应用进展[J]. 动物营养学报，2019,31(5):1981-1989.
[3]董永军，魏刚才. 鹅场卫生、消毒和防疫手册[M]. 北京:化学工业出版社，2015.
[4]杜玉财. 反刍动物粗饲料加工[J]. 饲料博览,2019(4):82.
[5]刘振林,向华莉,杨庆磊,等. 肉鸭的饲养管理方法[J]. 畜牧兽医科技信息,2022(1):129-131.
[6]方希修,黄涛,孙群英. 配合饲料加工工艺与设备[M]. 北京:中国农业大学出版社，2015.
[7]符诗富. H 型立体散养系统鸡只分布及改善措施研究[D]. 北京：中国农业大学，2021.
[8]古丽娜孜·海如拉,库来汗·巴依多拉. 酶联免疫吸附法在饲料安全检测中的应用[J]. 养殖与饲料,2022,21(3):66-68.
[9]国家畜禽遗传资源委员会办公室. 关于公布《国家畜禽遗传资源品种名录(2021 年版)》的通知. 国家畜禽遗传资源委员会办公室文件，2021.
[10]国家畜禽遗传资源委员会编委会.《中国畜禽遗传资源志 家禽志》[M]. 北京:中国农业出版社，2011.
[11]国家畜禽遗传资源委员会编委会.《中国畜禽遗传资源志 马驴驼志》[M]. 北京:中国农业出版社，2011.
[12]国家畜禽遗传资源委员会编委会.《中国畜禽遗传资源志 牛志》[M]. 北京:中国农业出版社，2011.
[13]国家畜禽遗传资源委员会编委会.《中国畜禽遗传资源志 猪志》[M]. 北京:中国农业出版社，2011.
[14]何艺. 良种繁育体系建设重要性及发展措施[J]. 畜牧兽医科学(电子版),2020(7):190-191.
[15]侯广田. 肉羊高效养殖配套技术[M]. 北京:中国农业科学技术出版社，2013.
[16]黄炎坤,马伟. 现代养殖场生产设施与设备[M]. 郑州:中原农民出版社，2016.
[17]黄紫歆，杨海明，严敏,等. 肉种鸭的饲养管理技术[J]. 广东饲料，2022，31(2):44-48.
[18]江青东. 畜禽生态养殖实用技术[M]. 北京:中国农业科学技术出版社，2019.

[19]蒋林树,陈俊杰,熊本海. 畜禽精准饲喂技术与装备[M]. 北京:中国农业出版社, 2020.
[20]李金磊,董鹏,狄元冉,等. 饲料和饲料原料中致泻性大肠杆菌的检测[J]. 安徽农业科学,2018,46(3):149-151.
[21]李清宏. 猪生产学[M]. 北京:中国农业出版社, 2021.
[22]李胜利,姚琨,曹志军,等. 2021 年奶牛产业技术发展报告[J]. 中国畜牧杂志,2022,58(3):239-244.
[23]李要奇. 蛋雏鸭的饲养管理技术[J]. 现代农业, 2020(11):66-67.
[24]梁勇. 肉鸭的营养需要及其饲料的配制原则和方法[J]. 现代畜牧科技, 2015(2):32.
[25]刘丑生,刘刚,咎林森,等. 畜禽遗传资源保护与利用[M]. 北京:中国农业出版社, 2021.
[26]刘继军. 家畜环境卫生学[M]. 北京:中国农业出版社, 2016.
[27]卢徐斌. 江苏地区中国荷斯坦牛产奶性状的遗传参数估计、分子功能挖掘验证及基因组预测[D]. 扬州:扬州大学,2022.
[28]邢冠中. 饲粮钙磷缺乏对肉仔鸡骨骼钙磷代谢利用和佝偻病发病率的影响[D]. 秦皇岛:河北科技师范学院, 2019.
[29]杨光友. 兽医寄生虫学[M]. 北京:中国农业出版社, 2017.
[30]陆承平,刘永杰. 兽医微生物学(第六版)[M]. 北京:中国农业出版社, 2021.
[31]罗军. 奶山羊营养原理与饲料加工[M]. 北京:中国农业出版社, 2019.
[32]罗满林. 兽用生物制品[M]. 北京:中国农业大学出版社, 2019.
[33]雒林通,王廷璞. 生态养殖技术[M]. 北京:中国农业科学技术出版社, 2018.
[34]吕肖雪. 沂蒙长毛兔产毛性状遗传参数的估计[D]. 泰安:山东农业大学,2020.
[35]马静,刘志国,薛德林,等. 枯草芽孢杆菌固态发酵豆粕效果比较[J]. 现代畜牧兽医,2019(2):24-27.
[36]聂书舫. 商品肉鸭育雏期的饲养管理[J]. 家禽科学, 2017(7):39-41.
[37]农业农村部.《"十四五"全国畜牧兽医行业发展规划》[OL]. https://www.gov.cn/xinwen/2021-12/22/content_5663946.htm
[38]强慧勤. 肉羊管理与疾病防治[M]. 北京:中国农业出版社, 2018.
[39]秦建玲,屈顺生. 蛋鸡产蛋期的饲养管理[J]. 现代畜牧科技, 2021(2):45-47.
[40]吴常信. 动物比较育种学[M]. 北京:中国农业大学出版社, 2021.
[41]索勋. 兽医寄生虫学(第4版)[M]. 北京:中国农业出版社, 2022.
[42]田可川. 绒毛用羊生产学[M]. 北京:中国农业出版社, 2014
[43]王福财. 兽药安全使用与经营使用指南[M]. 北京:中国农业科学出版社, 2017.
[44]王国栋,朱凤霞,张三军. 兽医药理学[M]. 北京:中国农业科学出版社, 2018.
[45]王恬,王成章. 饲料学[M]. 北京:中国农业出版社, 2018.
[46]王雪. 浅谈蛋鸭雏鸭饲养与管理[J]. 吉林畜牧兽医, 2020, 41(7):25.
[47]王玉梅. 畜牧场环境控制与规划[M]. 北京:北京师范大学出版社, 2017.

[48]朱士恩. 家畜繁殖学[M]. 北京:中国农业出版社, 2015.
[49]夏业才,陈光华,丁家波. 兽医生物制品学(第 2 版)[M]. 北京:中国农业出版社, 2018.
[50]郑炜超,陈华,刘畅,等. 栖架立体散养和微酸性电解水在蛋鸡安全生产中的应用[J]. 东北农业大学学报, 2021, 52(12): 49 – 57.
[51]殷若新, 王少杰, 路厚典,等. 蛋鸭育雏期的饲养管理要点[J]. 家禽科学, 2017(3): 42 – 44.
[52]张金洲, 李月涛, 韦光辉. 动物生产学[M]. 北京:中国农业大学出版社, 2017.
[53]张凯淳. 种养加销一体化生态循环农业模式中各主体利益联结机制研究[D]. 大庆:黑龙江八一农垦大学,2020.
[54]张炜,王敏. 新形势下加大生物安全体系建设的要点[J]. 北方牧业,2021(20):24.
[55]张英杰,刘洁. 实用科学养羊技术手册[M]. 北京:中国农业科学技术出版社, 2021.
[56]张英杰. 羊生产学:第 4 版[M]. 北京:中国农业出版社, 2019.
[57]张沅. 家畜育种学[M]. 北京:中国农业出版社, 2018.
[58]张志成. 肉鸡钙磷营养需要动态预测模型研究[D]. 南昌: 江西农业大学, 2012.
[59]赵翠松. 规模化畜禽养殖对生态环境的影响及防治措施[J]. 中国畜牧业,2022(7):2.
[60]HERNÁNDEZ F, LÓPEZ M, MARTÍNEZ S, et al. Effect of low – protein diets and single sex on production performance, plasma metabolites, digestibility, and nitrogen excretion in 1 – to 48 – day – old broilers[J]. Poultry Science, 2012, 91(3): 683 – 692.
[61]MA Y, YAO J, ZHOU S, et al. Improvement of eggshell quality by dietary N – carbamylglutamate supplementation in laying chickens[J]. Poultry Science, 2020, 99(8):4085 – 4095.
[62]WANG W W, WANG J, WU S G, et al. Response of broilers to gradual dietary protein reduction with or without an adequate glycine plus serine level[J]. Italian Journal of Animal Science, 2020, 19(1): 127 – 136.